普通高等教育“十一五”规划教材
PUTONG GAODENG JIAOYU SHIYIWU GUIHUA JIAOCAI （高职高专教育）

DIANQI ZHAOMING JISHU

电气照明技术

（第二版）

编著　夏国明
主审　张自雍

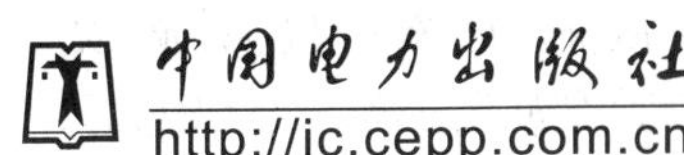

内 容 提 要

本书为普通高等教育“十一五”规划教材（高职高专教育）。

全书共分八章，主要内容包括光照基础知识、照明电光源、照明器、照明光照计算、照明光照设计基础、照明电气设计、电气照明设计实践和照明光度量测量。书末附录选入的常用技术图表资料，可供学生在平时学习及课程设计与毕业设计中随时查阅。为便于学生复习和自学，每章末还附有一定数量的思考练习题。

本书可作为高职高专电气自动化技术、建筑电气工程技术、楼宇智能化工程技术专业以及相近专业的教材，也可作为成人高等教育相关专业的教材，还可作为相关工程技术人员的参考用书。

图书在版编目(CIP)数据

电气照明技术/夏国明编著. —2版. —北京：中国电力出版社，2008.6(2018.1重印)

普通高等教育“十一五”规划教材. 高职高专教育

ISBN 978-7-5083-7310-2

Ⅰ.电… Ⅱ.夏… Ⅲ.电气照明-高等学校：技术学校-教材 Ⅳ.TM923

中国版本图书馆CIP数据核字(2008)第067079号

中国电力出版社出版、发行

(北京市东城区北京站西街19号 100005 http://jc.cepp.com.cn)

航远印刷有限公司印刷

各地新华书店经售

*

2004年10月第一版

2008年6月第二版 2018年1月北京第七次印刷

787毫米×1092毫米 16开本 17.5印张 414千字

定价**38.00**元

前　言

为贯彻落实教育部《关于进一步加强高等学校本科教学工作的若干意见》和《教育部关于以就业为导向深化高等职业教育改革的若干意见》的精神，加强教材建设，确保教材质量，中国电力教育协会组织制订了普通高等教育"十一五"教材规划。该规划强调适应不同层次、不同类型院校，满足学科发展和人才培养的需求，坚持专业基础课教材与教学急需的专业教材并重、新编与修订相结合。本书为修订教材。

本教材可供普通高等学校高职高专电气技术、建筑电气、智能建筑与楼宇自动化专业以及相近专业使用，同时也适用于各类成人高等教育的相关专业，并可供同类专业的高校本科学生和中等专业学生以及有关工程技术人员参考。教材内容可根据具体的专业要求和教学时数取舍。

随着我国建筑及建筑装饰业的飞速发展，人们对照明电光源、电气照明装置以及照明光环境的需求水平也越来越高。为此，笔者在总结多年教学经验和工程实践经验的基础上，依据国家近年来颁发的有关建筑电气设计标准和规程规范编著了本书。

全书共分八章，首先简要介绍了电气照明技术的基础知识，接着系统讲述了照明电光源及其原理性能、照明器的主要类型及其光学特性、照明光照计算方法、照明光照设计知识和照明电气设计知识，最后对电气照明设计实践的有关内容和照明光度量的测量知识进行了详尽的介绍。书末附录选入的技术图表资料可供学生在平时学习及课程设计与毕业设计中随时查阅。为便于学生复习和自学，每章末还附有一定数量的思考练习题。

全书经张自雍先生审阅，特致谢忱。在本书的修订过程中，张继芳老师提出了许多建设性意见，在此一并致谢。

由于时间仓促及编者水平所限，书中纰漏在所难免，诚望广大读者多提宝贵意见。

夏国明

二〇〇八年五月

前言

名 词 术 语

1. 绿色照明

绿色照明是节约能源、保护环境，有益于提高人们生产、工作 学习效率和生活质量，保护身心健康的照明。

2. 视觉作业

在工作和活动中，对呈现在背景前的细部和目标的观察过程，叫作视觉作业。

3. 光通量

根据辐射对标准光度观察者的作用导出的光度量，叫作光通量。

该量的符号为 Φ、单位为流明（lm），1lm=1cd · sr。

4. 发光强度

发光体在给定方向上的发光强度是该发光体在该方向的立体角元 $d\Omega$ 内传输的光通量 $d\Phi$ 除以该立体角元所得之商，即单位立体角的光通量。

该量的符号为 I，单位为坎德拉（cd），1cd=1lm/sr。

5. 亮度

由公式 $d\Phi/(dA \cdot \cos\theta \cdot d\Omega)$ 定义的量，即单位投影面积上的发光强度，称为亮度。

该量的符号为 L，单位为坎德拉每平方米（cd/m^2）。

6. 照度

表面上一点的照度是入射在包含该点的面元上的光通量 $d\Phi$ 除以该面元面积 dA 所得之商。

该量的符号为 E，单位为勒克斯（lx），$1lx=1lm/m^2$。

7. 维持平均照度

规定表面上的平均照度不得低于维持平均照度。它是在照明装置必须进行维护的时刻，在规定表面上的平均照度。

8. 参考平面

参考平面是测量或规定照度的平面。

9. 作业面

在其表面上进行工作的平面叫作作业面。

10. 亮度对比

视野中识别对象和背景的亮度差与背景亮度之比，叫作亮度对比。

11. 识别对象

识别的物体和细节（如需识别的点、线、伤痕、污点等），叫作识别对象。

12. 维护系数

照明装置在使用一定周期后，在规定表面上的平均照度或平均亮度与该装置在相同条件下新装时在同一表面上所得到的平均照度或平均亮度之比，叫作维护系数。

13. 一般照明

为照亮整个场所而设置的均匀照明，叫作一般照明。

14. 分区一般照明

对某一特定区域，如进行工作的地点，设计成不同的照度来照亮该区域的一般照明，叫作分区一般照明。

15. 局部照明

特定视觉工作用的、为照亮某个局部而设置的照明，叫作局部照明。

16. 混合照明

由一般照明与局部照明组成的照明，叫作混合照明。

17. 正常照明

在正常情况下使用的室内外照明，叫作正常照明。

18. 应急照明

因正常照明的电源失效而启用的照明叫作应急照明。应急照明包括疏散照明、安全照明和备用照明。

19. 疏散照明

疏散照明作为应急照明的一部分，是用于确保疏散通道被有效地辨认和使用的照明。

20. 安全照明

安全照明作为应急照明的一部分，是用于确保处于潜在危险之中的人员安全的照明。

21. 备用照明

备用照明作为应急照明的一部分，是用于确保正常活动继续进行的照明。

22. 值班照明

非工作时间为值班所设置的照明，叫作值班照明。

23. 警卫照明

用于警戒而安装的照明，叫作警卫照明。

24. 障碍照明

在可能危及航行安全的建筑物或构筑物上安装的标志灯，叫作障碍照明。

25. 频闪效应

在以一定频率变化的光照射下，观察到物体运动显现出不同于其实际运动的现象，叫作频闪效应。

26. 光强分布

光强分布是用曲线或表格表示光源或灯具在空间各方向的发光强度值，也称配光。

27. 光源的发光效能

光源发出的光通量除以光源功率所得之商称为光源的发光效能，简称光源的光效，单位为流明每瓦特（lm/W）。

28. 灯具效率

在相同的使用条件下，灯具发出的总光通量与灯具内所有光源发出的总光通量之比称为灯具效率，也称灯具光输出比。

29. 照度均匀度

规定表面上的最小照度与平均照度之比，叫作照度均匀度。

30. 眩光

由于视野中的亮度分布或亮度范围的不适宜，或存在极端的对比，以致引起不舒适感觉或降低观察细部或目标的能力的视觉现象叫作眩光。

31. 直接眩光

由视野中，特别是在靠近视线方向存在的发光体所产生的眩光，叫作直接眩光。

32. 不舒适眩光

产生不舒适感觉，但并不一定降低视觉对象的可见度的眩光，叫作不舒适眩光。

33. 统一眩光值（*UGR*）

统一眩光值是度量处于视觉环境中的照明装置发出的光对人眼引起不舒适感主观反应的心理参量，其值可按 CIE 统一眩光值公式计算。

34. 眩光值（*GR*）

眩光值是度量室外体育场和其他室外场地照明装置对人眼引起不舒适感主观反应的心理参量，其值可按 CIE 眩光值公式计算。

35. 反射眩光

由视野中的反射引起的眩光，特别是在靠近视线方向看见反射像所产生的眩光，叫作反射眩光。

36. 光幕反射

光幕反射是视觉对象的镜面反射，它使视觉对象的对比降低，以致部分地或全部地难以看清细部。

37. 灯具遮光角

光源最边缘一点和灯具出口的连线与水平线之间的夹角，叫作灯具遮光角。

38. 显色性

照明光源对物体色表的影响叫作显色性。该影响是由于观察者有意识或无意识地将它与参比光源下的色表相比较而产生的。

39. 显色指数

在具有合理允差的色适应状态下，被测光源照明物体的心理物理色与参比光源照明同一色样的心理物理色符合程度的度量用显色指数表示，符号为 R。

40. 特殊显色指数

在具有合理允差的色适应状态下，被测光源照明 CIE 试验色样的心理物理色与参比光源照明同一色样的心理物理色符合程度的度量用特殊显色指数表示，符号为 R_i。

41. 一般显色指数

八个一组色试样的 CIE1974 特殊显色指数的平均值叫作一般显色指数，通称显色指数，符号为 R_a。

42. 色温度

当某一种光源（热辐射光源）的色品与某一温度下的完全辐射体（黑体）的色品完全相同时，完全辐射体（黑体）的温度称为色温度简称色温，符号为 T_c，单位为开（K）。

43. 相关色温度

当某一种光源（气体放电光源）的色品与某一温度下的完全辐射体（黑体）的色品最接近时，完全辐射体（黑体）的温度，叫作相关色温度，简称相关色温，符号为 T_{cp}，单位为开（K）。

44. 光通量维持率

灯在给定点燃时间后的光通量与其初始光通量之比，叫作光通量维持率。

45. 反射比

在入射辐射的光谱组成、偏振状态和几何分布给定状态下，反射的辐射通量或光通量与入射的辐射通量或光通量之比叫作反射比，符号为 ρ。

46. 照明功率密度（*LPD*）

单位面积上的照明安装功率（包括光源、镇流器或变压器）叫作照明功率密度，单位为瓦特每平方米（W/m^2）。

47. 室形指数

表示房间几何形状的数值叫作室形指数。

目　　录

1 光照基础知识

光与人类生活有着十分密切的关系，舒适的光线不仅可以提高人们的工作效率和产品质量，同时还有利于人们的身心健康。电气照明技术实际上是光的设计、控制与分配技术。因此，本章重点介绍光的性质与光度量、材料的光学性质、光与视觉以及光与颜色等基础知识，为后续内容的学习奠定基础。

1.1 光的基本概念

1.1.1 光的性质

光是一种能量存在的形式，光能可以在没有任何中间媒介的情况下向外发射和传播，这种向外发射和传播的过程称为光的辐射。光在一种介质中将以直线的形式向外传播，称之为光线。光的辐射具有二重性，即波动性和微粒性。光在传播过程中主要显示出波动性，而在与物质相互作用时则主要显示出微粒性。因此，光的理论也有两种，即光的电磁波理论和光的量子理论。

1. 光的电磁波理论

光的电磁波理论认为光是能在空间传播的一种电磁波。电磁波的传播形式可见图1.1。所有电磁波在真空中传播时，传播速度均相同，约为30万km/s，而在介质中传播时，其传播速度与波长、振动频率及介质的折射率有关。

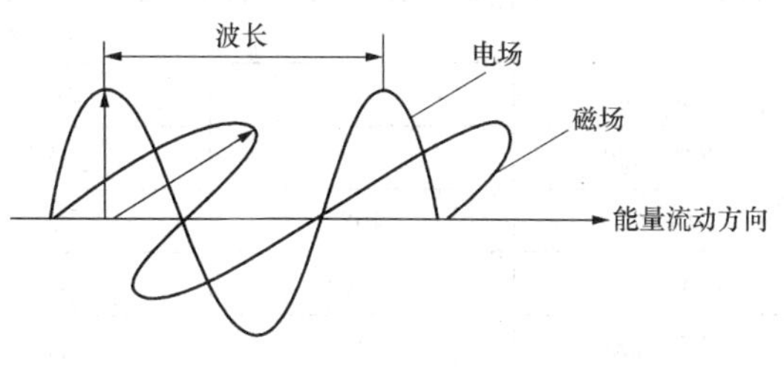

图1.1 电磁波传播形式示意图

电磁波的波长范围很宽广，不同波长的电磁波，其特性也会有很大的差别，但相邻波段的电磁波并没有明显的界限，因为波长的较小变化不会引起特性的突变。将各电磁波按波长或频率依次排列，可画出图1.2所示的电磁波波谱图。

在图1.2中，波长范围在380～780nm［1nm（纳米）＝10^{-9}m］的电磁波能使人的眼睛产生光感，这部分电磁波称之为可见光。不同波长的可见光有着不同的颜色，从380nm到780nm依次呈现紫、蓝、青、绿、黄、橙、红七种颜色，不同颜色可见光之间并没有明显的界限，而是随波长逐渐变化的。只有单一波长的光才表现为一种颜色，称为单色光，全部可见光波混在一起就形成了日光。波长约为1～380nm的电磁波为紫外线；波长约为780nm～1mm的电磁波为红外线。紫外线和红外线虽然不能引起人的视觉，但其辐射特性与可见光极其相似，可用平面镜、透镜、棱镜等光学元件进行反射、成像或色散，故光学上通常把紫外线、红外线和可见光统称为光。太阳所辐射的电磁波中，波长大于1400nm的被低空大气层中的水蒸气和二氧化碳强烈吸收，波长小于290nm的被高空大气层中的臭氧所吸收，能达到地表面的电磁波，其波长正好与可见光相符。可见光谱的颜色实际上是连续光

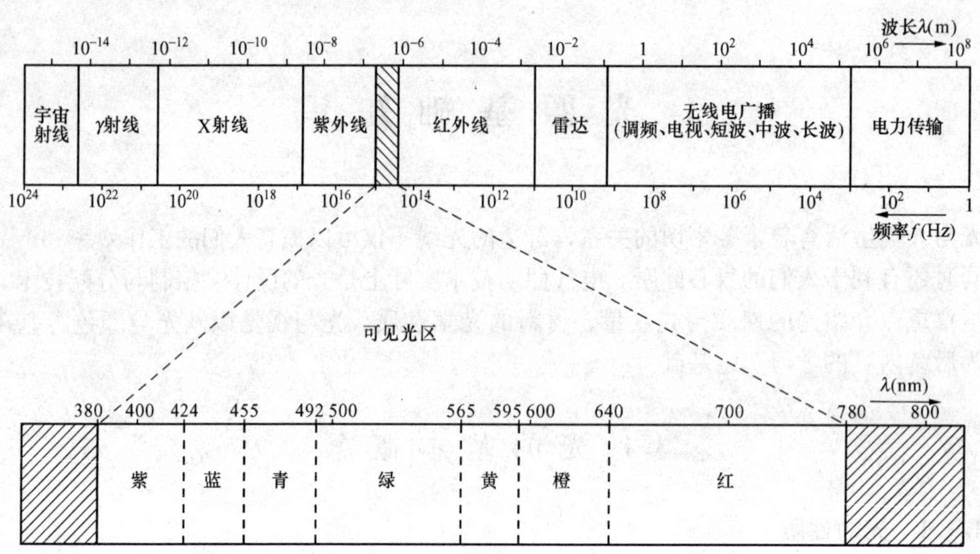

图 1.2 电磁波波谱图

谱混合而成的，光的颜色与相应的波段如表 1.1 所示。

表 1.1 光的颜色与相应的波长范围

波长区域（nm）	中心波长（nm）	区域名称		性质
1～200		真空紫外	紫外光	光辐射
200～300		远紫外		
300～380		近紫外		
380～424	402	紫	可见光	
424～455	440	蓝		
455～492	474	青		
492～565	529	绿		
565～595	580	黄		
595～640	618	橙		
640～780	710	红		
780～1500		近红外	红外光	
1500～10000		中红外		
10000～100000		远红外		

2. 光的量子理论

光的量子理论认为光是由辐射源发射的微粒流。光的这种微粒是光的最小存在单位，称为光量子，简称光子。光子具有一定的能量和动量，在空间占有一定的位置，并作为一个整体以光速在空间移动。光子与其他实物粒子不同，它没有静止的质量。

光的电磁波理论和量子理论是一致的，都是解释一种物理现象。光的电磁波理论可以解释光在传播过程中出现的物理现象，如光的干涉、衍射、偏振和色散等；光的量子理论可以解释光的吸收、散射和光电效应等。

1.1.2 常用光度量

1. 光谱光视效率

人眼对于不同波长的光感受是不同的，这不仅表现在光的颜色上，而且也表现在光的亮度上。不同波长的可见光尽管辐射的能量一样，但人看起来其明暗程度会有所不同，这说明人眼对不同波长的可见光有不同的主观感觉量。光谱光视效率用来评价人眼对不同波长光的灵敏度。在辐射能量相同的各色光中，白天或在光线充足的地方，人眼对波长 555nm 的黄绿色光最敏感，波长偏离 555nm 愈远，人眼对其感光的灵敏度就愈低；而在黄昏昏暗的环境中，人眼对波长为 507nm 的绿色光最敏感。

用来衡量电磁波所引起视觉能力的量，称为光谱光效能。任一波长可见光的光谱光效能 $K(\lambda)$ 与最大光谱光效能 K_m 之比，称为该波长的光谱光视效率 $V(\lambda)$，即

$$V(\lambda)=\frac{K(\lambda)}{K_m} \tag{1.1}$$

最大光谱光效能是指波长为 555nm（明视觉）或 507nm（暗视觉）可见光的光谱光效能，其值为 683lm/W。

国际照明委员会（CIE）根据各国测试和研究的结果，提出了 CIE 光度标准观察者光谱光视效率曲线，如图 1.3 所示。

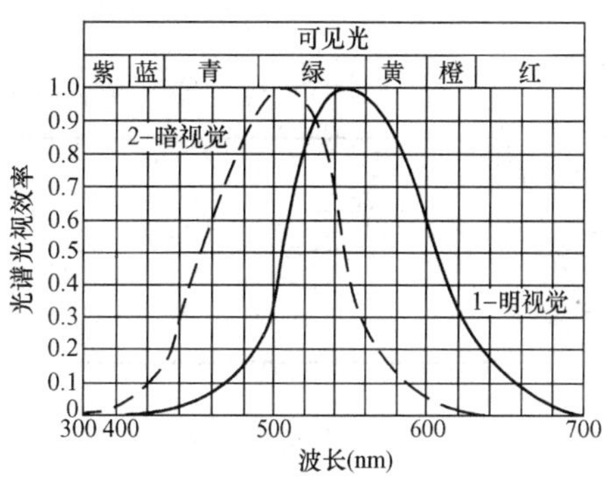

图 1.3 光谱光视效率曲线图

2. 光通量

光源在单位时间内向周围空间辐射并能使人眼产生光感的能量，称为光通量，用符号 Φ 表示，单位为 lm（流明）。实际上，光通量是人眼在单位时间内所能感觉到的光源辐射的能量，是人眼的主观感觉量，并不等于光源全部的辐射功率。

由最大光谱光效能可知，人眼可感受到波长为 555nm 的黄绿光的光谱光效能为 683lm/W，当其光源的辐射功率为 1W 时，其光通量应为 683lm。由此可得出某一波长的光源的光通量计算式为

$$\Phi(\lambda)=K(\lambda)\Phi_{e\lambda}=K_mV(\lambda)\Phi_{e\lambda} \tag{1.2}$$

式中 $\Phi(\lambda)$——波长为 λ 的光通量（lm）；

$K(\lambda)$——波长为 λ 的光的光谱光效能（lm/W）；

$V(\lambda)$——波长为 λ 的光的光谱光视效率；

$\Phi_{e\lambda}$——波长为 λ 的光源的辐射功率（W）；

K_m——最大光谱光效能，$K_m=683$lm/W。

式（1.2）是单色光的光通量计算公式，对大多数光源来说都含有多种波长的单色光，其辐射出的总光通量计算式为

$$\Phi=K_m\int_{380}^{780}\Phi_{e\lambda}V(\lambda)\mathrm{d}\lambda \tag{1.3}$$

光通量是表明光源发光能力的一个基本参数。例如，一只 220V、40W 的普通白炽灯的光通量为 350lm。而一只 220V、36W 的荧光灯的光通量为 2500lm，约为白炽灯的 7 倍。

3. 发光强度

由于辐射发光体在空间发出的光通量不均匀，大小也不同，故为了表示辐射体在不同方向上光通量的分布特性，引入了光通量的角密度概念，即发光强度。定义光源在空间某一特定方向上单位立方体角内发出的光通量称为光源在这一方向上的发光强度，简称为光强，以符号 I_θ 表示，单位为 cd（坎德拉）。

由数学理论得知，球面上某块面积 A 对球心所形成的角称为立体角，以符号 ω 表示，立体角的单位为 sr（球面度）。以圆锥顶为球心、r 为半径作一个球体，若锥面在球上截出的面积 A 等于 r^2，则该立体角称为 1sr。立体角的表达式为

$$\omega = A/r^2$$

因此，一个球体的球面度为 $\omega = A/r^2 = 4\pi r^2/r^2 = 4\pi$。

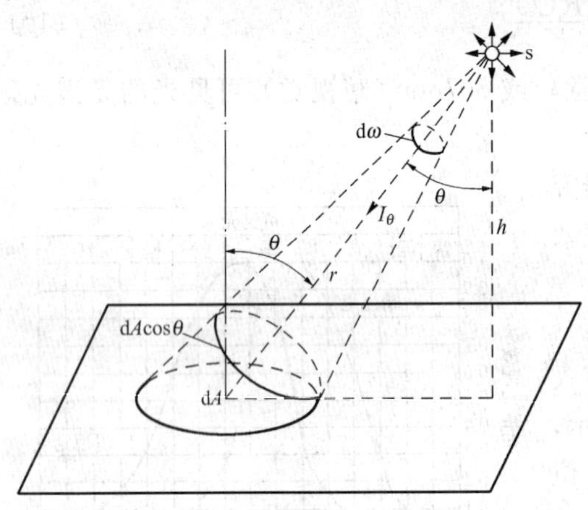

图 1.4　点光源的发光强度

在图 1.4 中，s 为点状发光体（点光源），它向各个方向辐射光通量。若在某一方向上取微小立体角 dω，在此立体角内所发出的光通量为 dΦ，则两者的比值即为这个方向上的光强。其表达式为

$$I_\theta = \frac{\mathrm{d}\Phi}{\mathrm{d}\omega} \tag{1.4}$$

若光源辐射的光通量是均匀的，则在该立体角内的平均光强为

$$I_\theta = \frac{\Phi}{\omega} \tag{1.5}$$

根据上述公式，当 $A = 1\mathrm{m}^2$，$r = 1\mathrm{m}$，则 $\omega = 1\mathrm{sr}$，若对应的 $\Phi = 1\mathrm{lm}$，则 $I_\theta = 1\mathrm{cd}$，即 1cd 表示在 1sr 内，均匀发出 1lm 的光通量。

发光强度常用于说明光源和灯具发出的光通量在空间各方向或在选定方向上的分布密度。在日常生活中，人们为了改变光源光通量在空间的分布情况，采用了各种不同形式的灯罩进行配光。例如，一只 220V、40W 的白炽灯发射的光通量为 350lm，它的平均光强为 (350/4π) cd=28cd。若在该灯泡上面装一盏白色搪瓷平盘灯罩，那么灯的正下方发光强度可提高到 70～80cd；如果配上一个聚焦合适的镜面反射罩，那么灯下方的发光强度可以高达数百坎德拉。然而，在后两种情况下，灯泡发出的光通量并没有变化，只是改变了光通量在空间的分布，从而使灯下方的发光强度提高了。

4. 照度

照度表征的是被照面被照射的程度，通常用单位面积内所接受的光通量来表示，符号为 E，单位为 lx（勒克斯），$1\mathrm{lx} = 1\mathrm{lm/m^2}$。取微小面积元 d$A$，设其上所接受的光通量为 d$\Phi$，则该处的照度为

$$E = \frac{\mathrm{d}\Phi}{\mathrm{d}A} \tag{1.6}$$

当光通量 Φ 均匀分布在被照面 A 上时，此被照面的照度为

$$E = \frac{\Phi}{A} \tag{1.7}$$

为了对照度有一个实际了解，现举例说明：在 40W 白炽灯下 1m 处的照度约为 30lx；夏季阴天中午室外照度为 8000～20000lx；晴天中午在阳光下的室外照度可高达 80000～120000lx；晴朗的满月夜地面照度约为 0.2lx；白天采光良好的室内照度为 100～500lx。

一般情况下，当光源的大小比其到被照面的距离小得多时，可将光源视为点光源。根据光强和立体角的公式，可得

$$E=\frac{\Phi}{A}=\frac{\omega I_\theta}{A}=\frac{AI_\theta}{Ar^2}=\frac{I_\theta}{r^2}$$

上式说明照度 E 与光源在这个方向上的光强成正比，与它至光源距离的平方成反比。因此，在照明设计中，为了提高局部照度，在光源不变的情况下，可通过改变灯具的配光特性和安装高度来实现。

5. 光出射度

光出射度又称面发光度，是用来表征发光体表面上发光强弱的一个物理量，通常用单位面积发出的光通量来表示，符号为 M，单位是 rlx（辐射勒克斯）。在发光体表面上取一微小面积元 dA，如果它发出的光通量为 dΦ，则该面积的平均光出射度为

$$M=\frac{\mathrm{d}\Phi}{\mathrm{d}A} \tag{1.8}$$

对于任意大小的发光表面 A，若发射的光通量为 Φ，则表面 A 的平均光出射度 M 为

$$M=\frac{\Phi}{A} \tag{1.9}$$

光出射度和照度的区别在于：光出射度表示的是发光体发出的光通量表面密度，而照度表示的是被照物体所接受的光通量面密度。

6. 亮度

光出射度只表示单位面积上所发出的光通量，并没有考虑光辐射的方向，因此，它不能表征发光面在不同方向上的光学特性。如图 1.5 所示，在一个广光源上取一个单元面积 dA，从与表面法线成 θ 角的方向上去观察，在这个方向上的光强与人眼所“见到”的光源面积之比，定义为光源在这个方向的亮度，即被视物体发光面在视线方向上的发光强度与发光面在垂直于该方向上的投影面积的比值，称为发光面的表面亮度，以符号 L 表示，单位为 cd/m^2（坎德拉每平方米）或 nt（尼特）。在数量上，1nt=1cd/m^2。

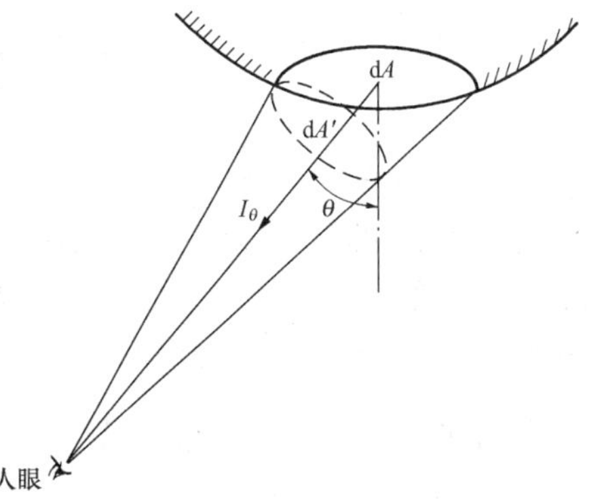

图 1.5 广光源一个单元面积上的亮度

由图中可以得出，能够看到的光源面积 dA'及亮度 L_θ 分别为

$$\mathrm{d}A'=\mathrm{d}A\cos\theta$$

$$L_\theta=\frac{I_\theta}{\mathrm{d}A'}=\frac{I_\theta}{\mathrm{d}A\cos\theta} \tag{1.10}$$

式中 dA——发光体的单元面积（m^2）；

θ——视线与受照表面法线之间的夹角（°）；

I_θ——与法线成 θ 角的给定方向上的光强（cd）。

如果 dA 是一个理想的漫射发光体或具有漫反射表面的二次发光体，它的光强将遵守朗伯余弦定律，即 $I_\theta = I_0\cos\theta$，如图 1.6 所示。

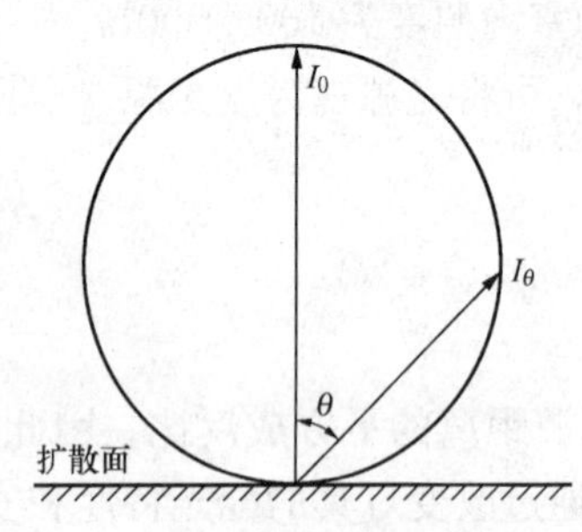

图 1.6　理想漫反射面的光强分布

将 $I_\theta = I_0\cos\theta$ 代入式（1.10）得

$$L_\theta = \frac{I_0\cos\theta}{dA\cos\theta} = \frac{I_0}{dA} = L_0 \tag{1.11}$$

式中　I_0——发光体表面法线方向的光强（cd）。

上式表明发光体的亮度 L_θ 与方向无关，即从任意方向看，亮度都是一样的。部分光源的亮度如表 1.2 所示。

表 1.2　　部分光源的亮度

光　源	亮　度（$cd \cdot m^{-2}$）	光　源	亮　度（$cd \cdot m^{-2}$）
太　阳	1.6×10^9 以上	蜡　烛	$(0.5\sim1.0)\times10^4$
钨丝灯	$(2.0\sim20)\times10^6$	蓝　天	0.8×10^4
荧光灯	$(0.5\sim15)\times10^4$	电视屏幕	$(1.7\sim3.5)\times10^2$

以上介绍了常用的几个光度量单位。其中，光通量表征的是发光体的发光能力；光强表明了光源辐射光通量在空间的分布状况；照度表示被照面接受光通量的面密度，用来衡量被照面的照射程度；光出射度是表示发光体所发出光通量的面密度；亮度则表明了直接发光体和间接发光体在视线方向上单位面积的发光强度，即物体表面的明亮程度。

1.2　材料的光学性质

1.2.1　透射比、反射比和吸收比

光在均匀的同一介质中沿直线传播，如果在行进过程中遇到新的介质，则会出现反射、透射和吸收现象，一部分光被介质表面反射，一部分透过介质，余下的一部分则被介质吸收，如图 1.7 所示。材料对光的这种性质在数值上可用光的透射比、反射比和吸收比来表示。

反射比　$$\rho = \frac{\Phi_\rho}{\Phi_i} \tag{1.12}$$

透射比　$$\tau = \frac{\Phi_\tau}{\Phi_i} \tag{1.13}$$

吸收比　$$\alpha = \frac{\Phi_\alpha}{\Phi_i} \tag{1.14}$$

式中　Φ_i——入射到介质表面的光通量；

Φ_ρ——被介质表面反射的光通量；

Φ_τ——穿透该介质的光通量；

Φ_α——被介质吸收的光通量。

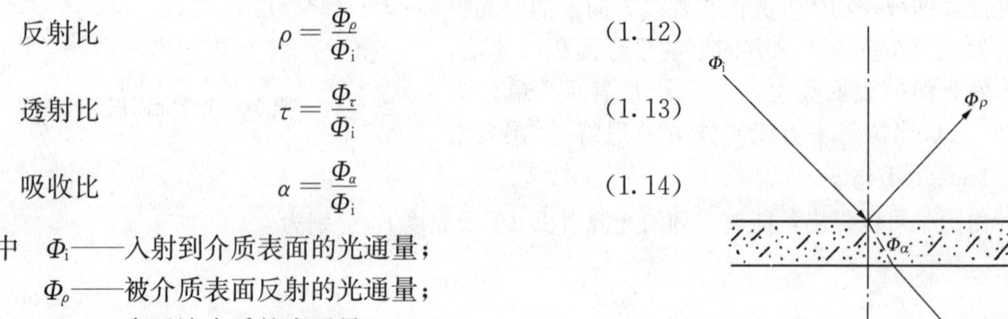

图 1.7　光的透射、反射和吸收

光投射到介质时可能同时发生介质对光的吸收、反射和

透射现象，根据能量守恒定律，投射光通量应等于上述三部分光通量之和，即

$$\Phi_i = \Phi_\rho + \Phi_\tau + \Phi_\alpha \tag{1.15}$$

或

$$\rho + \tau + \alpha = 1 \tag{1.16}$$

影响材料反射的主要因素是材料本身的性质，其中最主要的是材料表面的光滑程度、颜色和透明度，材料表面越光滑、颜色越浅、透明度越小，反射比就越大。另外，光的入射方式和光的波长等也影响物质的反射比。

影响材料透射的因素主要是物质的性质和厚度，材料的透明度越高，透射比越大，非透明材料透射比为零；同一种材料厚度越大，透射比就越小。入射方式和光的波长等也影响物质的透射比。

影响材料吸收的主要因素是材料的性质和光程。例如透明材料对光的吸收作用小；非透明材料且表面粗糙、颜色较深，对光的吸收作用大；光程越长，吸收越大。

从照明角度来看，反射比或透射比高的材料使用价值比较高。我们应该深入了解各种材料反射光或透射光的性能，以求在光环境设计中恰当运用各种材料。各种材料的反射比和吸收比参见表 1.3。

表 1.3　部分材料的反射比和吸收比

材料类型		反射比	吸收比
规则反射	银	0.92	0.08
	铬	0.65	0.35
	铝（普通）	60～73	40～27
	铝（电解抛光）	0.75～0.84（光泽） 0.62～0.70（无光）	0.25～0.16（光泽） 0.38～0.30（无光）
	镍	0.55	0.45
	玻璃镜	0.82～0.88	0.18～0.12
漫反射	硫酸钡	0.95	0.05
	氧化镁	0.975	0.025
	碳酸镁	0.94	0.06
	氧化亚铅	0.87	0.13
	石膏	0.87	0.13
	无光铝	0.62	0.38
	率喷漆	0.35～0.40	0.65～0.60
建筑材料	木材（白木）	0.40～0.60	0.60～0.40
	抹灰、白灰粉刷墙壁	0.75	0.25
	红砖墙	0.30	0.70
	灰砖墙	0.24	0.76
	混凝土	0.25	0.75
	白色瓷砖	0.65～0.80	0.35～0.20
	透明无色玻璃（1～3mm）	0.08～0.10	0.01～0.03

1.2.2　光的反射

当光线投射到非透明物体表面时，大部分光被反射，小部分光被吸收。反射光虽然改变了光的方向，但光的波长成分并没有变化。光线在镜面和扩散面上的反射状态有以下四种。

1. 定向反射

在研磨很光的镜面上，光的入射角等于反射角，反射光线总是在入射光线和法线所决定的平面内，并与入射光分处在法线两侧，此规则称为“反射定律”，如图 1.8 所示。在反射角以外，人眼看不到反射光，这种反射称为定向反射，亦称规则反射或镜面反射。它常用来控制光束的方向，灯具的反射灯罩就是利用这一原理制作的。

2. 散反射

光线从某一方向入射到经散射处理的铝板、经涂刷处理的金属板或毛面白漆涂层时，反射光向各个不同方向散开，但其总的方向是一致的，其光束的轴线方向仍遵守反射定律。这种光的反射称之为“散反射”，如图 1.9 所示。

3. 漫反射

光线从某一方向入射到粗糙表面或涂有无光泽的镀层时，反射光被分散在各个方向，即不存在规则反射，这种光的反射称为“漫反射”。若反射遵守朗伯余弦定律时，则从反射面的各个方向看去，其亮度均相同，这种光的反射则称为各向同性漫反射或完全漫反射，如图 1.10 所示。

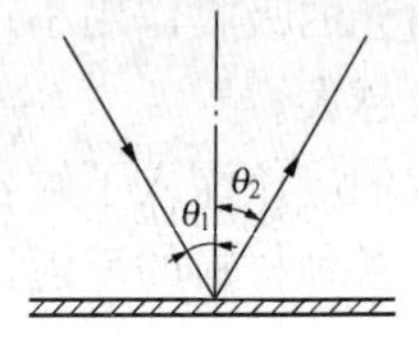

图 1.8　定向反射

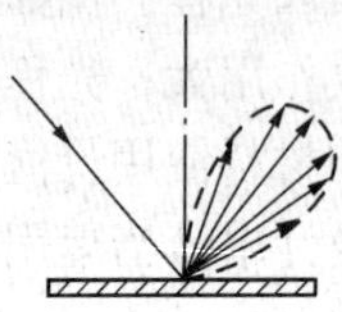

图 1.9　散反射

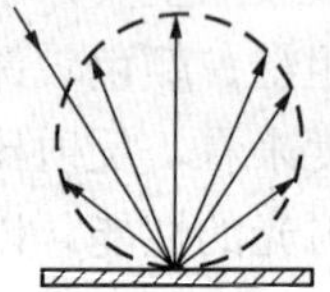

图 1.10　完全漫反射

4. 混合反射

光线从某一方向入射到瓷釉或带有高光泽度的漆层上时，其反射特性介于规则反射与漫反射（或散反射）之间，则称之为“混合反射”，如图 1.11 所示。图 1.11（a）为漫反射与规则反射的混合；图 1.11（b）表示的是散反射与漫反射的混合；图 1.11（c）表示的是散反射与规则反射的混合。在规则反射方向上的发光强度比其他方向要大得多，且有最大亮度，而在其他方向上也有一定数量的反射光，但亮度分布不均匀。

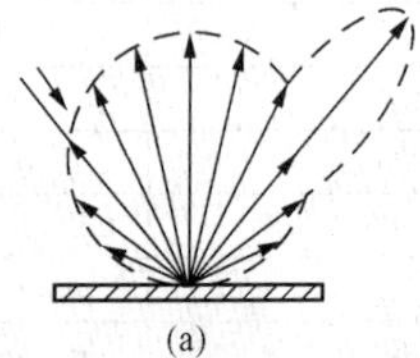

(a)

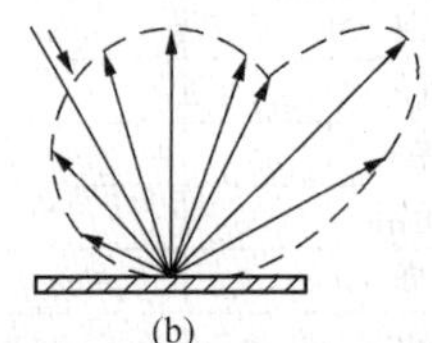

(b)

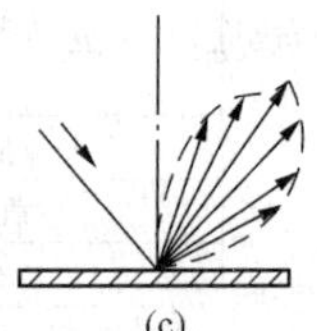

(c)

图 1.11　混合反射

灯具采用反射材料的目的在于把光源的光反射到需要照明的方向。为了提高效率，一般宜采用反射比较高的材料，此时反射面就成了二次发光面。

1.2.3　光的折射和透射

1. 光的折射

当光从一种介质射入另一种介质时，由于两种介质的密度不同而造成光线方向改变的现象称为折射，如图 1.12 所示。光的折射符合折射定律：

（1）入射角、折射角与分界面的法线同处于一个平面内，且分居于法线的两侧。

（2）入射角正弦和折射角正弦的比值对确定的两种介质来说是一个常数，即

$$\frac{\sin i}{\sin\gamma}=\frac{n_2}{n_1}$$

式中　n_1，n_2——分别为两种介质的折射率；

　　i，γ——分别为入射角和折射角。

我们常常利用折射能改变光线方向的原理，制成能精确地控制光分布的折光玻璃砖、各种棱镜灯罩等。此外，当一束白光通过折射棱镜时，由于组成白光的单色光频率不同，则因折射而分离成各种颜色，这种现象称作色散。

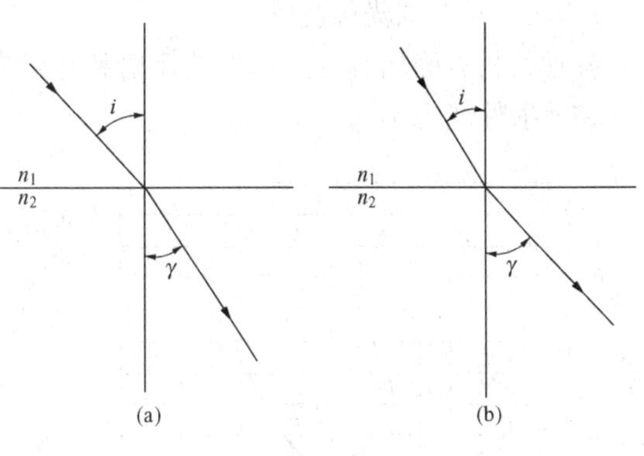

图 1.12　光的折射

(a) $n_2>n_1$，$\gamma<i$；(b) $n_2<n_1$，$\gamma>i$

2. 光的透射

光线入射到透明或半透明材料表面时，部分被反射、吸收，而大部分可以透射过去。譬如，光在玻璃表面垂直入射时，入射光在第一面（入射面）反射 4%，在第二面（透过面）反射 3%～4%，被吸收 2%～8%，透射率为 80%～90%。透射可分为以下四种状态。

(1) 定向透射。当光线照射到透明材料上时，透射光将按照几何光学的定律进行透射，这就是定向透射，又称规则透射，如图 1.13 所示。其中，图 1.13（a）为平行透光材料（如平板玻璃），透射光的方向与原入射光方向相同，但有微小偏移；图 1.13（b）为非平行透光材料（如三棱镜），透射光的方向由于光的折射而改变了方向。

(2) 散透射。光线穿过散透射材料（如磨砂玻璃）时，在透射方向上的发光强度较大，在其他方向上发光强度则较小。此时，表面亮度也不均匀，透射方向较亮，而其他方向则较弱。这种情况称为散透射，如图 1.14 所示。

(3) 漫透射。光线照射到散射性好的透光材料（如乳白玻璃等）时，透射光将向所有的方向散开，并均匀分布在整个半球空间内，这称为漫透射。若透射光服从朗伯余弦定律，即亮度在各个方向上均相同，则称为均匀漫透射或完全漫透射，如图 1.15 所示。

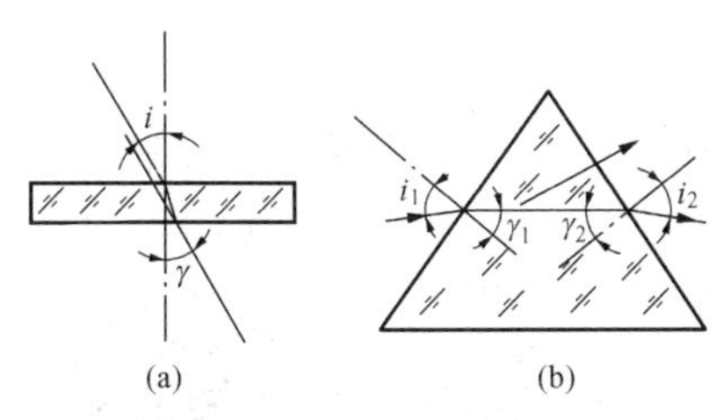

图 1.13　定向透射

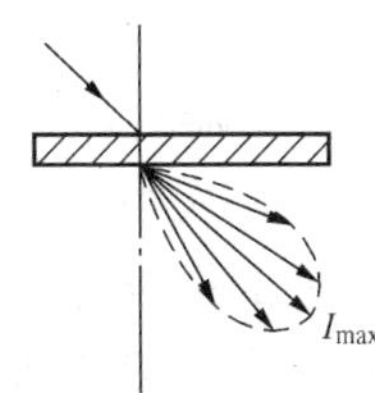

图 1.14　散透射

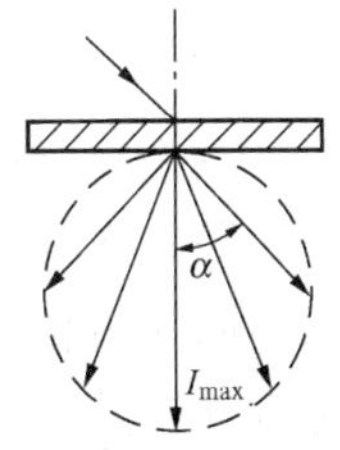

图 1.15　均匀漫透射

(4) 混合透射。光线照射到透射材料上，其透射特性介于漫透射或散透射与定向透射之间时，称为混合透射。

透明材料具有定向透射特性，在入射光的背侧，光源与物像清晰可见，如普通玻璃窗，既可以采光又可真实观察室外景物。磨砂玻璃具有典型的散透射特性，背光的一侧仅能看见光源模糊的影像。乳白玻璃具有均匀漫透射的特性，整个透光面亮度均匀，完全不见背面的光源和物像，因此可利用这些材料做成灯罩、光带、发光顶棚等，使室内光线均匀柔和。另外，光线的穿透能力还与它的厚度有关，如水是透光的，但当水较深，即比较厚时，将是不透光的。

1.2.4 材料的光谱特性

各种材料表面均具有选择性地反射和透射光通量的性能，即对于不同波长的光，其反射性能和透射性能也不同。

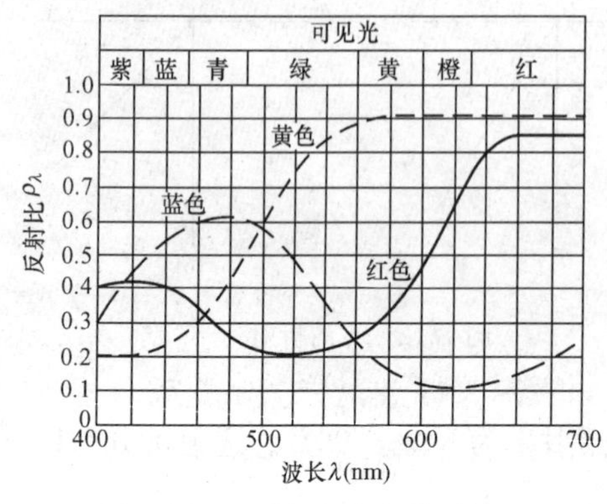

图 1.16 几种颜色的光谱反射比

由于对不同波长的光的反射性能不同，使得在太阳光照射下的物体呈现出各种不同的颜色。为了说明材料表面对于一定波长光的反射特性，引入光谱反射比的概念。

光谱反射比 ρ_λ 定义为物体反射的单色光通量 $\Phi_{\lambda\rho}$ 与入射的单色光通量 $\Phi_{\lambda i}$ 之比，即

$$\rho_\lambda = \Phi_{\lambda\rho}/\Phi_{\lambda i} \tag{1.17}$$

图 1.16 所示为几种颜色的光谱反射比 $\rho_\lambda = f(\lambda)$ 的曲线。由图可见，这些有颜色的表面在与其颜色相同的光谱区域内具有最大的光谱反射比。

材料的透射性能同样用其光谱透射比表示。光谱透射比 τ_λ 定义为透射的单色光通量 $\Phi_{\lambda\tau}$ 与入射的单色光通量 $\Phi_{\lambda i}$ 之比，即

$$\tau_\lambda = \Phi_{\lambda\tau}/\Phi_{\lambda i} \tag{1.18}$$

需要指出，通常所说的反射比 ρ 和透射比 τ 都是针对色温为 5500K 的白光而言的。

1.3 视觉与颜色

1.3.1 光与视觉

光射入人的眼睛后产生视觉，使人能够看到物体的形状、颜色，感觉到物体的大小、质感和空间关系。光是视觉产生的前提和依据。

1.3.1.1 眼睛的构造与视觉

1. 眼睛的构造

眼睛是一个复杂而又精密的感觉器官，其构造如图 1.17 所示。光线进入人眼是产生视觉的第一阶段，作为一种光学器官，人眼的工作状态在很多方面与照相机相似。其中，把倒像投射到视网膜上的透镜是有弹性的，它的曲率和焦距由睫状肌控制，其控制过程就叫作调节。透镜的孔径即瞳孔由虹膜控制，像自动照相机那样，在低照度下瞳孔变大，在高照度下瞳孔缩小。

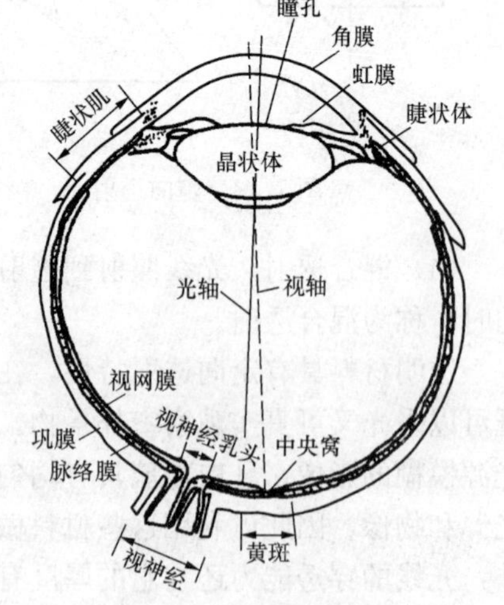

图 1.17 眼睛的构造

2. 眼睛的视觉

眼睛的视觉指的是对可见光的感觉。那么，人眼是如何感觉到可见光的呢？原来在人眼的视网膜上布满了大量的感光细胞。这些感光细胞可以分为两大类，即锥状神经细胞和杆状神经细胞。两种细胞的数量都多达几百万个，锥状神经细胞以中央窝区域分布最密。柱状神经细胞则呈扇面形状分布在黄斑到视网膜边缘的整个区

域内。

两种视神经细胞有各自的功能特征与分工。锥状神经细胞在明亮的环境下，对色觉和视觉敏锐度起决定作用，它能分辨出物体的细部和颜色，并对环境的明暗变化作出迅速反应。而杆状神经细胞在黑暗环境中对明暗感觉起决定作用，它虽能看到物体，但不能分辨其细部和颜色，对明暗的变化反应缓慢。

总之，人的视觉过程实际上是一种复杂的生理现象。由于杆状神经细胞和锥状神经细胞里都含有一种感光物质，当光落在视网膜上时，视细胞吸收了光能，并刺激神经末梢，形成生物脉冲，通过视神经把信息传导到大脑，经大脑综合处理而产生视觉。

1.3.1.2 视觉特性

1. 视觉识别阈限

光刺激必须达到一定的数量才能引起光的感觉。能引起光感觉的最低限度的亮度称为视觉识别阈限，因用亮度来度量，故又称为亮度阈限。当背景亮度近似为零，而观察目标又足够大，该目标形成的视角不小于 30°时，眼睛能识别的最低亮度称为视觉的绝对亮度阈限。绝对亮度阈限的倒数称为视觉的绝对感受性。实践证明，在充分适应黑暗的条件下，人眼的绝对亮度阈限约为 10^{-6}cd/m^2。

视觉的亮度阈限与诸多因素有关，比如与目标物的大小、目标物发出光的颜色以及观察时间等。目标物越小，亮度阈限越高，目标越大，亮度阈限越低；目标物发出光的波长较长（如红光、黄光）时，亮度阈限值低，较短（如蓝光、紫光）时，亮度阈限值高；被观察目标呈现时间越短，亮度阈限值就越高，呈现时间越长，亮度阈限值就越低。通常是亮度越高越有利于视觉。但是，当亮度超过 10^6cd/m^2 时，视网膜可能被灼伤，所以人只能忍受不超过 10^6cd/m^2 的亮度。

2. 视力与视觉速度

(1) 对比灵敏度。眼睛要辨别某背景上的目标物，就需要目标物与背景之间有一定的差异。这种差异分为颜色和亮度两方面的内容。

把眼睛刚刚能辨别出目标物和背景之间的最小亮度差，称为临界亮度差。临界亮度差与背景亮度之比，称为目标物的临界亮度比。定义临界亮度比的倒数为对比灵敏度。

眼睛的对比灵敏度是随着照明条件和眼睛的适应情况而变化的，为了提高眼睛的对比灵敏度，就必须增加背景的亮度。

(2) 视力。视力与视觉条件和个人的视觉差别有关。视力的定性含义是指眼睛识别精细物体的能力。视力定量含义是指人眼能够区别两个相邻物体最小张角 D 的倒数。

国际上通常采用白底黑色的兰道尔环作为检查视力的标准视标，如图 1.18 所示。当 D=1.5mm，环心到眼睛切线的距离为 5m 时，若刚刚能识别这个缺口的方向，则视力为 1.0。若距离不变，当 D=3mm 时，则视力为 0.5；当 D=1mm 时，则视力为 1.5。

视力与被视物体的背景亮度和亮度对比有关。当亮度对比或背景亮度增加时，都有利于视力的提高。一般在亮度对比值或背景亮度较小时，随着它们的增加，对提高视力的作用很明显，但随着亮度对比值或背景亮度值的提高，这种作用将逐渐减小。实际

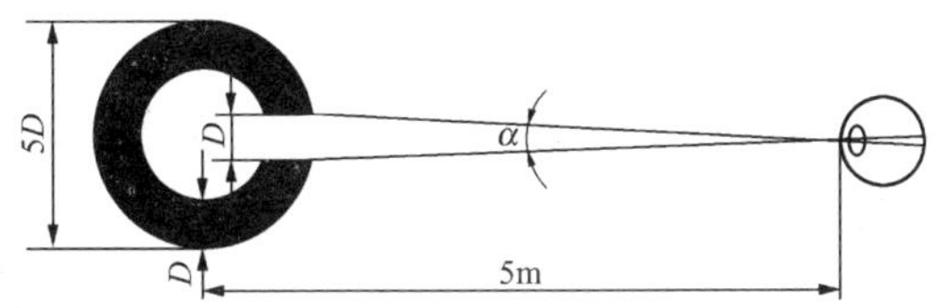

图 1.18 兰道尔环标准视标

上，当亮度对比或背景亮度过大时，不仅不会再提高视力，反而会影响视力，甚至损伤眼睛。

（3）视觉速度。光线作用于人的视网膜并形成视觉需要一定的时间。视觉速度指的是从看到物体至识别出它的外形所需时间的倒数。

视觉速度与视角大小、亮度对比和背景亮度有关。在一定的背景亮度下，物体越大或亮度对比越大，识别速度越大；当物体尺寸一定时，视觉速度随背景亮度的增加而增加。

3. 明视觉与暗视觉

前已述及，视细胞由锥状神经细胞和杆状神经细胞所组成。这两种细胞对光的感受性是不同的，杆状神经细胞对光的感受性很高，而锥状神经细胞对光的感受性很低。在明亮的环境下（$L \geqslant 10\text{cd/m}^2$），主要由锥状神经细胞参与视觉工作，这种视觉状态称为明视觉；在昏暗的环境下（$L = 10^{-2} \sim 10^{-6}\ \text{cd/m}^2$）主要由杆状神经细胞参与视觉工作，这种视觉状态称为暗视觉；亮度在 $10 \sim 10^{-2}\text{cd/m}^2$ 时，杆状神经细胞和锥状神经细胞同时工作，这种视觉状态称为中介视觉。

锥状神经细胞和杆状神经细胞对光的敏感性也不同，锥状神经细胞对 555nm 的光敏感性最大，杆状神经细胞对 507nm 的光敏感性最大。明视觉和暗视觉的光谱光效率曲线可参见图 1.3。

4. 明适应与暗适应

眼睛不但在阳光下能看清物体，在月光下也能看见物体，这主要是由于锥状神经细胞和杆状神经细胞相互交换工作及瞳孔的大小变化等因素所致。这种当视觉环境内亮度有较大幅度变化时，视觉对视觉环境内亮度变化的顺应，就称为适应。

适应有明适应和暗适应两种。人从黑暗处进入明亮的环境时，最初会感觉到刺眼，而且无法看清周围的景物，但过一会儿就可以恢复正常的视力，这种适应叫明适应；人从明亮的环境进入暗处时，在最初阶段将什么都看不见，逐渐适应了黑暗后，才能区分周围物体的轮廓，这种从亮处到暗处，人们视觉阈限下降的过程就称为暗适应。明适应和暗适应所需的适应时间，视具体情况有长有短，一般说来明适应所需时间较短，暗适应所需时间较长。

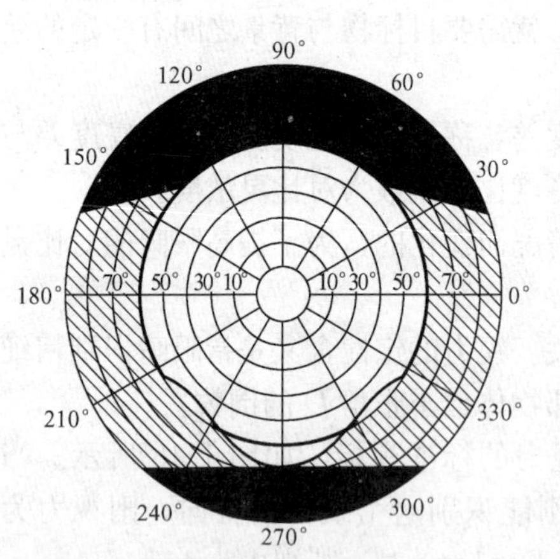

图 1.19　人眼的视场

在空间照明设计时，要考虑到人的明适应和暗适应因素，处理好过渡空间和过渡照明的设计。

5. 视野

人的视觉范围称之为视野或视场。在正常情况下，人两眼的水平视场为 180°，垂直视场为 130°，水平面上方为 60°，水平面下方为 70°。如图 1.19 所示，白色区域为双眼共同视场，斜线区域为单眼视场，黑色为被遮挡的区域。

一般情况下，人的视野将随亮度的提高而增大，但当亮度过高时，由于瞳孔的缩小反而会使视野变窄。另外，视野还随颜色、对比、物体的动或静、物体的大小以及人种等的不同而有所变化。

6. 视觉疲劳

长时间在恶劣的照明环境中进行视觉工作，易引起疲劳。疲劳可分为全身疲劳和眼睛局部疲劳。眼睛疲劳主要表现为眼睛痛、头痛、视力下降等症状。眼睛局部的疲劳往往是全身疲劳的起因。

视觉疲劳会随着照度的增加而得以改善。当照度在500lx以下时易出现上述疲劳；当照度在500～1000lx时，随着照度的增加视觉疲劳的改善效果比较明显；当照度达1000lx以上时，对改善视功能、减少视觉疲劳的影响不大。所以，500～1000lx是绝大多数连续工作的室内工作场所理想的照度取值范围。

7. 眩光

由于视野中的亮度分布或亮度范围的不适宜，或存在极端的亮度对比，以致引起人眼的不舒适感觉或者降低观察细部目标的能力的视觉现象，统称为眩光。

根据眩光对视觉的影响程度，可分为失能眩光和不舒适眩光。降低视觉功效和可见度的眩光称为失能眩光。出现失能眩光后，将会降低目标和背景间的亮度对比，使视力下降，甚至丧失视力。引起人眼睛不舒适感觉，但并不一定降低视觉功效或可见度的眩光称为不舒适眩光。不舒适眩光会影响人们的注意力，时间长了就会增加视觉疲劳，这是一种常见的、又容易被忽视的眩光。

影响眩光的因素有：

(1) 周围环境较暗时，眼睛的适应亮度很低，即使是亮度较低的光，也会有明显的眩光。

(2) 光源表面或灯具反射面的亮度越高，眩光越显著。

(3) 光源的大小。光源的发光表面越大越容易引起眩光。

另外，一个明亮光源发出的光线，被一个有光泽的表面反射入观察者眼睛，可能产生轻度分散注意力的不舒适感觉。当这种反射发生在作业面上时，就称为光幕反射；若发生在作业面以外时，就称为反射眩光。光幕反射会降低作业面的亮度对比，使目视工作效果降低，从而也就降低了照明效果。

1.3.2 光与颜色

1.3.2.1 光谱能量分布

不同波长可见光的单色辐射在视觉上反映出不同的颜色。各种颜色可见光的中心波长及其光谱范围，参见表1.1。

一个光源发出的光是由许多不同波长的辐射组成，其中各个波长的辐射能量（功率）也不同。光源的光谱辐射能量（功率）按波长的分布称为光谱能量（功率）分布，以光谱能量的任意值来表示光谱能量分布，称为相对光谱能量分布。常用照明电光源的相对光谱能量（功率）分布，如图1.20所示。

1.3.2.2 颜色的基本特性

物体的颜色是物体对光源的光谱辐射有选择地反射或透射对人眼所产生的感觉。

1. 颜色的形成

颜色起源于光，颜色是光作用于人的视觉神经所引起的一种感觉。因为发光体发出的光而引起人们色觉的颜色称为光源色，光的波长不同，颜色也不同（见表1.1）。通常一个光源发出的光是由许多不同波长单色光组成的复合光，其光源色取决于它的光谱能量分布。

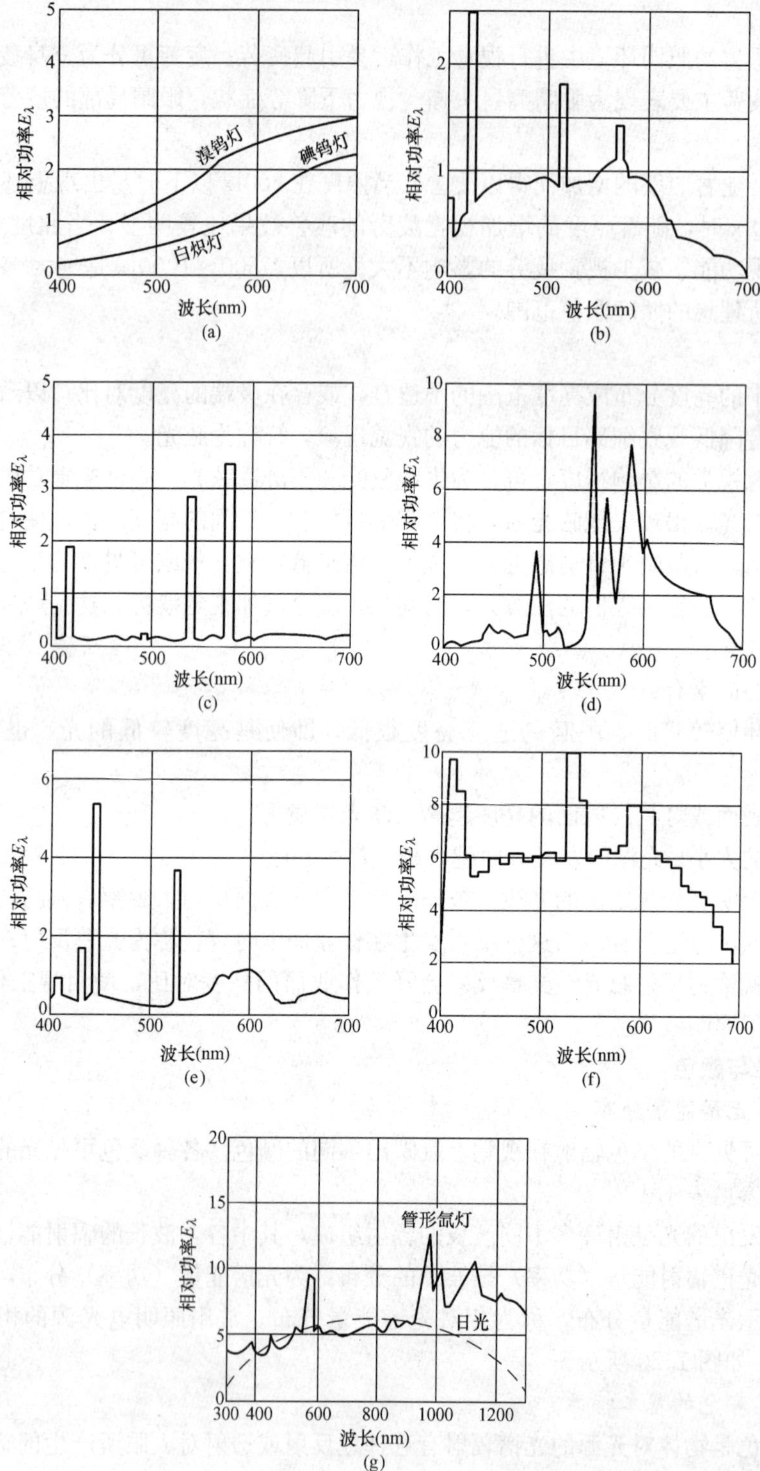

图 1.20　常用照明电光源的相对光谱功率分布

（a）白炽灯、卤钨灯；（b）荧光灯；（c）荧光高压汞灯；
（d）高压钠灯；（e）钠铊铟灯；（f）管形镝灯；（g）管形氙灯、日光

非发光体的颜色称为物体的表面色，可简称物体色或表面色。物体色是物体在光源照射下，其表面产生的反射光或透射光所引起的色觉。因此，物体色取决于物体表面的光谱反射比，也取决于入射光的光谱组成。如用白光照射某一表面，它吸收了白光包含的绿光和蓝光，反射红光，这一表面就呈红色；若用红光照射该表面，它将呈现出更加鲜艳的红色。

2. 颜色的基本特征

颜色可分为无彩色和有彩色两大类。无彩色是指黑色、白色和介于两者之间的深浅不同的灰色，从黑色开始，依次逐渐到灰色、白色，这个系列称作黑白系列或叫无色系列。黑白系列之外的各种颜色属于有彩色，按照波长可以依次排列组成一个系列，称为彩色系列。

颜色具有三个基本特征，也称为颜色三要素：

（1）色相。色相也叫色调或色别，反映不同颜色各自具有的相貌。红、橙、黄、绿、青、蓝、紫等颜色名称就是色相的标志。可见光谱中不同波长的光，在视觉上表现为不同的色相。各种单色光在白色背景上呈现的颜色，就是光谱色的色相。光谱色按顺序和环状形式排列即组成色相环，色相环包括六个标准色以及介于这六个标准色之间的颜色，即红、橙、黄、绿、青、紫以及红橙、橙黄、黄绿、青绿、青紫和红紫 12 种颜色，也称 12 色相。

（2）明度。明度即颜色的明暗程度。它的具体含义有：①不同色相的明暗程度是不同的。光谱中的各种颜色，以黄色的明度为最高，由黄色向两端发展，明度逐渐减弱，以紫色的明度为最低。②同一色相当受光强弱不同时，明度也是不一样的，光越强明度越高，反之则越低。

（3）彩度。彩度又称纯度或饱和度，指颜色的深浅程度。彩度反映颜色色相的表现程度，也可反映光线波长范围的大小，可见光谱中各种单色光彩度最高，黑白系列的彩度为零，或可认为黑白系列无彩度。光谱色中加白，则彩度降低，明度提高；加黑，则彩度降低，明度也降低。

非彩色只有明度的差别，没有色调和彩度这两个特性。因此，对于非彩色，只能根据明度的差别来辨认物体，而对于彩色，可以从明度、色调和彩度三个特性来辨认物体，这就大大提高了人们识别物体的能力。

3. 颜色的混合

颜色的混合是指将两种或更多种不同的颜色混合，从而产生一种新的颜色。光源色的混合与物体色的混合有很大的不同，光源色的混合遵循加法混色，物体色的混合遵循减法混色。

（1）光源色的混合。光源色的混合即加法混色。实践证明，人眼能够感知和辨认的每一种颜色都能从红、绿、蓝三种颜色匹配出来，而这三种颜色中无论哪一种都不能由其他两种颜色混合产生。因此，在色度学中将红（700nm）、绿（546.1nm）、蓝（435.8nm）称为三原色。

在三原色中，若将红色光与绿色光混合可得出另一种中间色，将红、绿两种光的强度任意调节，可得出一系列的中间色，如红橙色、橙黄色、橙色、黄橙色、黄色、黄绿色、绿黄色等。当绿色光与蓝色光混合时，可得出一系列介于绿与蓝之间的中间色。蓝与红混合时，可得出一系列介于蓝与红之间的中间色。上述光色只要比例合适，相加可得出

红色＋绿色＝黄色

绿色＋蓝色＝青色

蓝色＋红色＝品红色

红＋绿＋蓝＝白色

光的混合遵循以下规律：

1）补色律。若两种颜色按适当比例混合能产生白色或灰色，这两种颜色则称为互补色。如黄色光和蓝色光混合可获得白色光，故黄色光与蓝色光为互补色，黄色是蓝色的补色，蓝色也是黄色的补色。同样，红和青、绿和品红为互补色。

2）中间色律。两种非互补色的光混合，可产生中间色。色调决定两种光色的相对比例，偏向于比重大的光色。

3）替代律。表观颜色相同的光，不管其光谱组成是否相同，在颜色相加混合中具有同样的效果。例如，颜色 A＝颜色 B，颜色 C＝颜色 D，则颜色 A＋颜色 C＝颜色 B＋颜色 D。

4）亮度叠加律。由几种颜色光组成的混合色的亮度，是各种颜色光亮度的总和。

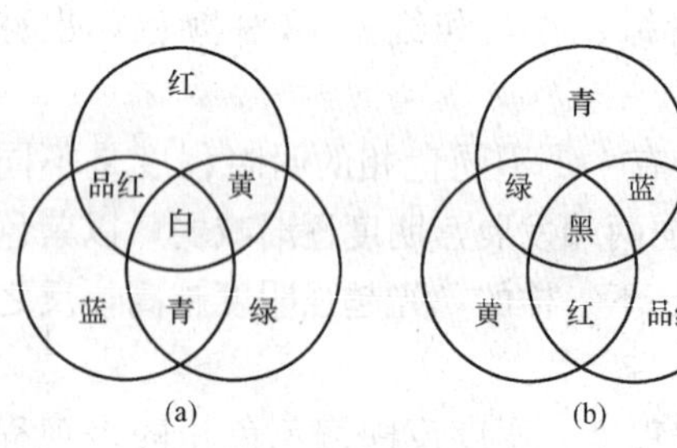

图 1.21　彩色的原色和中间色

(a) 加法混色；(b) 减法混色

图 1.21（a）示出了加法混色的原色和中间色。光的相加混合可用于不同类型光源的混合照明、舞台照明、彩色电视的颜色合成等方面。

（2）物体色的混合。物体色的混合即减法混色。我们知道，物体表面色是由其他光源照射物体表面产生反射光，该反射光射入人眼睛而引起的色觉，因此这种色觉主要取决于物体表面的光谱吸收比。为了获得真实的色觉，我们常用白光来照射物体，物体从照射在其上的白色光中吸收了哪些成分，反射了哪些成分，就形成了物体色。如：用白光照射物体，反射在人眼中是黄色，说明物体吸收了蓝色光，反射了红色光和绿色光，从而形成黄色。

减法混色的三原色是加法混色三原色的补色，即品红、黄色和青色。以黄色为例有

黄色＝白色(入射光)－蓝色(被吸收)

＝红色(反射光)＋绿色(反射光)

＝黄色(色觉)

因此，黄色称为减蓝色，可用来控制蓝色。同样

品红色＝白色－绿色

青色＝白色－红色

品红色称为减绿色，可用来控制绿色；青色称为减红色，可用来控制红色。

将减法混色中的三原色相混合，可以得出颜料混合规律

品红(颜料)＋黄色(颜料)＝白色(入射光)－绿色(被品红颜料吸收)

－蓝色(被黄色颜料吸收)

＝红色(反射光,色觉)

同样

黄色＋青色＝白色－蓝色－红色＝绿色

青色＋品红＝白色－红色－绿色＝蓝色

品红＋青色＋黄色＝白色－红色－绿色－蓝色＝黑色

根据上述规律，我们将黄色滤光片与青色滤光片混合，由于黄片减蓝，青片减红，重叠相减只透过绿色；将品红和黄色颜料混合，因品红减绿，黄色减蓝而呈现红色；将品红、黄、青混合在一起，则呈黑色。图 1.21（b）示出了减法混色的原色和中间色。

综上所述，减法混色与加法混色的主要区别是，加法混色适用于光源色的混合，减法混色适用于物体色的混合。我们要掌握颜色混合的规律，一定要注意颜色相加混合与颜色相减混合的区别。

1.3.2.3 *颜色视觉与效应*

人的视觉器官能够反映光的强度特性和波长特性，即所谓亮度视觉和颜色视觉。颜色是物体的属性，通过颜色视觉，人们能从外界获得更多的信息。

颜色直接影响到人的情绪、心理状态，甚至工作效率。颜色还可以改变空间体量，调节空间情调。正确运用颜色对于提高室内的视觉感受，创造一个良好的视觉环境具有重要的作用。

1. 颜色的物理效应

（1）温度感。颜色的温度感是人们长期生活习惯的反应。例如，人们看到红色、橙色、黄色产生温暖感；看到青、蓝、绿产生凉爽感。通常将红、橙、黄之类的颜色称为暖色，把青、蓝、绿的颜色叫冷色，黑、白、灰称为中性色。

（2）重量感。重量感即通常所说的颜色的轻、重感觉。颜色的重量感主要取决于明度。明度高的色轻，低的色重；明度相同，彩度高的一方显轻，低的一方显重。

（3）体量感。体量感是指由于颜色作用使物体看上去比实际的大或者小的感觉。从体量感的角度看，可将颜色划分为膨胀色和收缩色。由于物体具有某种颜色，使人看上去增加了体量，该颜色即属膨胀色；反之，缩小了物体的体量，该颜色则属收缩色。颜色的体量感取决于明度。明度越高，膨胀感越强；明度越低，收缩感越强。面积大小相同的色块，黄色看起来最大，其他依次为橙、绿、红、蓝、紫。

（4）距离感。明度高的色给人以前进的感觉，明度低的色给人以后退的感觉。把前者叫作前进色，后者叫作后退色。暖色属前进色，冷色属后退色；就彩度而言，彩度高的属前进色，彩度低者属后退色；在色相方面，主要颜色由前进色到后退色的排列次序是红、黄、橙、紫、绿、青。

2. 颜色的心理效果

颜色的心理效果主要表现在两个方面：一是它的悦目性；二是它的情感性。它不仅能给人以美感，还能影响人的情绪，引起联想，具有某种象征作用。

不同年龄、性别、民族、职业的人，对于颜色的爱好是不同的；时期不同，人们对颜色的爱好也不同。

颜色的情感性主要表现在它能给人以联想，即能使人联想起过去的经验和知识。由于人的年龄、性别、民族、文化程度、社会经历、美学修养不同，颜色引起的联想也是不同的。颜色的联想可以是具体的，也可以是抽象的。

红色最富刺激性，意味着热情、奔放、喜悦、吉祥、活力和忠诚，也象征危险、动乱、卑俗和浮躁。

黄色为阳光之色，给人以崇高、华贵、威严、娇媚、神秘的印象，还可以使人感到光明、辉煌、灿烂、希望和喜悦。

橙色为丰收之色，具有明朗、甜美、兴奋、温暖、活跃、芳香的感觉，象征着成熟和丰美，但使用过多，易引起烦躁。

绿色为大自然之色，富有生机，象征着生命、青春、春天、健康和活力，代表着和平和安全，还给人公平、安详、宁静、智慧、谦逊的感觉。

蓝色属大海之色，使人想到深沉、远大、悠久、纯洁、理智和理想。蓝色是一种极其冷静的颜色，也容易引起阴郁、贫寒、冷淡等感觉。

紫色代表着神秘和幽雅，易使人产生高贵、优雅和庄重的感觉，也可使人想到阴暗、污秽和险恶。

白色象征着纯洁，表示和平与神圣，给人以明亮、干净、坦率、纯真、朴素、光明、神圣的感觉，也可使人想到哀怜、凄凉、虚无和冷酷。

黑色可以使人感到坚实、含蓄、庄严、肃穆，也可以使人联想起忧伤、消极、绝望、黑暗、罪恶与阴谋。

灰色具有朴实感，更多的是使人想到平凡、空虚、沉默、阴冷、忧郁和绝望。

除此之外，颜色还会引起人的生理发生变化。如红色能刺激神经系统，加快血液循环；橙色能产生活力，诱人食欲；黄色可刺激神经系统和消化系统；绿色有助于消化和镇静；蓝色能缓解紧张情绪，调整体内平衡；紫色对运动神经、淋巴系统和心脏系统有抑制作用等等。因此，我们要正确运用各种颜色，来满足人的生理和心理需求。

3. 颜色的标志作用

颜色的标志作用主要体现在安全标志、管道识别、空间导向和空间识别等方面。例如：用红色表示危险、禁止、停止等；用绿色表示安全、通过、卫生等。用不同的颜色来表示安全标志，对建立正常的工作秩序、生产秩序，保证生命财产的安全，提高劳动效率和产品质量等，具有十分重要的意义。

1.3.2.4 光源的显色性

光源的颜色通常用色表和显色性来衡量。

1. 光源的色表与色温

光源的色表指的是其表观颜色，有时又称光色，是采用 CIE1931 标准色度系统所表示的颜色性质。在照明应用领域里，常用色温或相关色温描述光源的色表。

当一个光源的颜色与黑体在某一温度时显现的光色相同时，黑体的温度即被用来表示此光源的色温。色温的单位为 K[开(尔文)]。

黑体即完全辐射体，是特殊形式的热辐射体，既不反射，也不透射，能把投射在它上面的辐射全部吸收。黑体加热到一定温度时便产生辐射。黑体辐射的光谱功率分布完全取决于它的温度，在 800～900K 温度下，黑体辐射呈红色，3000K 时呈黄白色，5000K 左右呈白色，在 8000～10000K 之间呈淡蓝色。

热辐射光源的光谱功率分布与黑体辐射非常相近，用色温来描述它的色表是很恰当的；气体放电光源的光谱功率分布形式与黑体辐射有一定的差距，只能用黑体在某一温度辐射最接近的颜色来近似地确定这类光源的色温，因此称作相关色温。表 1.4 列出了部分光源的色温或相关色温。

表 1.4　　部分光源的色温或相关色温

光　源	色温（K）	光　源	色温（K）
蜡　烛	1900～1950	日　光	5300～5800
高压钠灯	2000	昼光（日光＋晴天天空）	5800～6500
40W 白炽灯	2700	全阴天空	6400～6900
150～500W 白炽灯	2800～2900	晴天蓝色天空	10000～26000
月　光	4100	荧光灯	3000～7500

色温为 2000K 的光源所发出的光呈橙色，2500K 左右呈浅橙色，3000K 左右呈橙白色，4000K 呈白中略带橙色，4500～7500K 近似白色。

光源色温高低会使人产生冷暖的感觉。为了调节冷暖感，可根据不同地区不同场合，采取与感觉相反的光源来处理。如在寒冷地区宜使用低色温的暖色光源，在炎热地区宜使用高色温冷色调光源等。表 1.5 列出了色温与感觉的关系，即光源的色表分组情况。同一色温下，照度值不同，人的感觉也不同，表 1.6 列出了同一色温下照度的变化与人的感觉的关系，亦即色表与照度的关系。

表 1.5　　光源的色表分组

光源颜色分组	相关色温（K）	颜色特征	适用场所示例
Ⅰ	<3300	暖	居室、餐厅、酒吧、客房、病房
Ⅱ	3300～5300	中间	教室、办公室、阅览室、诊室、检验室、机加工、仪表装配
Ⅲ	>5300	冷	设计室、计算机房、热加工车间

表 1.6　　照度、色温与感觉的关系

照　度（lx）	光源的色表及其效果		
	暖	中　间	冷
≤500	舒　适	中　等	冷
500～1000	↕	↕	↕
1000～2000	刺　激	舒　适	中　等
2000～3000	↕	↕	↕
≥3000	不自然	刺　激	舒　适

根据光源的色温和它们的光谱能量分布，将常用光源的颜色特征（色调）列于表 1.7 中。

表 1.7　　常用光源的色调

光　源	色　调	光　源	色　调
白炽灯、卤钨灯	偏红色光	荧光高压汞灯	淡蓝一绿色光，缺乏红色成分
日光色荧光灯	与太阳相似的白色光		
高压钠灯	金黄色光，红色成分偏多，蓝色成分不足	金属卤化物灯	接近于日光的白色光
		氙　灯	非常接近于日光的白色光

2. 光源的显色性

显色性指的是光源显现被照物体表面本来颜色（日光下呈现的颜色）的能力。物体表面颜色的显示除了决定于物体表面特征外，还取决于光源的光谱能量分布。不同光谱能量分布的光源，显现被照物体表面的颜色也会有所不同。我们把物体在待测光源下的颜色同它在参照光源下的颜色相比的符合程度，定义为待测光源的显色性。

参照光源是能呈现出物体真实颜色的光源，一般公认中午的日光是理想的参照光源。实际上，日光的光谱组成在一天中有很大的变化，但这种变化被人眼的颜色补偿了，所以我们觉察不到物体颜色的相应变化。因此，日光作为参照光源是比较合适的。

CIE 及我国制订的光源显色评价方法，都规定相关色温低于 5000K 的待测光源以完全辐射体作为参照光源，它与早晨或傍晚时日光的色温相近；色温高于 5000K 的待测光源以组合昼光作为参照光源，它相当于中午的日光。因此就用日光或与日光极为接近的人工光源作为参照光源。

光源显色性的优劣用显色指数来表示。显色指数包括一般显色指数（符号为 Ra）与特殊显色指数（符号 Ri）两组数据。Ra 的确定方法，是以选定的一套共 8 个有代表性的色样在待测光源与参照光源下逐一进行比较，确定每种色样的两种光源下的色差 ΔE_i，然后按照约定的定量尺度，计算每一色样的显色指数

$$Ri = 100 - 4.6\Delta E_i$$

一般显色指数则是 8 个色样显色指数的算术平均值

$$Ra = \frac{1}{8}\sum_{i=1}^{8} Ri$$

若将日光的显色指数定为最大值 100，则其他光源的显色指数均低于 100，具有各种颜色的物体受某光源照射后的效果若和标准光源相接近，则认为该光源的显色性好，即显色指数高。反之，若物体被照射后表面颜色出现明显失真，则说明该光源与标准光源在显色性方面存在一定的差别，即显色性能差，显色指数低。

由图 1.20 可以看出，与白炽灯的光谱能量分布情况相比，荧光高压汞灯的光谱中虽然也有各色光的成分，但在光谱能量的分布中，蓝绿色光成分多而红光成分少，因此被照物体表面呈现出青灰色，即显色性差。白炽灯的光谱能量分布较均匀，因而它的显色性较好。

国产电光源的显色指数和色温见表 1.8。

表 1.8 国产电光源的颜色指标

光 源 名 称	色温或相关色温（K）	Ra
白炽灯（500W）	2900	95～100
荧光灯（日光色 40W）	6600	70～80
荧光高压汞灯（400W）	5500	30～40
镝灯（1000W）	4300	85～95
高压钠灯（400W）	2000	20～25

应该指出，光源的色温和显色性之间没有必然的联系。因为具有不同的光谱分布的光源可能有相同的色温，但显色性却可能差别很大；同样，色温有着明显区别的光源，可能具有大体相等的显色性。

思考练习题

1. 光的本质是什么？

2. 人眼可见光的波长范围是多少？在这个波长范围中，有哪些颜色的光？

3. 说明以下常用照明术语的定义及其单位：

光通量——

发光强度——

照度——

光出射度——

亮度——

4. 说明材料反射比、透射比和吸收比的含义，以及三者之间的关系。

5. 光的反射有几种状态并加以简要说明。

6. 光的透射有几种状态并加以简要说明。

7. 阐述人眼的视觉产生过程。

8. 感光细胞分哪几种？它们的作用是什么？

9. 说明下列术语的含义：

视觉识别阈限——

暗视觉、明视觉与中介视觉——

眩光——

视力与视野——

10. 什么是黑白系列？

11. 说明颜色的三个特性。

12. 加法混色应遵循哪些规律？

13. 减法混色的原理是什么？

14. 光源的色表、色温、色调以及显色性和显色指数的含义是什么？

2 照明电光源

电光源是电气照明的核心部件，各种电光源的特性原理是电气照明技术必不可少的基础知识。本章主要介绍各种常用电光源的性能指标、结构原理及其选择应用。

2.1 电光源及其光电特性

2.1.1 电光源的分类

2.1.1.1 电光源的分类及命名方法

1. 电光源的分类

根据光的产生原理，电光源主要分为热辐射光源和气体放电光源两大类，如图 2.1 所示。

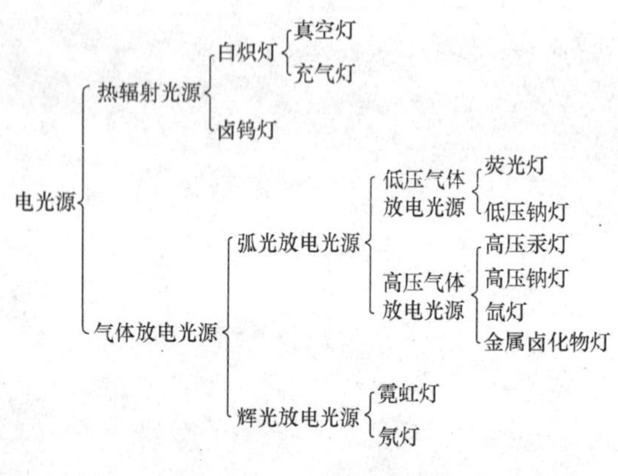

图 2.1 电光源分类

热辐射光源，包括白炽灯和卤钨灯，它们都是以钨丝为辐射体，通电后使之达到白炽温度，产生热辐射发光。热辐射光源目前仍是重要的照明电光源。

气体放电光源主要以原子辐射形式产生光辐射。气体放电光源可分为弧光放电光源和辉光放电光源，根据这些光源中气体的压力，弧光放电光源又可分为低压气体放电光源和高压气体放电光源。

2. 电光源的命名方法

各种电光源型号的命名一般由三至五部分组成。

第一部分由三个以内汉语拼音字母组成，表示电光源的主要特征。第二部分和第三部分一般为数字，主要表示光源的光电特性。第四部分和第五部分为字母或数字，表示光源的结构特征，如 E 表示螺口，B 表示插口，数字表示灯头的直径。如 PZ220－100－E27，E27 表示螺口式灯头，灯头的直径为 27mm。第四部分和第五部分作为补充部分，可在生产或流通领域中使用时灵活取舍。

电光源型号的各部分按顺序直接编排。当相邻部分同为字母或数字时，中间用短横线"－"分开。常用电光源型号命名方法见表 2.1。

2.1.1.2 热辐射发光

热辐射与温度具有一定的对应关系，因此又称温度辐射。太阳发光是由于它的表面温度高达 6000K 左右。所有的固体、液体以及气体如果达到足够高的温度都会产生可见光辐射。随着辐射体温度的升高，辐射光的色表从暗红经过橘黄、白，然后是炽蓝。这样，其色温也就随着辐射体的温度升高而升高。白炽灯中的固体钨大约在 3000K 时即可发出可见光。

表 2.1 **常用电光源型号的命名方法**

电光源名称	型号的组成			
	第一部分	第二部分	第三部分	举例
热辐射光源				
白炽普通照明灯泡	PZ			PZ220－40
反射照明灯泡	PZF			PZF220－40
装饰灯泡	ZS	额定电压	额定功率	ZS220－40
摄影灯泡	SY			SY6
卤钨灯	LJG			LJZ220－500
气体放电光源				
直管形荧光灯	YZ		颜色特征	YZ40RN
U形荧光灯管	YU		RR日光色	YU40RL
环形荧光灯管	YH		RL冷白色	YH40RR
自镇流荧光灯管	YZZ		RN暖白色	YZZ40
紫外线灯管	ZW			ZW40
荧光高压汞灯泡	GGY			CCY50
自镇流荧光高压汞灯泡	GYZ			GYZ250
低压钠灯	ND			ND35
高压钠灯	NG			NC150
管形氙灯	XG			XC1500
球形氙灯	XQ			XQ1000
金属卤化物灯	ZJD			ZJD100
管形镝灯	DDG			DDG1000

1. 黑体辐射

如果有一个物体，它能在任何温度下将辐射到它表面的任何波长的能量全部吸收，这个物体就称作黑体或者完全辐射体。当黑体由于吸收能量使得温度提升到一定值时，则会产生可见光辐射。

图 2.2 是维恩位移定律描述黑体辐射的曲线。由图可见，随着温度 T 升高，黑体辐射曲线的峰值波长逐渐移向短波，即黑体辐射的温度越高，最大辐射功率的波长就越移向可见光。

2. 钨丝辐射

实际上，所有的辐射体都不是黑体，其光谱辐射也总是比黑体小。然而，钨的光谱辐射峰值波长比同温度的黑体更接近可见光区，如图 2.3 所示。因此，用钨丝作光源比用同温度的黑体作光源的光效率高。

通过实验及分析可知：钨丝热辐射的波长范围很广，其中可见光部分仅占很小的比例，紫外线也很少，绝大部分是红外线。钨丝辐射随着工作温度升高而增加，其中可见光部分比红外线增加得更快，因此钨丝的工作温度越高，灯的光效率就越高。

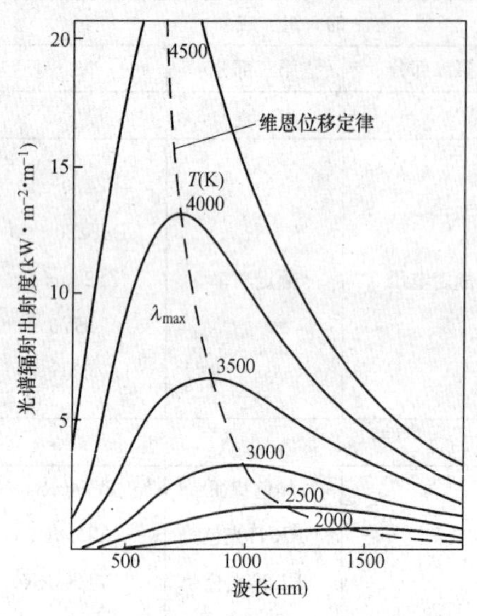

图 2.2 黑体辐射曲线

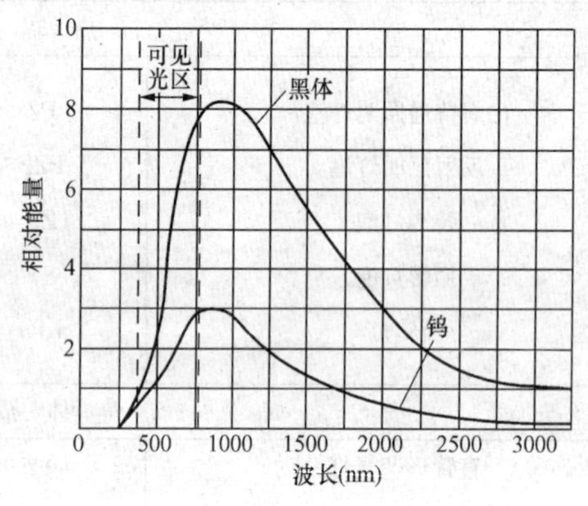

图 2.3 同温度（3000K）下黑体和钨辐射的曲线

2.1.1.3 气体放电发光

在电场的作用下，载流子在气体中产生和运动，从而使电流通过气体媒质时所发生的物理过程称为“气体放电”。利用气体放电发光的原理制成的灯，称作气体放电灯。气体放电灯的基本结构可用图 2.4 加以说明。

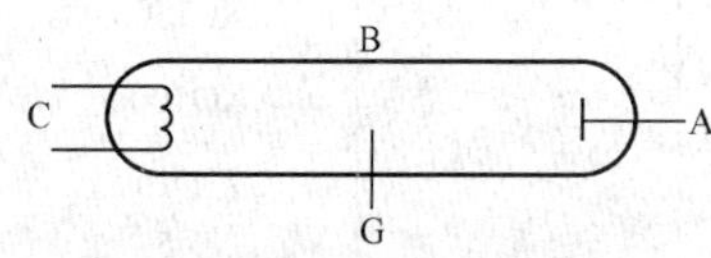

图 2.4 气体放电灯的结构示意图

B 是由透明的玻璃、石英、陶瓷或宝石等加工而成的真空密封泡壳。A 和 C 是放电灯的电极。G 代表灯中所充气的气体。这些气体可以是惰性气体，也可以是一些金属或金属化合物的蒸汽。它们基本上不与泡壳、电极材料产生反应。

1. 气体放电的全伏安特性

通过改变图 2.5（a）中的电源电压 U_0，测量在不同放电电流时的灯管电压 U，就可得

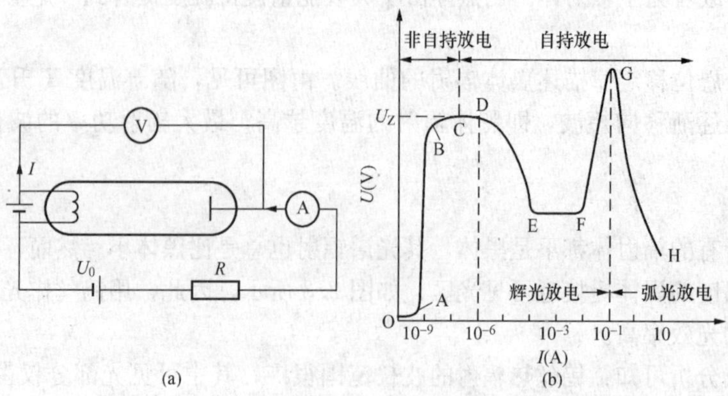

图 2.5 气体放电灯

（a）工作电路；（b）全伏安特性

到如图 2.5（b）所示气体放电的“全伏安特性曲线”。

在全伏安特性曲线的 OA 段，由于外致电离，灯管中存在的带电粒子在电场的作用下，向电极运动而形成电流。随着电场的增强，带电粒子的速度增加，将使电流增大。AB 段为电场继续增强时，所有外致电离所产生的带电粒子全部到达电极，这时电流就饱和了。BC 段称作“雪崩放电”，因为电源电压 U_0 的继续升高，电场强度增加，使初始的带电粒子的速度增加到很大，形成更多的电子，致使电子数雪崩式地增加。通过灯管的电流突然由 C 点增加至 D 点，管压降随即迅速降低（见 DE 段），同时在灯管中产生了可见的辉光。C 点称为气体放电的“着火点”，相应的电压 U_z 称为灯管的“着火电压”。

在 EF 段，不论增加 U_0 还是减小回路电阻 R 使电流增加。管压降基本不变，这一段称为“正常辉光放电”。此后，若继续增大电流，将使阴极电流密度增加，造成灯管电压上升，从而进入“异常辉光放电”的 FG 阶段。如果再使放电电流增加，特性将又一次发生突变，灯管电压大幅度降低，电流迅速增加。这就形成了“弧光放电”的 GH 段。

OC 段的放电是非自持的，这种放电称为“黑暗放电”，也就是说，若去除外致电离，电流即可停止。C 点以后的放电是自持放电。从 E 点开始，以后就是稳定的自持放电，它包括辉光放电和弧光放电。从图中可以看出，“黑暗放电”电流大约在 10^{-6}A 以下，“辉光放电”电流为 10^{-6}～10^{-1}A，而“弧光放电”的电流则在 10^{-1}A 以上。

2. 辉光放电灯

辉光放电灯的光强、电位等沿灯管轴向的分布情况，如图 2.6 所示。

根据发光的明暗程度，从阴极到阳极的空间可分为阴极暗区、负辉区、法拉第暗区、正柱区、阳极辉区等几个区域。其中，阴极暗区又称阴极位降区，这个区域是辉光放电的特征区域，所有辉光放电的基本过程都在这一区域完成。在阴极区的后面是一个由负辉区和法拉第暗区组成的过渡区域，在负辉区有很强的光辉，它与阴极暗区有明显的分界。正柱区是一个等离子区，在一般情况下，它是一个均匀的光柱。正柱区相当于一个良导体，实质上起到了传导电流的作用。在辉光放电过程中，阴极区的大量电子，经过过渡区进入正柱区，最后达到阳极，从而形成了稳定的电流。

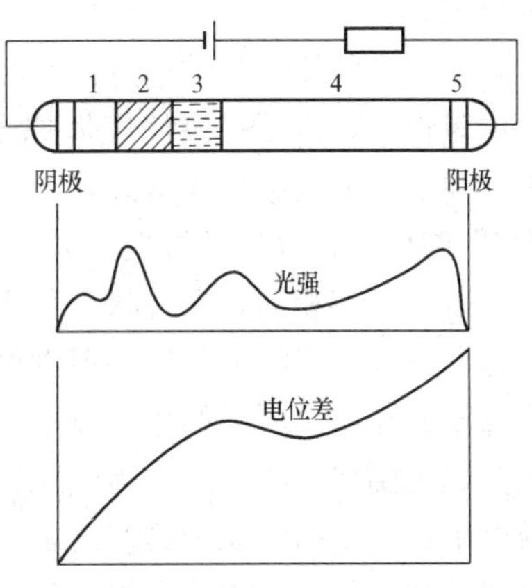

图 2.6 辉光放电时光强沿管轴的分布
1—阴极暗区；2—负辉区；3—法拉第暗区；4—正柱区；5—阳极辉区

应该指出，在辉光放电灯中，主要是利用负辉区的光或正柱区的光，在这两个区域中光的颜色有着相当显著的差异。当灯管内气压降低时，正柱区的长度就要缩短，其他部分的尺寸则伸长，大约在 1.33Pa 时，正柱区的光便完全消失，法拉第暗区可扩展到阳极；另外，电极之间的距离改变，正柱区的长度也随之发生变化。因此，利用正柱区发光的霓虹灯，灯内气体的气压不能太低，灯管要制作得较长，还要将阴极部分的灯管涂黑，使负辉区的光透不过来；利用负辉区发光的辉光指示灯，灯管则要制作得较短。

3. 弧光放电灯

通过升高电源电压或减小回路电阻来增加电流，放电就从“正常辉光”进入“异常辉光”。再增加电流时，由于电流密度加大而使正离子动能和数量不断增加，致使阴极温度升高产生热电子发射；或者使阴极材料大量蒸发而在阴极附近较薄的范围内产生很高的气压，形成极强的正空间电荷，从而产生强电场发射。这两种发射，都使放电由“辉光”过渡到“弧光”。另外，弧光放电也可以不由辉光放电过渡而来，而由电极分离获得，即当电极分开的瞬间产生火花，其中将含有浓度很大的电子和离子，由这些电子和离子在强电场作用下迅速形成电弧。

与辉光放电一样，弧光放电的正柱区也是一个作为电流通道的等离子区，气体辐射主要在这里产生。根据正柱区的气体压力可分为低气压弧光放电和高气压弧光放电。低气压弧光放电的正柱区除具有更高的带电粒子浓度外，与辉光放电正柱区的性质基本一样。但是在高气压弧光放电中则另有其自身的物理过程和性质。

（1）低气压弧光放电灯。对于低压汞灯（荧光灯）、低压钠灯等低气压弧光放电灯，当灯内气压很低时，电子的自由程较长，与气体原子碰撞次数少，电子能获得的能量多，相应的电子温度 T_e 比气体温度高得多，T_e 可达 5×10^4K 以上，而气体温度与管壁温度差不多。因此，在正柱区内的电离和激发，主要是靠电子的碰撞电离和碰撞激发。电子的碰撞激发几率与电子的能量有关，因而并不是所有的能级都一样被激发，而常常只是某些特定的能级被特别强地激发，因此，这些能级发出的光特别强，如低压汞灯的 253.7nm 线光谱和低压钠灯的 589nm 线光谱等。这就是说，低气压时，单个原子的性质占主导地位，辐射的光谱主要是该元素原子的特征谱线。因此，当气体为不同元素时，由于特征谱线的不同表现出不同的色调。

（2）高气压弧光放电灯。当气压升高时，电子的自由程变小，在两次碰撞之间电子积累的能量很小，常不足以使气体原子激发和电离，只是和气体原子发生弹性碰撞。在高气压下，弹性碰撞的频率非常高，结果使电子动能减小，气体原子动能增加。相应地，电子的温度 T_e 降低，而气体的温度上升。当气压增加到一定高度时，等离子体的电子温度和气体温度变得差不多相同，这种状态称为热平衡状态，这种等离子体称为等温等离子体或高温等离子体。一般等温等离子体的温度可达 5000～7000K。在处于热平衡状态的正柱区中，电子的碰撞激发和电离所起的作用较小，高温气体的热激发和热电离（高能量原子之间的碰撞）则成为起主要作用的因素。当气压升高时，放电灯辐射的光谱也会发生明显的变化。在高气压放电中，由于相邻原子的接近，原子之间的相互作用变强，使原子的特征谱线增宽。另外，高气压时电子、离子浓度很高，它们在放电管内的复合几率增加，而复合可以辐射的形式放出能量（电离能与电子、离子动能之和），此种现象称为复合发光。由于电子的动能是连续变化的，复合发光的波长也就不是固定的，而是连续可变的。复合发光的几率是随着气压升高而增加的，因此，在很高的气压下，辐射的光谱有很强的连续成分，高强气体放电灯（HID 灯）就是利用这个原理来得到连续光谱的。

4. 气体放电灯的工作特性

一般情况下，气体放电具有负的伏安特性，如图 2.7 中的曲线 a 所示。假定给气体放电灯接入一个稳定的工作电压 U_1，通过的电流为 I_1。如果由于某种原因使电流从 I_1 瞬时增加到 I_2，这时就产生了一个过剩的电压（U_1-U_2），它将使电流进一步增加。相反，倘若电流从 I_1 瞬时减小到 I_3，这时要维持 I_3，则出现了（U_3-U_1）的电压差额，从而导致电流进一步减小。由此可见，将具有负伏安特性的放电灯单独接到电网中，是无法稳定工作的，通常会导致电流无限制的增加，直到灯或电路的某一部分被大电流损坏为止。

把灯和电阻串联起来使用，就可以克服电弧固有的不稳定性。在图2.7中，曲线a和曲线b分别为电弧和电阻的伏安特性曲线，曲线c则是两者叠加的结果。不难看出，曲线c具有正的伏安特性。在交流的情况下，还可用电感或电容来代替电阻。与电弧串联的电阻、电感、电容等统称为气体放电灯的“镇流器”或“限流器”。

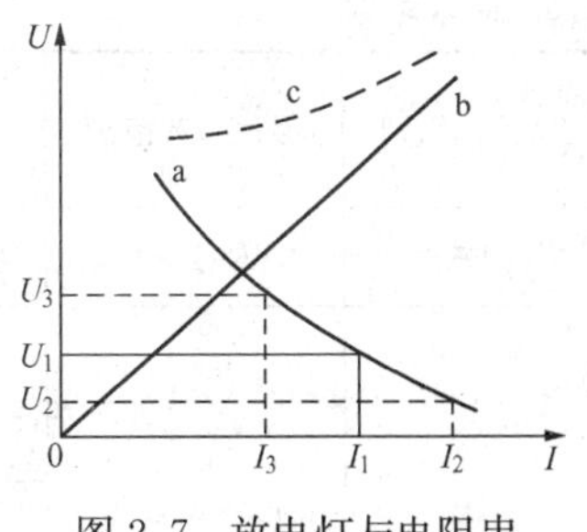

图2.7 放电灯与电阻串联时的伏—安特性

2.1.2 电光源的光电特性

电光源包括电与光两方面的性能指标。但作为光源，主要还是光的性能指标，而对电的指标也往往注重于它对光性能的影响。

1. 光通量

光源的光通量表征光源的发光能力，是光源的重要性能指标。光源的额定光通量是指光源在额定电压、额定功率的条件下，并处于无约束发光的工作环境中的光通量输出。

光源的光通量随光源点燃时间会发生变化，即点燃时间愈长，光通量因衰减而变得愈小。大部分光源在燃点初期光通量衰减较多，随着燃点时间的增长，衰减也逐渐减小。因此光源的额定光通量有两种情况：一种是指电光源的初始光通量，即新光源刚开始点燃时的光通量输出，它一般用于在整个使用过程中光通量衰减不大的光源，例如卤钨灯；另一种情况是指光源使用了100h后的光通量输出，它一般用于光通量衰减较大的光源，例如荧光灯。

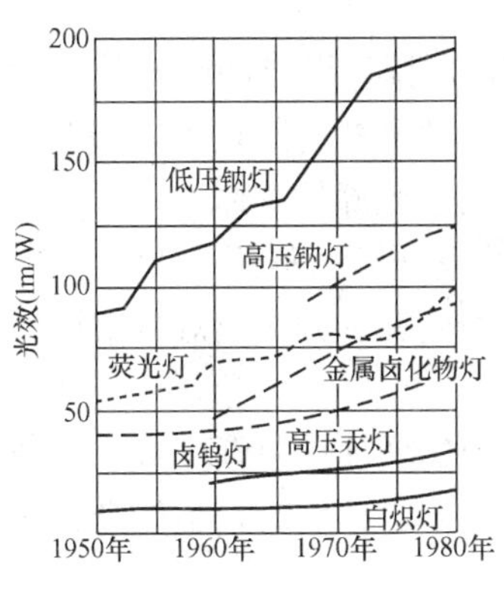

图2.8 电光源光效的发展过程

2. 发光效率

光源的光通量输出与它取用的电功率之比称为光源的发光效率，简称光效，单位是lm/W。在照明设计中应优先选用光效高的光源。图2.8所示为1950～1980年各种光源光效的发展过程。

3. 显色性

显色性是光源的一个重要性能指标。通常情况下光源用一般显色指数衡量其显色性，在对某些颜色有特殊要求时则应采用特殊显色指数。室内照明用光源的显色指数应用示例如表2.2所示。

4. 色表

光源的色表是指其表观颜色，它和光源的显色性是两个不同的概念。例如荧光高压汞灯的灯光从远处看又白又亮，色表较好，但在该灯光照射下人的脸部呈现青色，说明它的显色性并不很好。色表同样是电光源的重要性能指标。

光源的色表虽然可以用红、橙、黄、绿、青、蓝、紫等形容词来表示，但为了定量表示，常用相关色温来度量。光源的色表可以根据它们的相关色温分成三组，如表1.5所示。一般来说，Ⅱ组色表的光源在工作房间应用最普遍，Ⅰ组适用于居住类场所、特殊作业或寒冷气候，而Ⅲ组仅用于高照度水平、特殊作业或温暖气候。色表与照度的关系见表1.6。

表 2.2　显色指数应用示例

显色性组别	显色指数范围	色　表	应用示例	
			优　先　的	允　许　的
1A	$Ra \geqslant 90$	暖、中间、冷	颜色匹配，医疗诊断，画廊	
1B	$90 > Ra \geqslant 80$	暖、中间	家庭、旅馆、餐馆、商店、办公室、学校、医院	
		中间、冷	印刷、油漆和纺织工业视觉费力的工业生产	
2	$80 > Ra \geqslant 60$	暖、中间、冷	工业生产	办公室，学校
3	$60 > Ra \geqslant 40$		粗加工工业	工业生产
4	$40 > Ra \geqslant 20$			粗加工工业，显色性要求低的工业生产

5. 寿命

电光源的寿命是电光源的重要性能指标，用燃点小时数表示，可分为全寿命、平均寿命和有效寿命。

（1）平均寿命。光源从第一次点燃起，直到不能发光为止，累计燃点的小时数称为光源的全寿命。电光源的全寿命有相当大的离散性，即同一批电光源虽然同时点燃，却不会同时损坏，且可能有较大的差别。因此常用平均寿命的概念来定义电光源的寿命。

取一组电光源作试样，同时点燃并开始计时，到50%的电光源试样损坏为止，所经过的小时数即为该组电光源的平均寿命。一般光通量衰减较小的光源（如卤钨灯）常用平均寿命作为其寿命指标。

（2）有效寿命。电光源在使用过程中光通量将随使用时间的增加而逐渐衰减。有些电光源的光通量衰减在它全寿命中相当显著，当光源光通量衰减到一定程度时，虽然光源尚未损坏，但它的光效明显下降了，继续使用已极不经济。

电光源从点燃起，一直到光通量衰减到某个百分比所经过的燃点时数就称为光源的有效寿命。一般取70%～80%额定光通量作为更换光源的依据。荧光灯一般以有效寿命作为其寿命指标。

6. 启燃与再启燃时间

电光源启燃时间是指光源接通电源到光源达到额定光通量输出所需的时间。热辐射光源的启燃时间一般不足1s，可认为是瞬时启燃的；气体放电光源因光源的种类不同，启燃时间从几秒钟到几分钟不等。

电光源的再启燃时间是指正常工作着的光源熄灭以后马上再点燃所需要的时间。大部分高压气体放电光源的再启燃时间比启燃时间还长。这是因为再启燃时要求这种光源必须冷却到一定的温度后才能再次正常启燃，即增加了冷却所需要的时间。

电光源的启燃和再启燃时间直接影响着光源的选择与应用。例如频繁开关光源的场所一般不用启燃和再启燃时间长的光源。又如应急照明用的光源一般应选用瞬时启燃或启燃时间短的电光源。

7. 电压特性

当电源电压与光源要求的额定电压不符时，将会对光源的使用造成影响。例如电源电压偏高，将会使光源的使用寿命降低；电源电压过低，则会使光通量输出明显减少，启燃时间延长，甚至无法启燃，因此，对某些光源常常要规定最低启燃电压；当电源电压产生波动时，往往会造成光源闪烁，影响视觉环境，因此对电压波动较敏感的光源要规定其允许电压波动幅度和频率。

8. 温度特性

有些光源对环境温度比较敏感，温度过高或过低都会影响到这种光源的光效。大部分气体放电光源在环境温度较低时还会影响其启燃性能。有些光源表面温度很高，使用时要采取防燃和防溅措施，以免引起火灾或因水的溅射导致光源爆裂等。

2.2 白 炽 灯

白炽灯属于热辐射光源，灯丝在将电能转变成可见光的同时，还要产生大量的红外辐射和少量的紫外辐射。为了提高光效，灯丝应在尽可能高的温度下工作。因此，制作灯丝应选择熔点高、蒸发少、可见光谱发射率高、有合适的电阻率以及容易加工、机械强度好的材料。

2.2.1 白炽灯的结构特点

普通白炽灯由钨丝、支架、芯柱、引线、泡壳、灯头和填充气体等部分组成，如图 2.9 所示。

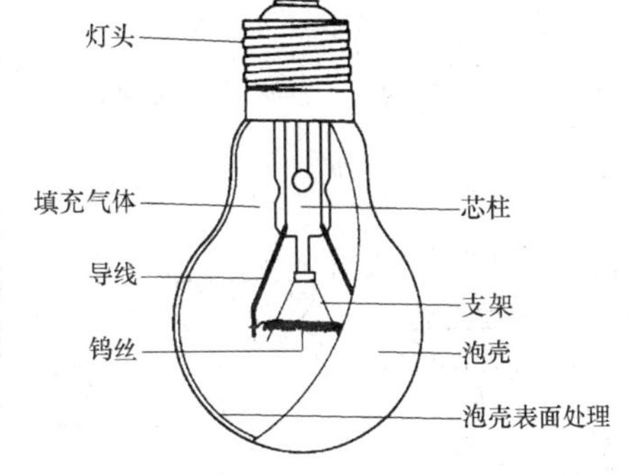

图 2.9 普通白炽灯的结构

1. 钨丝

钨丝是白炽灯泡的关键组成部分，是灯的“发光体”，常用的灯丝形状有单螺旋和双螺旋两种。其中双螺旋灯丝发光效率较高，特殊用途的灯泡甚至还采用了三螺旋形状的灯丝，根据灯泡规格的不同，钨丝具有不同的直径和长度。

2. 泡壳

泡壳的形式很多，一般常采用与灯泡纵轴对称的形式，如球形、圆柱形、梨形等，以求有较高的机械强度及便于加工。仅有很少的特殊灯泡是不对称的，如全反射灯泡的泡壳等。

泡壳的尺寸及采用的玻璃，视灯泡的功率和用途而定，一般是透明的，特殊用途的灯泡采用各种有色玻璃；为了避免灯丝的眩光，泡壳可以进行磨砂或内涂处理，使之获得漫反射或漫透射效果，但将损失部分光通量；有些灯泡为了加强在某一方向上的发光强度，在泡壳上蒸镀了反射铝层。

各种白炽灯的典型外形如图 2.10 所示。图中字母表示泡壳的形状，后面的数字表示最大直径与 1/8in（1in＝25.4mm）的比值。

3. 灯头

灯头是灯泡与外电路灯座连接的部位，一般分为螺口（以字母 E 开头）和插口（以字母 B 开头）等型式。常用灯头外形如图 2.11 所示。灯头与泡壳的连接，采用特制的胶泥；

引线与灯头的焊接通常用锡铅焊料或其他焊料；灯头通常采用钢皮、铝皮或铁皮镀锌制成，某些特种灯泡还可采用陶瓷灯头。

4. 填充气体

目前，大部分白炽灯泡内都充入氩、氮或氩-氮混合气体。氮的主要作用是防止灯泡产生放电。混合气体的比例可根据灯的工作电压、灯丝温度、引线之间的距离来确定。

消气剂也是白炽灯的一种重要材料，它能吸收灯中大量氧气、水蒸气等杂质气体。在普通白炽灯的生产过程中并不需要抽到高真空，因为最后可以通过蒸散消气剂来提高灯泡的真空度，这样就能实现灯泡的快速生产。另外，在灯的工作过程中，有些消气剂还能不断地吸收灯中陆续放出的杂质气体，有效地延长灯的寿命。

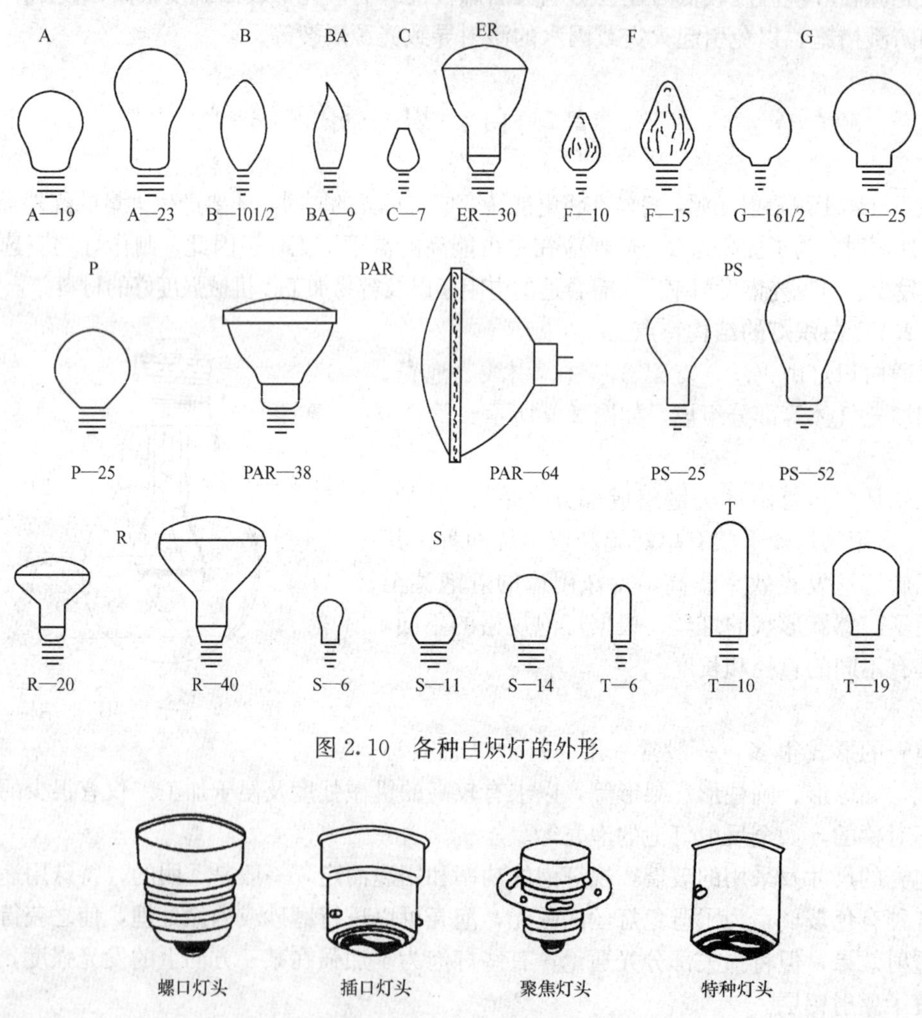

图 2.10 各种白炽灯的外形

图 2.11 几种灯头外形

2.2.2 白炽灯的规格型号

白炽灯的规格很多，分类方法不一，总的可分为真空灯泡和充气灯泡。但一般的分类基本上是根据用途和特性而定的，从大的类别来说可分为普通照明灯泡、电影舞台用灯泡、照相用灯泡、铁路用灯泡、船用灯泡、汽车用灯泡、仪器灯泡、指示灯泡、红外线灯泡、标准灯泡等。

白炽灯的命名及型号含义详见表2.1。

2.2.3 白炽灯的光电参数

1. 额定电压与额定功率

灯泡上标注的电压即为额定电压。它说明光源（灯泡）只有在额定电压下工作，才能获得各种规定的特性。白炽灯在工作时对电压的变化比较敏感。如果低于额定电压工作，光源的寿命虽可延长，但发光强度不足，发光效率降低；如果在高于额定电压下工作，发光强度变强，但寿命将缩短。

白炽灯的额定功率是指灯泡上标注的功率，也是指所设计的灯泡在额定电压下工作时所消耗的电功率。

2. 额定光通量与发光效率

白炽灯参数中所给出的额定光通量是指灯泡在其额定电压下工作时，光源所辐射出的光通量，一般取工作100h后的光通量。由于灯丝形状的变化、真空度（或充气纯度）的下降、钨丝蒸发黏附在灯泡内壁等因素，白炽灯在使用过程中光通量会衰减。充气白炽灯内的气体可以抑制钨丝的蒸发，因而光通量衰减较少。

普通白炽灯泡的发光效率在各种常用电光源中是最低的，仅为6～16.5lm/W。灯的功率越小，光效也越低，因此从节能的角度考虑，应选用功率较大的灯泡。

3. 寿命

白炽灯泡的寿命通常是指平均寿命。白炽灯的寿命受电源电压的影响，如图2.12所示。从图中可知，随着电源电压升高，灯泡寿命将大大降低。

4. 光谱能量分布、色温及显色指数

白炽灯的光谱能量分布主要取决于钨丝的热辐射性质，它与黑体的光谱能量分布极为相似，具有连续的光谱能量分布［见图1.20（a）］。从白炽灯的光谱能量分布可知，它实际上达不到白炽色，而具有较为显著的红黄色。

白炽灯的色温随种类和功率变化而变化，对于普通白炽灯一般约为2400～2900K，功率愈大的色温愈高。白炽灯属于低色温光源，是暖色调的。

由于白炽灯具有光滑的连续光谱，且包含了所有可见光波长，因此显色性极好，其一般显色指数$Ra \geq 95$，这是其他光源难以比拟的。白炽灯的光色能使人的肤色更加红润而真实，可用于家庭、医院、宾馆和对显色性要求高的场所。

5. 亮度

白炽灯利用钨丝通电加热发光，因灯丝的面积极小，所以亮度非常大。例如普通透明玻璃泡的白炽灯亮度可达1.4×10^7cd/m^2。过高的亮度常会使人感到刺眼。磨砂玻璃泡的亮度可降至5～40cd/m^2，但由于磨砂玻璃的透射比比透明玻璃小，光通量输出要降低15%左右；乳白玻璃泡或泡内壁涂有扩散性良好的白色无机粉末的普通白炽灯，表面亮度可降到5cd/m^{2}左右，相应的光通量比透明玻璃普通白炽灯约下降30%。

当电源电压变化时，白炽灯除了寿命有很大变化外，光通、光效、功率等也都有较大的变化，如图2.12所示。

常用白炽灯的光电参数，详见附表1。

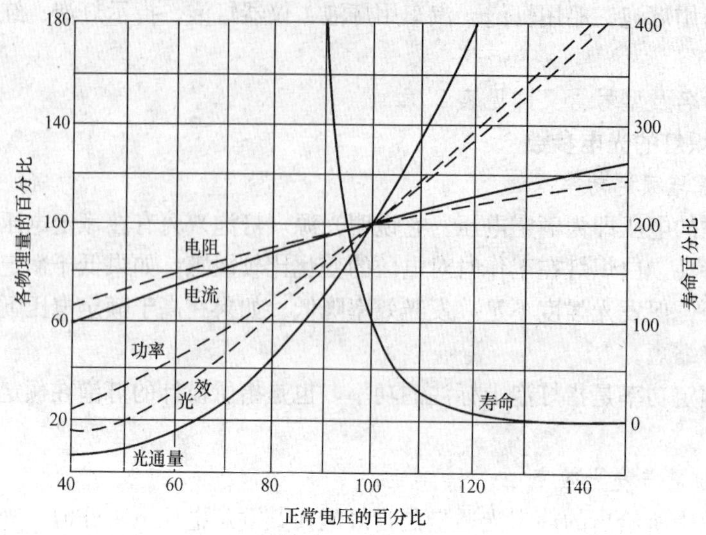

图 2.12 白炽灯光电参数与电源电压的关系

2.2.4 白炽灯的选择应用

白炽灯是各类建筑和其他场所照明应用最广泛的光源之一，它作为第一代电光源已有100多年历史，虽然各种新光源发展很迅速，但白炽灯仍然是在不断研究和开发中的光源。这是因为白炽灯具有体积小、结构简单、不需要其他附件、使用时受环境影响小、便于控光、频繁开关对灯的性能和寿命影响较小、价格便宜、光色优良、显色性好、无频闪现象等优点。所以，普通白炽灯常用于日常生活照明，工矿企业照明，剧场、宾馆、商店、酒吧等照明。

装饰白炽灯是利用白炽灯玻璃壳的外形和色彩的变化而特制的光源种类，工作时可以起到一定的照明和装饰效果。通过装饰白炽灯不同的排列组合安装，能形成多种灯光艺术风格。装饰白炽灯常用于会议室、客厅、节日装饰照明等。

反射型灯泡是在白炽灯玻璃泡的内壁上涂有部分反射层，能使光线定向反射。反射型白炽灯适用于灯光广告、橱窗、体育设施、展览馆等需要光线集中的场合。

2.3 卤钨灯

卤钨灯属于热辐射光源，工作原理基本上与普通白炽灯一样，但结构上有较大的差别，最突出的差别就是在卤钨灯泡内填充了部分卤族元素或卤化物，故称卤钨灯。

2.3.1 卤钨灯的结构

卤钨灯由钨灯丝、充入卤素的玻璃泡（管）和灯头等构成，如图 2.13 所示。

图 2.13（a）、（b）为双端管状卤钨灯的典型结构，功率为 100～2000W，灯管的直径为8～10mm，长 80～330mm，两端采用瓷接头，需要时还可装入保险丝。图2.13（c）为单端引出的卤钨灯，这类灯的功率有 75、100、150W 和 250W 等多种规格，灯的泡壳有磨砂和透明两种，单端型灯头采用 E27 或插入式结构。图 2.13（d）、（e）为两种特制卤

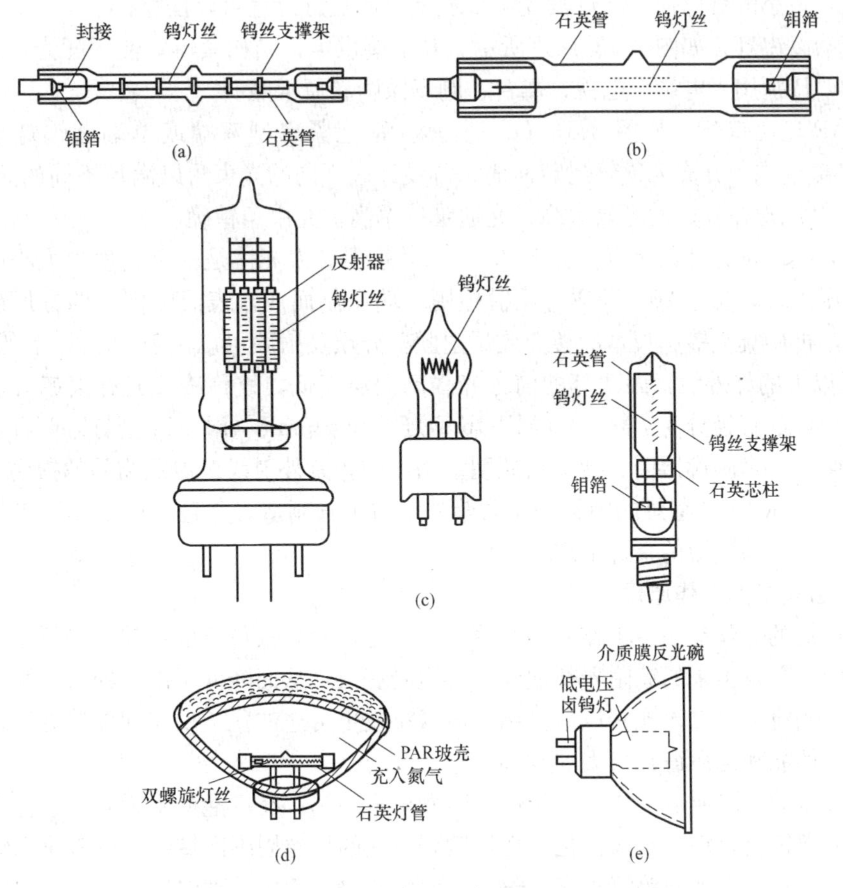

图 2.13 卤钨灯外形及分类

(a) 普通照明管形卤钨灯；(b) 紧凑型双端卤钨灯；(c) 单端卤钨灯；(d) PAR 型卤钨灯；(e) 介质膜冷反光卤钨灯

钨灯。

500W 以上的大功率卤钨灯一般制成管状。为了使生成的卤化物不附在管壁上，必须提高管壁的温度，所以卤钨灯的玻璃管一般用耐高温的石英玻璃或高硅氧玻璃制成。

2.3.2 卤钨灯的分类

卤钨灯通常有以下几种分类方法：

按灯内充入微量卤素的类型可以分为碘钨灯和溴钨灯。

按灯泡外壳材料的不同可分为硬质玻璃卤钨灯和石英玻璃卤钨灯。

按工作电压的不同可分为 220V 市电型卤钨灯和低电压型卤钨灯。低电压型卤钨灯的额定电压有 6、12V 和 24V 等多种。

按安装方式和灯头结构的不同可分为以下几类：

(1) 普通照明管形卤钨灯，如图 2.13 (a) 所示。其灯管两端各有一个灯头，故又称双端管型卤钨灯；

(2) 紧凑型双端卤钨灯，如图 2.13 (b) 所示。其灯丝和玻璃管长度都比较短，玻壳直径相对较大，短小的灯丝便于与灯具光学系统配合，点灯位置可以任意；

(3) 单端卤钨灯，如图2.13 (c) 所示。其单端供电，结构紧凑，便于配光，用于聚光和泛光照明，特别用于电影、电视、舞台、剧场照明和展示照明；

(4) PAR型卤钨灯，如图2.13 (d) 所示。系把紧凑型双端或单端卤钨灯泡安装在PAR反射型玻壳内，并充入氮气封装而成，可设计成不同的光束角以满足不同的照明目的。PAR型卤钨灯泡寿命长、发光效率高、光通维持率高、光束角精确；

(5) 介质膜冷反光杯卤钨灯，如图2.13 (e) 所示。发光体是一个花生米大小的单端卤钨灯泡，电压12V，功率20～75W。反射杯用玻璃压制而成，表面由许多四方形或六角形小平面组成，再用真空镀膜技术涂覆介质反射膜。介质反射膜可以反射90%以上的可见光，而滤除65%以上的红外线，因此灯的前方光强高而温度低，故称冷反光杯卤钨灯。普通照明用冷反光杯灯的直径分为ϕ50mm (MR-16型灯) 和ϕ35mm (MR-11型灯) 两种，广泛地用于商业照明、艺术画廊照明、博物馆照明。为了防止紫外射线对被照物品的损伤（褪色或老化），MR-16、MR-11型灯的内胆采用防紫外线石英管制造，并且还可以在反光杯前面增加玻璃盖进一步滤除残留的紫外射线。

2.3.3　卤钨灯的工作原理

普通白炽灯的灯丝在高温工作时的钨蒸发，一方面会导致灯丝的耗损，降低灯的使用寿命；另一方面，蒸发出来的钨附着在泡壳上使泡壳变黑，从而降低了泡壳的透光性能和光源的发光效率。当将卤素充入泡壳以后，钨与卤素将发生可逆的化学反应即卤钨循环，从而使卤钨灯的发光性能和寿命得到极大的改善。

当充有卤素的灯泡通电工作时，从灯丝蒸发出来的钨，在灯泡壁附近与卤素化合，形成一种挥发性的卤钨化合物。当卤钨化合物扩散到较热的灯丝周围区域时，卤钨化合物又会分解成卤素和钨，释放出来的钨沉积在灯丝上，而卤素再继续扩散到温度较低的灯泡壁附近与钨化合，形成十分有利的卤钨循环。

由于卤钨循环有效地抑制了钨的蒸发，所以可以延长卤钨灯的使用寿命，同时可以进一步提高灯丝温度，获得较高的光效，并大大减少了使用过程中的光通量衰减。

2.3.4　卤钨灯的特性

1. 发光效率

卤钨灯与普通白炽灯相比，其光效要高出许多倍，一般在20lm/W左右，最高可超过30lm/W。另外，由于卤钨灯的卤钨循环较好地抑制了钨的蒸发，从而有效抑制了灯泡的发黑和灯丝的耗损，使卤钨灯的寿命得到了提高，在全寿命期内的光维持率基本达到了100%。

2. 色表和显色性

卤钨灯属低色温光源，其色温一般在2800～3200K之间，与普通白炽灯相比，光色更白一些，色调更冷一些，但显色性较好，显色指数Ra=95～99。

3. 调光性能

卤钨灯也可以进行调光，但当灯的功率下调到某一值时，由于其玻璃泡的温度下降较多，于是卤钨循环将不能正常进行；再加上卤钨灯的玻璃泡很小，此时玻璃泡很容易发黑；另外，灯泡内的溴对灯丝还有一定的腐蚀作用。因此一般不主张对卤钨灯进行调光。常见卤钨灯的技术参数见表2.3～表2.7和附表2。

表 2.3 照明直管型卤钨灯

型号	功率（W）	电压（V）	光通量（lm）	平均寿命（h）	灯头型号	直径（mm）	全长（mm）
LZG220-300	300	220	4800	1000	R7s/Fa4	10	117.6/141
LZG220-500	500		8500	1000		10	117.6/141
LZG220-1000	1000		22000	1500		12	189.1/212.5
LZG220-1500	1500		33000	1000		12	254.1/277.5
LZG220-2000	2000		44000	1000		12	330.8/334.4

表 2.4 单端型卤钨灯

型号	电压（V）	功率（W）	光通（lm）	色温（K）	寿命（h）	最大直径（mm）	灯头高度（mm）
64478BT	220	150	2550	2900	2000	ϕ48	117

表 2.5 反射型卤钨灯

型号	功率（W）	光强（cd）	光束角	色温（K）	寿命（h）	开口直径（mm）	整灯长度（mm）
64836FL	50	1100	30°	3000	2000	ϕ64.5	91

表 2.6 低压卤钨反光杯灯

型号	电压（V）	功率（W）	光束角	光强（cd）	寿命（h）	开口直径（mm）	整灯长度（mm）
44865WFL	12	35	38°	1000	2000	ϕ51	45

表 2.7 冷光束卤钨灯

型号	电压(V)	功率(W)	光强(cd)	光束角(°)	色温(K)	寿命(h)	尺寸(直径×长度)(mm)	灯头型号
LDJ12-50N	12	50	9050	12	3000	3000	ϕ50×45	G×5.3
LDJ12-50M			3000	24				
LDJ12-50W			1500	38				

注 N—窄光束；M—中光束；W—宽光束。

2.3.5 卤钨灯的应用

由于卤钨灯与白炽灯相比，具有光效高、体积小、便于控制且具有良好的色温和显色性、寿命长、输出光通量稳定、输出功率大等优点，因此在各个照明领域中被广泛应用，尤其是被广泛地应用在大面积照明与定向投影照明场所，如建筑工地施工照明、展厅、广场、舞台、影视照明和商店橱窗照明及较大区域的泛光照明等。

在使用卤钨灯时要注意以下问题：

(1) 为了保证良好的卤钨循环，卤钨灯不适用于低温场合；双端卤钨灯工作时，灯管应水平安装，其倾斜角度不得超过 4°，否则游离钨会在上端积聚并使该处发黑，从而缩短灯的使用寿命。

(2) 由于卤钨灯工作时管壁温度高达 600℃左右，因此，卤钨灯附近不准放置易燃物质，或不得将卤钨灯安装在易燃材料附近，且灯脚引入线应采用耐高温的导线。另外，因卤钨灯灯丝细长，使用时要避免震动和撞击，更不宜作为移动照明灯具使用。

2.4 荧光灯

荧光灯是低气压汞蒸气弧光放电灯，也被称为第二代电光源。与白炽灯相比，它具有光效高、寿命长、光色好的特点，因此在大部分场合取代了白炽灯，是目前室内应用最为广泛的理想光源。

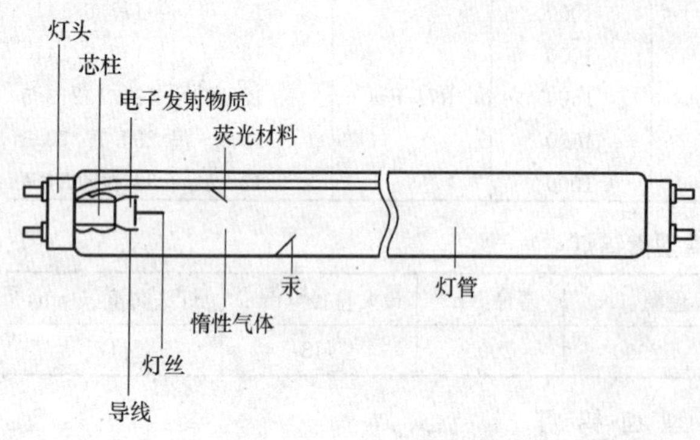

图 2.14 荧光灯的结构

2.4.1 荧光灯的结构

荧光灯的基本构造如图 2.14 所示，主要由灯管和灯丝电极组成。

灯管内壁涂有荧光粉，将灯管内抽真空后加入一定量的汞和氩、氪、氖等惰性气体。常见的荧光灯是直管状的，根据需要，灯管也可以弯成环形或其他形状。

灯管内部两端装设的灯丝电极，是气体放电灯的关键部件，其性能状况是决定灯的寿命的主要因素。荧光灯的灯丝电极通常由钨丝绕成双螺旋或三螺旋形状，在灯丝上涂以热发射材料（钡、锶、钙等金属的氧化物）。荧光灯的电极主要用来产生热电子发射，维持灯管的放电。

荧光灯的附件有启辉器和镇流器。启辉器的主要元件是一个由两种膨胀系数不同的金属材料压制而成的双金属片和一个固定触点。启辉器的主要作用是在灯管刚接电路时，启辉器双金属片闭合，有电流通过灯丝，对灯丝进行预热；双金属片断开的瞬间，镇流器产生高压脉冲，两电极之间气体被击穿，产生气体放电。镇流器是一个有铁心的线圈，其主要作用是在启辉器的作用下产生高压脉冲以助灯的启燃，在工作时用于平衡灯管电压，建立气体放电灯稳定的工作点。

2.4.2 荧光灯的工作原理

1. 荧光灯的发光原理

荧光灯工作时，首先要给钨丝电极通电加热，温度约达到 800～1000℃，使涂有热发射电子物质的电极产生预备性热电子发射。然后通过启动附件，使两电极之间产生高的电压脉冲，并在此高压电场作用下，使电极大量发射电子，发射的电子在灯管中撞击汞蒸气中的汞原子，使之激发产生光辐射。

在荧光灯点燃过程中，除了辐射部分可见光以外，最强烈的原子辐射谱线为 253.7nm 和 185.0nm 的紫外线光，这些紫外光激发管内壁上的荧光粉时，将发生光致发光（又称二次发光），从而产生可见光辐射。

2. 荧光灯的工作电路

（1）预热式开关启动电路。荧光灯最常用的工作电路是预热式开关启动电路，如图 2.15（a）所示。在开灯前，启辉器的双金属片触点处于断开状态。当电源接通时，220V 电压虽不能使灯启动，但足以激发启辉器产生辉光放电，辉光放电产生的热量加热了双金属片，使双金属片弯曲触点接通。此时，电源通过启辉器、镇流器和电极灯丝形成了串联回路，一个相当强的预热电流迅速地加热灯丝，使其达到热发射温度并发射出大量电子，为灯的点燃做好了准备。一旦双金属片闭合，辉光放电即刻消失，此时双金属片开始冷却，冷却到一定温度后便复原弹开，并使串联回路断开。由于回路呈感性，回路断开瞬间在灯管两端产生 600～1500V 的脉冲电压（电源电压与镇流器自感电动势之和）。这个脉冲电压很快地使灯内的

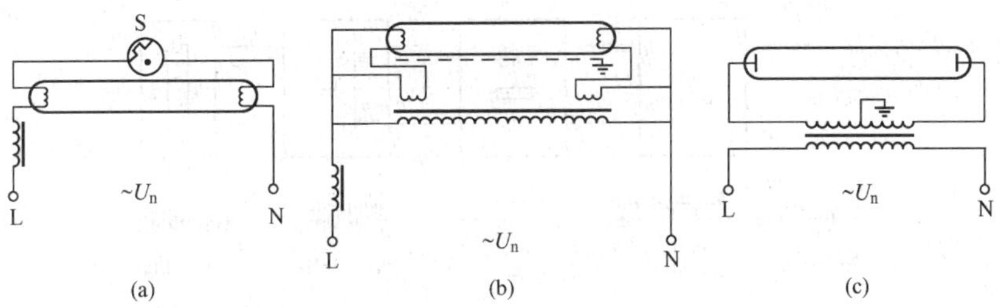

图 2.15 荧光灯的启动电路

(a) 预热启动；(b) 快速启动；(c) 瞬时启动

气体和蒸汽电离，电流即在两个相对的发射电极之间通过，灯即点燃。灯点亮后，加在启辉器上的电压（即灯管两端的电压）只有约 100V，而启辉器的熄灭电压在 130V 以上，所以不足以使启辉器再次发生辉光放电。这就是荧光灯的预热启动过程。

（2）变压器型启动电路。变压器型启动电路又分为阴极预热式的“快速启动”和冷阴极式的“瞬时启动”两种电路。

阴极预热式快速启动荧光灯的工作电路，如图 2.15（b）所示。电路中变压器的主绕组跨接在灯管两端，两个副绕组分别与两端电极灯丝并接。电源接通，变压器主绕组产生的高压虽不足以使灯内产生放电，但两个副绕组立即供电给阴极加热。当阴极达到热电子发射温度时，灯就在高电压下击穿点燃。灯点燃后，线路中的电流急剧增加，镇流器上的电压降随之迅速增大，从而使灯管两端电压降到正常值。同时，灯丝变压器的电压随之降低，加热阴极的电流也降到较小的数值。由于放电灯管在管壁电阻很低的情况下，灯的启动电压才最低，故可在灯管外的两端灯头之间敷设一条金属带，并将其中一个灯头接地，这样实现了减小管壁电阻，降低了灯的启动电压，从而达到可靠启动的目的。采用快速启动电路时由于无需高压脉冲，加上阴极的电位降低，从辉光放电过渡到弧光放电的时间短，因而对阴极的伤害小。所以，同样的灯，使用快速启动电路时寿命比开关启动电路和瞬时启动电路都要长得多。

冷阴极式瞬时启动的荧光灯，采用圆柱形电极结构，工作时电极保持冷态，其典型的电路如图 2.15（c）所示。在该电路中，漏磁变压器给工作于 50～120mA 的冷阴极荧光灯提供 1～10kV 的瞬时启动电压，使荧光灯瞬时启燃。这种工作方式对阴极的损伤较大，仅用于具有无需预热就能启动的荧光灯。

（3）电子镇流器启动电路。在交流电路中线圈的感抗 $X_L=2\pi fL$，式中 L 为线圈电感量，f 为交流电源的频率。感抗与电感量和频率成正比，因此提高电源频率可以减少气体放电灯电感镇流器所需电感量。以一只 40W 荧光灯为例，在 50Hz 的交流电源中燃点，镇流器电感量为几亨，如果电源频率提高到 20～50kHz，则镇流器电感量仅需几毫亨即可。前者是一只十分笨重的铁心线圈，后者则是一只十分轻巧的铁氧体线圈。为此，电子镇流器应运而生。

图 2.16 是电子镇流器的组成方框图和基本电路图。电子镇流器由交流直流转换器（整流器、滤波器）、直流高频交流转换器（高频波发生器）、电感镇流器三个基本部分组成。

电子镇流器的工作频率范围通常为 20～100kHz。图 2.17 为荧光灯电子镇流器实物图及其启动电路的实用接线图。

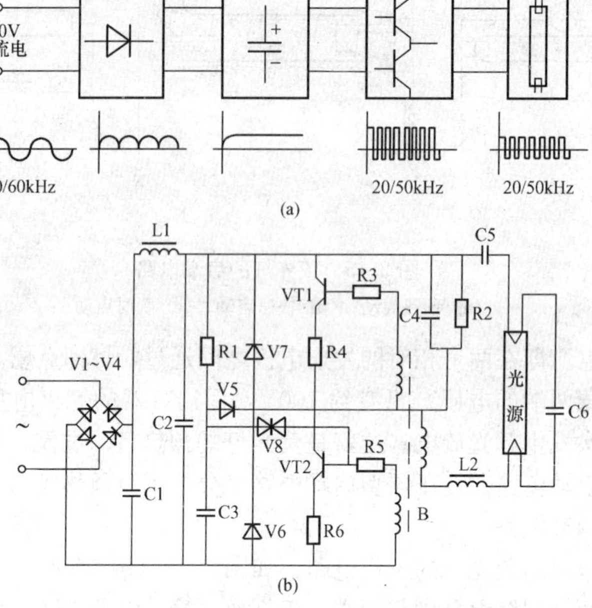

图 2.16 电子镇流器的方框图和基本电路图

（a）方框图；（b）基本电路图

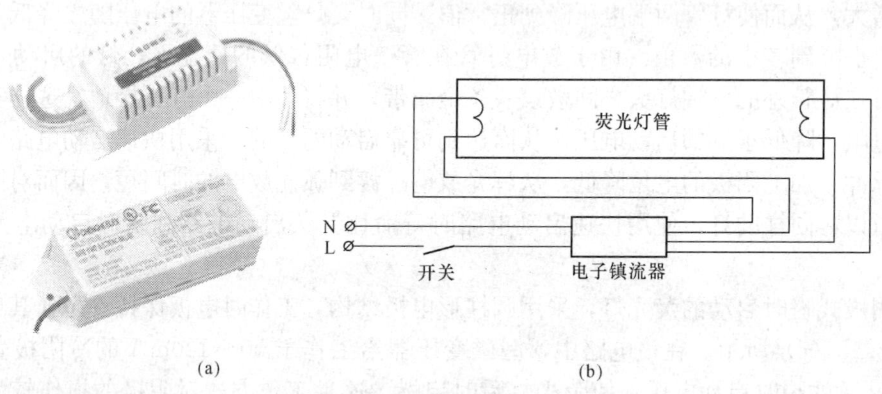

图 2.17 荧光灯电子镇流器

（a）实物图；（b）启动电路

与电感镇流器相比，电子镇流器具有光效高、无频闪、瞬时启燃、启动电压低、功率因数高、温升小、无噪声、体积小、重量轻等优点；但同时也存在价格高、寿命低、性能不稳以及存在射频干扰等不足。随着生产工艺的不断改进，电子镇流器的应用将会越来越广泛。

2.4.3 荧光灯的类型

1. 直管形荧光灯

如前所述，直管形荧光灯按启动方式分为预热启动式荧光灯、快速启动式荧光灯和瞬时启动式荧光灯三种。

预热启动式荧光灯是用量最大的一种。这种荧光灯在工作时，需要配置与灯管配套的镇流器和启辉器等附件组成工作电路［见图 2.15（a）］。预热式荧光灯有 T12、T8 系列和 T5 系列等。T12（管径 35mm）系列的功率范围为 20～125W。T8（管径 25mm）系列用电感镇流器的，功率范围为 15～70W；用高频电子镇流器的，功率范围为 16～50W。T5（管径 15mm）系列用电子镇流器，功率范围为 14～35W。根据功率大小，还有微型和大功率荧光灯之分，最小功率只有 4W，最大功率可达 125W。

快速启动式荧光灯是在灯管的内壁涂敷透明的导电薄膜（或在管内壁或外壁敷设导电条），提高极间电场，在镇流器内附加灯丝预热回路，且镇流器的工作电压设计得比启动电压高，所以在电源电压施加后 1s 即可启燃。

瞬时启动式荧光灯不需要预热，可以采用漏磁变压器产生的高压瞬时启动灯管。

2. 紧凑形荧光灯

紧凑形荧光灯一般使用直径为 10～16mm 的细管弯曲或拼结成一定的形状（如 U 形、H 形、螺旋形等），以缩短放电管线形的长度。它可以广泛地用于替代白炽灯，在达到同样光输出的情况下，可以节约大量电能。

紧凑形荧光灯不仅光色好、光效高、能耗低，而且寿命长，国外厂家（如飞利浦公司等）的产品寿命已达到 8000～10000h。图 2.18 示出了几种常见的紧凑形荧光灯。

图 2.18 紧凑形荧光灯

2.4.4 荧光灯的特性

1. 电压特性

电源电压的变化对荧光灯光电参数有很大的影响，电压增高时，灯管的电流变大，电极过热，加速灯管两端过早发黑，使寿命缩短；电压过低时，灯管启动困难，启辉器往往多次工作才能启动，不仅影响照明效果，而且也会缩短灯管寿命。电源电压的变化对光通量输出和发光效率等荧光灯光电特性均有一定的影响，如图 2.19 所示。

2. 光色

荧光灯可利用改变管壁所涂荧光粉的成分来得到不同的光色，如常用的暖白色、白色、冷白色、日光色、三基色和彩色荧光灯。各种不同光色的荧光灯色温一般在 2900～6700K 之间，其中日光色荧光灯色温最高。荧光灯的显色指数约为 60～85。

3. 温度特性

环境温度的变化对荧光灯的工作也有较大影响，温度过低时会使荧光灯难以启燃。这主要是荧光灯发出的光通量与汞蒸气放电激发紫外线的强度有关，紫外线强度又与汞蒸气压力有关，汞蒸气压力与灯管直径、冷端（管壁最冷部分）温度等因素有关，冷端温度又与环境温度有关。对于直管形荧光灯，在环境温度 20～30℃、冷端温度 38～40℃时，发光效率最高。一般来说，环境温度低于 10℃ 会使灯管启动困难。图 2.20 为荧光灯发光效率与环境温度的关系。

4. 频闪效应

由交流电源供电的荧光灯，当电流值瞬时为零时灯光通量几乎为零，因此荧光灯工作时将以 2 倍的电源频率闪烁。由于人的视觉有后像效应，故一般不易察觉，但在观察快速运动物体时则会有较强的闪烁感。特别是在观察高速旋转的物体时，当旋转速度是闪烁频率的一定倍数或接近一定倍数时，人们可能会引起错觉，觉得物体不转动或以低速旋转，可能会导致意外的事故。因这种现象与闪烁频率或电源频率有关，故称之为频闪现象。

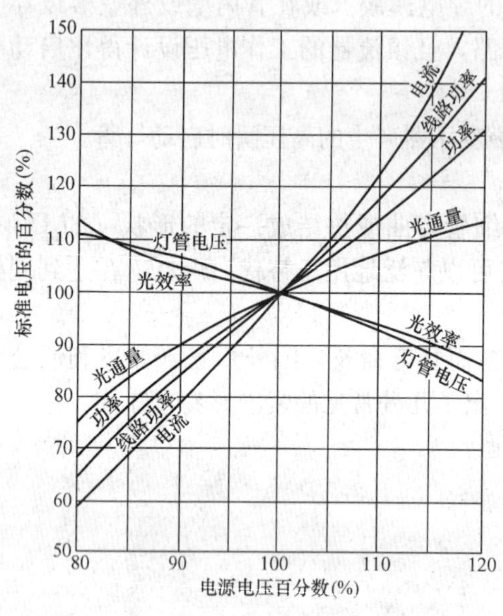

图 2.19 荧光灯光电特性与电源电压的关系

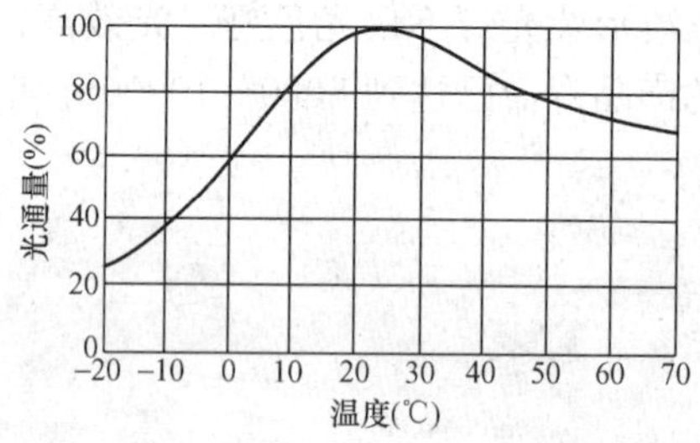

图 2.20 荧光灯光通量与环境温度的关系

若将相邻荧光灯接在三相电源的不同相上，或虽接在单相电源上，但接入电容器进行移相，均可以减弱频闪现象；采用电子镇流器的荧光灯基本上可以消除频闪；如果采用直流电源供电，则可彻底消除频闪现象。

荧光灯的优点是光效高、寿命长、光谱接近日光、显色性好、表面温度低、表面亮度低、眩光影响小；缺点是功率因数低，发光效率与环境温度和电源频率有关，而且有频闪效应，附件多，有噪声，不宜频繁开关。常见荧光灯的光电参数见表 2.8 和附表 3。

表 2.8 常见荧光灯的光电参数

类型		型号	电压（V）	功率（W）	光通量（lm）	平均寿命（h）	灯管直径 φ×长度 L (mm)
直管形		YZ8RR	220	8	250	1500	16×302.4
		15RR		15	450	3000	26×451.6
		20RR		20	775	3000	26×604
		32RR		32	1295	5000	26×908.8
		40RR		40	2000	5000	26×1213.6
环形		YH22①		22	1000	5000	
		22RR		22	780	2000	
单端内启动型	H形	YDN5-H		5	235		27×104
		7-H		7	400	5000	27×135
		11-H		11	900	5000	27×234
	2D形	YDN16-2D		16	1050	5000	138×141×27.5

① 该规格为三基色荧光灯。

2.4.5 荧光灯的应用

荧光灯具有良好的光色、显色性和发光效率，因此被广泛应用于住宅、图书馆、教室、商店、办公室、宾馆、饭店等各种民用建筑照明，隧道、地铁、轻纺工业及其他对显色性要求较高的照明场所也广泛应用。

近年来，紧凑形荧光灯由于其良好的节能效果而备受用户喜爱，作为室内照明大有取代白炽灯的趋势；彩色荧光灯常用于室内装饰照明。

2.5 高强度气体放电灯（HID灯）

2.5.1 HID灯的主要类型

灯管管壁单位面积所耗散的功率称作管壁负载。属于低压气体放电光源的荧光灯，正常工作时其管壁负载一般在300～900W/m^{2}之间（标准型荧光灯仅为300W/m^2），灯管内的汞蒸气压力不足133.32Pa；高强度气体放电灯工作时放电管的管壁负载却大于30000W/m^2，放电管内的蒸汽压力在10132.5～101325Pa之间，高达普通荧光灯的数十倍至数百倍，因此称作高强度气体放电灯。

根据放电管内充入蒸汽的成分不同，高强度气体放电灯可分为高压汞灯、高压钠灯和金属卤化物灯。

2.5.2 HID灯的结构特点

HID灯主要由放电管、外泡壳和电极等部件组成。由于所用材料及内部充入的气体有所不同，各种HID灯又有自身的结构特点。

1. 荧光高压汞灯

荧光高压汞灯的典型结构，如图2.21（a）所示。

荧光高压汞灯的放电管采用耐高温、高压的透明石英管，管内除充有一定量的汞外，同时还充有少量氮气以降低启动电压和保护电极。

荧光高压汞灯的主电极由钨杆及外面重叠绕成螺旋的钨丝组成，并在其中填充碱土氧化物作为电子发射材料。

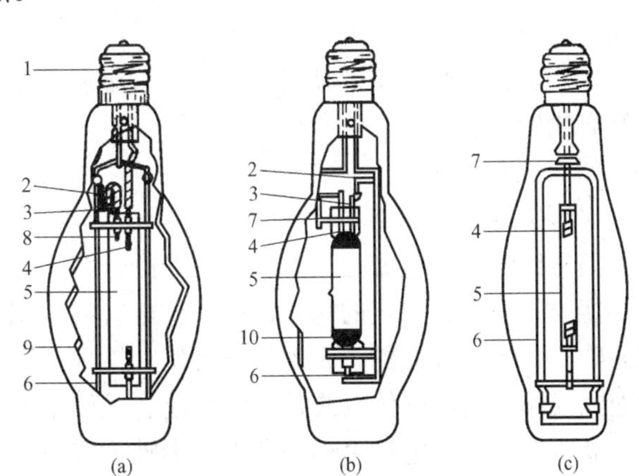

图2.21 HID灯的结构

(a) 荧光高压汞灯；(b) 金属卤化物灯；(c) 高压钠灯

1—灯头；2—启动电阻；3—启动电极；4—主电极；5—放电管；6—金属支架；7—消气剂；8—辅助电极；9—外玻壳（内涂荧光粉）；10—保温膜

荧光高压汞灯的外泡壳一般采用椭球形，泡壳除了起保温作用外，还可防止环境对灯的影响。泡壳内壁上还涂敷适当的荧光粉，其作用是将灯的紫外辐射或短波长的蓝紫光转变为长波的可见光，特别是红色光。此外，泡壳内通常还充入数十千帕的氖气或氖-氮混合气体作绝热用。

荧光高压汞灯的辅助电极即启动电极，它通过一个启动电阻和另一主电极连接，以助于荧光高压汞灯在全电压作用下顺利启动。

荧光高压汞灯的主要辐射来源于汞原子激发，并通过泡壳内壁上的荧光粉将激发后产生的紫外线转换为可见光。

2. 金属卤化物灯

金属卤化物灯的典型结构，如图 2.21（b）所示。

金属卤化物灯的放电管采用透明石英管或半透明陶瓷管。管内除充汞和较易电离的氖-氩混合气体（改善灯的启动）外，还充有钠、铊、铟、钪、镝等金属的卤化物（一般为碘化物）作为发光物质。金属卤化物的蒸气气压一般比纯金属的蒸气气压高得多，这样才能满足金属发光所要求的压力；另外，金属卤化物（氟化物除外）都不和石英玻璃发生明显的化学作用，故可抑制高温下纯金属与石英玻璃的化学反应。

应该指出，在金属卤化物灯中，汞的辐射所占的比例很小，其作用与荧光高压汞灯有所不同，即充入汞不仅提高了灯的发光效率、改善了电特性，而且还有利于灯的启动。

金属卤化物灯常采用“钍-钨”或“氧化钍-钨”作为主电极，并采用稀土金属的氧化物作为电子发射材料。

金属卤化物灯的外泡壳，功率为 175、250、400、1000W 的通常采用椭球形，2kW 和 3kW 等大功率的则采用管形，有时在椭球形的泡壳内壁涂上荧光粉，以增加漫射，减少眩光。

金属卤化物灯可以采用辅助电极（放电管内）或双金属片（泡壳内）作为启动元件。

灯在长期工作中，支架等材料的放气，会使泡壳内真空度降低，从而在引线或支架之间可能会产生放电。为了防止放电，需在泡壳内注入微量的氧化铝消气剂，以维持泡壳内的真空。

为了提高管壁温度，防止出现影响蒸汽压力的冷端，需在灯管两端加保温涂层-保温膜，常用的涂料是二氧化锆和氧化铝。

金属卤化物灯的主要辐射来自于各种金属卤化物在高温下分解后产生的金属蒸气和汞蒸气混合物的激发。

3. 高压钠灯

高压钠灯的典型结构，如图 2.21（c）所示。

高压钠灯的放电管是一种特殊制造的透明多晶氧化铝陶瓷管，能耐高温、高压，抗钠腐蚀的能力强，具有稳定的化学性能。放电管内填充的钠和汞是以“钠汞齐”（一种钠与汞的固态物质）形式放入的，充入氙气可使“钠汞齐”一直处于干燥的惰性气体环境中。另外，填充氙气作为启动气体以改善启动性能。采用小内径的放电管可获得最高的光效。

高压钠灯的主电极由钨棒和以此为轴重叠绕成螺旋的钨丝组成，在钨螺旋内灌注氧化钡和氧化钙的化合物作为电子发射材料。

高压钠灯的外泡壳通常有椭球形、直管状和反射型几种。

高压钠灯泡壳内注入的消气剂，是为了在整个高压钠灯的寿命期间，维持泡壳内的高真空，以保护灯的性能以及保护灯的金属组件不受放出的杂质气体的腐蚀，常用消气剂有钡或锆-铝合金。

高压钠灯的主要辐射来源于分子压力为 1.0×10^4Pa 的金属钠蒸气的激发。

2.5.3 HID 灯的工作特性

1. 电源电压变化的影响

HID 灯在点燃过程中，电源电压允许有一定的变化范围。当电压过低时，可能会造成

HID 灯的自然熄灭或不能启动，光色也有所变化；电压过高时，也会使灯因功率过高而熄灭。电源电压变化对 HID 灯光电参数的影响如图 2.22 所示。

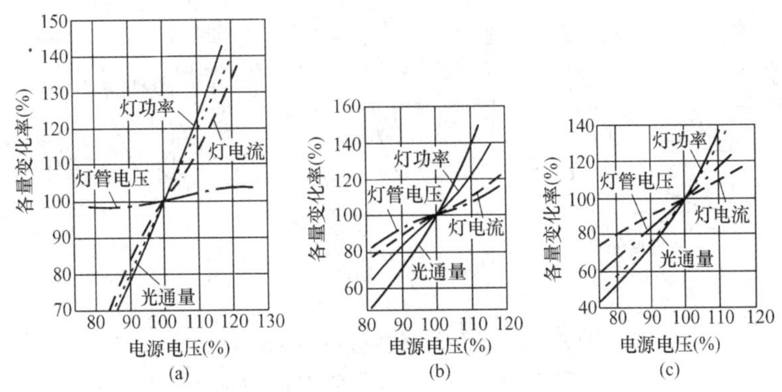

图 2.22 HID 灯各参数与电源电压的关系

（a）荧光高压汞灯；（b）金属卤化物灯；（c）高压钠灯

由图 2.22（a）可知，荧光高压汞灯在工作时，灯管内所有的汞都会蒸发，因此，灯管内汞蒸气压力随温度的变化不大，灯管电压也不会随电源电压的变化有大的变化。电感镇流器虽然有控制电流的作用，但电源电压变化时，灯的电流还是有较大的变化，相应地，灯的功率和光通量的变化也较大。

由图 2.22（b）可知，金属卤化物灯中的金属卤化物蒸气气压很低，当充入汞以后，灯内的气压大为升高，电场强度和灯管电压也相应升高。由于金属卤化物的蒸气气压与汞蒸气气压相比很小，因此它对灯管电压的影响不是很大，灯管电压主要由汞蒸气气压决定。

2. 灯的启燃与再启燃

电源接通后，电源电压就全部施加在灯的两端，此时，主电极和辅助电极间（高压钠灯不用辅助电极）立即产生辉光放电，瞬间转至主电极间，形成弧光放电；数分钟后，放电产生的热量致使灯管内金属（汞、钠）或金属卤化物全部蒸发并达到稳定状态。达到稳定状态所需的时间称为启燃时间，一般启燃时间为 4～10min 左右。各种 HID 灯的光电参数在启燃过程中的变化情况，如图 2.23 所示。

通常 HID 灯在熄灭以后，不能立即启燃，必须等到灯管冷却后才能再启燃。因为灯熄灭后，灯管内部温度和蒸气压力仍然很高，在原来的电压下，电子不能积累足够的能量使原子电离，所以不能形成放电。如果此时再启燃灯，就需几千伏的电压。然而，当放电管冷却至一定温度时，所需的启动电压就会降低很多，在正常电源电压下便可进行再启动。从 HID 灯熄灭到再点燃所需的时间称为再启燃时间，一般再启燃时间为 5～15min 左右。

3. 寿命与光通量维持

HID 灯的寿命可参见表 2.9。

影响荧光高压汞灯寿命的主要因素是电极上电子发射物质的损耗，致使启动电压升高而不能启动；另外，还取决于钨丝的寿命以及管壁的黑化而引起光通量的衰减。

金属卤化物灯的管壁温度高于荧光高压汞灯。工作时，石英玻璃中含有的水分等不纯气体很容易释放出来，金属卤化物分解出来的金属和石英玻璃缓慢的化学反应，以及游离的卤素分子等都能使启动电压升高，从而使金属卤化物灯的寿命降低。

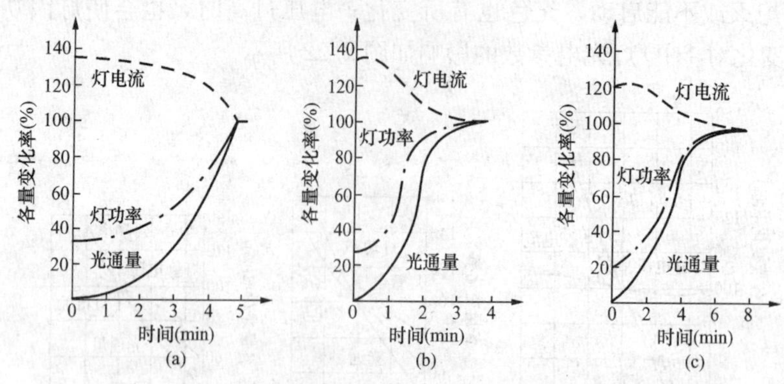

图 2.23 HID 灯启燃后各参数的变化

（a）荧光高压汞灯；（b）金属卤化物灯；（c）高压钠灯

高压钠灯由于氧化铝陶瓷管在灯的工作过程中具有很好的化学稳定性，因而寿命很长，国际上已做到 20000h 左右。高压钠灯寿命告终可能是由于放电管漏气、电极上电子发射物质的耗竭和钠的耗竭。

4. 灯的点燃位置

金属卤化物灯和荧光高压汞灯、高压钠灯不同，当灯的点燃位置变化时，灯的光电特性会发生很大变化。因为点燃位置的变化，使放电管最冷点的温度跟着变化（残存的液态金属卤化物在此部位），金属卤化物的蒸气压力相应地发生变化，进而引起灯电压、光效和光色跟着变化。

灯在工作的过程中，即使金属卤化物完全蒸发，但由于点灯位置的不同，它们在管内的密度分布也不同，仍会引起特性的变化，所以在使用中要按产品指定的位置进行安装，以期获得最佳的特性。

2.5.4 HID 灯的工作线路

前已述及，为了获得稳定的工作点和工作特性，所有气体放电灯都必须在其工作电路中接入一个镇流器，同时需要一个比电源电压更高的启动电压。HID 灯的灯管同样是只有与镇流器串联才能稳定工作。灯的启动分为内触发和外触发两种基本形式。有辅助启动电极或双金属启动片的称内触发。利用触发电路产生高压脉冲将气体击穿而启动的称为外触发。灯管进入工作状态触发器退出工作后，则依靠镇流器而稳定工作。各种 HID 灯的工作线路，如图 2.24 所示。

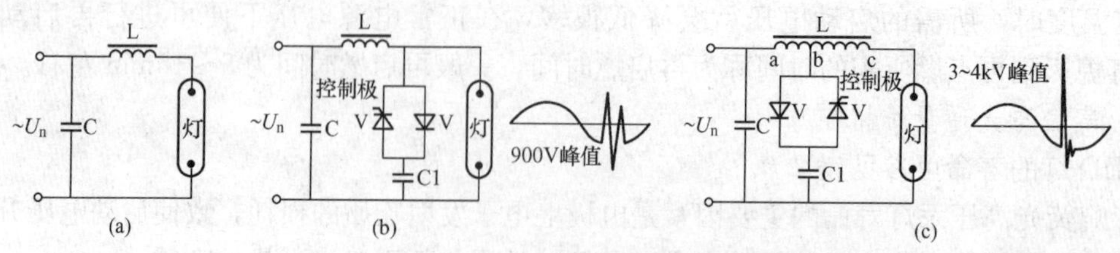

图 2.24 HID 灯的工作线路

（a）HID 灯通用电路；（b）金属卤化物灯的外触发电路；（c）高压钠灯的外触发电路

一般荧光高压汞灯，其内部装有启动电极，要求能在 220V 或 240V 交流电源下启动和工作。图 2.24（a）表示了一个简单、通用、有效、低成本的内触发 HID 灯的工作线路。

金属卤化物灯放电管内填充有不同类型的金属卤化物。其启动电压比荧光高压汞灯高得多，通常采用外触发来启动。图 2.24（b）表示了金属卤化物灯的触发电路，它应用电力电子元件触发，使电路在每一个周期内产生一个持续时间较长的启动高压。

因为高压钠灯的放电管比较细长，又没有可以帮助启动的辅助电极，因此，高压钠灯启动时必须要有一个约 3kV、10～100μs 的高压脉冲产生触发。图 2.24（c）表示了一种使用电子触发元件的启动电路，它通过触发电力电子器件的导通，致使储存在电容器 C1 中的能量，经过扼流线圈进行放电，再由升压变压器的绕组在灯管两端产生峰值为 3～4kV 的短时脉冲高压。这种电路，在每个周期内均可得到连续的高压脉冲。

2.5.5 HID 灯的选择应用

高强度气体放电灯属于第三代光源，常见 HID 灯的光电参数见表 2.9 和附表 4。

表 2.9　　常见 HID 灯的光电参数

类别		型号	功率(W)	管压(V)	电流(A)	光通(lm)	稳定时间(min)	再启动时间(min)	色温(K)	显色指数	寿命(h)
荧光高压汞灯		GGY-400	400	135	3.25	21000	4～8	5～10	5500	30～40	6000
金属卤化物灯	钠铊铟	NTY-400	400	120	3.7	26000	10	10～15	5500	60～70	1500
	镝	DDG-400/V	400	125	3.65	28000	5～10	10～15	6000	≥75	2000
		DDG-400/H	400	125	3.65	24000	5～10	10～15	6000	≥75	2000
	钪钠	KNG-400/V	400	130	3.3	28000	5～10	10～15	5000	55	1500
高压钠灯	普通型	NG-400	400	100	3.0	28000	5	2	2000	15～30	2400
	改显型	NGX-400	400	100	4.6	36000	5～6	1	2250	60	12000
	高显型	NGG-400	400	100	4.6	35000	5	1	3000	>70	12000

1. 荧光高压汞灯

常用荧光高压汞灯可分为普通型、反射型和自镇流型三种，其中自镇流型荧光高压汞灯在放电管和外泡之间装一钨丝电阻，它即可作为灯的镇流器，同时也能像白炽灯那样产生可见光。因此自镇流荧光高压汞灯相当于一个混光光源，它集荧光高压汞灯和白炽灯于一身。自镇流荧光高压汞灯不需任何附件，显色性能也有所改善，但光效较低，寿命也低于同功率的非自镇流荧光高压汞灯。

荧光高压汞灯不仅可作照明，还可应用于晒图、保健日光浴治疗、化学合成、塑料及橡胶的老化试验、荧光分析和紫外线探伤等方面。但由于荧光高压汞灯光效和显色指数均较低，近几年其应用受到了一定的限制。

2. 金属卤化物灯

金属卤化物灯从 20 世纪 60 年代推出以来，历经 40 多年的努力，已进入成熟阶段，其发光效率可达 130lm/W，显色指数可达 90 以上，色温范围较宽（3000～6000K），寿命可达 10000～20000h，功率由几十瓦到上万瓦。目前，金属卤化物灯虽然品种繁多，但按其光谱特性大致可分为以下四类：

（1）钠铊铟金属卤化物灯。钠铊铟金属卤化物灯利用钠铊和铟三种卤化物的三根“强线（即黄、绿、蓝线）”光谱辐射加以合理组合而产生的高效白光。三种成分的填充量将影响三条线的强度，进而影响灯的光效和颜色。铊的535nm绿线对灯的可见辐射有很大贡献，535nm谱线强，则灯光效高；铟的451.1nm蓝线对提高发光效率的贡献极小，但可以改进灯的显色性；钠的589～589.6nm黄线对提高灯的发光效率也有较大作用，同时该线对灯显色性的改善也起着关键的作用。

（2）稀土金属卤化物灯。稀土类金属（如镝、钬、铥、铈、钕等）以及钪、钍等的光谱在整个可见光区域内具有十分密集的谱线。其谱线的间隙非常小，如果分光仪器的分辨率不高的话，看起来光谱似乎是连续的。因此，灯内要是充有这些金属的卤化物，就能产生显色性很好的光。

1）镝、钬、钠、铊系列金属卤化物灯有着很好的显色性与较高的色温，称作高显色性金属卤化物灯。其中，小功率的灯可用作商业照明；中功率（250～1000W）的灯可用于室内空间高的建筑物、室外道路、广场、港口、码头、机场、车站等公共场所的照明；高功率（2～3.5kW）的主要用于大面积泛光照明（如体育场馆）。

2）钪钠灯光效很高，属高光效金属卤化物灯。钪钠灯寿命很长，显色性也不差，是很好的照明光源，可用来代替大功率白炽灯、荧光高压汞灯等光源，主要用于工矿企业和交通照明。

（3）利用高气压的金属蒸气放电产生连续辐射，可获得日光色的光，超高压铟灯属于这一类，称作短弧金属卤化物灯。这种灯尺寸小、光效高、光色好，适合作为电影放映用光源和显微投影仪光源。但是，由于这种灯的泡壳表面负载极高（300～400W/cm^2），因而寿命较短。

（4）单色性金属卤化物灯。利用具有很强的共振辐射的金属产生色纯度很高的光，目前用得较多的是碘化铟汞灯和碘化铊汞灯。这些灯分别发出铟的451.1nm蓝线、铊的535nm绿线，蓝灯和绿灯的颜色饱和度很高，适合用于城市夜景照明。

3. 高压钠灯

高光效、长寿命和较好的显色性、良好的透雾性使高压钠灯在室内照明、街道照明、郊区公路照明、广场照明和泛光照明中都有着广泛的应用。因为高压钠灯光效高、寿命长（可达24000h），因此，在许多场合可以代替荧光高压汞灯、卤钨灯和白炽灯。

（1）普通型高压钠灯。普通型高压钠灯光效高、寿命长，但光色较差，一般显色指数只有15～30，相关色温约2000K，因此，只能用于道路、厂区等处的照明。

（2）直接替代荧光高压汞灯的高压钠灯。为便于高压钠灯的推广而生产的直接替代荧光高压汞灯的高压钠灯，可直接使用在相近规格的荧光高压汞灯镇流器及灯具装置上。

（3）舒适型高压钠灯。为扩大高压钠灯在室内、外照明中的应用，对其色温与显色性进行了改进，使高压钠灯适用于居民区、工业区、零售商业区及公众场合的使用。

（4）高光效型的高压钠灯。在灯管内充入较高气压的氮气，使灯得到了极高的发光效率（140lm/W），而且还提高了显色指数（Ra＝50～60），可作为室内照明的节能光源。特别适合于工厂照明和运动场所的照明。

（5）高显色性高压钠灯。为了满足对显色性要求较高的需要，人们成功开发了高显色性高压钠灯（又称白光高压钠灯）。改进后的这种灯，一般显色指数达到80以上，色温提高到2500K以上，十分接近于白炽灯。因而，它具有暖白色的色调，显色性高，对美化城市、美化环境有着很大的作用。这种灯可用于商业照明以及高档商品（如黄金首饰、珠宝、珍贵皮货等）的照明，而且节能效果十分显著。

2.6 其他电光源

2.6.1 氙灯

氙灯是利用高压氙气放电产生强光的电光源，其显色性能好，发光效率比较高，功率大，曾被称作人造“小太阳”，常用于建筑工地、大型广场、车站码头等需要高照度、大面积照明的场所。

氙灯的放电管是由耐高温的石英玻璃制成。放电管的两端装有钍钨棒状电极，管内充入高纯度的氙气。氙灯分为长弧和短弧两种，长弧灯采用圆柱形石英玻璃管；短弧灯则为椭圆形石英玻璃管，但两端仍有圆柱形伸长部分。根据氙灯的性能还可以分为水冷式氙灯和管形、直管形、及管形汞氙灯等。

氙灯是一种弧光放电灯，光的辐射包括了在放电过程中氙被激发而产生的线光谱辐射和离子与电子复合产生的连续光谱辐射。因此，氙灯的辐射光谱是在连续光谱上重叠着线光谱，如图 2.25 所示。

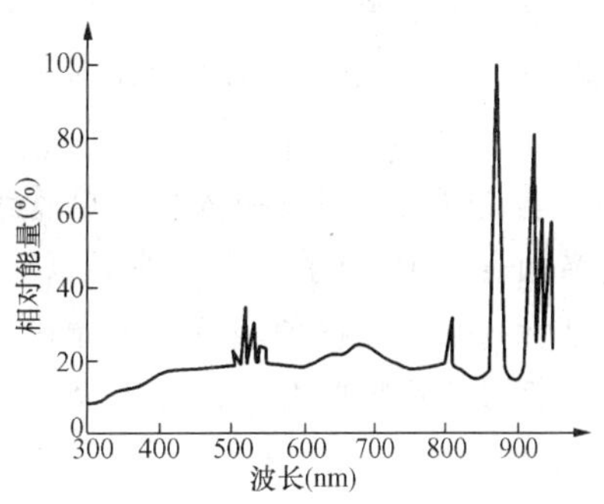

图 2.25 氙灯的光谱能量分布

氙灯的发光效率为 22～50lm/W，使用寿命一般在 1000h 左右。

氙灯作为室内照明时，为了防止紫外线对人体的伤害，应装设滤光玻璃。因其功率大（1～50kW）、表面亮度较高，为避免眩光，应安装在视线不及的高度，一般 3kW 灯管不应低于 12m，10kW 不应低于 20m，20kW 不应低于 25m。氙灯安装时一定要按出厂要求施工，且必须使用配套的附件。

2.6.2 低压钠灯

1. 低压钠灯的结构

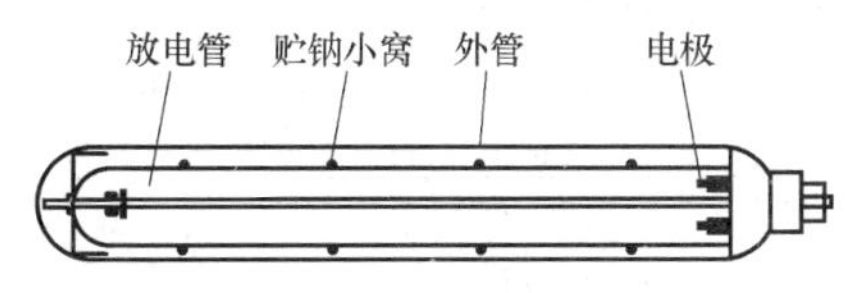

图 2.26 低压钠灯的结构

低压钠灯的结构如图 2.26 所示，由放电管、外管和灯头等部件组成。放电管用抗钠腐蚀的玻璃制成，呈 U 形，充入钠和帮助启燃用的氖氩混合气体，两端装有电极。套在放电管外的是外管，管内抽成真空，内壁涂有氧化铟等透明物质，能将红外线反射回放电管，使放电管温度保持在 270℃左右。

2. 低压钠灯的原理特性

低压钠灯利用低压钠蒸气中的钠原子辐射，产生近乎 589nm 的单色光，低压钠灯的光谱能量分布如图 2.27 所示。因为 589nm 的辐射集中在光谱光效率很高的范围，所以发光效率极高，迄今仍是发光效率最高的一种照明光源，在实验室条件下可达到 400lm/W，但成品一般在 100lm/W 左右。低压钠灯的光色呈黄色，显色性能差。

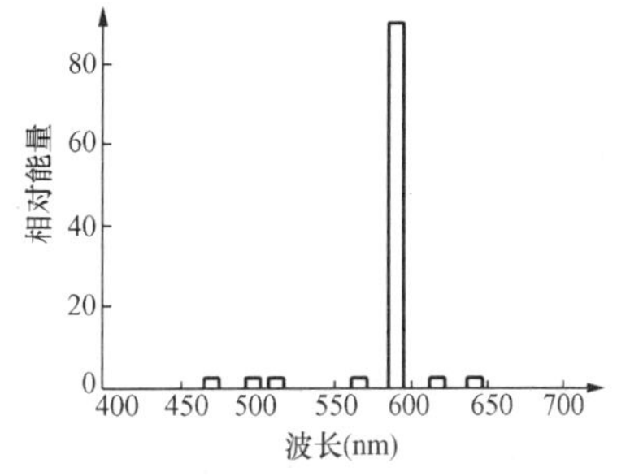

图 2.27 低压钠灯的光谱能量分布

低压钠灯的启动电压比较高，可以用开路电压较高的漏磁变压器直接启燃。钠的蒸气压强很低，灯泡工作时放电管温度应当达到 260℃，因此低压钠灯的启动是一个十分漫长的过程（放电管热平衡建立过程），接通电源 10～13min 之后灯泡的光电参数才能稳定下来。正常工作中的低压钠灯电源中断 6～15ms 不致熄灭。热态下的再启燃时间不足 1min。低压钠灯的寿命约为 2000～5000h，燃点次数对灯寿命影响很大，并要求水平燃点，否则也会影响寿命。

3. 低压钠灯的应用

因为低压钠灯的显色性能差，一般不宜作室内照明光源。由于低压钠灯所发光的单色性，在潮湿多雾情况下的色散现象很少，透视性能良好，能够比较清晰地分辨潮湿地区被照明物体的轮廓，因此，常用于海岸、码头、广场、隧道、公路、街道以及景观照明等室外场所的照明。

2.6.3 霓虹灯

霓虹灯的灯管细而长，可以根据需要弯成各种图案或文字，用作广告招牌和城市街道亮化装饰最为适宜。在霓虹灯电路中接入必要的控制装置，可以得到循环变化的彩色图案和自动明灭的灯光闪烁，营造生动活泼的气氛，富于宣传效果。

1. 霓虹灯的结构

霓虹灯由电极、引入线、灯管组成。灯管的直径为 6～20mm，发光效率与管径之间的关系如表 2.10 所示。灯管抽成真空后再充入少量氩、氦、氙等惰性气体或少量汞，有时还在灯管内壁涂以各种颜色的荧光粉或各种透明颜色，使霓虹灯能发出各种鲜艳的色彩。霓虹灯的色彩与管内所充气体、玻璃管（或荧光粉）颜色的关系，如表 2.11 所示。

表 2.10　霓虹灯发光效率与管径的关系

灯光色彩	灯管直径（mm）	电流（mA）	每米灯管光通（lm）	每米灯管功率（W）	发光效率（lm·W^{-1}）
红	11	25	70	5.7	12.2
	15		36	4.0	9.0
蓝	11	25	36	4.6	7.8
	15		18	3.8	4.7
绿	11	25	20	4.6	4.3
	15		8	3.8	2.1

表 2.11　霓虹灯色彩与管内气体及玻璃管颜色的关系

灯光色彩	管内气体	玻璃管或荧光粉颜色	灯光色彩	管内气体	玻璃管或荧光粉颜色
红色	氖	无色	白色	氩、少量汞	白色
火黄		奶黄色	奶黄		奶黄色
橘红		绿色	玉色		玉色
玫瑰色		蓝色	淡玫瑰红		淡玫瑰红色
蓝色	氩、少量汞	蓝色	金黄		金黄色管+奶黄色粉
绿色		绿色	淡绿		绿、白色混合粉

2. 霓虹灯的原理特性

霓虹灯工作电压很高、工作电流却很小。通过专用漏磁变压器供电的霓虹灯工作电路如图 2.28 所示。电源接通后，变压器二次侧产生的高电压使灯管内气体电离，进而发出彩色的辉光。灯的启动电压与灯管长度成正比，与管径大小成反比，同时还与所充气体的种类和气压有关。

霓虹灯在正常工作时由霓虹灯变压器来限制灯管回路中通过的最大电流。根据安全要求，一般霓虹灯变压器的二次侧空载电压不大于15kV，二次侧短路电流比正常运行电流仅高15%～25%。

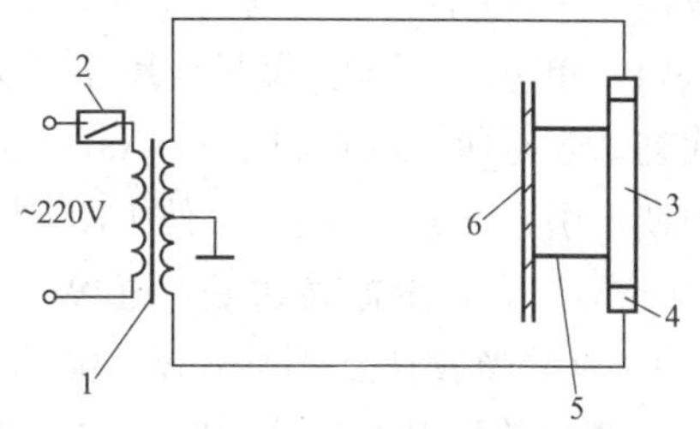

图2.28　霓虹灯原理电路图

1—漏磁变压器；2—电子程序控制装置；3—灯管；4—电极；5—玻璃支架；6—墙或其他安装构架

3. 霓虹灯的应用

(1) 霓虹灯变压器的二次电压高达6～15kV，故通电回路必须与所有建构筑物等保持良好的绝缘。

(2) 霓虹灯变压器应尽量靠近霓虹灯安装，一般安放在支撑霓虹灯的构架上，并用密封箱子作防水保护；变压器中性点及外壳必须可靠接地；霓虹灯管和高压线路不能直接敷设在建筑物或构架上，与它们至少需保持50mm的距离，一般用专用的玻璃支架支撑安装。

(3) 线路敷设要保证绝缘耐压强度及必要的安全距离。

(4) 由于霓虹灯变压器相当于一个大电抗，使得线路自然功率因数很低，仅为0.2～0.5。为改善功率因数，应装设必要的补偿电容器进行人工补偿。

2.6.4　半导体照明

目前在工程上应用的半导体照明主要有两种：一种是场致发光屏（EL）；另一种是发光二极管（LED）。场致发光屏通常采用硫化锌类Ⅱ-Ⅵ族化合物的微晶粉末状荧光质，根据器件的要求，可以选择交流或直流供电，通常工作在高电压下，工作电流密度一般较低。发光二极管多利用GaAs、GaP或它们的组合晶体（GaAsP）Ⅲ-Ⅴ化合物，其工作电流密度高，工作电压却仅需2V左右的直流电源。本节主要介绍LED。

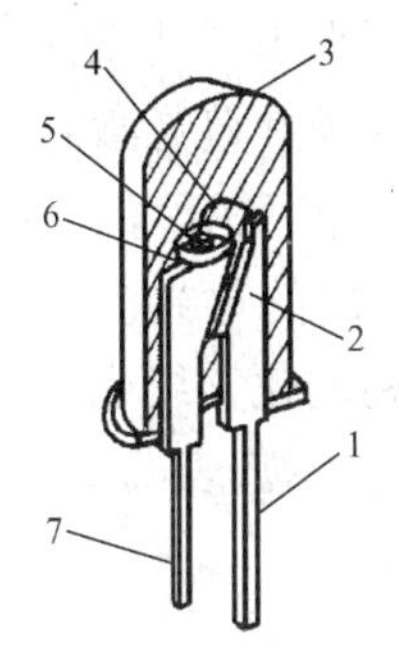

图2.29　LED的组成结构

1—阳极引线；2—阳极；3—环氧封装、圆顶透镜；4—阳极导线；5—带反射杯的阴极；6—半导体触点；7—阴极引线

发光二极管是一种将电能直接转换为光能的固体元件，可以作为有效的辐射光源。

1. LED的结构原理

LED是一种固态半导体器件，其大部分能量均辐射在可见光谱内，因而LED具有很高的发光效率。图2.29为一只典型的T13/4型LED，采用塑料封装，由发光片发光。

发光二极管的核心部分是由P型半导体和N型半导体组成的晶片，二者之间的过渡层称为PN结。在某些半导体材料的PN结中，注入的少数载流子与多数载流子复合时会把多余的能量以光的形式释放出来，从而把电能直接转换为光能。PN结加反向电压，少数载流子难以注入，故不发光。这种利用注入式电致发光原理制作的二极管叫发光二极管，通称LED。当它处于正向工作状态时，电流从LED阳极流向阴极时，半导体晶体就发出从紫外到红外不同颜色的光线。其发光的颜色（波长）主要取决于发光片材料的分子结构。

LED的颜色和发光效率等光学特性与半导体材料及其加工工艺有着密切的关系。在P型和N型材料中掺入不同的杂质，就可以得到不同发光颜色的LED。同时，不同外延材料也决定了 LED 的功耗、响应速度和工作寿命等光学特性和电气特性。

（1）单色光 LED。最早应用半导体 PN 结发光原理制成的 LED 光源问世于 20 世纪 60 年代初。当时所用的材料是 GaAsP，发红光（λ_p=650nm），发光效率仅为 0.1lm/W。70 年代中期，引入元素 In 和 N，使 LED 发绿光（λ_p=555nm）、黄光（λ_p=590nm）和橙光（λ_p=610nm），光效也提高到了 1lm/W。到了 80 年代初，出现了 GaAlAs 的 LED 光源，使得红色 LED 的光效达到 10lm/W。90 年代初，发红光、黄光的 GaAlInP 和发绿光、蓝光的 GaInN 两种新材料的开发成功，使 LED 的光效得到大幅度的提高。在 2000 年，前者制成的 LED 在红、橙区（λ_p=615nm）的光效达到 100lm/W，而后者制成的 LED 在绿色区域（λ_p=530nm）的光效可以达到 50lm/W。

单色光 LED 最初仅用作仪器仪表的指示光源，后来各种光色的 LED 在交通信号灯和大面积显示屏中得到了广泛应用，产生了很好的经济效益和社会效益。汽车信号灯也是 LED 光源应用的重要领域。1987 年，我国开始在汽车上安装高位刹车灯，由于 LED 响应速度快（纳秒级），可以及早让尾随车辆的司机知道行驶状况，减少汽车追尾事故的发生。另外，LED 灯在室外红、绿、蓝全彩显示屏，匙扣式微型电筒等领域也都得到了应用。

（2）白光 LED。半导体 PN 结的电致发光机理决定了单只 LED 既不可能产生两种或两种以上的单色光，也不可能产生具有连续谱线的白光。根据一般照明需要，1998 年发白光的 LED 研发成功。这种 LED 是将 GaN 芯片和钇铝石榴石（YAG）封装在一起制成的。GaN 芯片发蓝光（λ_p=465nm），高温烧结制成的含 Ce^{3+} 的 YAG 荧光粉受此蓝光激发后发出黄色光（λ_p=550nm）。蓝光 LED 基片安装在碗形反射腔中，覆盖以混有 YAG 的树脂薄层。LED 基片发出的蓝光部分被荧光粉吸收，另一部分蓝光与荧光粉发出的黄光混合，可以得到白光。现在，对于 InGaN/YAG 白色 LED，通过改变 YAG 荧光粉的化学组成和调节荧光粉层的厚度，可以获得色温 3500～10000K 的各色白光，如图 2.30 所示。表 2.12 列出了目前白色 LED 的种类及其发光原理。

表 2.12　白色 LED 的种类和原理

芯片数量	激发源	发光材料	发光原理
1	蓝色 LED	InGaN/YAG	InGaN 的蓝光与 YAG 的黄光混合成白光
	蓝色 LED	InGaN/荧光粉	InGaN 的蓝光激发的红绿蓝三基色荧光粉发白光
	蓝色 LED	ZnSe	由薄膜层发出的蓝光和在基板上激发出的黄光混色成白光
	紫外 LED	InGaN/荧光粉	InGaN 的紫外激发的红绿蓝三基色荧光粉发白光
2	蓝色 LED 黄绿 LED	InGaN、GaP	将具有补色关系的两种芯片封装在一起，构成白色 LED
3	蓝色 LED 绿色 LED 红色 LED	InGaN AlInGaP	将发三原色的三种小片封装在一起，构成白色 LED
多个	多种光色的 LED	InGaN、GaP AlInGaP	将遍布可见光区的多种光芯片封装在一起，构成白色 LED

白色 LED 自 1998 年诞生以来，其光效不断提高，1999 年达到 15lm/W，2001 年已达到 40～50lm/W，最高期望值可达 100～1000lm/W。

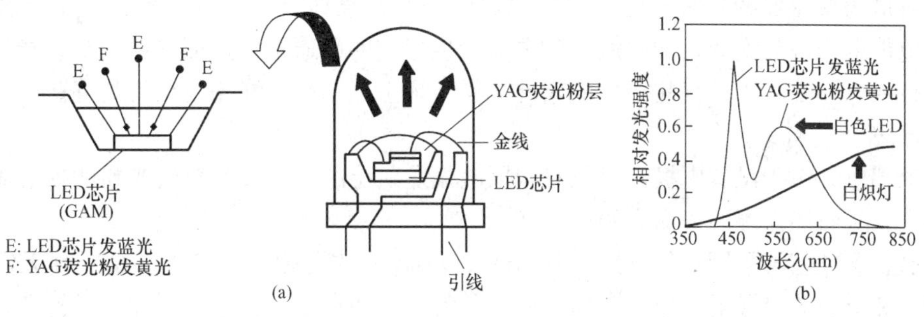

图 2.30 白色 LED

(a) LED 结构；(b) LED 与白炽灯光谱比较

2. LED 的性能与应用

(1) LED 的性能。作为第四代照明电光源，LED 具有全固体结构、良好的抗震性能、对环境不产生任何污染、高效节能、寿命长（有的高达 100000h）、免维护、响应时间快（纳秒级）、便于控制、体积小、可靠性高、工作电压低等优点。

(2) LED 的应用。LED 以其优良的性能与结构特点，已被广泛地用作各类仪器的指示灯，如录像机、VCD、洗衣机、电视机、电饭煲等家用电器的电源显示，以及调谐器的谐波量指示。由于 LED 的驱动电路与集成电路兼容，所以它可直接装到印刷线路板上，成为电路状态或故障指示器。

对于许多仅需很小光强或几十流明光通量的照明应用场合，LED 是一种最理想的选择。例如，易弯曲的塑料管内装 LED 可安置在地坪上或踏步下；LED 作为公路车道线的标志，在雨天或迷雾状况下仍能保持良好的能见度；LED 也能安装在人行道上，用于照亮步行道与街道间的落差。

目前，国内外有许多城市已采用 LED 作为交通信号灯，据美国国内的一个统计数据显示，如果仅用 LED 替代全美所有的白炽灯作为交通信号，一年可节约 2.5 亿 kWh。另外，红色 LED 还可用作疏散指示灯，据报道，当今美国诱导灯市场中，LED 作为主光源的市场占有率已由 1998 年的 80%上升为 100%；与此同时，道路安全信号灯的市场占有率也发生了同样变化。

在城市景观照明中，人们利用不同颜色的 LED 组合，借助于微处理器来控制灯光的颜色变换，这种设计实现了在美化环境的同时又照亮周边区域的目标。

总之，随着 LED 技术的不断提高，半导体照明以其超强的结构性能优点，必将实现从装饰照明向通用照明的演变。专家预测，在未来 5 年，半导体照明将迈向白炽灯、日光灯、HID 灯及其他光源的替代地位，2010 年将占有世界照明市场的 16%，并逐渐成为 21 世纪的主导光源。

2.6.5 无极荧光灯

1. 无极荧光灯的结构原理

无极荧光灯又称电磁感应灯，由高频发生器、功率耦合线圈、无极荧光灯管组合而成。无极荧光灯的灯管是一个真空放电腔体，它的一端设置汞齐（固态汞），放电腔内填充缓冲放电气体，形成连续的闭合放电环路，放电腔通过环形铁氧体磁芯的中心轴线。事实上，放电腔可看成为变压器的次级，通过对环绕放电腔外铁氧体磁芯上的线圈交变的高频正弦电压，使电能耦合进放电腔，通过线圈的电流产生稳定的磁通量，进而又沿放电腔产生感应电压来维持放电，使汞离子气化产生的紫外线激发稀土三基色荧光粉发出可见光。

2. 无极荧光灯的性能特点

电磁感应灯由于没有电极，可以克服因电极发射层的损耗及其对荧光粉的损害而影响寿命的弊端。从而使光源的寿命大幅度提高。

电磁感应灯灯管采用直径分别为 ϕ54mm、ϕ42mm 的高硼硅玻璃管，是一种无铅的环保玻璃管。荧光粉的涂覆采用免球磨稀土三基色荧光粉和水涂粉工艺，不仅可以提高光效，同时还可以有效地改善灯管的光色和显色性，提高光通维持率和使用寿命。

图 2.31 为上海宏源照明电器有限公司生产的几种无极荧光灯。

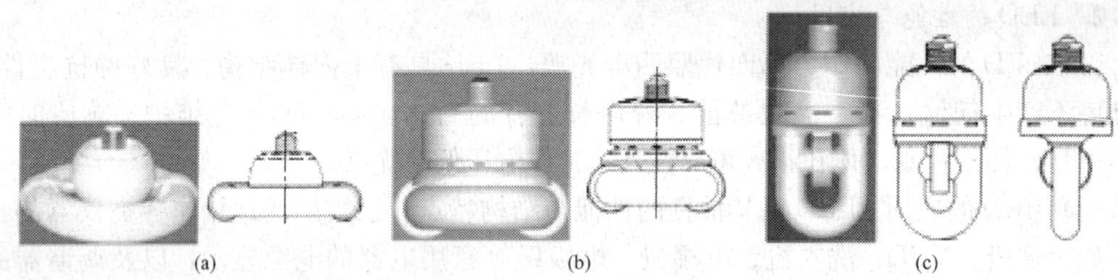

图 2.31　无极荧光灯

(a) A 型（24W）；(b) B 型（40W）；(c) C 型（24W）

2.6.6　微波硫灯

1. 微波硫灯的发光原理

微波硫灯利用频率为（2450±50）MHz 的微波电磁场激发硫分子而发光。（2450±50）MHz 微波是国际电工委员会通过管理无线电干扰的专门国际标准 CISPR15 划给电光源使用的频段之一，实际上也是微波炉的工作频率。磁控管产生 2450MHz 微波，通过波导管或同轴电缆输送给微波谐振腔，内含纯硫元素和惰性气体氩或氙的封闭石英球置于谐振腔中央，启动时微波电磁场首先激发惰性气体放电，放电能量加热石英玻壳，硫蒸发为蒸气并形成硫分子放电发光。微波硫灯是一种无电极放电灯，避免了电极引起的诸多缺点，因此启动迅速，寿命长，光通维持率高。

微波硫灯利用硫分子（S_2）放电发光。硫分子光谱是谱线非常丰富的密集或者连续的光谱。事实上硫分子光谱是波长 300～800nm 的十分近似日光光谱的连续光谱，所以微波硫灯的显色指数 Ra 高达 86 以上，色温 6500K。而且微波硫灯的辐射能量之 85%以上集中于可见光范围，几乎不含紫外线，很少红外线，其发光效率仅次于钠灯，高于其他各种实用照明电光源。

2. 微波硫灯的构造

微波硫灯由微波发生器、谐振腔和放电管三部分构成。微波发生器的核心是一只微波炉中使用的磁控管，磁控管产生的 2450MHz 微波能量通过波导管耦合至微波谐振腔。放电管是一个直径 25～40mm 的透明石英泡，内充压力为 400～700Pa 的氩气或氙气及定量纯硫元素，工作时硫蒸气压力达到 1MPa，对应的石英玻壳温度为 640℃。放电管的硫蒸气压强和温度如此之高，因此工作时必须强制风冷，而且还需要一个传动机构让放电管不断旋转。此外，灯前方设有金属丝屏蔽网，以防止微波外泄。图 2.32 是微波硫灯发光部分的结构图。

3. 微波硫灯的性能与应用

微波硫灯的性能参数如表 2.13 所示。前述无极荧光灯是与传统荧光灯、紧凑型节能荧光灯和白炽灯竞争的产品，而微波硫灯是与传统高强度气体放电灯竞争的产品。最早的微波硫灯曾用于美国华盛顿宇航博物馆空间大厅及美国能源部大楼的照明。改进后的微波硫灯降低了灯泡功率密度，取消了强制风冷和机械转动，结构简单，使用方便，预计可以应用于街道、公路、厂房、仓库、商场、体育场等采用高强度气体放电灯照明的区域，而且由于其光谱能量分布十分接近于太阳光，所以又是人工气象模拟、植物生长试验的新型光源。

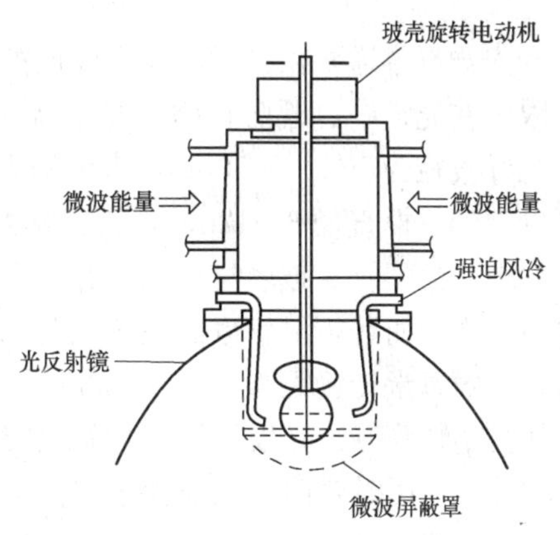

图 2.32 微波硫灯结构图

表 2.13 微波硫灯的性能参数

光能量 (lm)	系统功率 (W)	系统光效 (lm/W)	灯光效 (lm/W)	发光泡尺寸 (mm)	相对色温 (K)	显色指数 *Ra*	启动时间 (s)	重复热启动时间 (s)	灯泡寿命 (h)	磁控管寿命 (h)	燃点方向
135000	1378	98	160	40	5400	80	<25	<300	60000	15000	任意

微波硫灯发光效率高、节约能源，而且告别汞金属对环境的污染，是很有希望的一种绿色照明产品。

2.6.7 光纤照明

光纤照明是由光源、集光器、光导纤维和配光器四要素构成的组合照明系统，适宜于商品展示、广告标志、交通信号、娱乐场所和建筑装饰照明。因为其光线中无红外线、紫外线，特别适宜于博物馆、画廊的文物艺术收藏品照明。又因其灯泡及电源远离照明区域，又特别适宜于潮湿区域、水下和易燃易爆等危险区域的照明，此外，光纤照明还以其独特的优势用于牙科手术、外科手术照明。利用光纤照明技术可以设计成无紫外线、无电磁干扰的照明终端，用于断层成像诊疗、生物电磁研究等高科技特种照明。

1. 光源

从理论上讲，光纤照明的光源应当是“点光源”，点光源的光易于光学控制，通过集光器可以最大限度地把光聚焦到光导纤维的端点。第一类适宜于光纤照明的灯泡是 MR-16 低电压反射型卤钨灯泡，其反射镜在灯泡前面不远处形成焦点，便于与光导纤维耦合。优质 MR-16 灯泡发出色温 3050K 的白色光，一般显色指数 $Ra=100$，无紫外线，寿命 5000h 以上。第二类光纤照明灯泡为短弧金属卤化物灯，放电电极间距仅 2mm（点光源），色温 3000～4000K，一般显色指数 80 以上，效率高，寿命长。

2. 集光器

集光器将光源发出的光通过反射器、透镜聚焦至光导纤维的端头。光纤与光源耦合时要注意光源焦点附近光斑的照度均匀度和颜色均匀度，而且要妥善解决热绝缘，防止光纤端部因过热而损坏。

3. 光导纤维

光导纤维通常由光纤芯及内外保护层三部分构成，光线在光纤芯中传送，内外保护层把光限定在光纤中，既防止内外光干扰，又保护了光纤。玻璃光纤直径介于50～150μm，塑料光纤直径为125～3000μm，多根细光纤组成直径1～10mm的光缆使用。大直径塑料光纤可以制到单根直径3～12mm，直径越大有效光学面积越大。

细微的裂纹、玻璃与塑料中的杂质均可造成光的散射而损失光线。不同波长光的吸收系数不一样，而且折射率也因波长而异，因此光在光纤中传播一定距离之后强度减低颜色偏离。一般每米传输距离光吸收为3%。光纤的每一个连接表面（玻璃至玻璃、塑料至玻璃、空气至塑料等等）光损失约为8%。光纤的柔软性也很重要，一般以最小弯曲半径来标志其柔软性，使用时弯曲半径应大于光纤直径的10倍。至于光纤的寿命，理论上讲玻璃光纤、石英光纤的寿命没有限制，塑料光纤使用一段时间后会变黄、变脆，塑料光纤的寿命为数年之久。

4. 配光器

光导纤维末端的光线可以直接照射到被照物体，但是通常在光纤末端安装各种不同的反射器、透镜、散射体、滤光片，以获得所需的照明效果。由反射器、透镜、散射体、滤光片等构成的配光器相当于灯泡的灯具。

2.7 电光源的选择应用

2.7.1 电光源的性能比较

电光源的性能指标主要是发光效率、使用寿命和显色性等。表2.14列出了各种常用照明电光源的主要性能指标。从表中可以看出，光效较高的有高压钠灯、金属卤化物灯和荧光灯等；显色性较好的有白炽灯、卤钨灯、荧光灯、金属卤化物灯等；寿命较长的电光源有荧光高压汞灯和高压钠灯等；能快速启动与再启动的电光源是白炽灯、卤钨灯等；显色性最差的为高压钠灯和高压汞灯等。

表2.14 各种常用照明电光源的主要性能

序号	光源种类		功率范围（W）	发光效率（lm/W）	色温（K）	显色指数 Ra	平均寿命（h）	启动时间（min）	再启动时间（min）
1	白炽灯		15～1000	7.3～18.6	2400～2950	95～99	1000	快速	快速
2	卤钨灯		300～2000	16.7～21	2800±50	95～99	600～1500	快速	快速
3	荧光灯	粗管	6～100	26.7～57.1	2900～6500	70～80	1500～5000	1～4s	1～4s
		细管	18、36	58.3～83.3	4100、6200		8000		
4	紧凑型高效节能荧光灯		5～40	35～81.8	2700～6400	80	1000～5000	10s[①]或快速[②]	10s[①]或快速[②]
5	荧光高压汞灯		50～1000	31.5～52.5	5500	34	3500～6000	8	10
6	自镇流荧光高压汞灯		125～750	11.8～24.4	4400	38～40	1000	4～8	3～6
7	高效金属卤化物灯		150～1500	76.7～110	3600～4300	65	3000～10000	10	10

续表

序号	光源种类	功率范围 (W)	发光效率 (lm/W)	色温 (K)	显色指数 Ra	平均寿命 (h)	启动时间 (min)	再启动时间 (min)
8	管形镝灯	125～3500	44～80	3000～7000	70～90	300～5000	5～10	10～15
9	钪钠灯	125～2000	60～80	3200～7000	55～65	800～5000	5～10	5～15
10	普通高压钠灯	35～1000	64.3～140	1900～2100	23～40	12000～24000	5s③或 4～8④	3③或 10～15④
11	中显色高压钠灯	100～400	72～95	2300	60	12000		
12	管形氙灯	1500～20000	20～27	5500～6000	90～94	500～1000	快速	快速

①电感式；

②电子式；

③上海亚明灯泡厂产品数据；

④其他厂产品数据。

在常用的电光源中，电压变化对电光源光通输出影响最大的是高压钠灯，其次是白炽灯和卤钨灯，影响最小的是荧光灯。由实验得知，维持气体放电灯正常工作不至于自行熄灭的供电电压最低允许值荧光灯为 160V，高强度气体放电灯为 190V。

气体放电灯受电源频率影响较大，频闪效应较为明显。而热辐射光源的灯丝热惰性大，闪烁感觉不明显，所以在机械加工车间常常用白炽灯作局部重点照明，以减少频闪效应的影响。

采用电感镇流器且无补偿电容时，气体放电灯的功率因数及镇流器功率损耗占灯管功率的百分数如表 2.15 所示，若采用节能型电感镇流器，其损耗约为表中数值的一半。

表 2.15　　气体放电灯的功率因数及镇流器功率损耗占灯管功率的百分数

光源种类（采用电感镇流器）	额定功率（W）	功率因数	镇流器损耗占灯管功率的百分数（%）
荧光灯	36～40	0.50	19
荧光高压汞灯	≤125	0.45	25
	250	0.56	11
	400～1000	0.60	5
金属卤化物灯	1000	0.45	14
高压钠灯	70～100	0.65～0.70	14～16
	150～250	0.55	12
	400	0.50	10

2.7.2 电光源的选择应用

选用电光源，首先要满足照明场所对照度、显色性、色温、启动和再启动时间等技术性能条件的要求，尽量优先选择新型、节能型电光源；其次要考虑光源安装位置、装饰和美化环境的灯光艺术效果等环境条件要求；最后还要综合考虑初投资与年运行费用等经济条件。

1. 按照明设施的目的和用途选择电光源

不同场所照明设施的目的和用途不同，对显色性要求较高的场所，应选用平均显色指数 $Ra \geqslant 80$ 的光源，如美术馆、商店、化学分析实验室、印染车间等常选用日光灯、金属卤化物灯等。

对照度要求较低（<100lx）时，宜选用低色温光源；照度要求较高（>200lx）时，宜采用高色温光源，如室外广告照明、城市夜景照明、体育馆等高照度照明常选用高压气体放电灯。

频繁开关的场所，宜采用白炽灯；需要调光的场所宜采用白炽灯；当配有调光镇流器时，也可以选用荧光灯。

要求瞬时点亮的照明，如各种场所的事故照明，不能采用启动时间和再启动时间都较长的 HID 灯。

美术馆展品照明，不宜采用紫外线辐射量多的光源。

要求防射频干扰的场所，对气体放电灯的使用要特别谨慎。

2. 按环境的要求选择电光源

在选择电光源时必须考虑环境条件是否符合要求。如低压钠灯的发光效率很高，但显色性较差，所以低压钠灯不适合要求显色性高的场所。

低温场所不宜选用带电感镇流器的荧光灯，以免启动困难。在空调的房间内不宜选用发热量大的白炽灯、卤钨灯等，以减少空调用电量。在转动的工件旁不宜采用气体放电灯作为局部照明，以免产生频闪效应，造成事故。有振动的照明场所不宜采用卤钨灯和白炽灯。

在有爆炸危险的场所，应根据爆炸危险介质的类别和组别选择相应的防爆灯。在多尘埃的场所，应选择限制尘埃进入的防尘灯具。在潮湿场所或灯具有可能承受压力水冲洗的场所，必须采用防水型或防溅型灯具。在有腐蚀性气体的场所，宜采用耐腐蚀材料制成的密闭型灯具。

3. 按投资与年运行费选择电光源

初期投资包括材料设备费以及安装施工等费用；年运行费用包括年电能费、年光源损耗费、检修维护费以及折旧费等。

选用高光效的节能光源，初投资和折旧费可能高一些，但年电能费将会显著降低；选用长寿命的耐用光源，可减少灯泡损耗以及检修维护费，特别对高大厂房、装有复杂生产设备的厂房、照明维护工作困难的场所来说，这一点尤为重要。

常用电光源的原理特点及应用场所如表 2.16 所示，可供选择时参考。

表 2.16　　常用光源的特点及应用场所

序号	光源名称	发光原理	特点	应用场所
1	白炽灯	钨丝通过电流时被加热而发光的一种热辐射光源	结构简单、成本低、显色性好、使用方便、有良好的调光性能	日常生活照明，工矿企业普通照明，剧场、舞台的布景照明以及应急照明
2	卤钨灯	白炽体充入微量的卤素蒸气，利用卤素的循环提高发光效率	体积小、功率集中、显色性好，使用方便	电视播放、绘画、摄影照明

续表

序号	光源名称	发光原理	特点	应用场所
3	荧光灯	氩气、汞蒸气放电发出可见光和紫外线，后者激励管壁荧光粉发光，混合光接近白色	光效高、显色性较好、寿命长	家庭、学校、研究所、工厂、商店、办公室、控制室、设计室、医院、图书馆等照明
4	紧凑型高效节能荧光灯	其发光原理同荧光灯，但采用稀土三基色荧光粉，其光效比荧光灯高	集中白炽灯和荧光灯的优点，光效高、寿命长、显色性好、体积小、使用方便	家庭、宾馆等照明
5	荧光高压汞灯	同荧光灯，但不需预热灯丝	光效较白炽灯高，寿命长，耐震性较好	街道、广场、车站、码头、工地和高大建筑的室内外照明，但不推荐应用
6	自镇流荧光高压汞灯	同荧光高压汞灯，但不需镇流器	光效较白炽灯高，耐震性较好，不需镇流器，使用方便	广场、车间、工地等室内外照明，一般不再应用
7	金属卤化物灯	将金属卤化物作为添加剂充入高压汞灯内，被高温分解为金属和卤素原子，金属原子参与发光。在管壁低温处，金属和卤素原子又重新复合成金属卤化物分子，如此循环不已	发光效率很高，寿命长，显色性较好	体育场、馆，展览中心，游乐场所，街道，广场，停车场，车站，码头，工厂等照明
8	管形镝灯	金属卤化物灯的一种	发光效率高、显色性好、体积小、使用方便	机场、码头、车站、建筑工地、露天采矿场、体育场及电影外景摄制、彩色电视转播等照明
9	钪钠灯	金属卤化物灯的一种	发光效率很高、显色性较好、体积小、使用方便	工矿企业、体育场馆、车站、码头、机场、建筑工地、彩色电视转播等照明
10	普通高压钠灯	是一种高压钠蒸气放电灯泡，其放电管采用抗钠腐蚀的半透明多晶氧化铝陶瓷管制成，工作时发出金白色光	发光效率特高、寿命很长、透雾性能好	道路、机场、码头、车站、广场、体育场及工矿企业照明
11	中显色高压钠灯	在普通高压钠灯基础上，适当提高电弧管内的钠蒸气压力，从而使平均显色指数和相关色温得到提高	光效很高、显色性较好、寿命长、使用方便	高大厂房、商业区、游泳池、体育馆、娱乐场所等的室内照明
12	管形氙灯	电离的氙气激发而发光	功率大、发光效率较高、触发时间短、不需镇流器、使用方便	广场、港口、机场、体育场等照明和老化试验等要求有一定紫外线辐射的场所

思考练习题

1. 常用电光源分为几类？各包括哪几种光源？
2. 照明电光源的主要光电参数有哪些？各代表什么含义？
3. 如何确定电光源的寿命？影响电光源寿命的因素有哪些？
4. 为什么气体放电灯必须在工作线路中接入一个镇流器才能稳定工作？
5. 目前电光源中白炽灯光效最低，为什么还在广泛应用？
6. 为什么卤钨灯比普通白炽灯光效高？简述卤钨循环的基本原理。
7. 绘出预热式荧光灯管的工作线路，并说明其中各元件的作用。
8. 为什么人们把紧凑型荧光灯称为节能灯？
9. 快速启动的荧光灯与瞬时启动的荧光灯有何区别？
10. 荧光灯与高强度气体放电灯（HID）有何区别？
11. 金属卤化物灯与其他 HID 灯相比，其主要优缺点有哪些？
12. 高压钠灯最大的优点是什么？常用在哪些场合？
13. 为什么高强度气体放电灯的启燃时间比较长？而再启燃时间更长？
14. 霓虹灯的工作电压为多少？它的颜色与什么有关？
15. LED 有哪些特点？LED 在照明工程中有哪些用途？应如何看待其发展前景？
16. 简述无极荧光灯、微波硫灯和光纤照明的原理及特点。
17. 简述电光源型号的命名方法。说明型号 PZ220-40 各部分的含义。
18. 频闪现象是如何形成的？频闪现象有什么危害？应如何避免？
19. 选用电光源时应该遵循的原则有哪些？
20. 电光源 NG100 型的高压钠灯额定光通量为 9500lm，ZJD250 型灯的额定光通量为 20500lm，两种电光源的发光效率各为多少？

3 照 明 器

由电光源、照明灯具及其附件共同组成的照明装置称作照明器。习惯上，人们通常将照明器称作照明灯具，或简称灯具。照明器除了具有固定光源、保护光源、装饰美化环境、使光源与电源可靠连接的作用外，同时还担任着对光源产生的光通量进行重新分配、定向控制以及防止光源产生眩光的重要作用。

3.1 照明器的特性

照明器的光学特性主要包括光强的空间分布、遮光角和光通量输出比三个重要指标。

3.1.1 光强的空间分布

光强在空间重新分配的特性是照明器最主要的光学特性，也是进行照明计算的重要依据。

3.1.1.1 有关术语

1. 配光与配光特性

照明器在空间各个方向上的光强分布称为配光，即光的分配。光源本身也有配光，但把光源装入照明器以后，光源原先的配光发生了改变，这主要是照明器的配光起了作用。配光特性主要是指光源和照明器在空间各方向上的光强分布状态。配光特性可以有不同的表示方法，如数学解析式法、表格法以及曲线法等。

2. 光中心与光轴

把具有一定尺寸的光源（或照明器）看作是一个点，它的光认为就是从该点发出的，该点所在的位置就称为光中心。一般发光体的光中心就是该发光体的几何中心，对敞开式及用非透明材料制成的照明器，光中心即为出光口的中心。通过光中心的竖垂线被称为光轴，如图 3.1 所示。

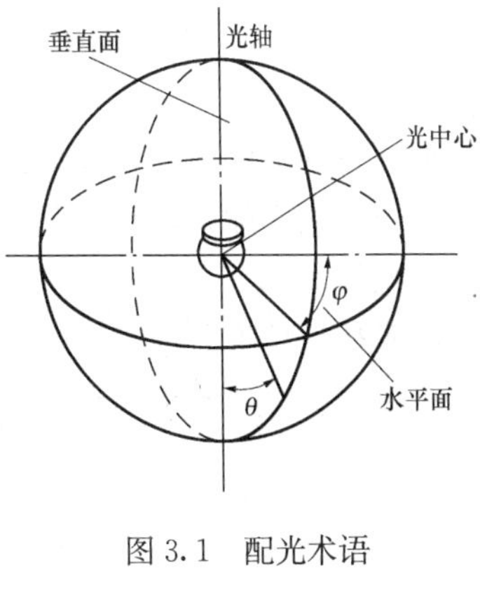

图 3.1 配光术语

3. 垂直角与垂直面

观察光中心的方向与光轴向下方向所形成的夹角称为垂直角，又称投光角，用 θ 或 γ 表示。垂直角所在的平面称为垂直面。

4. 水平角与水平面

如果选某一垂直面为基准面，那么观察方向所在的垂直面与基准垂直面之间形成的夹角就是水平角，用 φ 或 C 表示。垂直于光轴的任意平面均称为水平面。

3.1.1.2 照明器的配光曲线

当同样的电光源配以不同的照明器时，光源在空间各个方向产生的发光强度则是不同的。描述照明器在空间各个方向光强的分布曲线称为配光曲线。配光曲线是衡量照明器光学

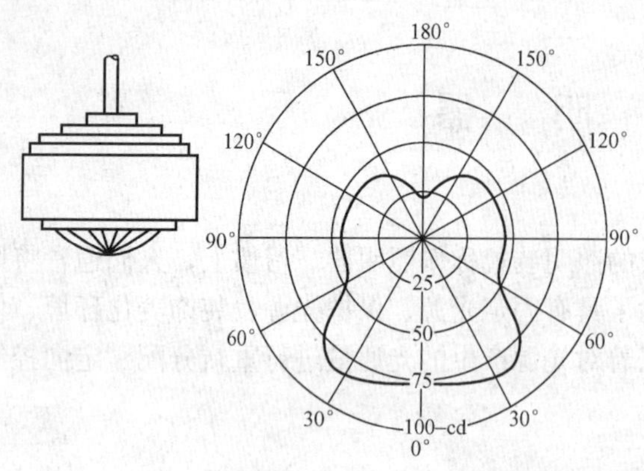

图 3.2 乳白玻璃水晶吊灯的配光曲线

特性的重要指标，是进行照度计算和决定照明器布置方案的重要依据。配光曲线可用极坐标法、直角坐标法、等光强曲线法来表示。

1. 极坐标配光曲线

在通过光源中心的测光平面上，测出灯具在不同角度的光强，从某一给定的方向起，以角度为函数，将各个角度的光强用矢量标注出来，连接矢量顶端的连线就是灯具配光的极坐标配光曲线。

（1）对称配光曲线。就一般照明器而言，照明器的形状基本上都是相对于光轴的旋转对称体。其光强在空间的分布也是轴对称的（如白炽灯）。通过照明器的轴线，任取一测光平面，则该平面内的配光曲线就可以表明照明器的光强在空间的对称分布状况。对称配光曲线如图 3.2 所示。

（2）非对称配光曲线。非对称配光特性照明器中最典型的是由直管荧光灯组成的照明器。非对称配光特性照明器的光强空间分布不再对光轴呈旋转对称。为了表明这类照明器的光强在空间的分布特性，一般选用 C_0、C_{45}、C_{90} 三个测光垂直面，至少用 C_0、C_{90} 两个垂直面的光强说明非对称照明器的空间配光情况。简式荧光灯照明器 C_0、C_{90} 平面的配光曲线，如图 3.3 所示。

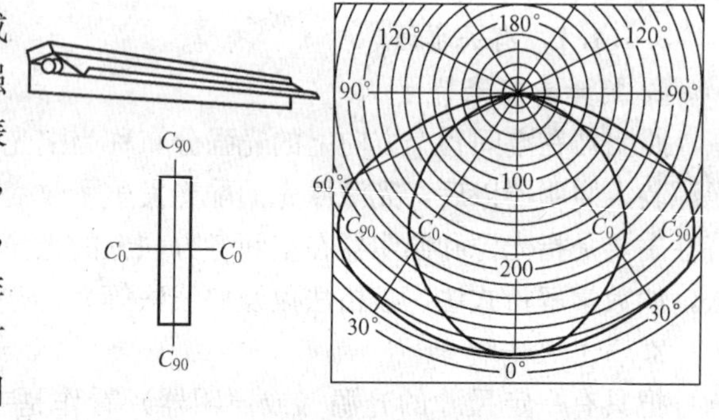

图 3.3 简式荧光灯照明器配光曲线

配光曲线上的每一点表示照明器在该方向上的光强。如果已知照明器计算点的投光角 θ，便可在配光曲线上查到照明器在该点上对应的光强 I_θ。

一般在设计手册和产品样本中给出的照明器配光曲线，是统一按光通量为 1000lm 的假想光源来提供的。若实际光源的光通量不是 1000lm，可根据下面公式换算

$$I_\theta = \Phi I'_\theta / 1000$$

式中 Φ——光源的实际光通量（lm）；

I'_θ——光源的光通量为 1000lm 时，在 θ 方向上的光强（cd）；

I_θ——光源在 θ 方向上的实际光强（cd）。

应该指出，不同资料对 C_0、C_{45}、C_{90} 等水平角测光垂直面的规定可能存在差异，使用中要注意加以区别。

2. 直角坐标配光曲线

对于聚光很强的投光灯，其光强集中分布在一个很小的立体空间角内，极坐标配光曲线

难以表达其光强的分布特性，因而配光曲线一般绘制在直角坐标系上，直角坐标的纵轴表示光强大小，横轴表示投光角的大小。用这种方法绘制的曲线称为直角坐标配光曲线，如图 3.4 所示。

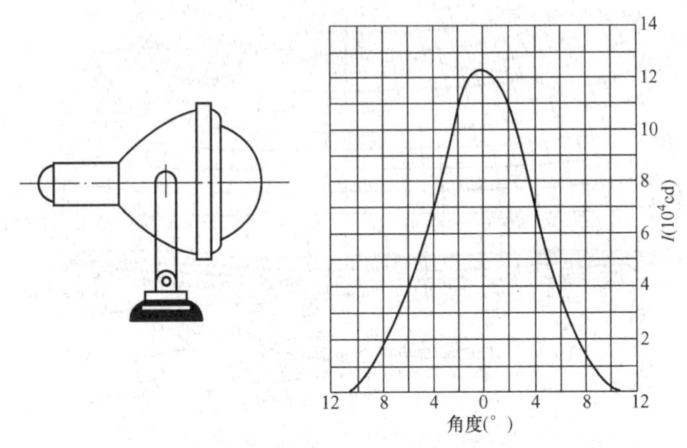

图 3.4 直角坐标配光曲线

3. 等光强配光曲线

对一般照明器来说，极坐标配光曲线是表示光强分布最常用的方法。而对于光强分布不对称的灯具，常采用等光强配光曲线表示光强。

(1) 圆形等光强配光曲线。为了正确、方便地表示发光体空间的光分布，假想发光体放在一球体内并向球体表面发射光，它可以表示该发光体光强在空间各方向的分布情况。

图 3.5 所示为等面积天顶投影等光强配光曲线，该曲线给出了灯具在半球上的全部光强分布。在围绕灯具的球表面上，将等光强的点连接起来即可构成圆形等光强配光曲线，并以相等的投影面积来表示相等的包围灯具的球面面积。这种等光强配光曲线在街道照明中应用较多，沿水平中心线上的角度 C 定义为路轴方向的方位角，其中 $C=0°$ 表示与道路同方向，$C=90°$ 和 $C=270°$ 表示与道路垂直的方向。沿着周围的角度 γ 表示偏离下垂线的角度，其中 $\gamma=0°$ 表示灯具垂直向下。

等面积天顶投影等光强配光曲线可用于求解街道照明灯具投射到道路表面的光通量。

(2) 矩形等光强配光曲线。泛光灯的光分布为窄光束，通常用矩形等光强配光曲线表示其光强分布特性，如图 3.6 左半部所示。图中角度的选择范围应与光分布的范围相符，纵坐标和横坐标上的角度分别表示垂直和水平方位。在等光强配光曲线中，可以计算出垂直和水平网格线所包围的每一个矩形内的光通量。

4. 列表法和解析式法

照明器配光特性的表示方法除了以上介绍的几种表示方法外，还可以采用列表法和解析式法表示。

(1) 列表法。配光特性用列表形式表示，它与极坐标表示法是完全一样的，只是将曲线用表中数值表示而已。在实际应用中两者结合使用，可能会使光强估算值更精确一些。表 3.1 所示即为 GC5 型深照型工厂灯的配光特性。

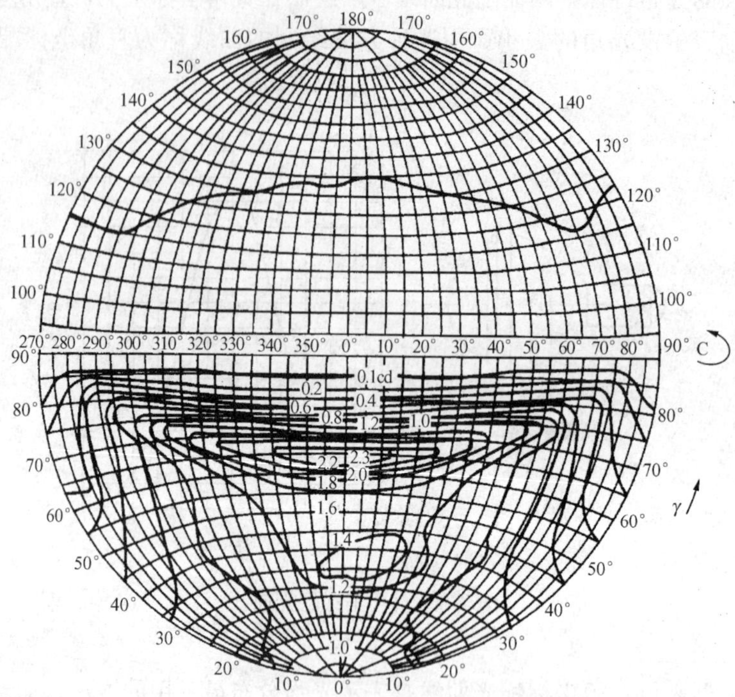

图 3.5　等面积天顶投影等光强配光曲线

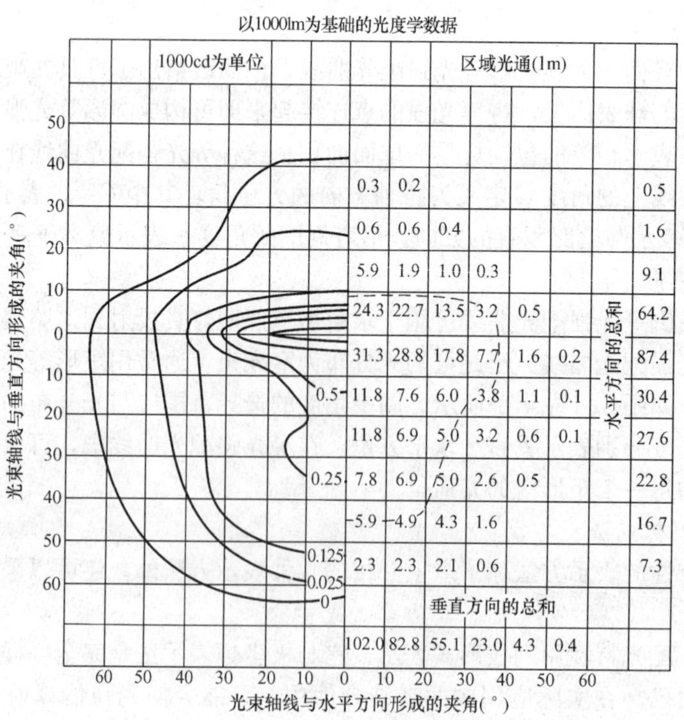

图 3.6　泛光照明等光强配光曲线与区域光通量

表 3.1 **GC5型深照型工厂灯的配光特性（1000lm）**

θ (°)	0	10	20	30	40	50	60	70	80	90
I_θ (cd)	171	149	143	143	143	142	130	90	40	0

(2) 解析式法。为了使照明计算标准化，并促进照明器的外观及其光强分布趋向规范化，英国CIBS提出了10种标准理论光强分布。表3.2列出的10种理论光强分布的配光函数，即为解析式法表示的配光特性，相应的配光曲线见图3.7。它们也是以照明器内光源光通量输出为1000lm为制图依据的。

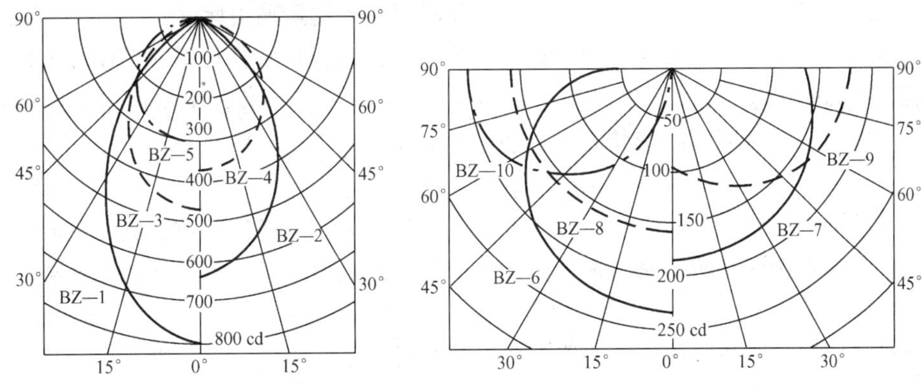

图3.7 英国CIBS标准理论配光曲线

表 3.2 **英国CIBS标准理论配光特性**

类 别	配光函数	类 别	配光函数	类 别	配光函数	类 别	配光函数
BZ—1	$I_\theta=I_0\cos^4\theta$	BZ—4	$I_\theta=I_0\cos^{1.5}\theta$	BZ—7	$I_\theta=I_0\ (2+\cos\theta)$	BZ—9	$I_\theta=I_0\ (1+\sin\theta)$
BZ—2	$I_\theta=I_0\cos^3\theta$	BZ—5	$I_\theta=I_0\cos\theta$	BZ—8	$I_\theta=I_0$	BZ—10	$I_\theta=I_{90°}\sin\theta$
BZ—3	$I_\theta=I_0\cos^2\theta$	BZ—6	$I_\theta=I_0\ (1+2\cos\theta)$				

3.1.2 遮光角

照明器的遮光角又称作保护角，指的是灯具出光沿口遮蔽光源发光体使之完全看不见的方位与水平线的夹角，以α表示。在此遮光角范围内光源的光线被遮挡，避免了直射眩光。

对于一般照明器，遮光角指的是灯丝（发光体）最低点（或最边缘点）与灯具沿口的连线，与出光沿口水平线的夹角，如图3.8所示。

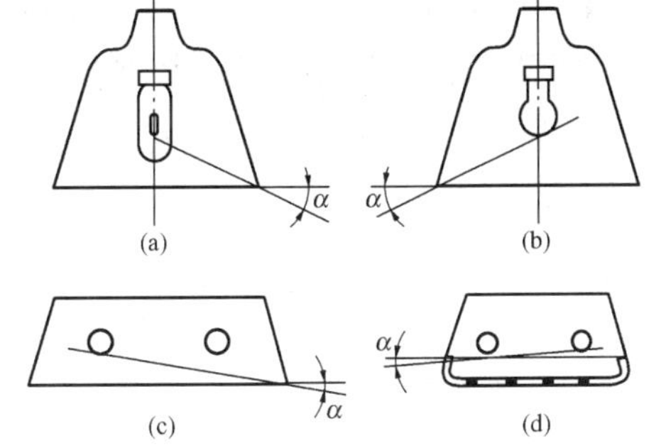

图3.8 一般照明器的遮光角

(a) 透明灯泡；(b) 乳白灯泡；(c) 双管荧光灯下方敞口控照型照明器；(d) 双管荧光灯下口透明控照型照明器

对于荧光灯来说，由于它本身的表面亮度低，一般不宜采用半透明的扩散材料制成灯罩来限制眩光，而采用铝合金（或不锈钢）格栅来有效地限制眩光。格栅的遮光角定义为一个格片底边看到下一格片顶部的连线与水平线之间的夹角，如图3.9所示。不同形式的格栅遮光角是不同的；即使同一格栅，因观察方位不同，其值也会不同。

在图 3.9 中，沿长方形格栅的长度、宽度、对角线三个方向上的遮光角应分别取值。

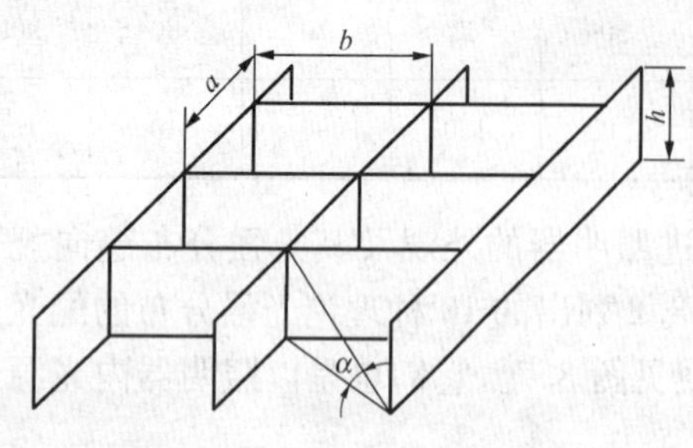

图 3.9 格栅型荧光灯的遮光角

一般地，格栅的遮光角越大，光强分布就越窄，效率也就越低；反之，遮光角越小，光强分布就越宽，效率也就越高。而防止眩光的作用却与遮光角的大小成正比例关系。对于一般办公室照明，格栅遮光角的横轴方向（垂直灯管）通常取为 45°，纵轴方向（沿灯管长方向）取为 30°；对于商店照明，格栅遮光角横轴方向应取 25°，纵轴方向取 15°。

3.1.3 光通量输出比

照明器的光通量输出比又称为照明器的效率，指的是在规定条件下，照明器发出的光通量 Φ_2 与照明器内的全部光源所发出的总光通量 Φ_1 之比。照明器效率与选用照明器材料的反射率或透射率以及照明器的形状有关。照明器效率用 η 表示，即

$$\eta=\Phi_2/\Phi_1$$

照明器效率表明照明器对光源所发光通量的利用程度，照明器效率越高，光源光通量的利用率就越高。在选择照明器时，根据照明场所的情况和要求，应尽可能选用效率较高的照明器。

敞开式照明器的效率取决于照明器开口面积与反射罩面积的比值。为了尽量减少灯光在照明器内部的损失，要求该比值愈大愈好。反射罩的形状不应该造成灯光在灯罩内出现多次反射。照明器效率一般应在 0.8 以上。

3.2 照明器的分类

照明器的分类方法很多，本节主要介绍以下四种常用分类方法。

3.2.1 按安装方式和用途分类

1. 按安装方式分类

照明器按照安装方式可以分为悬吊式、吸顶式、壁装灯、嵌入式、落地式、台式、地脚灯以及发光顶棚、高杆灯、庭院灯、移动式、疏散指示灯、应急灯、建筑临时照明等。部分常见安装方式的照明器如图 3.10 所示，它们的特点和用途如表 3.3 所示。

表 3.3 各种安装方式照明器的特点和用途

安装方式	特点
壁灯	安装在墙壁上、庭柱上，用于局部照明、装饰照明或没有顶棚的场所的照明
吸顶灯	将照明器吸附在顶棚面上，主要用于没有吊顶的房间。吸顶式的光带适用于计算机房、变电站等
嵌入式	适用于有吊顶的房间，照明器是嵌入在吊顶内安装的，可以有效消除眩光。与吊顶结合能形成美观的装饰艺术效果
半嵌入式	将照明器的一半或一部分嵌入顶棚，其余部分露在顶棚外，介于吸顶式和嵌入式之间，适用于顶棚吊顶深度不够的场所，在走廊处应用较多

续表

安装方式	特　点
吊灯	最普通的一种照明器的安装型式，主要利用吊杆、吊链、吊管、吊灯线来吊装照明器
地脚灯	主要作用是照明走廊，便于人员行走，应用在医院病房、公共走廊、宾馆客房、卧室等
台灯	主要放在写字台上、工作台上、阅览桌上，作为书写阅读使用
落地灯	主要用于高级客房、宾馆、带茶几沙发的房间以及家庭的床头或书架旁
庭院灯	灯头或灯罩多数向上安装，灯管和灯架多数安装在庭院地坪上，特别适用于公园、街心花园、宾馆以及机关学校的庭院内
道路广场灯	主要用于夜间的通行照明。广场灯用于车站前广场、机场前广场、港口、码头、公共汽车站广场、立交桥、停车场、集合广场、室外体育场等
移动式灯	用于室内外移动性的工作场所以及室外电视、电影的摄影等场所
自动应急照明灯	适用于宾馆、饭店、医院、影剧院、商场、银行、邮电、地下室、会议室、动力站房、人防工程、隧道等公共场所，可以作应急照明、紧急疏散照明、安全防灾照明等

2. 按照明器用途分类

照明器根据用途可分为实用性照明器和装饰性照明器。

(1) 实用性照明器。实用性照明器指符合高效率和低眩光的要求，并以照明功能为主的照明器。实用性照明器首先考虑实用功能，其次再考虑装饰效果。大多数常用照明器为实用性照明器，如民用照明器、工矿照明器、舞台照明器、车船照明器、街道照明器、障碍标志性照明器、应急事故照明器、疏散指示照明器、室外投光照明器和陈列室用的聚光照明器等。

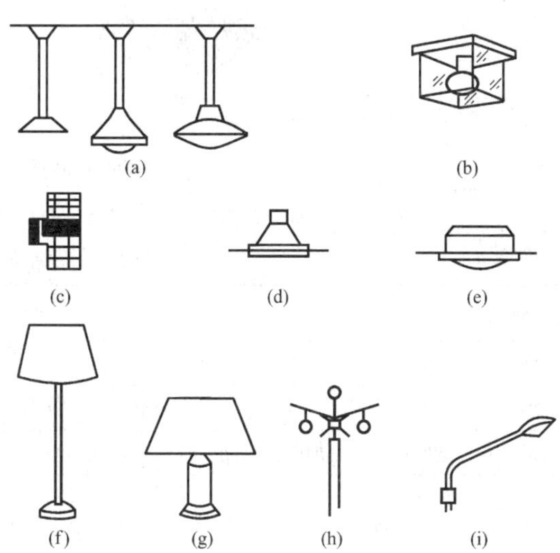

图 3.10　照明器按照安装方式分类

(a) 悬吊式；(b) 吸顶式；(c) 壁装式；(d) 嵌入式；(e) 半嵌入式；(f) 落地式；(g) 台式；(h) 庭院式；(i) 道路广场式

(2) 装饰性照明器。装饰性照明器的作用主要是美化环境、烘托气氛，首先应该考虑照明器的造型和光线的色泽，其次再考虑照明器的效率和限制眩光。装饰性照明器一般由装饰性零部件围绕着电光源组合而成，如豪华的大型吊灯、草坪灯等。图 3.11 示出了几种室内装饰性照明器。

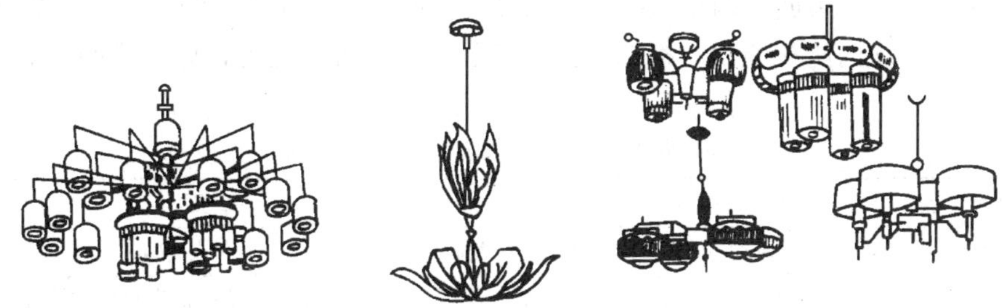

图 3.11　室内装饰性照明器

3.2.2 按外壳结构和防护等级分类

1. 按照明器外壳结构分类

照明器按外壳的结构特点分类如表 3.4 和图 3.12 所示。

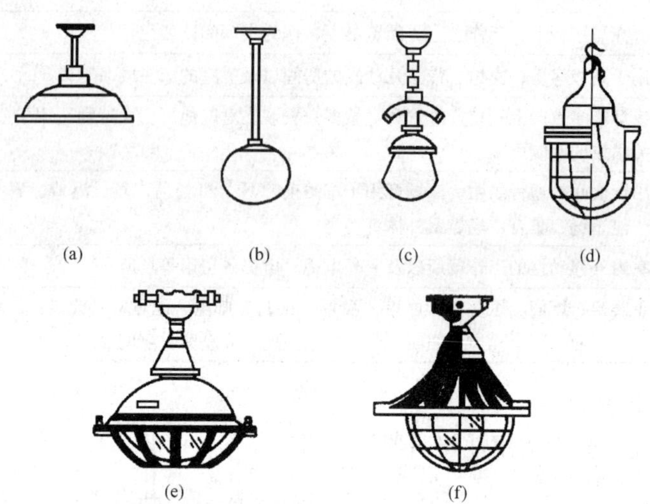

图 3.12 照明器按外壳结构特点分类

(a) 开启型；(b) 闭合型；(c) 密闭型；(d) 防爆型；(e) 安全型；(f) 隔爆型

表 3.4 按照明器结构特点分类

结 构	特 点
开启型	光源与外界空间直接接触（无罩）
闭合型	透明罩将光源包合起来，但内外空气仍能自由流通
密闭型	透明罩固定处加严密封闭，与外界隔绝相当可靠，内外空气不能流通
防爆型	符合《防爆电气设备制造检验规程》的要求，能安全地在有爆炸危险性介质的场所使用，有安全型和隔爆型：安全型在正常运行时不产生火花电弧，或把正常运行时产生的火花电弧的部件放在独立的隔爆室内；隔爆型在照明器的内部产生爆炸时，火焰通过一定间隙的防爆面后，不会引起照明器外部的爆炸
防震型	照明器采取防震措施，安装在有震动的设施上

2. 按照明器外壳防护等级分类

为了防止固体异物触及或沉积在照明器带电部件上引起触电、短路等危险，防止雨水等进入照明器内造成危险，照明器具有多种外壳防护方式起到保护电气绝缘和光源的作用。目前采用特征字母“IP”后面跟两个数字来表示照明器的防尘、防水等级。第一个数字表示对人、固体异物或尘埃的防护能力，第二个数字表示对水的防护能力，详细说明如表 3.5、表 3.6 所示。

表 3.5 防护等级特征字母 IP 后面第一位数字的意义

第一位特征数字	说 明	含 义
0	无防护	没有特殊的防护
1	防护大于 50mm 的固体异物	人体某一大面积部分，如手（但不防护有意识的接近），直径大于 50mm 的固体异物

续表

第一位特征数字	说 明	含 义
2	防护大于 12mm 的固体异物	手指或类似物，长度不超过 80mm、直径大于 12mm 的固体异物
3	防护大于 2.5mm 的固体异物	直径或厚度大于 2.5mm 的工具、电线等，直径大于 2.5mm 的固体异物
4	防护大于 1.0mm 的固体异物	厚度大于 1.0mm 的线材或条片，直径大于 1.0mm 的固体异物
5	防尘	不能完全防止灰尘进入，但进入量不能达到妨碍设备正常工作的程度
6	防尘密	无尘埃进入

表 3.6　　防护等级特征字母 IP 后面第二位数字的意义

第二位特征数字	说 明	含 义
0	无防护	没有特殊的防护
1	防滴水	滴水（垂直滴水）无有害影响
2	防倾斜 15°滴水	当外壳从正常位置倾斜不大于 15°以内时，垂直滴水无有害影响
3	防淋水	与垂直线成 60°范围内的淋水无有害影响
4	防溅水	任何方向上的溅水无有害影响
5	防喷水	任何方向上的喷水无有害影响
6	防猛烈海浪	猛烈海浪或猛烈喷水后进入外壳的水量不致达到有害程度
7	防浸水	浸入规定水压的水中，经过规定时间后，进入外壳的水量不会达到有害程度
8	防潜水	能按制造厂规定的要求长期潜水

显然，在防尘能力和防水能力之间存在一定的依赖关系，也就是说第一个数字和第二个数字间有一定的依存关系，其可能的配合如表 3.7 所示。

表 3.7　　IP 后面两位数字可能的组合

可能配合的组合		第二位特征数字								
		0	1	2	3	4	5	6	7	8
第一位特征数字	0	IP00	IP01	IP02						
	1	IP10	IP11	IP12						
	2	IP20	IP21	IP22	IP23					
	3	IP30	IP31	IP32	IP33	IP34				
	4	IP40	IP41	IP42	IP43	IP44				
	5	IP50				IP54	IP55			
	6	IP60					IP65	IP66	IP67	IP68

例如，能防止大于 1mm 的固体异物进入内部，并能防溅水的照明器其代号表示为 IP44。如仅需用一个特征数字表示防护等级，被省略的数字必须用字母 X 代替，如 IPX5（防喷水）或 IP6X（无尘埃进入）等。照明器外壳防护等级至少为 IP2X，防护等级 IP20 的

照明器不需要标上标记。

3.2.3 按防触电保护分类

为了保证电气安全，照明器所有带电部分必须采用绝缘材料等加以隔离。照明器的这种保护人身安全的措施称为防触电保护，根据防触电保护方式，照明器可分为 0、Ⅰ、Ⅱ和Ⅲ四类，每一类照明器的主要性能及其应用情况见表 3.8。

从电气安全角度看，0 类照明器的安全保护程度低，Ⅰ、Ⅱ类较高，Ⅲ类最高。在照明设计时，应综合考虑使用场所的环境、操作对象、安装和使用位置等因素，选用合适类别的照明器。在使用条件或使用方法恶劣的场所应使用Ⅲ类照明器，一般情况下可采用Ⅰ类或Ⅱ类照明器。

表 3.8　照明器的防触电保护分类

照明器等级	照明器主要性能	应用说明
0 类	依赖基本绝缘防止触电，一旦绝缘失效，靠周围环境提供保护，否则，易触及部分和外壳会带电	安全程度不高，适用于安全程度好的场合，如空气干燥、尘埃少、木地板等条件下的吊灯、吸顶灯
Ⅰ类	除基本绝缘外，易触及的部分及外壳有接地装置，一旦基本绝缘失效时，不致有危险	用于金属外壳的照明器，如投光灯、路灯、庭院灯等
Ⅱ类	采用双重绝缘或加强绝缘作为安全防护，无保护导线（地线）	绝缘性好，安全程度高，适用于环境差、人经常触摸的照明器，如台灯、手提灯等
Ⅲ类	采用特低安全电压（交流有效值不超过 50V），灯内不会产生高于此值的电压	安全程度最高，可用于恶劣环境，如机床工作灯、儿童用灯等

3.2.4 按照明器的配光特性分类

1. 按光通量在上下空间分布的比例分类

照明器按光通量在上下空间分布的比例可分为直接型、半直接型、漫射型、半间接型、间接型等。照明器按光通量在上下空间分布的比例分类如表 3.9 所示。

表 3.9　照明器按光通量在上下空间分布的比例分类

类型		直接型	半直接型	漫射型	半间接型	间接型
光通量分布特性（占照明器总光通量）	上半球	0%～10%	10%～40%	40%～60%	60%～90%	90%～100%
	下半球	100%～90%	90%～60%	60%～40%	40%～10%	10%～0%
特点		光线集中，工作面上可获得充分照度	光线能集中在工作面上，空间也能得到适当照度，比直接型眩光小	空间各个方向光强基本一致，可达到无眩光	增加了反射光的作用，使光线比较均匀柔和	扩散性好，光线柔和均匀。避免了眩光，但光的利用率低
示意图						

（1）直接型。光源的全部或 90％以上光通直接投射到被照物体上。特点是亮度大，光线集中，方向性强，给人以明亮、紧凑的感觉；效率高，但容易产生强烈的眩光与阴影。如装设有反光性能良好的不透明灯罩、灯光向下直射到工作面的筒灯、点射灯等，见图 3.13。直接型照明器常用于公共厅堂（超市、仓库、厂房）或需局部照明的场所。

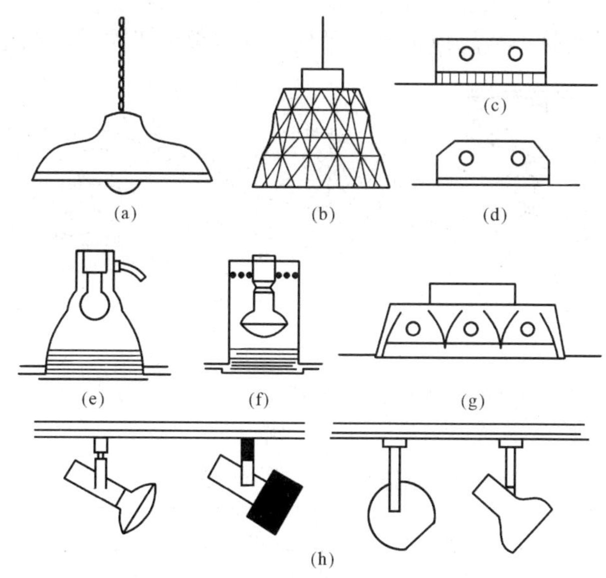

图 3.13 直接型照明器

（a）斗笠形搪瓷罩；（b）块板式镜面罩；（c）方形格栅荧光灯具；（d）棱镜透光板荧光灯具；（e）下射灯（普通灯泡）；（f）下射灯（反射型灯）；（g）镜面反射罩，单向格栅荧光灯具；（h）点射灯（装在导轨上）

（2）半直接型。光源的 60％～90％光通直接投射到被照物体上，而有 10％～40％经过反射后再投射到被照物体上。它的亮度仍然较大，但比直接照明柔和，能够改善房间内的亮度对比。用半透明的塑料和玻璃做灯罩的灯，都属此类，见图 3.14。常用于办公室、卧室、书房等。

（3）漫射型。利用半透明磨砂玻璃、乳白色的玻璃制成封闭式的灯罩，造型美观，使光线形成多方向的漫射。其光线柔和，有很好的艺术效果，但是光的损失较多，光效较低，适用于起居室、会议室和一些大的厅堂照明。如典型的乳白玻璃球形灯等，见图 3.15。

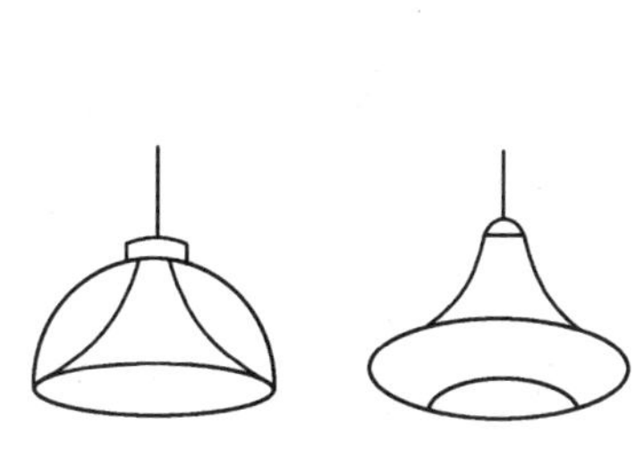

图 3.14 半直接型照明器

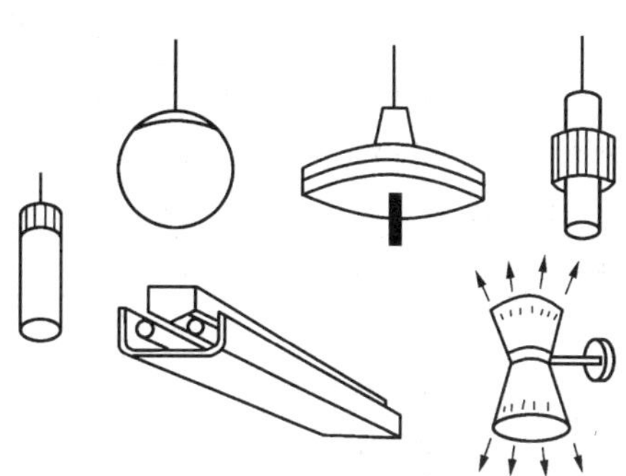

图 3.15 漫射型照明器

(4) 半间接型。这类照明器上半部用透明材料，下半部用漫射透光材料制成，由于上半球光通量的增加，增强了室内反射光的照明效果，使光线更加均匀柔和，但在使用过程中，上部很容易积灰尘，从而影响照明器的效率。

(5) 间接型。光源90%以上的光先照到墙上或顶棚上，再反射到被照物体上，具有光线柔和，无眩光和明显阴影，使室内具有安详、平和的气氛，适于卧室、起居室等场所的照明。如灯罩朝上开口的吊灯、壁灯以及室内吊顶照明等都属于此类，见图3.16。

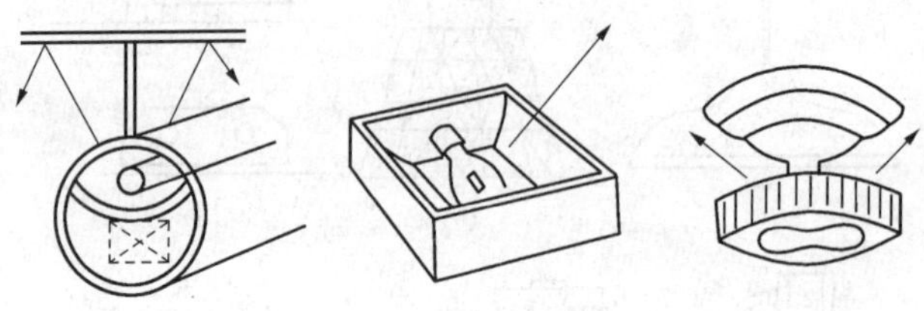

图3.16 间接型照明器

2. 按配光特性分类

(1) 直接型照明器按配光曲线分类。带有反射器的直接型照明器，其光强分布范围较大，具体分类方法见表3.10。

表3.10 直接型照明器按配光曲线分类

类别	特点
正弦分布型	光强是角度的函数，在$\theta=90°$时，光强最大
广照型	最大的光强分布在较大的角度处，可在较为广阔的面积上形成均匀的照度
均匀配照型	各个角度的光强基本一致
配照型	光强是角度的余弦函数，在$\theta=0°$时，光强最大
深照型	光通量和最大光强值集中在$\theta=0°\sim30°$所对应的立体角内
特深照型	光通量和最大光强值集中在$\theta=0°\sim15°$所对应的立体角内

(2) 投光灯（泛光灯）按光束角分类。投光灯是利用反射器和折射器在限定的立体角内获得高光强的灯具，是泛光灯、探照灯和聚光灯（射灯）的统称。

泛光灯是指光束发射角（即光束宽度，简称光束角）大于10°的投光灯，通过转动可以指向任意方向。探照灯通常采用具有直径大于0.2m的出光口并产生近似平行光束的高光强投光灯。聚光灯（射灯）通常是具有直径小于0.2m的出光口并形成一般不大于20°发射角的集中光束的投光灯。其分类方法和用途见表3.11。

表3.11 投光灯按光束角分类

编号	光束名称	光束角（°）	最低光束角效率（%）	适用场所
1	特狭光束	10～18	35	远距离照明、细高建筑立面照明
2	狭光束	18～29	30～36	足球场四角布灯照明，垒球场、细高建筑立面照明
3	中等光束	29～46	34～45	中等高度建筑立面照明
4	中等光束	46～70	38～50	较低高度建筑立面照明
5	宽光束	70～100	42～50	篮球场、排球场、广场、停车场
6	很宽光束	100～130	46	低矮建筑立面照明，货场、建筑工地
7	特宽光束	＞130	50	低矮建筑立面照明

(3) 道路照明器按光强分布分类。道路照明器按光强分布分成截光型、半截光型、非截光型三类。截光型照明器由于严格限制水平光线，给人的感觉是“光从天上来”，几乎感觉不到眩光，同时可以获得较高的路面亮度。非截光型照明器不限制水平光，眩光严重，但它能把接近水平的光照射到周围的建筑物上，看上去有一种明亮感。半截光型介于截光型与非截光型之间，给人的感觉是“光从建筑物来”，有眩光但不太严重，横向光线也有一定的延伸。一般道路照明主要选择截光型和非截光型照明器。表 3.12 为道路照明器按光强分布分类及其适用场所。

表 3.12 道路照明器按光强分布分类及其适用场所

分类	最大光强方向	在指定角度方向上所发出的光强最大允许值		光学性能	适用场所
		90°	80°		
截光型	0°～65°	10cd/1000lm	30cd/1000lm	属窄配光灯具，对道路轴向的光作了严格限制，即使周围环境是暗的情况也感觉不到眩光	用于快速路、主干路和郊外的重要地点
半截光型	0°～75°	50cd/1000lm	100cd/1000lm	对道路轴向的光作了适当的限制，而又使光尽量向外延伸	用于快速路、主干路、次干路
非截光型	—	1000cd	—	对沿道路轴向的光不作限制，光源基本裸露，没有保护角，眩光大	用于支路以及交通量小的道路或四周明亮的街道

3.2.5 按照明器使用的光源分类

按照明器所使用的光源分类有白炽灯灯具、荧光灯灯具、高强度气体放电灯灯具等。其分类和选型列于表 3.13。

表 3.13 按照明器使用的光源分类和选型

性能 \ 分类	白炽灯灯具	荧光灯灯具	高强度气体放电灯灯具
配光控制	容易	难	较易
眩光控制	较易	易	较难
显色性	优	良	差（金属卤化物灯，显改钠灯除外）
调光	容易	较难	难
红外线占灯功率的百分比（%）	83	41	48～64
适用场所	因光效低和发热量大，不适用于要求高照度的场所，适用局部照明，照度要求低的场所、开关频繁场所、要求暖色调的场所以及装饰照明	用于顶棚高度 5～6m 以下的低顶棚公共建筑场所，如商店、办公楼、学校教室	用于顶棚高度大于 5～6m 的公共和工业建筑

3.3 照明器的选用

3.3.1 选型的基本原则

在前一节介绍照明器类型的同时，对各类照明器的使用场所也作了简要的介绍。选择照明器首先要满足使用功能和照明质量的要求，同时还要考虑安装与检修维护方便、运行费用低等因素。照明器的选择一般应遵循以下基本原则：

（1）合适的配光特性和适宜的保护角；

（2）满足使用场所环境条件要求；

（3）具有合适的安全防护等级；

（4）具有良好的经济性能，初投资及运行费用低；

（5）与建筑风格和环境气氛相协调。

3.3.2 根据配光特性选型

（1）在各种办公室和公共建筑物中，房间的顶棚和墙壁均要求有一定的亮度，要求房间各面有较高的反射比，并需有一部分光直接射到顶棚和墙上，此时可采用半直接型、漫射型照明器，从而获得舒适的视觉条件与良好的艺术效果。为了节能，在有空调的房间内还可选用空调灯具。

（2）在高大的建筑物内，照明器安装高度在6m以下时，宜采用深照型或配照型照明器；安装高度在6～15m时，宜采用特深照型照明器；安装高度在15～30m时，宜采用高纯铝深照型或其他高光强照明器。

（3）在要求垂直照度（教室黑板）时，可采用倾斜安装的照明器，或选用不对称配光的照明器。

（4）室外照明，宜采用广照型照明器。大面积的室外场所，宜采用投光灯或其他高光强照明器。

3.3.3 根据环境条件选型

（1）在正常环境中，宜选用开启型照明器。

（2）有较大振动的场所，宜选用有防震措施的照明器。

（3）安装在易受机械损伤位置的照明器时，应加装保护网或采取其他的保护措施。

（4）对有装饰要求的照明，除满足照度要求外，还应选择有艺术装饰效果、与建筑风格和环境气氛相协调的照明器。

（5）特殊场所的照明，应根据环境特点选用符合要求的专用照明器。表3.14给出了特殊场所的照明器选型，可供选择时参考。

表3.14 特殊场所的照明器选型

场所	环境特点	对灯具选型的要求	适用场所
多尘场所	大量粉尘积在灯具上造成灯具污染，效率下降（不包括有可燃或有爆炸危险的场所）	（1）采用尘密灯 （2）灰尘不多的场所可采用开启式灯具 （3）采用不易污染的反射型灯泡	如水泥、面粉、煤粉等生产车间
潮湿场所	特别潮湿环境，相对湿度在95%以上，常有冷凝水出现，降低绝缘性能，产生漏电或短路，增加触电危险	（1）灯具的引入线处严格密封 （2）采用带瓷质灯头的开启式灯具	浴室、蒸汽泵房

续表

场所	环境特点	对灯具选型的要求	适用场所
腐蚀性场所	有大量腐蚀介质气体或在大气中有大量盐雾、二氧化硫气体场所，对灯具的金属部件有腐蚀作用	(1) 腐蚀性严重的场所采用密闭防腐灯，外壳由抗腐蚀的材料制成 (2) 对灯具内部易受腐蚀的部件实行密封隔离 (3) 对腐蚀性不太强烈的场所可采用半开启式灯具	如电镀、酸洗、铸铝等车间以及散发腐蚀性气体的化学车间等
火灾危险场所	(1) 生产、使用、加工、储存可燃气体（H－1级）的场所 (2) 有固体可燃物（H－3级）的场所	(1) 为防止灯泡火花或热点成为火源而引起火灾 (2) 在H－1级场所采用保护型灯具 (3) 固定安装的灯具，在H－2级场所采用将光源隔离，密闭的灯具如防水防尘灯具，在H－3级场所可采用一般开启式灯具，但应与固体可燃材料保持一定的安全距离	H－1级：地下油泵间、储油槽、变压器维修和储存间 H－2级：煤粉生产车间、木工锯料间 H－3级：纺织品库，原棉库，图书、资料、档案库
爆炸危险场所	空间有爆炸性气体蒸汽（Q－1、Q－2、Q－3级）和粉尘、纤维（G－1、G－2）的场所，当介质达到适当温度形成爆炸性混合物，在有燃烧源或热点温升达到闪点情况下能引起爆炸的场所	采用具有防爆间隙的隔爆型灯或具有密封性的增安型灯，并限制灯具外壳表面温度 Q－1、G－1级用隔爆型灯 Q－2级用增安型灯 Q－3、G－2级用防水防尘灯	Q－1级：非桶装储漆间 Q－2级：汽油洗涤间、液化和天然气配气站、蓄电池仓 Q－3：喷漆室、干燥间

3.3.4 根据经济性能选型

照明器的经济性由初期投资和年运行费用（包括电费、更换光源费、维护管理费和折旧费等）两个因素决定。一般情况下，以选用光效高、寿命长的照明器为宜。

在经济条件比较优越的地区，一般应优先选用新型、高效、节能产品，虽然一次性投资较大，但电费和维护管理费用却可以得到有效降低。

由于现代建筑风格的多样性、使用功能的复杂性和环境特点的差异性，很难确定选择照明器的统一标准。总之，要选择恰当的照明器，必须掌握各类照明器的光学特性和电气性能，熟悉各类建筑物的使用功能、环境特点及照明要求，密切与建筑专业协调配合，在此基础上，再综合考虑上述两项因素，力争获得良好的经济效果。

思考练习题

1. 照明器的光学特性包括哪些内容？
2. 什么是光中心、光轴、垂直角和水平角？
3. 照明器的配光特性有几种表示方法？各有什么特点？
4. 如何表示非对称配光特性照明器的配光特性？
5. 什么是等光强配光曲线？投光灯的等光强配光曲线是如何表示的？
6. 什么是照明器的保护角？其作用是什么？一般照明器的保护角控制范围是多少？
7. 什么是照明器的效率？它与光源的发光效率有什么区别？照明器效率又可称作什么？

8. 照明器的分类方法有哪几种?

9. 照明器按防触电保护分哪几类？如何选用?

10. 照明器按防尘、防水性能如何分类?

11. 照明器的选择应考虑哪些条件?

12. 已知某照明器的电光源所发出的总光通量 Φ_1 为 22000lm，测量该照明器发出的光通量 Φ_2 为 20500lm，试求该照明器的发光效率 η。

4 照明光照计算

照明光照计算是照明设计的重要内容，包括照度计算、亮度计算、眩光计算等。照明光照计算是正确进行照明设计的重要环节，是对照明质量作定量评价的必要技术手段。在实际照明工程设计中，照明光照计算常常只进行照度计算，当对照明质量要求较高时，才考虑进行亮度计算和眩光计算。

照明光照计算的目的包括两个方面：一是根据照明需要及其他已知条件（照明器型式及布置、房间各个面的反射条件及污染情况等），来决定照明器的数量以及其中电光源的容量，并据此确定照明器的布置方案；二是在照明器型式、布置方式以及电光源的容量和数量都已确定的情况下，通过进行照明光照计算来定量评价实际使用场所的照明质量。

实用工程设计中的照明光照计算主要向两个方面发展：其一是将事先计算好的，以及在各种可能条件下的结果编制成图表或曲线，供设计人员查用；其二是将问题编成通用程序，借助计算机来进行照明光照计算，以简化工作量并保证计算结果的准确性。目前，各种类型的电气工程设计软件一般均带有照明光照计算程序。

本章重点介绍照度计算，对亮度计算和眩光计算则只作一般性描述。照度计算可分为直射照度计算和平均照度计算。平均照度计算采用利用系数法，适用于一般照明的水平面平均照度计算。直射照度计算采用逐点计算法，计算准确度比较高，可以用来计算任何指定点的直射照度，一般适用于局部照明、采用直射光照明器的照明、特殊倾斜面的照明和其他需要准确计算照度的场合。根据光源的几何尺寸大小，逐点计算法又可分为点光源、线光源、面光源的直射照度计算。

4.1 点光源直射照度计算

理想的点光源是不存在的，如果光源的尺寸与它至被照面的距离相比非常小，其大小可以忽略不计，则在计算和测量时可近似按点光源考虑。一般的，当圆形发光体的直径小于其至受照面垂直距离的 1/5，线形发光体的长度小于照射距离（斜距）的 1/4 时，即可视为点光源。

点光源直射照度计算计算的是受照面上任一点的照度值，计算点的照度应为照明场所内各灯对该点所产生的照度之和。点光源直射照度的计算方法有逐点计算法和等照度曲线计算法。

4.1.1 逐点计算法

逐点计算法可用于水平面、垂直面和倾斜面上的照度计算。这种方法适用于一些重要场所的一般照明、局部照明和投光照明的照度计算，但不适用于周围反射性很高的场所的照度计算。

1. 指向平面照度和水平面照度计算

（1）指向平面照度。如图 4.1 所示，设点光源为 s、被照面为 N，通过点光源 s 作被照面 N 的垂线，垂足为 P。点光源 s 在被照面 N 上的 P 点处产生的直射照度，称为点光源 s

的指向平面照度，或叫法平面照度，用 E_n 表示。

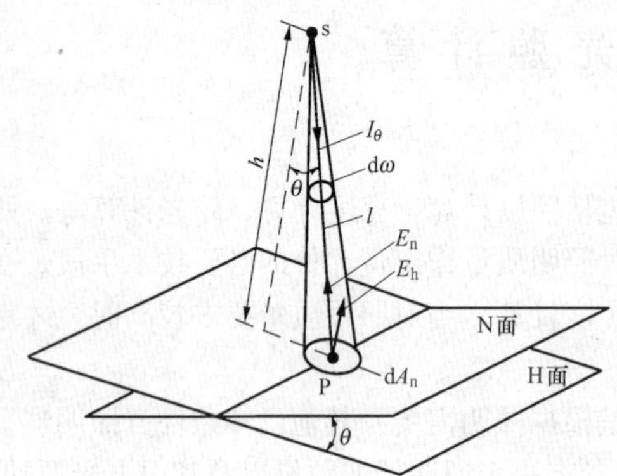

图 4.1　点光源在水平面的照度

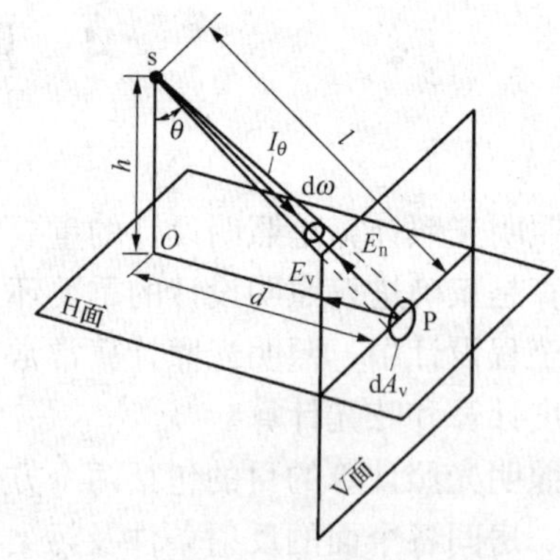

图 4.2　点光源在垂直面的照度

再设点光源 s 射向被照面 N 上 P 点的光强是 I_θ，点光源 s 至被照面 N 的距离是 l。在被照面 N 上取一个包含 P 点的微面元，其面积为 dA_n，微面元 dA_n 对点光源 s 所张的微立体角元为 dω。由图可知，微面元 dA_n 上获得的光通量为

$$d\Phi = I_\theta d\omega$$

根据立体角的定义知

$$d\omega = \frac{dA_n}{l^2}$$

因此，根据照度的定义可得光源在指向平面 N 上 P 点所产生的法平面照度为

$$E_n = \frac{d\Phi}{dA_n} = \frac{I_\theta}{l^2} \tag{4.1}$$

式中　E_n——指向平面照度（lx）；

I_θ——光源（照明器）照射方向的光强（cd）；

l——光源（照明器）与计算点之间的距离（m）。

式（4.1）表明，点光源 s 在 P 点处产生的指向平面照度正比于点光源射向被照点的光强，而与点光源至被照点的距离平方成反比。这一规律被称作直射照度计算的距离平方反比律。因此，逐点计算法又称作平方反比法。

（2）水平面照度。若被照点 P 位于水平面 H 上，则点光源 s 在 P 点产生的直射照度就是水平面照度，记作 E_h。分析可知，光源在水平面 H 上 P 点所产生的水平面照度为

$$E_h = E_n\cos\theta = \frac{I_\theta}{l^2}\cos\theta \tag{4.2}$$

将 $l=h/\cos\theta$ 代入上式得

$$E_h = \frac{I_\theta}{h^2}\cos^3\theta \tag{4.3}$$

式中　E_h——水平面照度（lx）；

h——光源与工作面之间的距离（m）；

$\cos\theta$——光线入射角 θ 的余弦，其值为 h/l。

2. 垂直面照度计算

（1）正垂直面照度。包含被照点 P 的水平面和相对点光源 s 的指向平面均是唯一的，但包含 P 点的垂直面却有无数个。为简单起见，先讨论特殊的垂直面，即它的法线与点光源

投射到P点的射线在包含P点的水平面上的投影相重合。为讨论方便，把该垂直面称作正垂直面。

在图4.1的基础上，作通过P点的正垂直面V，其他几何尺寸与图4.1相同，如图4.2所示。点光源s在位于正垂直面V上的被照点P产生的直射照度就是垂直面照度，记作E_v。

$$E_v = E_n \sin\theta = \frac{I_\theta}{l^2}\sin\theta = \frac{I_\theta}{h^2}\cos^2\theta\sin\theta \tag{4.4}$$

式中 E_v——垂直面照度（lx）。

比较式（4.3）和式（4.4）可得

$$E_v = E_h \tan\theta = E_h \frac{d}{h} \tag{4.5}$$

式中 d——计算点至光源之间的水平距离（m）。

（2）一般垂直面照度。如果P点所在的垂直面不是正垂直面，而是与正垂直面V夹角为φ的一般垂直面V′，如图4.3所示，则位于一般垂直面V′上的P点的垂直面照度为

$$E'_v = E_v \cos\varphi = \frac{I_\theta}{l^2}\sin\theta\cos\varphi = \frac{I_\theta}{h^2}\cos^2\theta\sin\theta\cos\varphi \tag{4.6}$$

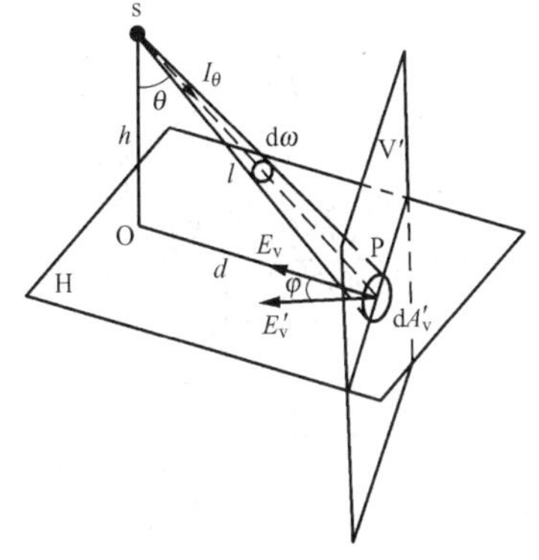

图4.3 点光源在一般垂直面的照度

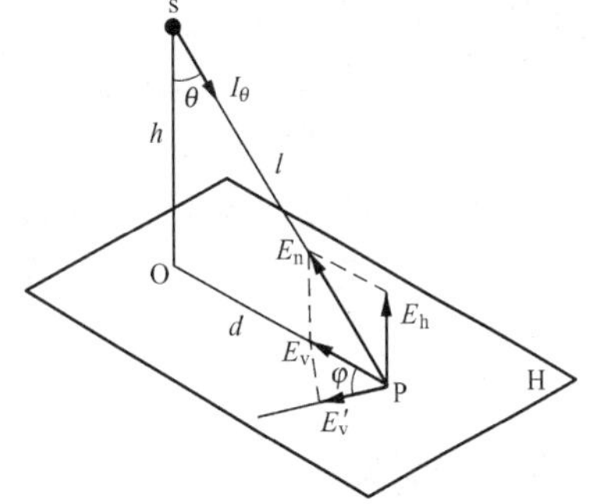

图4.4 点光源的直射照度

综上所述，点光源s在位于各种不同平面上的被照点P处的各直射照度的相对关系可以用图4.4表示。直射照度的计算公式也可以有多种表示形式：①用点光源与被照点间的距离l表示；②用点光源的计算高度h表示；③用点光源到被照点间的水平距离d表示；④用水平面照度来表示。现将这些表示方法汇总于表4.1中。这一系列的表示形式中使用最广的主要是两种形式：一是用光源的计算高度表示的计算公式，这是照度计算的最基本的公式；二是用水平面照度表示的计算公式，这是当已知水平面照度后使用最广的计算公式。

表4.1　　点光源直射照度计算公式汇总表

	l	h	d	E_h
E_n	$\frac{I_\theta}{l^2}$	$\frac{I_\theta}{h^2}\cos^2\theta$	$\frac{I_\theta}{d^2}\sin^2\theta$	$E_h\frac{l}{h}$
E_h	$\frac{I_\theta}{l^2}\cos\theta$	$\frac{I_\theta}{h^2}\cos^3\theta$	$\frac{I_\theta}{d^2}\sin^2\cos\theta$	E_h
E_v	$\frac{I_\theta}{l^2}\sin\theta$	$\frac{I_\theta}{h^2}\cos^2\theta\sin\theta$	$\frac{I_\theta}{d^2}\sin^3\theta$	$E_h\frac{d}{h}$
E'_v	$\frac{I_\theta}{l^2}\sin\theta\cos\varphi$	$\frac{I_\theta}{h^2}\cos^2\theta\sin\theta\cos\varphi$	$\frac{I_\theta}{d^2}\sin^3\theta\cos\varphi$	$E_h\frac{p}{h}$

注 表中p表示点光源s到一般垂直面V′的距离。

由表 4.1 还可以得到一个结论，即同一被照点在任意两个平面上的照度之比为光源至相应平面的垂线长度之比。

3. 照度的矢量关系

被照面的照度可以用矢量表示，大小等于照度值，方向垂直于被照面。被照点处的照度不仅仅取决于光源射向被照点的光强大小和光源与被照点的相对位置，还与被照点位于什么样的被照面有关。同一被照点位于不同被照面时的各照度矢量之间满足一定的关系。

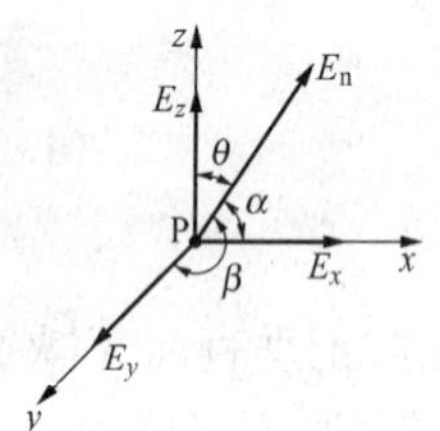

图 4.5

如图 4.5 所示，若 E_n 为 P 点的法平面照度，根据矢量运算法则，E_n 在 x、y、z 三维空间坐标轴上的分量分别为

$$E_x=E_n\cos\alpha$$
$$E_y=E_n\cos\beta \tag{4.7}$$
$$E_z=E_n\cos\theta$$

式中 α、β、θ——分别为 E_n 矢量与 x、y、z 轴之间的夹角。

如果已知照度矢量的分量，则其合成矢量可按下式求得

$$E_n=E_x\cos\alpha+E_y\cos\beta+E_z\cos\theta \tag{4.8}$$

同样的，上述直射照度的矢量关系还可以推广到更一般的情况，即

$$E_i=E_x\cos\alpha+E_y\cos\beta+E_z\cos\theta \tag{4.9}$$

式中 E_i 是由点光源 s 在通过 P 点作的任意平面 I 上被照点 P 处产生的照度，而 E_x、E_y、E_z 的含义同上。其中 α、β 和 θ 将分别表示 E_i 方向与 E_x、E_y 和 E_z 方向的夹角。

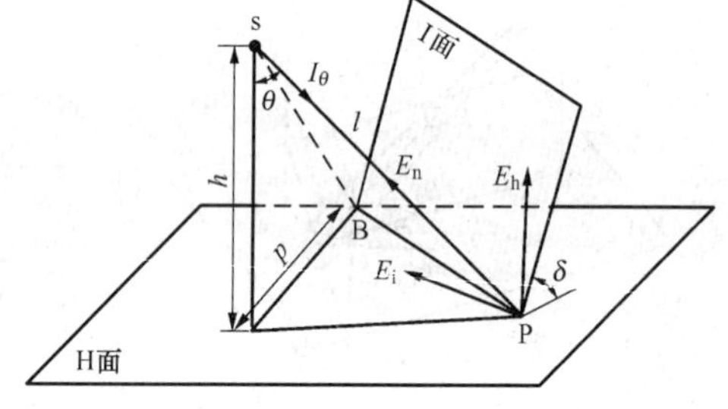

图 4.6 点光源在倾斜面上的照度

4. 倾斜面照度计算

如图 4.6 所示，任意倾斜面 I 上的计算点 P 的照度 E_i，可根据点光源在该点已知的水平面 H 的照度 E_h，乘以倾斜照度系数 ψ 而求得，即

$$E_i=E_h\psi \tag{4.10}$$

其中倾斜照度系数

$$\psi=\frac{E_i}{E_h}=\frac{I_\theta\cos(\theta\mp\delta)/l^2}{I_\theta\cos\theta/l^2}=\frac{\cos(\theta\mp\delta)}{\cos\theta}$$
$$=\frac{\cos\theta\cos\delta\pm\sin\theta\sin\delta}{\cos\theta}=\cos\delta\pm\frac{p}{h}\sin\delta \tag{4.11}$$

式中 δ——倾斜面 I（背光的一面）与水平面 H 的夹角，因为 E_h 垂直于水平面，而 E_i 垂直于受照面，故 δ 亦是 E_i 与 E_h 之间的夹角；

p——光源在水平面上的投影点至倾斜面与水平面的交线的垂直距离（m）；

h——光源至水平面的距离（m）；

θ——PBS 面与高度线 h 之间的空间夹角，$\theta=\arctan(p/h)$。

上式表明倾斜照度系数 ψ 包括两部分：一是因受照面倾斜对照度造成的影响，由夹角 δ 的大小来反映；二是因受照面旋转对照度造成的影响，用 p/h 值的大小来反映。应该指出，当受照面位于图 4.7（b）中阴影部分范围之内时，式（4.11）第二项前的±号应取负号。

为了便于使用，常将 ψ 绘制成曲线，详见有关设计手册。

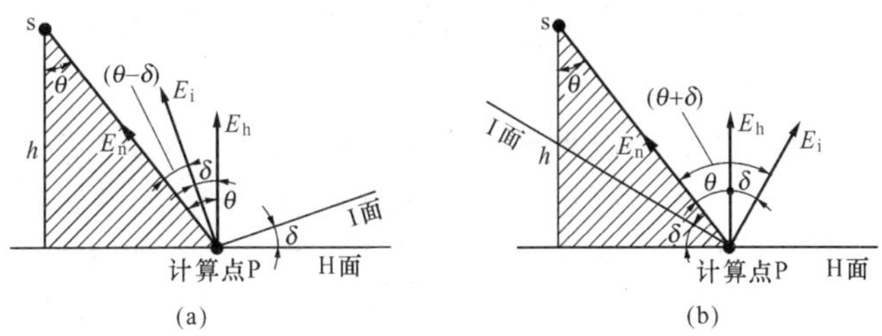

图 4.7 倾斜面的各种位置

(a) 受照面位于阴影范围之外；(b) 受照面位于阴影范围之内

5. 直射照度的实际计算公式

必需说明，上述点光源直射照度的计算公式均为理论计算公式，实际计算时还应考虑两个因素。

(1) 光强换算。在照度计算中用到的光强，一般都从照明器的配光特性上查得。由上一章可知，它们通常是指照明器内光源的总光通量为 1000lm 时的光强值 I^{1000}。而实际应用的照明器，其内部的光源总光通量往往并不是 1000lm。因此应该在直射照度计算公式中反映这种光强的换算关系。

(2) 维护系数。照明器在使用过程中，它的输出光通量并不是一成不变的，而随着使用时间的增加会逐渐减小。产生这种光通量衰减的原因主要是光源和照明器的老化以及环境的脏污等。国际上将上述综合影响因素用系数 K 来表示，并称之为维护系数。

考虑了光强的换算和维护系数后，上述点光源的直射照度乘以换算系数 $\frac{\Phi_s K}{1000}$，才能得到实际的照度。此时，水平面照度的实际计算公式应为

$$E_h = \frac{\Phi_s I_\theta^{1000} K}{1000h^2} \cos^3\theta \tag{4.12}$$

式中 Φ_s——照明器内光源的总的实际额定光通量；

I_θ^{1000}——照明器内光源总光通量为 1000lm 时垂直角为 θ 方向的光强；

K——维护系数。

其他照度的计算公式读者可自行写出。

4.1.2 等照度曲线法

为了加快照明计算的速度，常把一些计算数据及重复的计算预先制成曲线或表格，以便在实际设计时可以直接应用，从而减少计算工作量。另外，在照度计算中，一般以水平面照度 E_h 作为基本量，其他各面的照度都可以用水平面照度乘以距离系数求得。针对照明器的不同特性，等照度曲线计算法又分为以下两种。

1. 空间等照度曲线

对于采用旋转对称配光照明器的场所，若已知计算高度 h 和计算点到光中心的水平距离 d，就可直接从空间等照度曲线图上查得该点的水平面照度值。但由于曲线是按光源光通量为 1000lm 绘制的，因此所查得的照度值 e 是“假设水平照度”，还必须按实际光通量进行换算。当照明器中光源总光通量为 Φ_s 且计算点是由多个照明器共同照射时，则计算点的总水平照度为

$$E_h = \frac{\Phi_s K \Sigma e}{1000} \tag{4.13}$$

式中 Φ_s——单个实际照明器光源的总光通量（lm）；

K——维护系数；

Σe——所有照明器产生的假设水平照度的总和（lx），可从对应照明器的空间等照度曲线中查得。图 4.8 所示为 GC5 型深照型工厂灯的空间等照度曲线。

通过式（4.13）求得水平面照度 E_h 后，再经过相应的换算即可求得其他照度

垂直面照度
$$E_v = \frac{d}{h} E_h \tag{4.14}$$

倾斜面照度
$$E_v = \psi E_h \tag{4.15}$$

2．平面相对等照度曲线

对于非对称配光的照明器可利用“平面相对等照度曲线”进行计算。

根据计算点的 d/h 值和各照明器对计算点的平面位置角 β 即可从“平面相对等照度曲线"上查得“相对照度”ε。

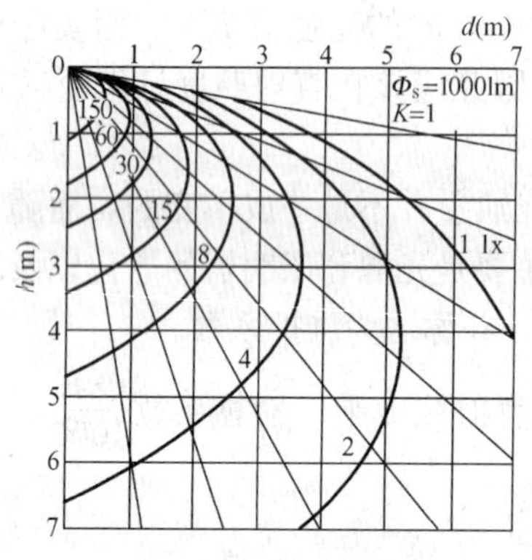

图 4.8 GC5 型深照型工厂灯的空间等照度曲线

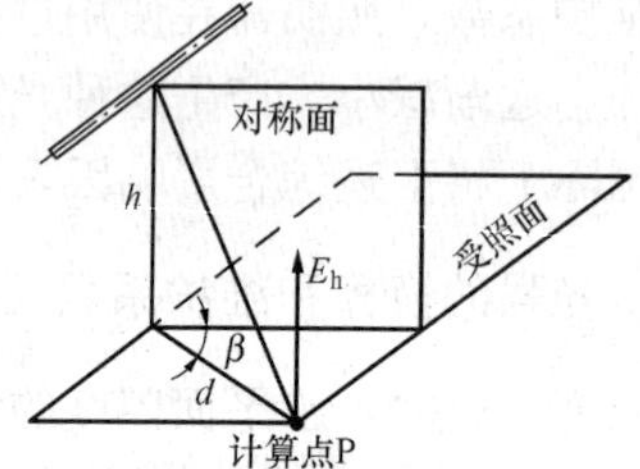

图 4.9 非对称配光的照明器

平面位置角 β 的确定如图 4.9 所示。取照明器的一个对称平面或任意一个平面作为起始平面，该平面与受照面的交线与光线投影线 d 之间的夹角即为 β。

由于“平面相对等照度曲线”是假设计算高度为 1m 而绘制的，因此求计算面上的实际照度时，应按下式计算

$$E_h = \frac{\Phi K \Sigma \varepsilon}{1000 h^2} \tag{4.16}$$

式中 E_h——水平面照度（lx）；

Φ——每个照明器内光源的光通量（lm）；

h——计算高度（m）；

$\Sigma\varepsilon$——各照明器产生的相对照度的总和（lx），可从图 4.10 查得。图 4.10 所示为 YG2-2 型筒式荧光灯照明器的平面相对等照度曲线。

【例 4.1】 如图 4.11 所示，用两盏相距 6m 的 GC5 深照型工厂灯照明，计算高度 6m，被照点 P 与光源 s1 的水平距离为 5m 与光源 s2 的水平距离为 3.5m。照明器内光源为 GGY400 型荧光高压汞灯，光通量为 20000lm，其空间等照度曲线如图 4.8 所示，配光特性

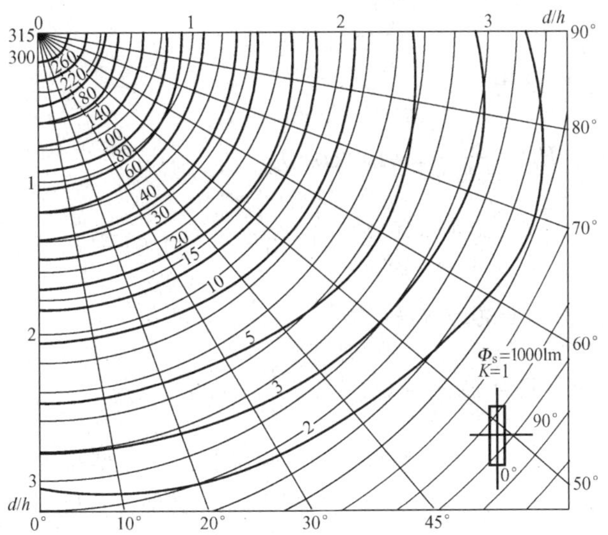

图 4.10 YG2-2 型筒式荧光灯平面相对等照度曲线

见表 3.1，维护系数取 0.8。求被照点处的直射水平面照度和向里的垂直面照度。

解 方法一：用空间等照度曲线计算：

（1）几何尺寸 $h=6\text{m}$，$d_1=5\text{m}$，$d_2=3.5\text{m}$

（2）根据空间等照度曲线求水平面照度。由图 4.8 查得

$$e_{h1}=1.8\text{lx},\ e_{h2}=2.6\text{lx}$$

$$\Sigma e=e_{h1}+e_{h2}=1.8+2.6=4.4\ (\text{lx})$$

（3）计算实际照度。因为由空间等照度曲线求得的照度值是在光源光通量为 1000lm、维护系数为 1 情况下的，所以在计算实际照度值时应进行换算。此时，水平面照度应为

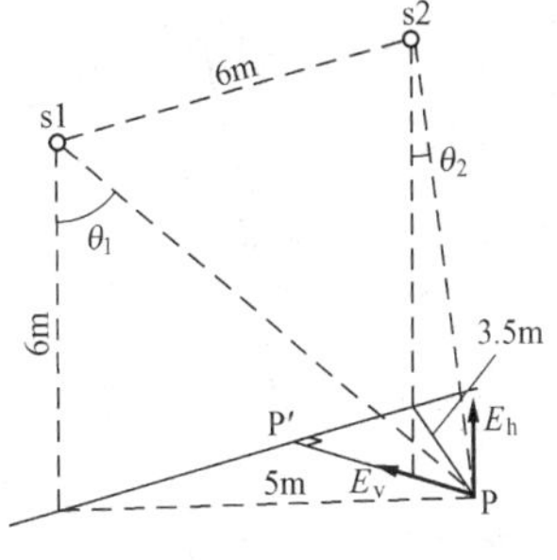

图 4.11 ［例 4.1］图

$$E_h=\frac{\Phi_s K}{1000}\Sigma e=\frac{20000\times0.8}{1000}\times4.4=70.4\ (\text{lx})$$

在求垂直面照度时应计算出光源至垂直面的距离 p（即图中线段 PP′）。根据平面三角中的余弦定理可求得

$$p=2.915\text{m}$$

因此垂直照度

$$E_v=E_h\frac{p}{h}=70.4\times\frac{2.915}{6}=34.2\ (\text{lx})$$

方法二：用配光特性计算：

（1）几何尺寸

$$\theta_1=\arctan\frac{d_1}{h}=\arctan\frac{5}{6}=39.8°$$

$$\theta_2=\arctan\frac{d_2}{h}=\arctan\frac{3.5}{6}=30.3°$$

（2）求光强。由表3.1配光特性查得

$$I_{\theta 1}^{1000}=143\mathrm{cd},\ I_{\theta 2}^{1000}=143\mathrm{cd}$$

（3）求照度。由式4.12得

$$E_{\mathrm{h}}=\frac{\Phi_{\mathrm{s}}K}{1000h^2}\left(I_{\theta 1}^{1000}\cos^3\theta_1+I_{\theta 2}^{1000}\cos^3\theta_2\right)$$

$$=\frac{20000\times 0.8}{1000\times 6^2}\times\left(143\times\cos^3 39.8°+143\times\cos^3 30.3°\right)$$

$$=69.7\ (\mathrm{lx})$$

$$E_{\mathrm{v}}=E_{\mathrm{h}}\frac{p}{h}=69.7\times\frac{2.915}{6}=33.9\ (\mathrm{lx})$$

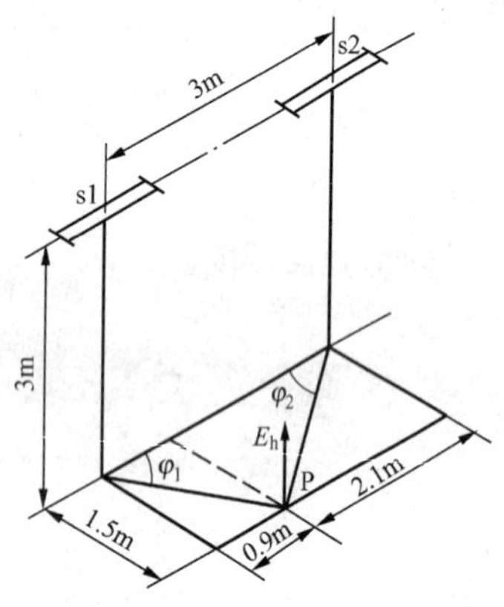

图4.12 ［例4.2］图

【例4.2】 两盏YG2－2型简式双管荧光灯照明器相距3m，计算高度3m，其他位置尺寸见图4.12。照明器的平面相对等照度曲线见图4.10，每根荧光灯管的光通量为2400lm，维护系数取0.81，求P点的水平面照度。

解 （1）求几何尺寸，由题意知，$h=3$m

$$d_1=\sqrt{1.5^2+0.9^2}=1.75\ (\mathrm{m})$$

$$d_2=\sqrt{1.5^2+2.1^2}=2.58\ (\mathrm{m})$$

$$\frac{d_1}{h}=\frac{1.75}{3}=0.583$$

$$\frac{d_2}{h}=\frac{2.58}{3}=0.860$$

根据图4.10可知，0°线为照明器的纵轴，故水平角为

$$\varphi_1=\arctan\frac{1.5}{0.9}=59.0°$$

$$\varphi_2=\arctan\frac{1.5}{2.1}=35.5°$$

（2）由平面相对等照度曲线求照度。从图4.10查得

$$\varepsilon_{\mathrm{h1}}=180\mathrm{lx},\ \varepsilon_{\mathrm{h2}}=120\mathrm{lx}$$

（3）根据实际情况进行换算得被照点P处的实际水平面照度

$$E_{\mathrm{h}}=\frac{\Phi_{\mathrm{s}}K}{1000h^2}\Sigma\varepsilon$$

$$=\frac{2\times 2400\times 0.81}{1000\times 3^2}\times(180+120)=129.6\ (\mathrm{lx})$$

4.2 线光源直射照度计算

当光源或照明器的宽度或直径远小于长度时，可以忽略其宽度，近似看作是一条线。可

以看成一条线的光源或照明器称作线光源。线光源直射照度计算法有多种，这里仅介绍一种常用的方位系数法。

4.2.1 线光源的光强分布

1. 方位系数

线光源的直射照度计算通常采用方位系数法。所谓方位系数法是将线光源分作无数段发光元 dl，并计算出它在计算点处产生的照度。由于 dl 在计算点处产生的照度随其位置不同而不同，因此，需采用角度坐标来表示 dl 的位置，然后积分求出整条线光源在计算点处产生的总照度。

方位系数就是以角坐标为基础编制的，应用这种方法，能够简单、迅速地计算出各种线状光源在水平、垂直、倾斜面上的照度。

2. 线光源的光强分布

线光源的光强分布常用两个通过光轴的平面上的光强分布曲线表示。一个平面通过线光源的纵轴（长轴），此平面上的光强分布曲线称为纵向（平行面或 C_{90} 面）光强分布曲线；另一个平面与线光源纵轴垂直，这个平面上的光强分布曲线称为横向（垂直面或 C_0 面）光强分布曲线，如图 4.13 所示。

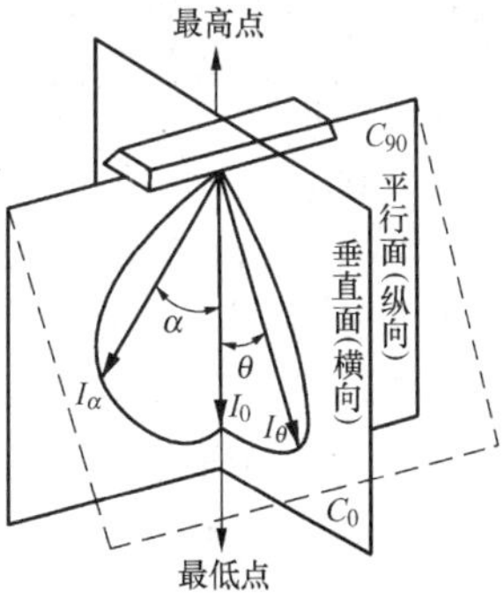

图 4.13 线光源光强分布

各种线光源的横向光强分布曲线可表示为

$$I_\theta = I_0 f(\theta) \tag{4.17}$$

式中 I_θ——θ 方向上的光强（cd）；

I_0——线光源发光面法线方向上的光强（cd）。

各种线光源的纵向光强分布曲线可能是不同的，但任何一种线状照明器在通过灯纵轴的各个平面上的光强分布曲线具有相似的形状，可用一般形式表示为

$$I_{\theta\alpha} = I_{\theta 0} f(\alpha) \tag{4.18}$$

式中 $I_{\theta\alpha}$——与通过纵轴的对称平面成 θ 角，与垂直于纵轴的对称平面成 α 夹角方向上的光强（cd）；

$I_{\theta 0}$——在 θ 平面（θ 平面是通过灯的纵轴且与通过纵轴的垂直面成 θ 夹角的平面）上垂直于灯轴线即 $\alpha=0°$ 方向的光强（cd）。

实际应用的各种线光源的纵向（平行面）光强分布曲线，可以用表 4.2 所列五类理论光强配光函数来表示。

表 4.2 线光源纵向配光特性理论光强配光函数

类别	A	B	C	D	E
$I_{\theta\alpha}$	$I_{\theta\alpha}\cos\alpha$	$I_{\theta 0}(\cos\alpha+\cos^2\alpha)/2$	$I_{\theta 0}\cos^2\alpha$	$I_{\theta 0}\cos^3\alpha$	$I_{\theta 0}\cos^4\alpha$

上述五类纵向光强分布的 $I_{\theta\alpha}/I_{\theta 0}=f(\alpha)$ 曲线，如图 4.14 所示。它基本包括了线状光源在平行面上光强分布的特点：A 对应于简式或加磨砂玻璃的荧光灯；B、C 对应于浅格栅类型的荧光灯；D、E 对应于深格栅类型的荧光灯。

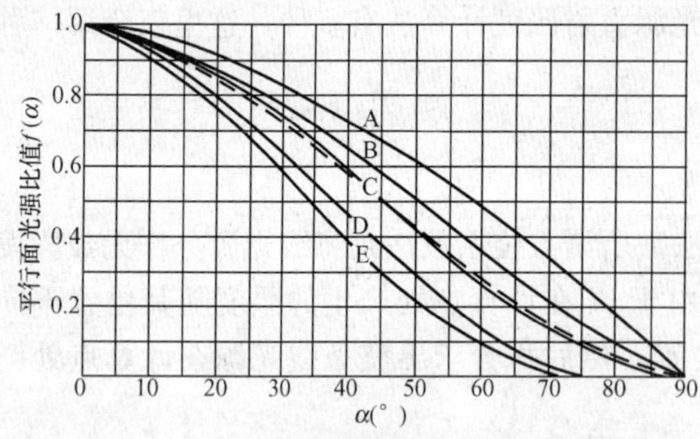

图 4.14 线光源纵向配光特性理论配光曲线

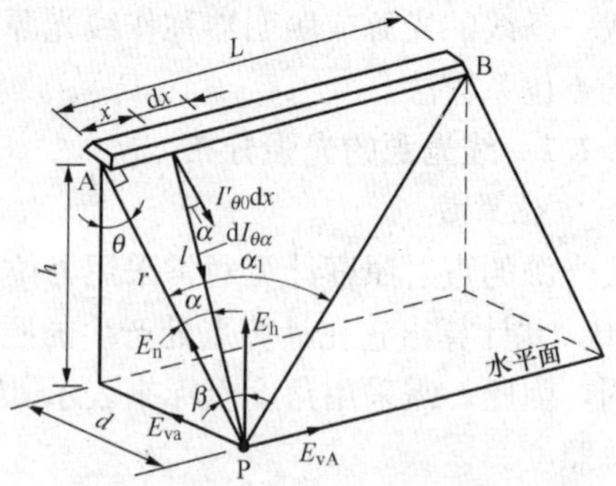

图 4.15 线光源照度计算

实际工程中，首先应确定线光源的光强分布属于哪一类，然后再利用标准化的计算资料进行计算。图中虚线表示的即是一个实际线光源光强分布曲线，可见它属于C类理论配光曲线。

4.2.2 线光源的照度计算

如图 4.15 所示，计算点 P 为水平面上的一点，且与线光源的一端对齐。水平面的法线与入射光平面 APB（或称 θ 面）成 β 角。

在长度为 l 的线状光源上取一个发光线元 $\mathrm{d}x$，线状光源在 θ 平面上垂直于灯轴线 AB 方向的单位长度光强为 $I'_{\theta0}=I_{\theta0}/L$，线光源的纵向光强分布为 $I_{\theta\alpha}=I_{\theta0}\cos^n\alpha$，则自线元 $\mathrm{d}x$ 指向计算点 P 的光强为

$$\mathrm{d}I_{\theta\alpha}=(I_{\theta0}/L)\,\mathrm{d}x\cos^n\alpha=I'_{\theta0}\,\mathrm{d}x\cos^n\alpha$$

线元 $\mathrm{d}x$ 在 P 点处的法线照度为

$$\mathrm{d}E_{\mathrm{n}}=(\mathrm{d}I_{\theta\alpha}/l^2)\cos\alpha=I_{\theta0}\,\mathrm{d}x\cos^n\alpha\cos\alpha/(Ll^2)$$

1. 法线照度

整个线状光源在 P 点处产生的法线照度 E_{n} 为

$$E_{\mathrm{n}}=\int_0^{\alpha_1}\frac{I_{\theta0}\cos^n\alpha\cos\alpha}{Ll^2}\mathrm{d}x \tag{4.19}$$

从图 4.15 可知

$$x=r\tan\alpha$$
$$l=r\sec\alpha \tag{4.20}$$

将公式（4.20）代入式（4.19）并经整理得

$$E_{\mathrm{n}}=\frac{I_{\theta0}}{Lr}\int_0^{\alpha_1}\cos^n\alpha\cos\alpha\,\mathrm{d}\alpha \tag{4.21}$$

令

$$AF=\int_0^{\alpha_1}\cos^n\alpha\cos\alpha\,\mathrm{d}\alpha \tag{4.22}$$

称 AF 为线光源的平行面方位系数。因此，式（4.21）可简化为

$$E_{\mathrm{n}}=\frac{I_{\theta0}}{Lr}AF=\frac{I'_{\theta0}}{r}AF$$
$$r=\sqrt{h^2+d^2}$$

$$\alpha_1 = \arctan (L/r) \tag{4.23}$$

式中 $I_{\theta 0}$——长度为 L 的线状照明器在 θ 平面上垂直于轴线 AB 的光强（cd）；

$I'_{\theta 0}$——线状照明器在 θ 平面上垂直于轴线的单位长度光强（即 $I_{\theta 0}/L$）（cd）；

L——线状照明器的长度（m）；

d——光源在水平面上的投影至计算点 P 的距离（m）；

h——线状照明器在计算水平面上的悬挂高度（m）；

r——计算点 P 到线光源的 A 端的距离（m）；

α_1——计算点 P 对线光源所张的方位角（°）。

2. 水平照度

如图 4.15 所示，由于 $\cos\beta = \cos\theta = h/r$，因此，P 点处的水平照度 E_h 为

$$E_h = E_n \cos\beta = \frac{I_{\theta 0}}{Lr} AF \cos\theta = \frac{I_{\theta 0}}{Lh} AF \cos^2\theta \tag{4.24}$$

或

$$E_h = \frac{I'_{\theta 0}}{h} AF \cos^2\theta \tag{4.25}$$

将 $n=1$，2，3，4 分别代入式（4.22），可求出 A、C、D、E 四类纵向理论配光特性线光源的 AF 计算公式，如表 4.3 所示。

表 4.3　线光源的平行平面方位系数 *AF* 计算公式

类别	纵向配光特性	方位系数 AF
A	$I_{\theta 0}\cos\alpha$	$\frac{1}{2}(\alpha_1 + \cos\alpha_1 \sin\alpha_1)$
B	$\frac{1}{2} I_{\theta 0}(\cos\alpha + \cos^2\alpha)$	$\frac{1}{4}(\alpha_1 + \cos\alpha_1 \sin\alpha_1) + \frac{1}{6}(2\sin\alpha_1 + \cos^2\alpha_1 \sin\alpha_1)$
C	$I_{\theta 0}\cos^2\alpha$	$\frac{1}{3}(2\sin\alpha_1 + \cos^2\alpha_1 \sin\alpha_1)$
D	$I_{\theta 0}\cos^3\alpha$	$\frac{\cos^3\alpha_1 \sin\alpha_1}{4} + \frac{3}{8}(\alpha_1 + \cos\alpha_1 \sin\alpha_1)$
E	$I_{\theta 0}\cos^4\alpha$	$\frac{\cos^4\alpha_1 \sin\alpha_1}{5} + \frac{4}{15}(2\sin\alpha_1 + \cos^2\alpha_1 \sin\alpha_1)$

3. 垂直照度

（1）受照面与线光源垂直。如图 4.16（b）所示，当受照面 A 与线状光源垂直时，从图 4.15 可知，P 点在 A 面上的垂直照度 E_{vA} 为

$$E_{vA} = \int_0^{\alpha_1} \frac{dI_{\theta\alpha}}{l^2} \sin\alpha = \int_0^{\alpha_1} \frac{I_{\theta 0} \cos^n\alpha \sin\alpha}{Ll^2} dx$$

经整理得

$$E_{vA} = \frac{I_{\theta 0}}{Lr} \int_0^{\alpha_1} \cos^n\alpha \sin\alpha d\alpha = \frac{I_{\theta 0}}{Lr} \left(\frac{1 - \cos^{n-1}\alpha_1}{n+1} \right)$$

$$= \frac{I_{\theta 0}}{Lr} \alpha f = \frac{I_{\theta 0}}{Lh} (\alpha f) \cos\theta \tag{4.26}$$

式中

$$\alpha f=\int_0^{\alpha_1}\cos^n\alpha\sin\alpha\mathrm{d}\alpha=\frac{1-\cos^{n+1}\alpha_1}{n+1} \tag{4.27}$$

αf 称作线光源的垂直面方位系数。

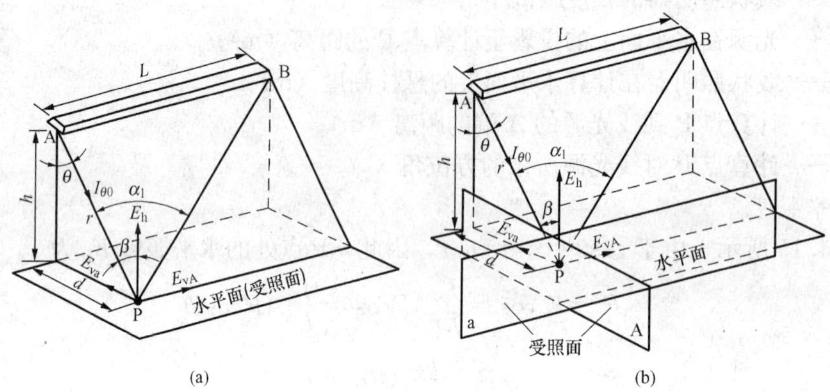

图 4.16　连续光源的直射照度计算
（a）水平面；（b）与光源平行或垂直的垂直面

将 $n=1$，2，3，4 分别代入式（4.26），可求得 A、C、D、E 四类纵向理论配光特性线光源的 αf 计算公式，如表 4.4 所示。

表 4.4　线光源的垂直平面方位系数 αf 计算公式

类别	纵向配光特性	方位系数 αf
A	$I_{\theta 0}\cos\alpha$	$\frac{1}{2}\sin^2\alpha_1$
B	$\frac{1}{2}I_{\theta 0}$ $(\cos\alpha+\cos^2\alpha)$	$\frac{1}{4}\sin^2\alpha_1+\frac{1}{6}$ $(1-\cos^3\alpha_1)$
C	$I_{\theta 0}\cos^2\alpha$	$\frac{1}{3}$ $(1-\cos^3\alpha_1)$
D	$I_{\theta 0}\cos^3\alpha$	$\frac{1}{4}$ $(1-\cos^4\alpha_1)$
E	$I_{\theta 0}\cos^4\alpha$	$\frac{1}{5}$ $(1-\cos^5\alpha_1)$

（2）受照面与线光源平行。如图 4.16（b）所示，如果受照面 a 与线状光源平行时，由图 4.15 可知，P 点在 a 面上的垂直照度 E_{va} 为

$$E_{va}=E_n\sin\theta=\frac{I_{\theta 0}}{Lr}AF\sin\theta=\frac{I_{\theta 0}}{Lh}AF\cos\theta\sin\theta \tag{4.28}$$

4. 实用计算公式

与点光源一样，在进行实际照明计算时，需要考虑维护系数和光源光通量的换算问题，均应乘以换算系数$\frac{\Phi_S K}{1000}$。

（1）水平面照度［见图 4.16（a）］为

$$E_h=\frac{\Phi_S I_{\theta 0}K}{1000Lh}AF\cos^2\theta \tag{4.29}$$

(2) 垂直面照度 [见图 4.16 (b)]:

受照面与光源平行时

$$E_{va}=\frac{\Phi_S I_{\theta 0} K}{1000Lh}AF\cos\theta\sin\theta \tag{4.30}$$

受照面与光源垂直时

$$E_{vA}=\frac{\Phi_S I_{\theta 0} K}{1000Lh}\alpha f\cos\theta \tag{4.31}$$

式中 $\frac{\Phi_S}{L}$——实际线光源单位长度的光通量 (lm/m);

AF——水平面方位系数，根据照明器类别 A、B、C、D、E，查附表 5 确定；

αf——垂直面方位系数，根据照明器类别 A、B、C、D、E，查附表 6 确定。

在照明计算中，方位系数的确定，需要判断实际照明器属于哪种配光类型。首先要画出照明器纵向光强分布曲线，并计算出相对光强值 $I_{\theta\alpha}/I_{\theta 0}$；再与理论照明器配光类型的典型曲线（见图 4.14）相比较，找出最接近的一种，即可得出类属 A、B、C、D、E 曲线中某种类型的理论配光，然后便可从附表 5 和附表 6 的相应类型中查取方位系数。

5. 线光源直射照度计算的一般情况

由图 4.16 知，前述讨论是按计算点 P 位于线光源一端的垂直平面内推导的，但实际计算中 P 点位置应是任意的，不一定符合图 4.16 的条件。此时可采用将线光源分段或延长的方法，分别计算各段在该点处产生的照度，然后求其代数和。如图 4.17 所示，若以 E_A、E_B、E_C 分别表示线光源在 A、B、C 三点所产生的水平照度，则

$$\begin{aligned}E_A&=E_{PM}\\E_B&=E_{PN}+E_{NM}\\E_C&=E_{QM}-E_{QP}\end{aligned} \tag{4.32}$$

式中 E_{PM}——线光源 PM 在 A 点处产生的水平照度；

E_{PN}——线光源 PN 在 B 点处产生的水平照度；

E_{NM}——线光源 NM 在 B 点处产生的水平照度；

E_{QM}——线光源 QM 在 C 点处产生的水平照度；

E_{QP}——线光源 QP 在 C 点处产生的水平照度。

应该指出，当求解受照面与光源垂直布置时的垂直照度时，比如图 4.17 中的 B 点，则只有一段线光源 (PN 或 MN) 在计算点处产生照度，而另一段线光源 (MN 或 PN) 的光被挡住了，在该点将不会产生照度。

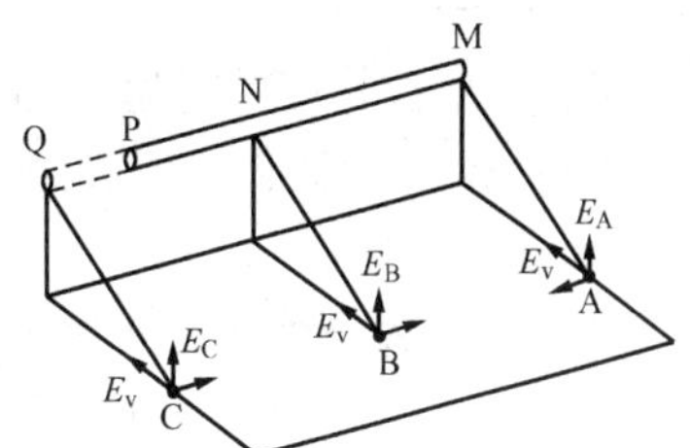

图 4.17 线光源直射照度计算的一般情况

实际工程中，一行线光源在组合时可能在中间要出现间断，即所谓断续线光源。此时若各段光源的特性相同，并按照共同的轴线布置，各段终端之间的间隔距离又不很大时，则仍可看作连续线光源。在计算时，可以按图 4.17 所示分段计算，也可以将连续线光源中相应的计算公式 [式 (4.29) ～式 (4.32)] 乘以一个折算系数 Z

$$Z=\frac{\text{单个照明器长度}\times\text{照明器个数}}{\text{该行照明器总长度}} \tag{4.33}$$

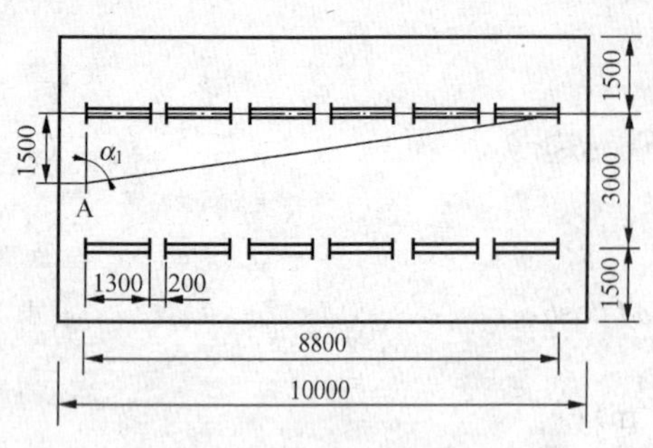

图 4.18　线光源应用示例

【例 4.3】　如图 4.18 所示，某办公室长 10.0m、宽 6.0m，顶棚高度 3.6m，采用 YG15－2（2×36W）双管嵌入式塑料格栅荧光灯组成两条光带，维护系数 K 取 0.8，求桌面上 A 点的水平照度。

解（1）确定灯具配光类型。由产品资料查得 YG15－2 型荧光灯的纵向（B－B）光强分布如表 4.5 所示。据此绘出 YG15－2 型荧光灯的光强分布曲线（见图 4.14 中的虚线），可近似认为该灯具属 C 类。

表 4.5　　YG15－2 型荧光灯的纵向（B－B）光强分布

α（°）	0	10	20	30	40	50	60	70	80	90
I_α/（cd）	228	218	192	159	127	88	51	28	12	0.4
I_α/I_θ	1	0.951	0.842	0.697	0.567	0.386	0.224	0.127	0.053	0.002

（2）求计算高度：$h=3.6-0.75=2.85$（m）。

（3）计算 θ 角：$\theta=\arctan(d/h)=\arctan(1.5/2.85)=27.76°$。

（4）计算 α_1 和 AF：各段荧光灯终端间距 0.2m，可将光带视为连续线光源，则

方位角：$\alpha_1=\arctan\dfrac{L}{r}=\arctan\dfrac{L}{\sqrt{h^2+d^2}}=\arctan\dfrac{8.8}{\sqrt{2.85^2+1.5^2}}\approx 70°$

查附表 5 得方位系数 $AF=0.663$。

（5）计算 I_θ：YG15－2 型荧光灯的横向（A－A）光强分布，由资料查得如表 4.6 所示。因为入射角 $\theta=27.76°$，故由插值法求得 $I_{\theta0}=183.4$cd。

表 4.6　　YG15－2 型荧光灯的横向（A－A）光强分布

$f(\theta)$（A－A）	θ（°）	0	10	20	30	40	50	60	70	80	90
	I_θ（cd）	238	230	209	176	130	85	48	28	11	0.6

（6）求单位长度的光通量和折算系数：由资料查得 36W 荧光灯的光通量 $\Phi=2200$lm，灯具长 $l=1.3$m，因此，线光源单位长度光通量 $\Phi=2\times2200/1.3=3384.6$lm/m，则折算系数 $Z=1.3\times6/8.8=0.886$。

（7）计算 A 点的水平照度 E_h：

一条光带在 A 点处产生的照度为

$$E_{hA1}=Z\times\frac{L\Phi I_{\theta0}\cos^2\theta K}{1000Lh}AF$$

$$=0.886\times\frac{3384.6\times183.4\times\cos^2 27.76°\times0.8}{1000\times2.85}\times0.663$$

$$=80.2(\text{lx})$$

A 点照度由两条光带共同产生，因此 A 点的总水平照度为 $E_{hA}=2\times80.2=160.4$（lx）。

4.3 面光源直射照度计算

当发光体或照明装置的长和宽与其至被照点之间的距离相比均不能忽视时，则不能再将之简化成点光源或线光源，而应按面光源进行照度计算。由灯具组成的整片发光面或发光顶棚等都可视为面光源。面光源的直射照度计算是将光源划分为若干个线光源或点光源，用相应的线光源照度计算法或点光源照度计算法分别计算后，再行叠加。对于最常见的矩形面光源和圆形面光源已经导出通用公式并编制了图表，在设计计算时可直接查用。根据面光源所使用配光材料的特性不同，面光源可分为等亮度和非等亮度两种，其直射照度可根据不同的情况分别进行计算。

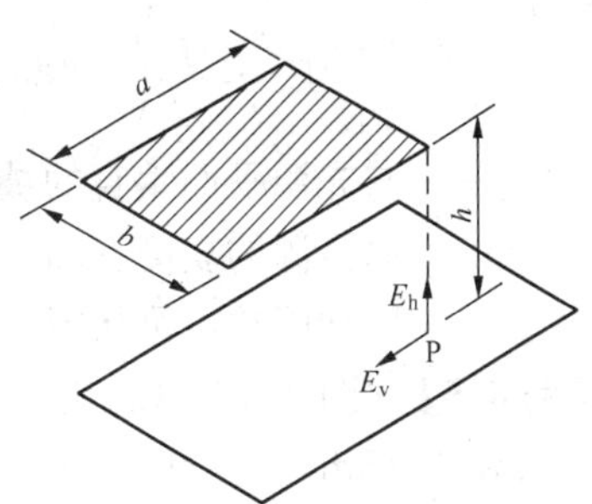

图 4.19 矩形等亮度面光源的直射照度计算

4.3.1 矩形等亮度面光源直射照度计算

矩形面光源通常应用于室内照明工程中，下面分几种情况介绍矩形等亮度面光源直射照度的计算。

1. 受照点在光源顶点向下所作的垂线上

一个矩形面光源的长、宽分别为 a 和 b，亮度在各个方向都相等。光源的一个顶角在与光源平行的被照面上的投影为 P，如图 4.19 所示。

（1）水平面照度 E_h 的计算

$$E_h=\frac{L}{2}\left(\frac{b}{\sqrt{b^2+h^2}}\arctan\frac{a}{\sqrt{b^2+h^2}}+\frac{a}{\sqrt{a^2+h^2}}\arctan\frac{b}{\sqrt{a^2+h^2}}\right) \tag{4.34}$$

令 $X=\frac{a}{h}$、$Y=\frac{b}{h}$，则式（4.34）可简化为

$$E_h=\frac{L}{2}\left(\frac{X}{\sqrt{1+X^2}}\arctan\frac{Y}{\sqrt{1+X^2}}+\frac{Y}{\sqrt{1+Y^2}}\arctan\frac{X}{\sqrt{1+Y^2}}\right)=Lf_h \tag{4.35}$$

式中 E_h——与面光源平行的被照面上 P 点的水平面照度（lx）；

L——面光源亮度（cd/m^2）；

f_h——立体角投影率，或称形状因数，可从图 4.20 中查得。

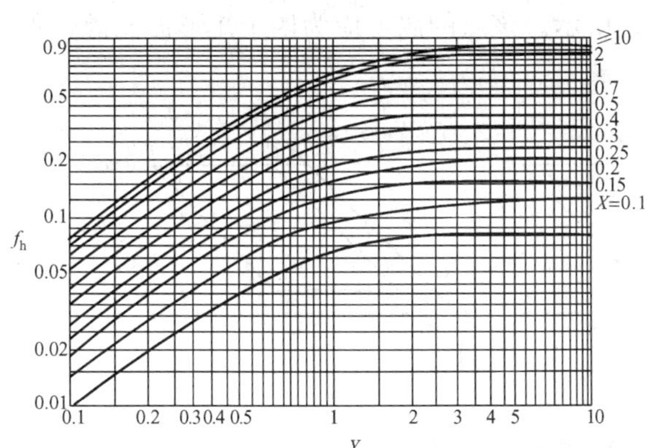

图 4.20 计算水平面照度的形状因数 f_h 与 X、Y 的关系曲线

【例 4.4】 一房间平面尺寸为 7m × 15m，净高 5m，在顶棚正中布置一表面亮度为 600cd/m^2 的发光天棚，亮度均匀，其尺寸为 5m × 13m，如图 4.21 所示。求发光天棚一顶点在地面的投影 P1 点的水平直射照度（不考虑室内反射光的影响）。

解 由已知条件可得

$$X=\frac{a}{h}=\frac{13}{5}=2.6$$

$$Y=\frac{b}{h}=\frac{5}{5}=1$$

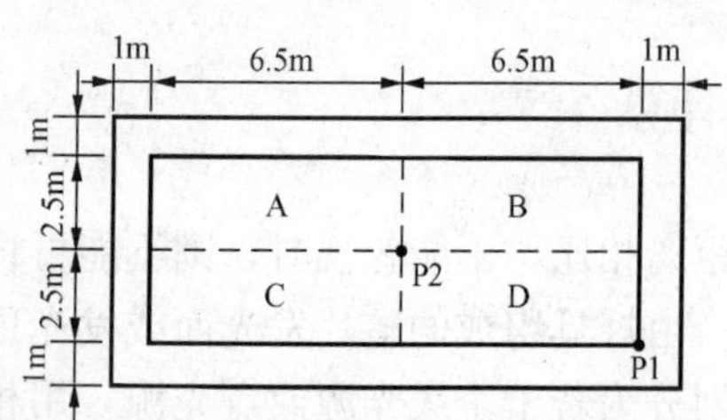

图 4.21 矩形面光源直射照度计算示例

从图 4.20 中查出形状因数 $f_h=0.54$，故得

$$E_{hP1}=Lf_h=600\times0.54=324\ (\text{lx})$$

（2）垂直面照度 E_v 的计算

$$E_v=\frac{L}{2}\left(\arctan\frac{b}{h}-\frac{h}{\sqrt{a^2+h^2}}\arctan\frac{b}{\sqrt{a^2+h^2}}\right) \tag{4.36}$$

令 $X=\frac{a}{b}$、$Y=\frac{h}{b}$，则式（4.36）可简化为

$$E_v=\frac{L}{2}\left(\arctan\frac{1}{Y}-\frac{Y}{\sqrt{X^2+Y^2}}\arctan\frac{1}{\sqrt{X^2+Y^2}}\right)=Lf_v \tag{4.37}$$

式中 E_v——与光源平面垂直的被照面上 P 点的照度（lx）；

L——面光源的亮度（cd/m^2）；

f_v——形状因数，可从图 4.22 中查得。

【例 4.5】 图 4.19 中的矩形面光源 $a=6$m，$b=6$m，$h=3$m，光源表面亮度为 600cd/m²，求 P 点的垂直照度 E_v。

解 $X=\frac{a}{b}=\frac{6}{6}=1$

$$Y=\frac{h}{b}=\frac{3}{6}=0.5$$

从图 4.22 中查出 $f_v=0.39$，故根据式（4.37）得

$$E_v=Lf_v=600\times0.39=234\ (\text{lx})$$

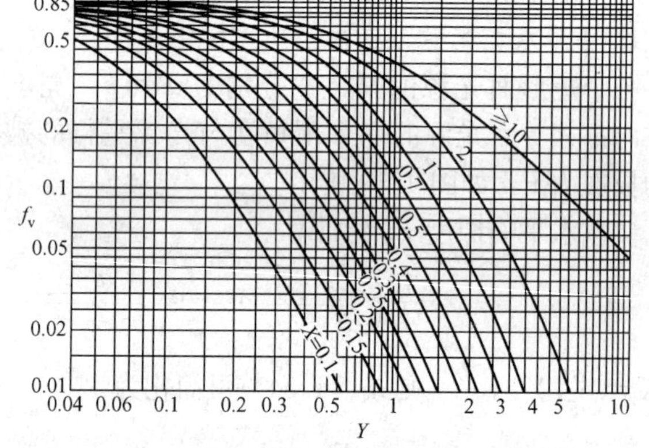

图 4.22 计算垂直面照度的形状因数 f_v 与 X、Y 的关系曲线

2. 受照点在光源顶点向下所作的垂线以外

如果计算点并非位于矩形光源顶点的投影上，则其照度可根据组合法求得。如图 4.23 所示，几种情形中 P 点处的水平照度，求解方法如下。

（1）P 点在光源正下方，如图 4.23（a）所示。该点的照度应为四个矩形面光源分别对

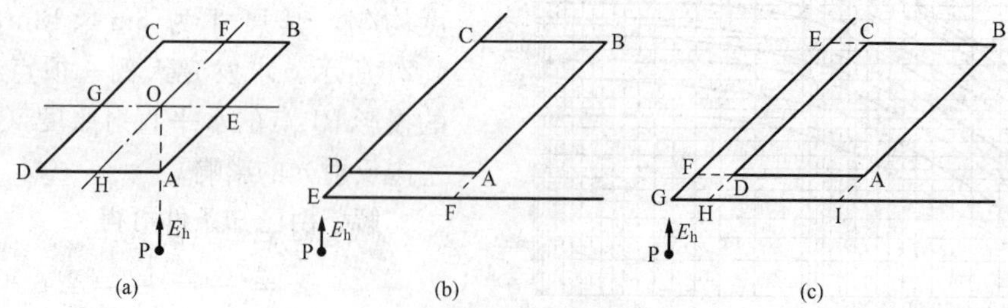

图 4.23 利用叠加原理求解示例

（a）P 点在光源正下方；（b）P 点在光源任一边延长线正下方；（c）其他情形

该点所形成的照度之和，即

$$E_h = E_{h(OEBF)} + E_{h(OFCG)} + E_{h(OGDH)} + E_{h(OHAE)} \tag{4.38}$$

（2）P点在光源任一边延长线正下方，如图4.23（b）所示。该点的照度是EFBC组成的矩形面光源对该点所形成的照度，减去矩形面光源EFAD对该点所形成的照度，即

$$E_h = E_{h(EFBC)} - E_{h(EFAD)} \tag{4.39}$$

（3）以上两种情况以外的其他情形，如图4.23（c）所示，可仿照以上组合原理导出，即

$$E_h = E_{h(GIBE)} + E_{h(GHDF)} - E_{h(GHCE)} - E_{h(GIAF)} \tag{4.40}$$

【例4.6】 求［例4.4］房间地面正中P2点的水平直射照度。

解 根据式（4.38）得

$$E_{hP2} = E_{hA2} + E_{hB2} + E_{hC2} + E_{hD2} = 4E_{hA2}$$

对于矩形A由已知条件可得

$$X = \frac{a}{h} = \frac{6.5}{5} = 1.3, Y = \frac{b}{h} = \frac{2.5}{5} = 0.5$$

从图4.20中查出形状因数 $f_h = 0.31$，故根据式（4.35）得

$$E_{hP2} = 4E_{hA2} = 4Lf_h = 4\times(600\times0.31) = 744(\text{lx})。$$

4.3.2 矩形非等亮度面光源的直射照度计算

常见的各种格栅发光天棚和某些具有装饰造型图案的发光天棚均属于矩形非等亮度面光源，根据矩形非等亮度面光源的光强分布形式，同样可以导出通用公式及其相应的计算图表。

对于由常见的具有 $I_\theta = I_0\cos^2\theta$ 光强分布形式的矩形非等亮度面光源［式中，I_θ 为与面光源法线成 θ 角方向上的光强（cd）；I_0 为面光源法线方向上的光强（cd）］，产生的水平面照度可由下式计算

$$E_h = \frac{L_0}{3}\left[\frac{XY}{\sqrt{X^2+Y^2+1}}\left(\frac{1}{X^2+1}+\frac{1}{Y^2+1}\right)+\arctan\frac{XY}{\sqrt{X^2+Y^2+1}}\right] = L_0 f \tag{4.41}$$

$$X = \frac{a}{h}, Y = \frac{b}{h}$$

式中 E_h——与面光源平行的被照面上P点的照度（lx）；

L_0——面光源法线方向的亮度（cd/m^2）；

a、b——面光源的长和宽（m）；

f——形状因数，可由图4.24查得。

4.3.3 圆形等亮度面光源的直射照度计算

圆形面光源也是室内照明中常用的照明方式，如图4.25所示。

（1）当计算点P1在面光源投影范围之内时，其水平面照度的计算公式为

$$E_h = \pi L\left(\frac{r^2}{r^2+h^2}\right) = \frac{AL}{l^2} \tag{4.42}$$

式中 L——圆形面光源的亮度（cd/m^2）；

r——圆形面光源的半径（m）；

h——计算高度（m）；

l——计算点至圆形面光源边缘的距离（m）；

A——圆形面光源的面积（m^2）。

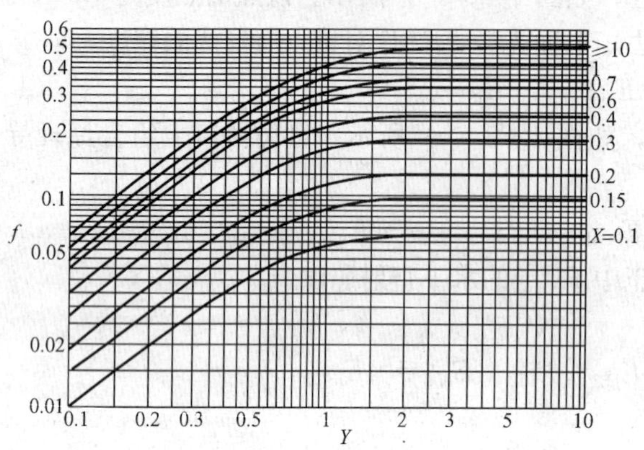

图 4.24 非等亮度面光源（$I_\theta = I_0 \cos^2\theta$）直射照度计算的形状因数 f 与 X、Y 的关系曲线

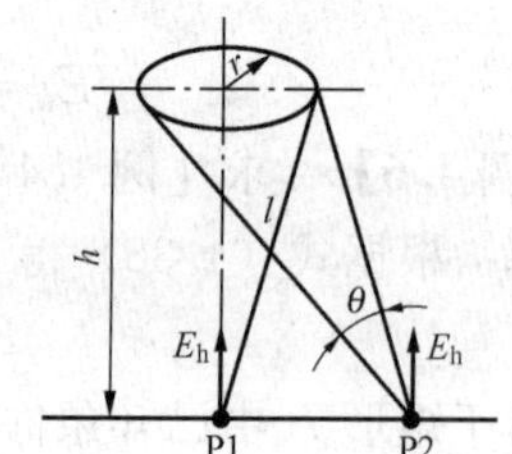

图 4.25 圆形等亮度面光源

（2）当计算点 P2 在面光源投影范围以外时，其水平面照度的计算公式为

$$E_h = \frac{\pi L}{2}(1 - \cos\theta) \tag{4.43}$$

式中 θ——圆形面光源对计算点 P2 所形成的夹角（°）。

4.4 平均照度计算

平均照度计算通常采用的利用系数法，是按照光通量进行照度计算的，故又称流明计算法或简称流明法。它是根据房间的几何形状、照明器的数量和类型来确定工作面平均照度的计算方法。与前述计算方法所不同的是，流明法既要考虑直射光通量，也要考虑反射光通量。因此，工作面照度要同时取决于光源和照明器的光特性，以及房间的形状特征和光特性。

4.4.1 基本计算公式

大家知道，落到工作面上的光通量包括两部分：一是从照明器发出的光通量中直接落到工作面上的部分，称为直接光通量；另一是从照明器发出的光通量经室内表面反射最后落到工作面上的部分，称为间接光通量。两者之和为照明器发出的光通量中最后落到工作面上的部分，该值与工作面的面积之比，称为工作面上的平均照度。若每次都要计算落到工作面上的直接光通量与间接光通量，则计算变得相当复杂。为此，人们引入了利用系数的概念，即预先计算出各种条件下的利用系数并制作成图表，供设计计算时直接查用。

1. 利用系数

对于每个照明器来说，由光源发出的额定光通量与最后落到工作面上的光通量之比，称为光源光通量利用系数，简称利用系数，即

$$U = \frac{\Phi_f}{\Phi_s} \tag{4.44}$$

式中 U——利用系数；

Φ_f——由照明器发出的最后落到工作面上的光通量（lm）；

Φ_s——每个照明器的光源额定总光通量（lm）。

对于利用系数的确定，许多国家都形成了一套自己的计算方法，比如国际照明委员会的“CIE法”、美国的“带域一空间法”、法国的“实用照明计算法”、英国的“球带法”等。我国照明界许多学者对利用系数的计算曾做过不同程度的探讨，目前比较通用的方法基本上是美国的“带域一空间法”。

2. 室内平均照度

根据利用系数的概念，室内平均照度可用以下公式进行计算

$$E_{av}=\frac{\Phi_s NUK}{A} \tag{4.45}$$

式中 E_{av}——工作面平均照度（lx）；

N——照明器数量；

A——工作面面积（m^2）；

K——维护系数，查表4.7；

其他符号含义同式（4.44）。

3. 维护系数

维护系数是考虑到照明器在使用过程中，因光源光通量的衰减、照明器的污染老化以及房间的污染等引起照度的下降而引入的一个修正系数，有时也称作减光补偿系数。

由于光源随着使用时间的增长，会自然老化，光通量会逐渐衰减，加之光源、灯具和房间内表面上积灰污染，照度值将逐渐降低，因此，定期更换光源、清洗灯具、清扫房间才能基本保证原来的照度值。为了保证在整个维护周期内均能达到规定照度，在设计标准中，根据照明场所的具体情况给出了相应的维护系数值，见表4.7。

表4.7　维　护　系　数

环境污染特征		房间或场所举例	灯具最少擦拭次数（次/年）	维护系数值
室内	清洁	卧室、办公室、餐厅、阅览室、教室、病房、客房、仪器仪表装配间、电子元器件装配间、检验室等	2	0.80
	一般	商店营业厅、候车室、影剧院、机械加工车间、机械装配车间、体育馆等	2	0.70
	污染严重	厨房、锻工车间、铸工车间、水泥车间等	3	0.60
室外		雨篷、站台	2	0.65

4.4.2 利用系数法

采用利用系数法进行平均照度计算时，首先要求出反映房间特征的室形指数和室空间比，以及室内各表面的反射比等参数。

1. 室形指数 RI

室形指数是表征照明房间几何特征的重要参数，可通过下列方式求取：

矩形房间
$$RI=\frac{lw}{h(l+w)} \tag{4.46}$$

正方形房间
$$RI=\frac{a}{2h} \tag{4.47}$$

圆形房间
$$RI=\frac{r}{h} \tag{4.48}$$

式中　RI——室形指数；

l——房间的长度（m）；

w——房间的宽度（m）；

a——房间的边长（m）；

r——圆形房间的半径（m）；

h——照明器开口平面距工作面的高度（m）。

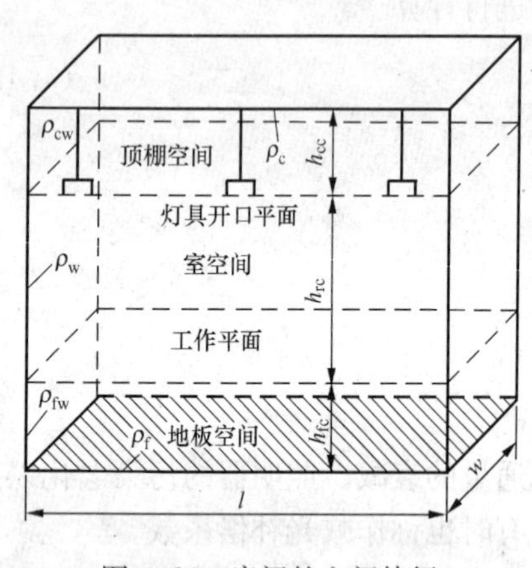

图 4.26　房间的空间特征

计算图表中通常将室形指数列为 0.6、0.8、1.0、1.25、1.5、2.0、2.5、3.0、4.0、5.0 等 10 个级别。采用室形指数进行平均照度计算是国际上较为通用的方法，我国目前正在修订中的照明标准也即将统一采用。

2. 室空间比

为了表示房间的空间特征，一般将房间分成三个部分，即顶棚空间（照明器开口平面到顶棚之间的空间）、地板空间（工作面到地面之间的空间）和室空间（照明器开口平面到工作面之间的空间），如图 4.26 所示。

（1）室空间比的计算。室空间比也是求取利用系数的重要参数，用以表示室内空间的比例关系。计算方法为

室空间比
$$RCR = 5h_{rc}\frac{l+w}{lw} \tag{4.49}$$

顶棚空间比
$$CCR = 5h_{cc}\frac{l+w}{lw} = \frac{h_{cc}}{h_{rc}}RCR \tag{4.50}$$

地板空间比
$$FCR = 5h_{fc}\frac{l+w}{lw} = \frac{h_{fc}}{h_{rc}}RCR \tag{4.51}$$

式中　h_{rc}——室空间的高度（m）；

h_{cc}——顶棚空间的高度（m）；

h_{fc}——地板空间的高度（m）。

比较式（4.46）和式（4.49）可知

$$RI \times RCR = 5 \tag{4.52}$$

计算图表中通常将室空间比 RCR 分为 1、2、3、4、5、6、7、8、9、10 等 10 个级别，详见附表 7～附表 13。

（2）等效空间反射比。照明器开口平面上方空间中，一部分光线被吸收，还有一部分光线经多次反射从照明器开口平面射出。为了简化计算，把照明器开口平面看成一个具有等效反射比 ρ_{cc} 的假想平面，光在这假想平面上的反射效果同在实际顶棚空间的效果等价。同理，地面空间的等效反射比也可定义为 ρ_{fc}。

1）假如空间由若干表面组成，以 A_i、ρ_i 分别表示第 i 表面的面积及其反射比，则平均反射比 ρ 可由下面公式求出

$$\rho = \frac{\Sigma\rho_i A_i}{\Sigma A_i} = \frac{\Sigma\rho_i A_i}{A_s} \tag{4.53}$$

式中 A_s——顶棚（或地板）空间内所有表面的总面积（m^2）。

2）等效空间反射比 ρ_e 可由下面公式求得

$$\rho_e = \frac{\rho A_0}{(1-\rho)A_s + \rho A_0} = \frac{\rho}{\rho + (1-\rho)\dfrac{A_s}{A_0}} \tag{4.54}$$

式中 A_0——顶棚（或地板）平面面积（m^2）；

ρ——顶棚（或地板）空间各表面的平均反射比。

3. 室内平均照度的确定

（1）确定房间的各特征量。由已知房间的各项尺寸，根据式（4.46）～式（4.51）分别计算出室形指数 RI 和室空间比 RCR、顶棚空间比 CCR、地板空间比 FCR。

（2）确定顶棚空间的等效反射比。当顶棚空间各面反射比不等时，应该利用式（4.53），先求出各面的平均反射比 ρ，然后再代入式（4.54）求出顶棚空间的等效反射比 ρ_{cc}。

由式（4.53）得顶棚空间的平均反射比

$$\rho = \frac{\Sigma\rho_i A_i}{\Sigma A_i} = \frac{\rho_c lw + \rho_{cw}[2(lh_{cc} + wh_{cc})]}{lw + 2(lh_{cc} + wh_{cc})} = \frac{\rho_c + 0.4\rho_{cw}CCR}{1 + 0.4CCR}$$

因为
$$\frac{A_s}{A_0} = \frac{lw + 2h_{cc}(l+w)}{lw} = 1 + 0.4CCR$$

所以，根据式（4.54）得顶棚空间的等效反射比

$$\rho_{cc} = \frac{\rho}{\rho + (1-\rho)\dfrac{A_s}{A_0}} = \frac{\rho}{\rho + (1-\rho)(1 + 0.4CCR)}$$

（3）确定墙面的平均反射比。由于房间开窗或装饰物遮挡等所引起的墙面反射比的变化，在求利用系数时，墙面反射比 ρ_w 应该采用其加权平均值，即利用式（4.53）求得

$$\rho = \frac{\Sigma\rho_i A_i}{\Sigma A_i}$$

（4）确定利用系数。在求出室空间比 RCR、顶棚等效反射比 ρ_{cc} 及墙面平均反射比以后，按所选用的照明器从相应的计算图表中即可查得其利用系数 U。

当 RCR、ρ_{cc}、ρ_w 与图表中分级的整数不能吻合时，可先从利用系数表中查得较接近的两个数组(RCR_1，U_1)和(RCR_2，U_2)；然后采用内插值法求出对应实际室空间比 RCR 的利用系数 U，即

$$U = U_1 + \frac{U_2 - U_1}{RCR_2 - RCR_1}(RCR - RCR_1)$$

式中，下标 1 和 2 的两组参数为接近实际值的数组，没有下标的一组参数为对应于实际值的数组。

（5）确定地板空间的等效反射比。地板空间与顶棚空间相似，可利用同样的方法求出其等效反射比 ρ_{fc}。

由式（4.53）得地板空间的平均反射比

$$\rho = \frac{\Sigma\rho_i A_i}{\Sigma A_i} = \frac{\rho_f lw + \rho_{fw}[2(lh_{fc} + wh_{fc})]}{lw + 2(lh_{fc} + wh_{fc})} = \frac{\rho_f + 0.04\rho_{fw}FCR}{1 + 0.4FCR}$$

因为
$$\frac{A_s}{A_0} = \frac{lw + 2h_{fc}(l+w)}{lw} = 1 + 0.4FCR$$

所以，根据式（4.54）得地板空间的等效反射比

$$\rho_{fc}=\frac{\rho A_0}{\rho A_0+(1-\rho)A_s}=\frac{\rho}{\rho+(1-\rho)(1+0.4FCR)}$$

（6）确定利用系数的修正值。利用系数表中（详见附表7～附表10）的数值是按 $\rho_{fc}=20\%$ 情况下计算的。当 ρ_{fc} 不是该值时，若要获得较为精确的结果，利用系数需加以修正。当 RCR、ρ_{fc}、ρ_w 不是图表中分级的整数时，可从接近 ρ_{fc}（0%、10%、30%）的列表中先查取接近 RCR 的两个数组 (RCR_1,γ_1)、(RCR_2,γ_2)，然后采用内插法，求出对应室空间比 RCR 的利用系数修正值 γ，即

$$\gamma=\gamma_1+\frac{\gamma_2-\gamma_1}{RCR_2-RCR_1}(RCR-RCR_1)$$

（7）确定室内平均照度 E_{av}

$$E_{av}=\frac{\Phi_s NK}{lw}\gamma U$$

各种照明器的利用系数参见附表7～附表11及有关技术资料。

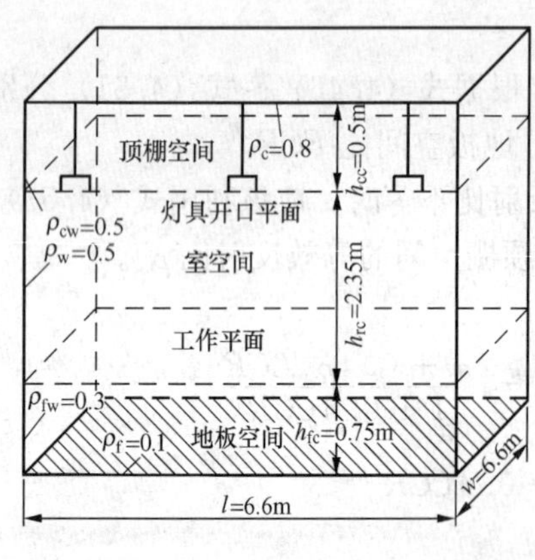

图4.27 ［例4.7］图

【例4.7】 有一教室长6.6m、宽6.6m、高3.6m，在离顶棚0.5m的高度内安装8只YG1－1型40W荧光灯，课桌高度为0.75m，教室内各表面的反射比如图4.27所示。试计算课桌面上的平均照度（荧光灯光通量取2400lm，维护系数K取0.8）。YG1－1型荧光灯利用系数表、利用系数的修正表参见附表9和附表13。

解 已知：$l=6.6\text{m}$，$w=6.6\text{m}$，$\Phi_s=2400\text{lm}$，$K=0.8$，$N=8$，$h_{cc}=0.5\text{m}$，$\rho_c=0.8$，$\rho_{cw}=0.5$，$h_{rc}=2.35\text{m}$，$\rho_w=0.5$，$h_{fc}=0.75\text{m}$，$\rho_f=0.1$，$\rho_{fw}=0.3$。

（1）确定室空间比 RCR、顶棚空间比 CCR、地板空间比 FCR：

室空间比 $$RCR=5h_{rc}\frac{l+w}{lw}=5\times2.35\times\frac{6.6+6.6}{6.6\times6.6}=3.561$$

顶棚空间比 $$CCR=\frac{h_{cc}}{h_{rc}}RCR=\frac{0.5}{2.35}\times3.561=0.758$$

地板空间比 $$FCR=\frac{h_{fc}}{h_{rc}}RCR=\frac{0.75}{2.35}\times3.561=1.136$$

（2）确定利用系数 U：

1）确定 ρ_{cc} 和 U：

顶棚空间的平均反射比为

$$\rho=\frac{\rho_c+0.4\rho_{cw}CCR}{1+0.4CCR}=\frac{0.8+0.4\times0.5\times0.758}{1+0.4\times0.758}=0.73$$

顶棚空间的等效反射比为

$$\rho_{cc}=\frac{\rho}{\rho+(1-\rho)(1+0.4CCR)}=\frac{0.73}{0.73+(1-0.73)(1+0.4\times0.758)}=67.5(\%)$$

取 $\rho_{cc}=70\%$，$\rho_w=50\%$，$RCR=3.561$，查附表9得（RCR_1，U_1）＝（3，0.53），（RCR_2，U_2）＝（4，0.46），利用系数为

$$U=U_1+\frac{U_2-U_1}{RCR_2-RCR_1}(RCR-RCR_1)=0.491$$

2）确定 ρ_{fc} 和 γ：

地板空间的平均反射比为

$$\rho=\frac{\rho_f+0.4\rho_{fw}FCR}{1+0.4FCR}=\frac{0.1+0.4\times0.3\times1.136}{1+0.4\times1.136}=0.1625$$

地板空间的等效反射比为

$$\rho_{fc}=\frac{\rho}{\rho+(1-\rho)(1+0.4FCR)}=\frac{0.1625}{0.1625+(1-0.1625)\times(1+0.4\times1.136)}=11.8(\%)$$

因为 $\rho_{fc}\neq20\%$，则取 $\rho_{fc}=10\%$、$\rho_{cc}=70\%$，$\rho_w=50\%$，$RCR=3.561$，查附表 13 得 $(RCR_1,\ \gamma_1)=(3,\ 0.957)$，$(RCR_2,\ \gamma_2)=(4,\ 0.963)$，则利用系数的修正值为

$$\gamma=\gamma_1+\frac{\gamma_2-\gamma_1}{RCR_2-RCR_1}(RCR-RCR_1)=0.96$$

3）确定平均照度 E_{av}

$$E_{av}=\frac{\Phi_s NK}{lw}\gamma U=\frac{2400\times8\times0.8}{6.6\times6.6}\times0.96\times0.491=166.21(\text{lx})$$

4.4.3 平均照度的简化计算法

平均照度的简化计算法包括概算曲线法和单位容量法。

1. 概算曲线法

对数概算曲线是以简化计算为目的，根据照明器利用系数法计算的结果而绘制的曲线。概算曲线是假定受照面上的平均照度为 100lx，求出房间面积与所用照明器数量的关系并在对数直角坐标系中绘制成的曲线。它实际上是利用系数法的另一种表示形式，可以使设计人员的计算工作量大为减少。这种方法的精度将低于通常的利用系数法，常作为照明初步设计时一般均匀照明的照度近似计算。附表 7～附表 12 给出了几种常用灯具的对数概算曲线，可供设计计算时参考。

应用概算曲线进行平均照度计算时，应已知以下条件：①照明器类型及光源的种类和容量，不同的照明器具有不同的概算曲线；②计算高度，即灯具开口平面到工作面的高度；③房间的面积；④房间的顶棚、墙壁以及地面的反射比。

（1）换算公式。根据上述已知条件，即可从概算曲线上查得所需照明器的数量 N。由于概算曲线是在假设受照面上的平均照度为 100lx、维护系数为 K'、光源光通量为 Φ'_s 的条件下绘制的。因此，如果实际需要的平均照度为 E、实际采用的维护系数为 K、实际采用的光源光通量为 Φ，那么实际采用的照明器数量 n 可按下列公式进行换算

$$n=\frac{EK'N\Phi'_s}{100K\Phi_s}\text{ 或 }E=\frac{100Kn\Phi_s}{K'N\Phi'_s}\tag{4.55}$$

式中 n、Φ_s、K、E——分别为实际采用的灯具数量、光源光通量、维护系数和设计所要求的平均照度；

N、Φ'_s、K'——分别为根据概算曲线查得的灯具数量、概算曲线上假设的光源光通量和维护系数。

（2）根据概算曲线求取平均照度。各种照明器的概算曲线是由照明器生产厂商提供的，图 4.28 所示为 YJK－2/40－2 型简易控照荧光灯的概算曲线。根据概算曲线，对室内照明

器数量的计算就变得十分简便。计算步骤如下：

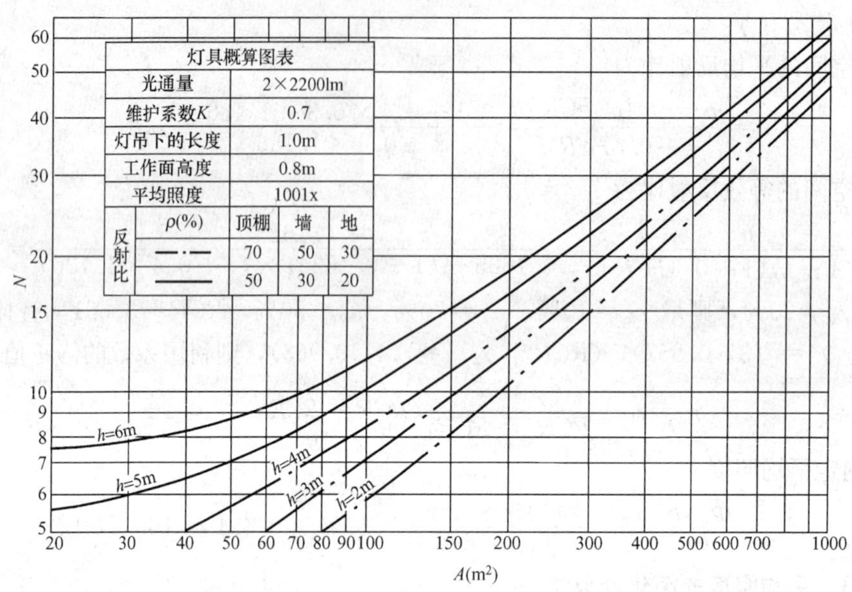

图 4.28　YJK-2/40-2 型简易控照荧光灯的概算曲线

1）确定灯具的计算高度 h。

2）计算房间面积 A。

3）根据 A、h 值，在概算曲线上查取灯具的数量。如果 h 值与曲线中的值不符，则采用插值法进行计算。

4）根据式（4.55）计算实际所需灯数 n 或实际所需平均照度 E。

【例 4.8】　长 14m、宽 7m 的房间，若计算高度为 3m，反射比组合为 $\rho_{cc}=0.7$，$\rho_{wc}=0.5$、$\rho_{fc}=0.2$，采用 YJK-2/40-2 型简易控照双管荧光灯照明器照明时，维护系数为 0.73。要求工作面平均照度达 150lx，求所需照明器数。

解　房间面积

$$A = lw = 14 \times 7 = 98(\text{m}^2)$$

在图 4.27 中查得 $N=7$，根据实际要求的照度和维护系数换算得

$$n = \frac{EK'N}{100K} = \frac{150 \times 0.7 \times 7}{100 \times 0.73} = 10.07$$

取所需照明器数为 10。

4.4.4　单位容量法

与概算曲线法一样，单位容量法的依据也是利用系数法，只是更进一步简化了。单位容量法是根据不同类型的灯具和不同的室空间条件，计算出“单位面积光通量（lm/m²）”或“单位面积安装电功率（W/m²）”，并列成表格。附表 14 为平均照度单位容量计算表，可供设计计算时根据不同的设计对象和条件使用。单位容量法计算方法简单，计算结果不够精确，一般适用于生产及生活用房平均照度的照明设计方案或初步设计的近似计算。

1. 单位容量计算公式

照明光源的单位容量指的是单位照度下单位面积照明光源的安装功率或单位面积光通量。由附表 14 查取单位容量后，可按下式求得房间所需光源的总功率或总光通量。

$$\begin{cases} P = p_0 AE \\ \Phi = \varphi_0 AE \end{cases}$$

或

$$\begin{cases} P = p_0 AEC_1C_2C_3 \\ \Phi = \varphi_0 AEC_1C_2C_3 \end{cases} \tag{4.56}$$

式中 P——在设计条件下房间需要安装光源的总功率（W）；

p_0——照度为 1lx 时的单位容量（W/m^2），由附表 14 查取，对于 HID 灯可按 40W 荧光灯考虑；

A——房间的总面积（m^2）；

E——设计取用的平均照度（lx）；

Φ——在设计照度条件下房间需要的光源总光通量（lm）；

φ_0——在 1lx 照度条件下所需的单位面积光通量（lm/m^2）；

C_1——因室内反射比与计算条件不同而引入的修正系数，其值可查表 4.8；

C_2——因光源条件与计算条件不同而引入的修正系数，其值可查表 4.9；

C_3——当灯具效率不是 70%时的校正系数，当 η=60%时，C_3=1.22，当 η=50 时，C_3=1.47。

当求出房间需要安装光源的总功率或总光通量以后，即可按下式计算灯的数量。

$$n = \frac{P}{p} \text{或} n = \frac{\Phi}{\phi} \tag{4.57}$$

式中 n——房间灯的总盏数；

p——每盏灯的功率（W）；

ϕ——每盏灯的光源光通量（lm）。

其他符号含义同式（4.56）。

2. 单位容量计算表的编制条件

附表 14 单位容量计算表是在比较各类常用灯具效率与利用系数关系的基础上，按照下列条件编制的：

（1）室内顶棚反射比 ρ_c=70%，墙面反射比 ρ_w=50%；地板反射比 ρ_f=20%；

（2）计算平均照度 E=1lx，灯具维护系数 K=0.7；

（3）白炽灯的光效为 12.5lm/W（220V，100W），荧光灯的光效为 60lm/W（220V，40W）；

（4）灯具效率不小于 70%，当装有遮光格栅时不小于 55%；

（5）灯具配光分类符合国际照明委员会的规定，见表 3.2。

表 4.8　室内反射比与计算条件不同时的修正系数

反射比				
反射比	顶棚 ρ_c	0.7	0.6	0.4
	墙面 ρ_w	0.4	0.4	0.3
	地板 ρ_f	0.2	0.2	0.2
修正系数 C_1		1	1.08	1.27

表 4.9　光源条件与计算条件（白炽灯 100W、荧光灯 40W）不同时的修正系数

光源类型及额定功率（W）	白炽灯（220V）										
	15	25	40	60	75	100	150	200	300	500	1000
调整系数 C_2	1.7	1.42	1.34	1.19	1.1	1	0.9	0.86	0.82	0.76	0.68
额定光通量（lm）	110	220	350	630	850	1250	2090	2920	4610	8300	18600

光源类型及额定功率（W）	卤钨灯			荧光灯			
	500	1000	2000	15	20	30	40
调整系数 C_2	0.64	0.6	0.6	1.55	1.24	1.16	1
额定光通量（lm）	9750	21000	42000	580	970	1550	2400

光源类型及额定功率（W）	自镇式荧光高压汞灯			荧光高压汞灯					
	250	450	750	125	175	250	400	700	1000
调整系数 C_2	2.73	2.08	2	1.58	1.5	1.43	1.2	1.2	1.2
额定光通量（lm）	5500	13000	22500	4750	7000	10500	20000	35000	50000

光源类型及额定功率（W）	镝灯	钠铊铟灯		高压钠灯					
	400	400	1000	110	215	250	360	400	1000
调整系数 C_2	0.67	0.86	0.92	0.825	0.8	0.75	0.67	0.63	0.6
额定光通量（lm）	36000	28000	65000	8000	16125	20000	32400	38000	100000

【例 4.9】　用单位容量法重新计算［例 4.7］。试选用 YG1－1 型荧光灯照明器，每盏 40W，按规定照度为 150lx，共需要安装多少盏？

解　由［例 4.7］知，$RCR=3.561$，$A=6.6\times6.6=43.56$（m^2），又知 YG1－1 型荧光灯属半直接型照明器。因此查附表 14 得

$$RCR_1=3.33\text{ 时}, p_{01}=0.0507\text{W/m}^2$$

$$RCR_2=4.0\text{ 时}, p_{02}=0.0556\text{W/m}^2$$

根据插值法，取

$$\begin{aligned} p_0 &= p_{01}+\frac{p_{02}-p_{01}}{RCR_2-RCR_1}(RCR-RCR_1) \\ &= 0.0507+\frac{0.0556-0.0507}{4-3.33}(3.561-3.33) \\ &= 0.0524(\text{W/m}^2) \end{aligned}$$

因此，一般照明总的安装容量应为

$$P=p_0AE=0.0524\times43.56\times150=342.38(\text{W})$$

因此，应装 YG1－1 型荧光灯的灯数为

$$n=\frac{P}{p}=\frac{342.38}{40}=8.56$$

考虑对称布置取整数 9 盏。

由于原题 $\rho_c=0.8$，$\rho_w=0.5$，$\rho_f=0.1$，与编制条件比较接近，故未作修正。从计算结

果可以看出，用单位容量法求得的灯数与利用系数法计算的结果比较接近。

4.5 亮 度 计 算

本节介绍照明器的亮度分布与顶棚和墙面的平均亮度计算。

4.5.1 照明器的表面亮度计算

亮度分布对照明质量的影响较大，它是评价视觉舒适感的重要依据。

1. 照明器的表面亮度计算

根据式（1.10）亮度的定义可知

$$L_\theta = \frac{I_\theta}{A\cos\theta} \tag{4.58}$$

式中 L_θ——发光体在 θ 方向的表面亮度（cd/m^2）；

I_θ——发光体在 θ 方向的发光强度（cd）；

$A\cos\theta$——发光体垂直于视线方向上的投影面积（m^2）。

其中的 I_θ 比较容易求得。对于已知配光特性的照明器，只要规定了观察方向，就能知道 θ 角，由 θ 角从照明器的配光特性中即可求得相应的 I_θ 值。$A\cos\theta$ 表示的是照明器发光部分对观察者而言所能看到的面积，也即发光面在与观察方向相垂直的平面上的投影面积。对于复杂形状的照明器，该面积的计算比较困难，往往需要画出该方向的视图，用图解法才能求得其面积。但对于简单形状的照明器，计算就比较容易。

例如球形发光表面的照明器，无论从任何方向观察均为一个与球半径相同的圆，故有

$$A\cos\theta = \pi r^2 = \pi \frac{d^2}{4}$$

式中 r、d——分别为球形照明器的半径和直径（m）。

又如发光面是平面的照明器，常指具有不透光灯罩而下方敞口的照明器，若敞口是半径为 r 的圆，则有

$$A\cos\theta = \pi r^2 \cos\theta$$

若敞口是边长分别为 a 和 b 的长方形，则有

$$A\cos\theta = ab\cos\theta$$

当照明器除了下方发光外，侧面也是发光面时，还应计及侧面的面积。例如图 4.29 所示照明器的横截面，应有

$$A\cos\theta = A_h\cos\theta + A_v\sin\theta$$

式中 A_h——照明器下方发光面面积（m^2）；

A_v——照明器侧面发光面面积（m^2）。

上式只是横向观察照明器时求得的投影面积，若纵向或斜向观察照明器时结果将会不同。

2. 照明器的亮度分布

照明器的亮度分布是指照明器在不同观察方向上的亮度 L_θ 与表示观察方向的垂直角 θ 间的关系，即 $L_\theta = f(\theta)$ 的关系。照明器的亮度分布也可以像配光特性那样表示，即可用极

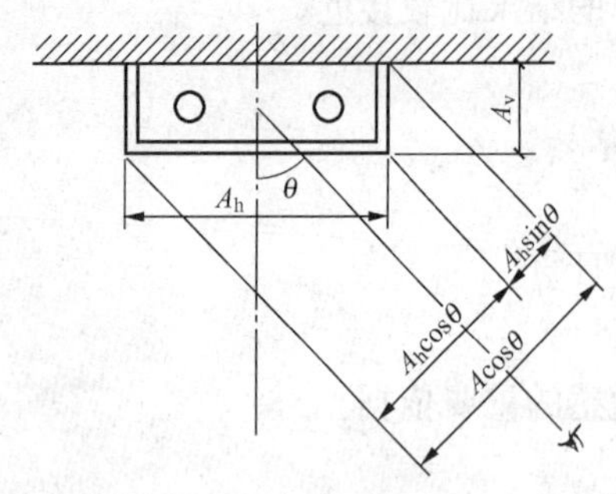

图 4.29 具有发光侧面的照明器

坐标或直角坐标表示。

照明器的亮度分布常用直角坐标表示，纵坐标为垂直角 θ，横坐标为亮度 L_θ。因为照明器在不同方向时的亮度变化较大，所以横坐标常采用对数坐标。

【例 4.10】 某混光照明器内装有镝灯和高压钠灯各一只，它们的总光通量输出为 24550lm，照明器的灯罩下端为长方形出光口，长 0.465m，宽 0.410m，1000lm 时的横向配光特性如表 4.10 所示。求照明器的横向亮度分布。

表 4.10 某混光照明器的横向配光特性

θ	0°	5°	15°	25°	35°	45°	55°	65°	75°	85°
I_θ^{1000} (cd)	230	229	220	201	130	65	38	17	6	1

解 出光口面积

$$A = 0.456 \times 0.410 = 0.1907(\text{m}^2)$$

光强

$$I_\theta = I_\theta^{1000}\,\frac{\Phi_s}{1000} = I_\theta^{1000}\,\frac{24500}{1000} = 24.55 I_\theta^{1000}$$

亮度

$$L_\theta = \frac{I_\theta}{A\cos\theta}$$

根据以上关系列表 4.11 计算。

表 4.11 某混光照明器的横向亮度分布计算

θ	0°	5°	15°	25°	35°	45°	55°	65°	75°	85°
I_θ (cd)	5647	5622	5401	4935	3192	1596	932.9	417.4	147.3	24.55
L_θ (cd/m²)	29620	29600	29330	28560	20440	11840	8531	5180	2985	1477

将表 4.11 中的计算结果绘制于对数直角坐标系中，如图 4.30 所示。

在实际应用中，照明器亮度对照明质量产生的影响主要发生在垂直角 45°及以上的范围内，因此常常只需画出该垂直角范围内的亮度分布曲线。

对于非对称配光的照明器，水平角不同时，即使垂直角相同，亮度也不一定相同。因此在不同水平角的垂直面上有不同的亮度分布。在实际应用中，一般只计算横向和纵向两个方向上的亮度分布。

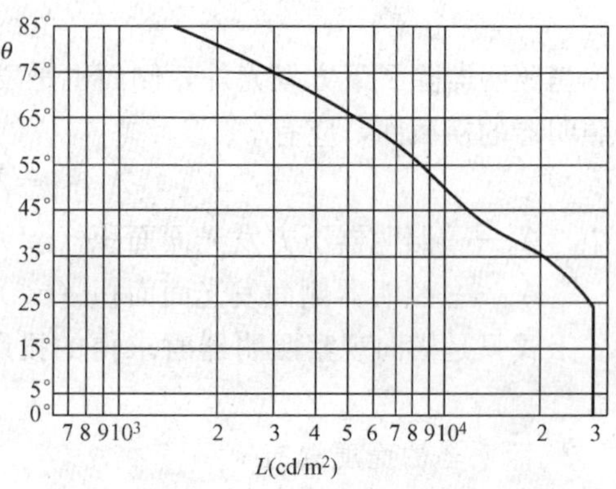

图 4.30 某混光照明器的横向亮度分布曲线

4.5.2 顶棚和墙面的平均亮度计算

合理的亮度分布，是创造良好视觉环境的

重要条件和评价照明质量的重要指标。因此，在照明设计时有必要计算房间各表面的亮度，以检验照明质量能否满足要求。顶棚和墙面的平均亮度计算方法可采用亮度系数法，它与平均照度计算方法相似，可根据漫反射表面亮度与其照度存在的简单关系，从平均照度计算法中推导出来。

1. 顶棚空间的平均亮度

顶棚空间平均亮度的计算公式为

$$L_c = \frac{\Sigma\Phi L_{oc} K}{\pi A_c} \tag{4.59}$$

式中 L_c——顶棚空间的平均亮度（cd/m^2）；

$\Sigma\Phi$——光源的总光通量（lm）；

L_{oc}——顶棚空间的亮度系数，可查表4.12；

K——维护系数；

A_c——顶棚空间面积（m^2）。

当使用悬挂式照明器时，式（4.59）所求得的顶棚空间平均亮度为照明器出光口平面（假想顶棚面）的平均亮度（不包含照明器本身亮度）；如果采用嵌入式或吸顶式照明器时，式（4.59）所求得的顶棚空间平均亮度为照明器之间那部分顶棚的平均亮度。

2. 墙面的平均亮度

墙面平均亮度的计算公式为

$$L_w = \frac{\Sigma\Phi L_{ow} K}{\pi A_w} \tag{4.60}$$

式中 L_w——墙面平均亮度（cd/m^2）；

L_{ow}——墙面亮度系数，可查表4.12；

A_w——室空间面积（m^2）。

在使用亮度系数表时，墙面的反射比是根据墙壁各个表面反射比的加权平均考虑的，即由式（4.53）所求得的墙面平均反射比ρ_w，因而所得出的应该是整个墙表面的平均亮度。当墙壁各个表面的反射比不同时，如果需要计算墙面各部分的亮度值，应对相应的平均亮度作适当的修正，进而求得各表面的近似亮度，修正公式为

$$L = L_w \frac{\rho}{\rho_w} \tag{4.61}$$

式中 L——墙的某一部分表面亮度（cd/m^2）；

L_w——墙的平均亮度（cd/m^2）；

ρ——墙的某一部分（所求亮度者）表面的反射比；

ρ_w——墙面的加权平均反射比。

如果需要求运行一段时间后表面所具有的亮度即“维持平均亮度”时，与所求平均照度一样，应该考虑引入一个“亮度维护系数”。

表 4.12 墙面和顶棚的亮度系数

地板空间有效反射比为20%时的亮度系数												
顶 棚	反 射 比											
	80		50		10		80		50		10	
墙 面	50	30	50	30	50	30	50	30	50	30	50	30
RCR	墙面亮度系数						顶棚亮度系数					
1	0.246	0.140	0.220	0.126	0.190	0.109	0.230	0.209	0.135	0.124	0.025	0.023
2	0.232	0.127	0.209	0.115	0.182	0.102	0.222	0.190	0.130	0.113	0.024	0.021
3	0.216	0.115	0.196	0.105	0.172	0.095	0.215	0.176	0.127	0.105	0.024	0.020
4	0.202	0.102	0.183	0.097	0.161	0.088	0.209	0.164	0.124	0.099	0.023	0.019
5	0.191	0.097	0.173	0.090	0.154	0.082	0.204	0.156	0.121	0.094	0.023	0.018
6	0.178	0.090	0.163	0.084	0.145	0.076	0.200	0.149	0.118	0.090	0.022	0.017
7	0.168	0.083	0.153	0.078	0.136	0.071	0.194	0.144	0.115	0.087	0.022	0.017
8	0.158	0.077	0.145	0.072	0.130	0.066	0.190	0.139	0.113	0.085	0.021	0.016
9	0.150	0.072	0.138	0.068	0.123	0.062	0.185	0.135	0.110	0.082	0.021	0.016
10	0.141	0.068	0.130	0.064	0.116	0.059	0.180	0.131	0.107	0.080	0.020	0.016

4.6 眩光及限制措施

眩光状况是评价照明质量必须考虑的重要因素。本节将重点讨论眩光产生的原因和分类，以及不舒适眩光的评价方法和限制眩光的措施。

4.6.1 眩光的产生与分类

1. 眩光及其产生的原因

眩光是由于视野中的亮度分布或亮度范围的不适宜，或存在极端的对比以致引起不舒适感觉或降低观察细部或目标的能力的视觉现象，亦即使人昏花或刺眼之光。一般说来，照明实践中均应尽量避免眩光，只有在气氛照明或广告照明中，才会利用眩光增添欢快热闹气氛或炫耀产品，因而希望眩光存在。

产生眩光的原因可分为两种。一种是由于视野内的亮度分布不恰当，即在视野内出现了不同的亮度，形成大的亮度对比。例如在白天，如果对面一辆汽车开着大灯，人们一般并不感到太刺眼，但在夜里，汽车的大灯灯光将会使人睁不开眼，且无法分辨周围的物体。汽车大灯的亮度不会因为是白天就低一些，到了黑夜则变大；而是因为白天周围很亮，大灯的亮度与周围的亮度之比不大，因此不一定刺眼，但在晚上，周围很暗，车灯的亮度与周围背景亮度形成了大的亮度对比，因此特别刺眼。在黑夜里，即使不太亮的路灯，也会使人有刺眼的感觉。

产生眩光的另一种原因是由于视野内亮度范围不合适，也即视野内出现了太亮的发光体。例如夏日的晴空，人们仰视时会感到刺眼；冬日阳光下的白雪也会刺眼。上述两种情况都不是由于出现大的亮度对比，只是因亮度太大而引起眩光。

2. 眩光的分类

根据形成的方式眩光可以分为以下两类。

(1) 直接眩光。由发光体直接引起的，即由于发光体的直接照射，而形成的难以忍受的强烈光线，称作直接眩光，也称直射眩光。引起直接眩光的发光体称为眩光源。一般所说的眩光主要是指直接眩光。

(2) 反射眩光。由反射面反射发光体发出的光而形成的眩光称为反射眩光。由于反射面的光泽度不同，反射出的亮度不同，反射眩光又可以分为两种情况：

1) 直射眩光。当反射面光泽度较高时，能把发光体的像清楚地反映出来，这种眩光可以看作是由发光体的像直射而引起的。因此，这样的反射眩光在机理和效应上与直接眩光十分相似。

2) 光幕反射。当反射面反射亮度不高，且不能清楚地反映发光体的像时，使被观察目标的对比度降低，减小了能见度。这样的反射眩光与第一种反射眩光不同，一般称为光幕反射，就像有一层由光组成的幕布将被观察目标遮挡起来一样。例如学生上课时，黑板上有时就会出现这种光幕反射，使学生不能看清黑板上的字。

根据造成的后果眩光又可以分为以下两种。

(1) 失能眩光。造成视觉可见度下降，直接影响视觉功能的眩光，称为失能眩光，又称为减视眩光。

(2) 不舒适眩光。不舒适眩光一般不会降低视觉可见度，但会造成人们不舒适的感觉，且随着时间的推移而加重人们的这种不舒适感。

在实际的照明环境中，不舒适眩光往往比失能眩光出现的机会多，且更难解决。凡是能控制不舒适眩光的措施，一般均有利于消除失能眩光。人们常常把失能眩光称作生理眩光，因为它主要影响人的视觉生理功能；把不舒适眩光称作心理眩光，它主要影响人的视觉心理。

眩光对人的生理和心理都有明显的危害，且会对劳动效率有较大的影响。尤其是不舒适眩光，它能引起人的视觉疲劳，影响劳动效率，甚至造成严重的事故。所以对眩光的研究有着十分重要的意义。本节只是从照明技术角度出发，介绍眩光的评价和限制方法。

3. 影响不舒适眩光的因素

在实际照明环境中，对照明器产生的直射不舒适眩光的感觉程度与下列四种因素有关：

(1) 照明器在观察方向上的亮度。显然，照明器在观察方向上的亮度越强，产生不舒适眩光的可能性就越大，不舒适眩光的程度就越严重。

(2) 周围环境的亮度。周围环境的亮度也就是背景亮度，它与照明器之间形成了亮度对比，若两者亮度对比强烈，产生眩光的可能性就增大。通常用平均水平照度来表示背景亮度，因此可以认为照明器产生的直射不舒适眩光其感觉程度与平均水平照度有关。

(3) 房间尺寸和照明器的安装高度。绝大多数的视觉工作是向下注视的，但在讨论眩光时规定工作视线是水平方向的。如图 4-31 所示，在评价眩光时按最不利的情况考虑，要求观察者在离墙 1m 的座位上，并正视前方，观察者眼睛统一规定为离地 1.2m 高。如果离观察者最远的照明器与观察者眼睛的连线与该照明器光轴所夹的垂直角 $\gamma<45°$，一般来说就不易感觉到眩光；只有在 $\gamma\geqslant45°$ 时才会有可能感觉到眩光的存在，且随着 γ 角的增大而使眩光感觉程度增加。这里的 γ 角称之为眩光角

$$\gamma=\arctan\frac{a}{h_{s}} \tag{4.62}$$

式中 a——观察者与眩光源的水平距离（m）；

h_s——作为眩光源的照明器相对于观察者眼睛的安装高度（m）。

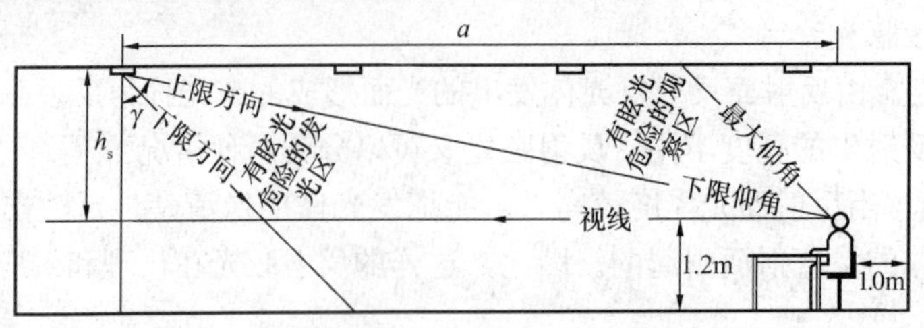

图 4-31 照明器眩光角的确定

（4）照明器发光面种类。照明器发光面种类的实质与照明器发光面对观察者所张的立体角有关。首先是照明器的形状，即是否是长条形。如果是长条形照明器，则应考虑观察方向是与照明器纵轴平行还是垂直。同时还应考虑照明器侧面是否发光。

4.6.2 眩光的评价

根据建筑照明设计标准（GB 50034—2004）规定，公共建筑和工业建筑经常有人工作的房间或场所采用统一眩光值（*UGR*）评价不舒适眩光。按不同要求规定各类房间的 *UGR* 最高限值，分别不应大于 16、19、22、25、28 等数值，详见附表 16～附表 30。室外体育场所的不舒适眩光应采用眩光值（*GR*）评价，规定 *GR* 的最大允许值不超过 50（详见附表 28）。

1. 统一眩光值（*UGR*）计算

统一眩光值（*UGR*）适用于灯具为双对称配光且均匀等间距布置的，公共建筑和工业建筑立方体形房间的一般照明装置设计的眩光评价，不适用于采用间接照明和发光天棚的房间。而 *UGR* 值的计算公式中包含背景亮度（L_b）、观察者方向每个灯具的亮度（L_α）等四个参数，这些参数与灯具产品的技术参数有关，也与房间尺寸和灯具位置等诸多因素有关。这个评价方法比较科学，但设计中计算比较繁杂，一般应由计算机完成。*UGR* 的计算式为

$$UGR = 8\lg \frac{0.25}{L_\alpha} \Sigma \frac{L_\alpha^2 \omega}{P^2} \tag{4.63}$$

式中 L_α——观察者方向每个灯具的亮度（cd/m^2）；

ω——每个灯具发光部分对观察者眼睛所形成的立体角（sr）；

P——每个单独灯具的位置指数。

式（4.63）中的各参数应按下列公式和规定确定。

（1）背景亮度 L_b

$$L_b = \frac{E_i}{\pi} \tag{4.64}$$

式中 L_b——背景亮度（cd/m^2）；

E_i——观察者眼睛方向的间接照度（lx）。

此计算非常繁琐，一般用计算机完成。

（2）灯具的亮度 L_α

$$L_\alpha = \frac{I_\alpha}{A\cos\alpha} \tag{4.65}$$

式中 I_α——观察者眼睛方向的灯具发光强度（cd）；

$A\cos\alpha$——灯具在观察者眼睛方向的投影面积（m^2）；

α——灯具表面法线与观察者眼睛方向所夹的角度（°）。

（3）立体角 ω

$$\omega = \frac{A_p}{r^2} \tag{4.66}$$

式中 A_p——灯具发光部件在观察者眼睛方向的表面面积（m^2）；

r——灯具发光部件中心到观察者眼睛之间的距离（m）。

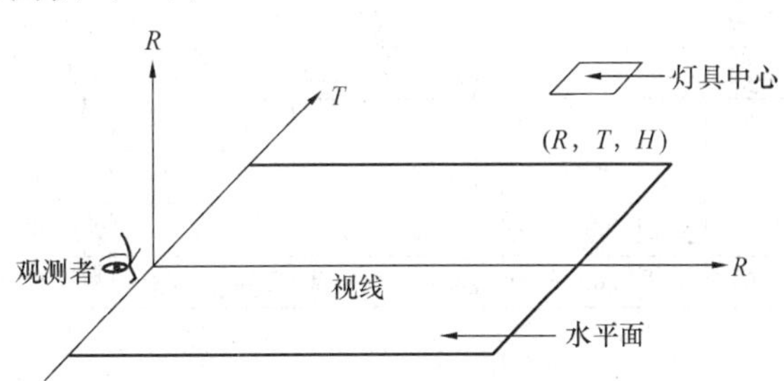

图 4.32 以观察者位置为原点的位置指数坐标系统（R，T，H）

（4）灯具的位置指数 P。灯具的位置指数 P 又称古斯位置指数。如图 4.32 所示，在以观察者位置为原点的位置指数坐标系统中，首先确定灯具中心的 H/R 和 T/R 比值，然后再由表 4.13 查取位置指数 P 值。

表 4.13 **位置指数 P 值表**

T/R \ H/R	0.00	0.10	0.20	0.30	0.40	0.50	0.60	0.70	0.80	0.90	1.00	1.10	1.20	1.30	1.40	1.50	1.60	1.70	1.80	1.90
0.00	1.00	1.26	1.53	1.90	2.35	2.86	3.50	4.20	5.00	6.00	7.00	8.10	9.25	10.35	11.70	13.15	14.70	16.20	—	—
0.10	1.05	1.22	1.45	1.80	2.20	2.75	3.40	4.10	4.80	5.80	6.80	8.00	9.10	10.30	11.60	13.00	14.60	16.10	—	—
0.20	1.12	1.30	1.50	1.80	2.20	2.66	3.18	3.88	4.60	5.50	6.50	7.60	8.75	9.85	11.20	12.70	14.00	15.70	—	—
0.30	1.22	1.38	1.60	1.87	2.25	2.70	3.25	3.90	4.60	5.45	6.45	7.40	8.40	9.50	10.85	12.10	13.70	15.00	—	—
0.40	1.32	1.47	1.70	1.96	2.35	2.80	3.30	3.90	4.60	5.40	6.40	7.30	8.30	9.40	10.60	11.90	13.20	14.60	16.00	—
0.50	1.43	1.60	1.82	2.10	2.48	2.91	3.40	3.98	4.70	5.50	6.40	7.30	8.30	9.40	10.50	11.75	13.00	14.40	15.70	—
0.60	1.55	1.72	1.98	2.30	2.65	3.10	3.60	4.10	4.80	5.50	6.40	7.35	8.40	9.40	10.50	11.70	13.00	14.10	15.40	—
0.70	1.70	1.88	2.12	2.48	2.87	3.30	3.78	4.30	4.88	5.60	6.50	7.40	8.50	9.50	10.50	11.70	12.85	14.00	15.20	—
0.80	1.82	2.00	2.32	2.70	3.08	3.50	3.92	4.50	5.10	5.75	6.60	7.50	8.60	9.50	10.60	11.75	12.80	14.00	15.10	—
0.90	1.95	2.20	2.54	2.90	3.30	3.70	4.20	4.75	5.30	6.00	6.75	7.70	8.70	9.65	10.75	11.80	12.90	14.00	15.00	16.00
1.00	2.11	2.40	2.75	3.10	3.50	3.91	4.40	5.00	5.60	6.20	7.00	7.90	8.80	9.75	10.80	11.90	12.95	14.00	15.00	16.00
1.10	2.30	2.55	2.92	3.30	3.72	4.20	4.70	5.25	5.80	6.55	7.20	8.15	9.00	9.90	10.95	12.00	13.00	14.00	15.00	16.00
1.20	2.40	2.75	3.12	3.50	3.90	4.35	4.85	5.50	6.05	6.70	7.50	8.30	9.20	10.00	11.02	12.10	13.10	14.00	15.00	16.00
1.30	2.55	2.90	3.30	3.70	4.20	4.65	5.20	5.70	6.30	7.00	7.70	8.55	9.35	10.20	11.20	12.25	13.20	14.00	15.00	16.00
1.40	2.70	3.10	3.50	3.90	4.35	4.85	5.35	5.85	6.50	7.25	8.00	8.70	9.50	10.40	11.40	12.40	13.25	14.05	15.00	16.00
1.50	2.85	3.15	3.65	4.10	4.55	5.00	5.50	6.20	6.80	7.50	8.20	8.85	9.70	10.55	11.50	12.50	13.30	14.05	15.02	16.00
1.60	2.95	3.40	6.80	4.25	4.75	5.20	5.75	6.30	7.00	7.65	8.40	9.00	9.80	10.80	11.75	12.60	13.40	14.20	15.10	16.00
1.70	3.10	3.55	4.00	4.50	4.90	5.40	5.95	6.50	7.20	7.80	8.50	9.20	10.00	10.85	11.85	12.75	13.45	14.20	15.10	16.00
1.80	3.25	3.70	4.20	4.65	5.10	5.60	6.10	6.75	7.40	8.00	8.65	9.35	10.10	11.00	11.90	12.80	13.50	14.20	15.10	16.00
1.90	3.43	3.86	4.30	4.75	5.20	5.70	6.30	6.90	7.50	8.17	8.80	9.50	10.20	11.00	12.00	12.82	13.55	14.20	15.10	16.00
2.00	3.50	4.00	4.50	4.90	5.35	5.80	6.40	7.10	7.70	8.30	8.90	9.60	10.40	11.10	12.00	12.85	13.60	14.30	15.10	16.00
2.10	3.60	4.17	4.65	5.05	5.50	6.00	6.60	7.20	7.82	8.45	9.00	9.75	10.50	11.20	12.10	12.90	13.70	14.35	15.10	16.00
2.20	3.75	4.25	4.72	5.20	5.60	6.10	6.70	7.35	8.00	8.55	9.15	9.85	10.60	11.30	12.10	12.90	13.70	14.40	15.25	16.00
2.30	3.85	4.35	4.80	5.25	5.70	6.22	6.80	7.40	8.10	8.65	9.30	9.90	10.70	11.40	12.20	12.95	13.70	14.40	15.25	16.00

续表

H/R T/R	0.00	0.10	0.20	0.30	0.40	0.50	0.60	0.70	0.80	0.90	1.00	1.10	1.20	1.30	1.40	1.50	1.60	1.70	1.80	1.90
2.40	3.95	4.40	4.90	5.35	5.80	6.30	6.90	7.50	8.20	8.80	9.40	10.00	10.80	11.50	12.25	13.00	13.75	14.45	15.25	16.00
2.50	4.00	4.50	4.95	5.40	5.85	6.40	6.95	7.55	8.25	8.85	9.50	10.05	10.85	11.55	12.30	13.00	13.80	14.50	15.25	16.00
2.60	4.07	4.55	5.05	5.47	5.95	6.45	7.00	7.65	8.35	8.95	9.55	10.10	10.90	11.60	12.32	13.00	13.80	14.50	15.25	16.00
2.70	4.10	4.60	5.10	5.53	6.00	6.50	7.05	7.70	8.40	9.00	9.60	10.16	10.92	11.63	12.35	13.00	13.80	14.50	15.25	16.00
2.80	4.15	4.62	5.15	5.56	6.05	6.55	7.08	7.73	8.45	9.05	9.65	10.20	10.95	11.65	12.35	13.00	13.80	14.50	15.25	16.00
2.90	4.20	4.65	5.17	5.60	6.07	6.57	7.12	7.75	8.50	9.10	9.70	10.23	10.95	11.65	12.35	13.00	13.80	14.50	15.25	16.00
3.00	4.22	4.67	5.20	5.65	6.12	6.60	7.15	7.80	8.55	9.12	9.70	10.23	10.95	11.65	12.35	13.00	13.80	14.50	15.25	16.00

2. 眩光值（*GR*）计算

根据建筑照明设计标准（GB 50034—2004）规定，眩光值（*GR*）的计算式为

$$GR = 27 + 24\lg \frac{L_{vl}}{L_{ve}^{0.9}} \tag{4.67}$$

式中 L_{vl}——由灯具发的光直接射向眼睛所产生的光幕亮度（cd/m²）；

L_{ve}——由环境引起直接入射到眼睛的光所产生的光幕亮度（cd/m²）。

式（4.67）中的各参数应按下列公式和规定确定。

（1）由灯具产生的光幕亮度

$$L_{vl} = 10\sum_{i=1}^{n} \frac{E_{eyei}}{\theta_i^2} \tag{4.68}$$

式中 E_{eyei}——观察者眼睛上的照度，该照度是在视线的垂直面上，由 i 个光源所产生的照度（lx）；

θ_i——观察者视线与 i 个光源入射在眼睛上的方向所形成的夹角（°）；

n——光源总数。

（2）由环境产生的光幕亮度

$$L_{ve} = 0.035L_{av} \tag{4.69}$$

式中 L_{av}——可看到的水平照射场地的平均亮度（cd/m²）。

（3）平均亮度 L_{av}

$$L_{av} = E_{horav} \frac{\rho}{\pi\Omega_0} \tag{4.70}$$

式中 E_{horav}——照射场地的平均水平照度（lx）；

ρ——漫反射时区域的反射比；

Ω_0——1 个单位立体角（sr）。

眩光值（*GR*）适用于室外体育场地照明的眩光评价。本眩光值（*GR*）计算方法用于常用条件下，满足照度均匀度的室外体育场地的各种照明布灯方式。眩光值计算用的观察者位置可采用计算照度用的网格位置，或采用标准的观察者位置，可按一定数量角度间隔（5°、…、45°）转动选取一定数量观察方向。

4.6.3 眩光的限制方法

1. 直接眩光的限制方法

（1）最小遮光角。直接型灯具的遮光角不应小于表 4.14 的规定。

表 4.14　　直接型灯具的最小遮光角

光源平均亮度（kcd/m²）	遮光角（°）	光源平均亮度（kcd/m²）	遮光角（°）
1～20	10	50～500	20
20～50	15	≥500	30

除了利用灯具设置遮光角外，还可以利用建筑构件（例如梁）等起遮光的作用。

（2）最低悬挂高度。眩光角与照明器的安装高度密切相关，当房间的长与宽一定时，照明器安装得越高，产生眩光的可能性就越小。为了限制眩光，有必要规定室内一般照明器的最低悬挂高度。室内一般照明器的最低悬挂高度可参考表 4.15 选取。

表 4.15　　室内一般照明器的最低悬挂高度参考值

光源种类	灯具型式	灯具遮光度	光源功率（W）	最低悬挂高度（m）
白炽灯	有反光罩	10*～30*	≤100	2.5
			150～200	3.0
			300～500	3.5
	乳白玻璃漫射罩	—	≤100	2.0
			150～200	2.5
			300～500	3.0
荧光灯	无反射罩	—	≤40	2.0
			>40	3.0
	有反射罩	—	≤40	2.0
			>40	2.0
荧光高压汞灯	有反射罩	10*～30*	<125	3.5
			125～250	5.0
			≥400	6.0
	有反射罩带格栅	>30*	<125	3.0
			125～250	4.0
			≥400	5.0
金属卤化物灯、高压钠灯、混光光源	有反射罩	10*～30*	<150	4.5
			150～250	5.5
			250～400	6.5
			>400	7.5
	有反射罩带格栅	>30*	<150	4.0
			150～250	4.5
			250～400	5.5
			>400	6.5

（3）合理的亮度分布。顶棚和墙面的亮度对眩光的抑制有重要作用。根据眩光产生的原因可知，不合理的亮度分布容易产生眩光。如果顶棚的亮度过低，就会与照明器的亮度形成较大的亮度对比。为了提高顶棚和墙面的亮度，可采用较高反射比的饰面材料，因为在同样的照度下，反射比越大，亮度就越高。还可以采用半直接型或漫射型照明器，以增加顶棚的照度，从而提高顶棚的亮度。如果采用直接型照明器，则可另设部分照射顶棚的照明，以提高顶棚的亮度。

2. 光幕反射及其限制方法

由于视觉对象及其背景，例如桌面、纸面等，常常并非是完全的漫反射体，若光源的位置不合适，形成部分定向反射，反射光常会造成视觉目标的亮度对比下降，使可见度降低，好像在视觉目标上蒙了一层“光幕”，所以称之为光幕反射。

限制光幕反射的主要方法是使作业面上的大部分光来自合适的投射方向，即产生的定向反射不直接射向观察者的眼睛。图 4-33 中观察者上方的矩形区域是易产生光幕反射的范围，只要在该范围内不安装灯，就可以有效地消除光幕反射。照明器按图 4-34 中规定的范围安装将不会产生光幕反射。

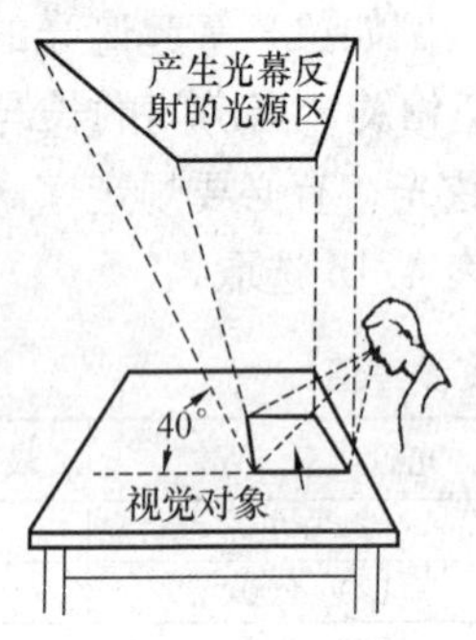

图 4-33　容易产生光幕反射的范围

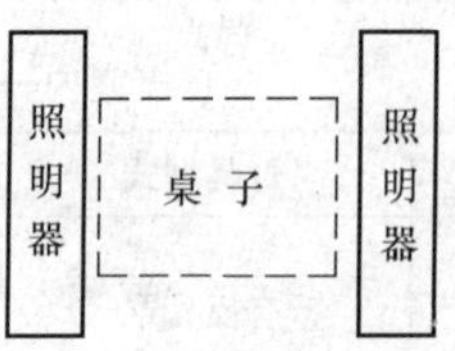

图 4-34　不产生光幕反射的布灯方案

在实际照明环境中很难完全避免在图 4-33 中产生光幕反射的干扰区中装灯，此时可增加非干扰区的照明，增加视觉对象处的照度，这对限制光幕反射有积极的作用。例如，教室中的黑板常易产生光幕反射，使学生无法看清黑板上的字。若增加黑板局部照明，只要它的反射光不在学生的视线范围内，就能有效地限制光幕反射。

此外，采用低光泽度的均匀漫反射室内表面装饰材料、限制灯具表面亮度过高、适当提高顶棚和墙壁的照度以降低亮度对比等，对于限制光幕反射也有一定的效果。

4.7　道路照明照度计算

道路照明计算包括路面照度计算、路面亮度计算与亮度均匀度计算、不舒适眩光计算等。但对于一般道路而言，大部分情况下计算出路面的照度值就已经够了。本节仅介绍道路照明的照度计算方法。

4.7.1　逐点照度计算

1. 根据光强图或光强表计算

如图 4.35 所示，一个照明器在点 P 处产生的照度，可根据点光源照度计算的一般方法求得，即

$$E_{\mathrm{p}} = \frac{I_{(c,\theta)}\cos^3\theta}{h^2} \tag{4.71}$$

式中　θ——照明器的垂直角度；

c——照明器的水平角度；

$I_{(c,\theta)}$——照明器（c，θ）方向上的光强值；

h——照明器的安装高度（m）。

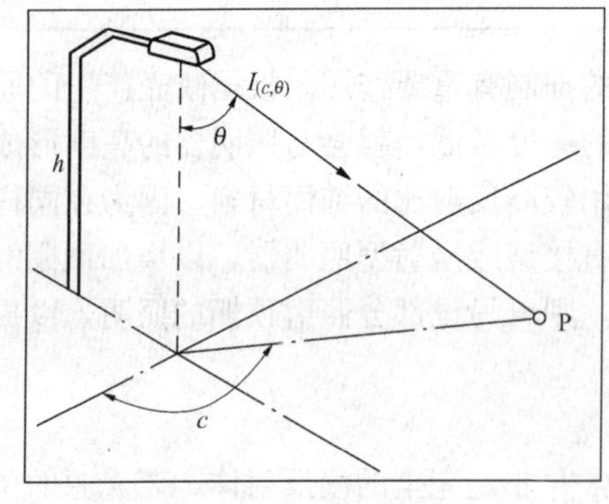

图 4.35　路灯照度计算示意图

应用逐点计算法计算道路上任一点 P 的照度，就是将所有路灯对这一点产生的照度叠加起来。此时 P 点的照度计算公式为

$$E_{\mathrm{p}} = \sum_{i=1}^{n} \frac{I_{(c,\theta)i}\cos^3\theta_i}{h^2} \quad (4.72)$$

式中　θ_i——第 i 个照明器相对于 P 点的垂直角度；

$I_{(c,\theta)i}$——第 i 个照明器相对于 P 点方向上的光强值；

其他符号含义同式（4.71）。

一般道路灯的光度数据图表给出的是等光强曲线，根据每一支路灯相对 P 点的方向角 c、θ 在曲线上即可查得该路灯在 P 点方向上的 $I_{(c,\theta)}$，代入式（4.72）即可求得多只路灯在 P 点产生的总照度值。一般情况下，只需计算计算点周围 4～5 个照明器产生的照度即可。

2. 根据等照度曲线图进行计算

为了便于计算，道路照明器往往制成等照度曲线，如图 4.36 所示。图中横坐标是纵向距离与安装高度的比，纵坐标是横向距离与安装高度的比。如果计算点相对于每只灯的距离已经确定，即可根据计算点对于各个照明器的位置找出其照度值，然后求和即得到该点的总照度。

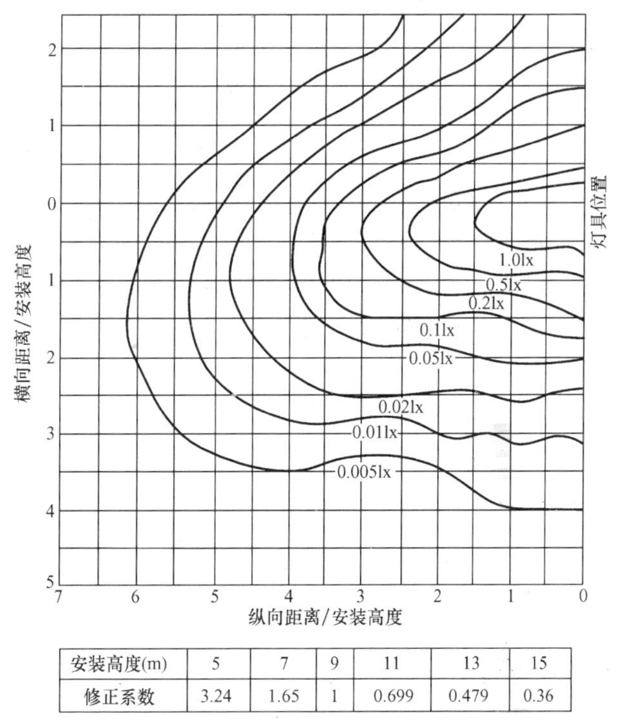

安装高度(m)	5	7	9	11	13	15
修正系数	3.24	1.65	1	0.699	0.479	0.36

图 4.36　路灯等照度曲线图

同样，等照度曲线图通常也是以 1000lm 的假想光源光通量绘制的，在实际计算中必须根据光源的实际光通量和维护系数，应用下式计算出计算点的实际照度值

$$E_{\mathrm{p}} = \frac{\Phi_{\mathrm{s}} K}{1000} \sum_{i=1}^{n} E_i \quad (\mathrm{lx}) \qquad (4.73)$$

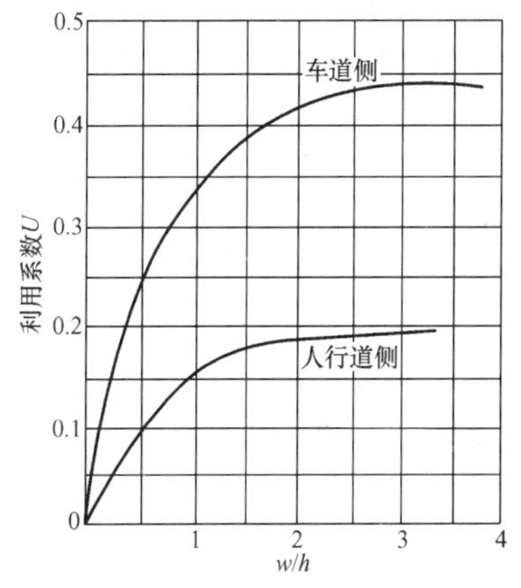

图 4.37　照明器的利用系数曲线

式中　Φ_{s}——实际照明器的光源光通量（lm）；

K——维护系数；

E_i——由等照度曲线查得的第 i 个路灯在计算点产生的假想照度；

其他符号含义同式(4.72)。

4.7.2　路面平均照度计算

1. 逐点计算法

当计算出一部分路面上的照度时，可根据下式计算出该路面上的平均照度

$$E_{\mathrm{av}} = \frac{1}{n} \sum_{i=1}^{n} E_i \qquad (4.74)$$

式中 E_i——路面上 i 点的照度；

n——计算点总数。

很明显，所考虑的点数愈多，计算出来的平均照度就越精确。

2. 利用系数法

如计算一条无限长的平直道路上的平均照度，采用利用系数法的计算公式为

$$E_p = \frac{U\Phi NK}{WS} \quad (\text{lx}) \tag{4.75}$$

式中 Φ——单个光源的光通量（lm）；

K——维护系数；

U——路灯利用系数，查利用系数曲线求得；

N——每盏路灯中的光源数；

W——路面宽度；

S——路灯间距。

上述利用系数是通过查利用系数曲线求得的，利用系数曲线是由一系列不同宽度道路的利用系数构成的曲线。路灯照明器的利用系数曲线，以路宽/安装高度为横坐标，与照明器的安装高度、仰角、悬挑长度等参数有关，如图 4.37 所示。

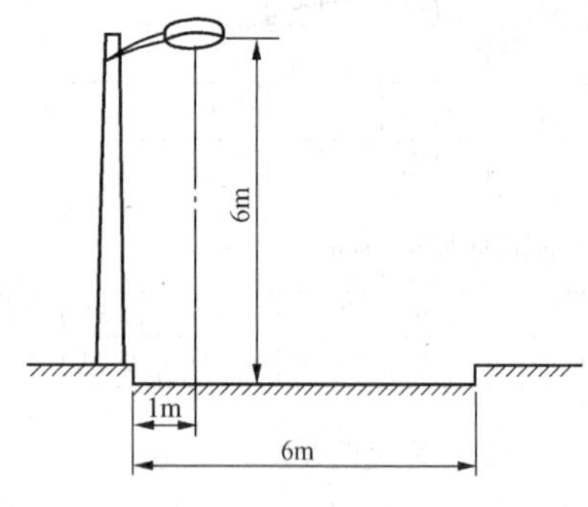

图 4.38 ［例 4.11］计算图

【例 4.11】 图 4.38 所示路灯采用单侧布置，灯的间距为 25m，路面宽 6m，照明器安装高度为 6m，悬挑 1m，采用 JTY3－125 型照明器（125W 荧光高压汞灯），灯泡额定光通量为 5000lm，照明器安装仰角为 5°。试用利用系数法求路面平均照度。JTY3－125 型照明器利用系数曲线见图 4.39。

解 设灯的维护系数 $K=0.7$。

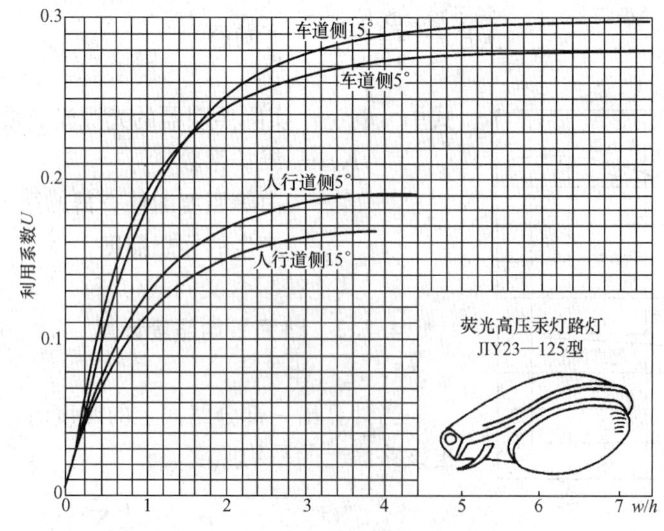

图 4.39 JTY3－125 荧光高压汞灯利用系数图

车行道一侧的宽度，$w_1=6-1=5\text{m}$，$w_1/h=5/6=0.83$；

人行道一侧的宽度，$w_2=1\text{m}$，$w_2/h=1/6=0.167$。

查图 4.39 曲线得

$$U_1=0.175,\ U_2=0.035$$

$$U=U_1+U_2=0.175+0.035=0.21$$

由式（4.75）得该路面平均照度

$$E_p=\frac{U\Phi NK}{WS}=\frac{0.21\times5000\times1\times0.70}{25\times6}=4.9\qquad(\text{lx})$$

思考练习题

1. 什么是点光源、线光源和面光源？

2. 线光源照明设计应掌握哪些要点？面光源照明设计应掌握哪些要点？

3. 什么是利用系数？确定利用系数有哪些主要步骤？

4. 什么是维护系数？为什么照度计算中要考虑维护系数？

5. 房间的特征可以用什么来表示？什么是室形指数和室空间比？

6. 墙面平均反射比如何计算？等效顶棚反射比和等效地板反射比如何计算？

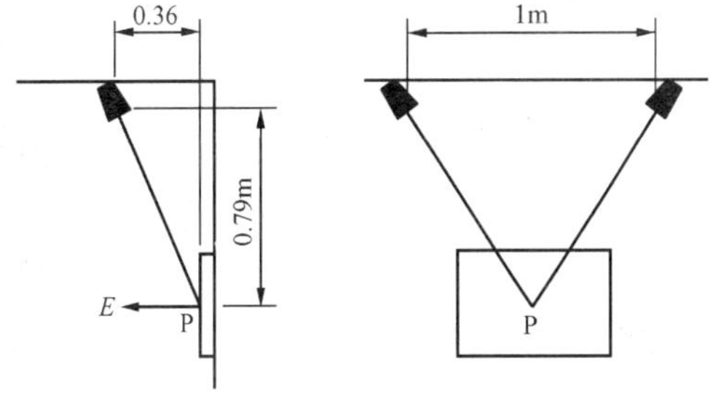

图 4.40 题 11 图

7. 试述眩光产生的原因和眩光的分类。不舒适眩光与哪些因素有关？

8. 评价不舒适眩光的标准有哪些？各适合什么场合？

9. 统一眩光值 UGR 和眩光值 GR 的计算方法有什么区别？

10. 分别叙述限制直接眩光和光幕反射的方法。

11. 用两盏相距 1m 的点射灯照射墙上的一幅图画，若两灯射向画面中心 P 点的光强均为 500cd，求画面中心 P 点的直射照度。几何尺寸见图 4.40。

12. 某房间长 10m，宽 7m，高 3.25m，工作面高 0.75m；吸顶安装 9 盏 100W 白炽灯照明器，每灯额定光通量 $\Phi_s=1250\text{lm}$，1000lm 时的光强分布为 $I_\theta^{1000}=I_0^{1000}\cos\theta=100\cos\theta$（cd），灯的布置见图 4.41。若维护系数是 0.8，求工作面上 A、B 两点的水平面照度和墙上 C、D 两点的垂直面照度。

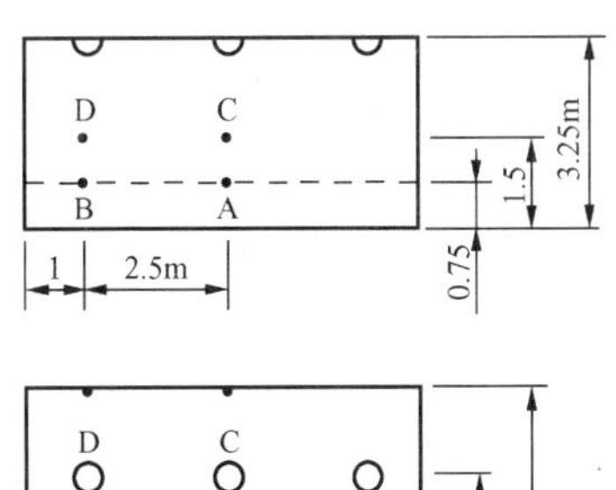

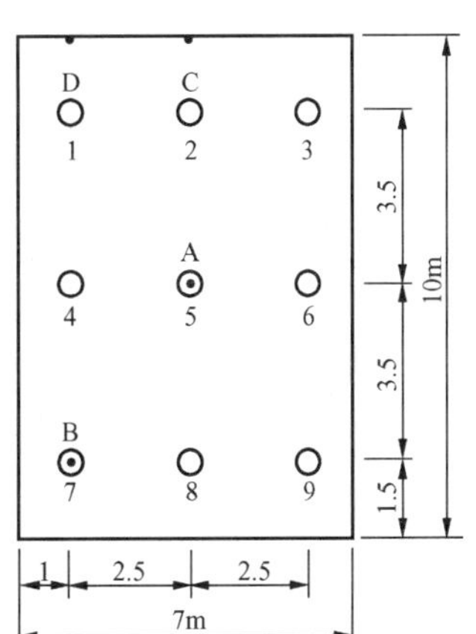

图 4.41 题 12 图

13. 如图 4.42 所示，室内安装了 15 盏平圆型吸顶灯，灯内光源为 100W 白炽灯，光通量 1250lm，共排成 5 列 3 行，列距和行距均为 3m，计算高度 2.75m。若维护系数取 0.82，试用空间等照度曲线求工作面上 P 点的水平面照度 E_h 和垂直面照度 E_{v1}、E_{v2}。

14. 一教室长 11.3m，宽 6.4m，高 3.6m，灯具离地高度为 3.1m（课桌高度 0.75m），要求桌面平均照度为 300lx，室内顶棚、墙壁均为大白粉刷，纵向外墙开窗面积占 60%，纵向走廊侧开窗面积为 10%，端面不开窗。若采用 YG2－1 照明器，请确定所需灯数及灯具布置方案。

15. 长 30m、宽 15m、高 5m 的车间，灯具安装高度为 4.2m，工作面高 0.75m，求其室形指数及各空间比。

16. 某车间的（尺寸同 15 题），两侧共开有 4 组窗，每组窗宽 10m，高 2m，下沿离地 1.5m，两侧还开有两扇门，每扇宽4m，高4m，顶棚和1.5m以上墙面涂白色乳胶漆，裙墙（1.5m 高）和门涂中黄调和漆，窗的反射比取 0.1。求墙面的平均反射比和等效顶棚、等效地面的反射比。

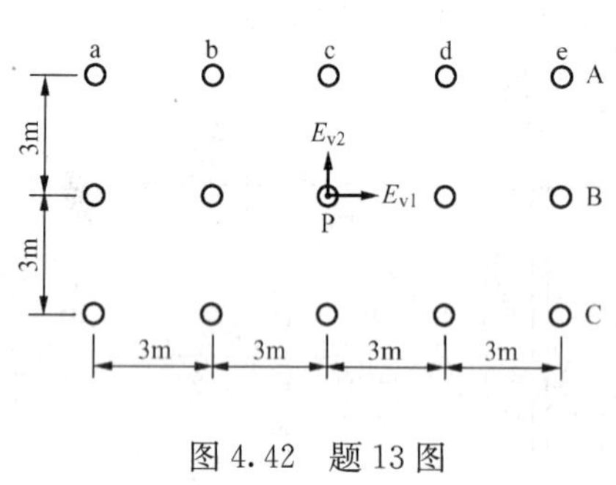

图 4.42　题 13 图

17. 长 30m，宽 12m，高 5.25m 的车间，顶棚、地面和墙的反射比分别为 0.5、0.2 和 0.3，工作面高 0.75m，采用 GC111 型高效工矿灯照明，灯吊离顶棚 0.5m。若照明器内装有 DDG-125 型镝灯，环境污染严重，要求工作面平均照度达 200lx，求应安装的灯数。

5 照明光照设计基础

电气照明设计包括照明光照设计和照明电气设计两大部分。本章介绍照明光照设计的基础知识，主要包括照明设计的内容与程序、照明的方式和种类、照明质量、照度标准以及照明器的布置等内容。

5.1 照明设计的内容与程序

5.1.1 照明光照设计的内容

照明光照设计的内容主要包括确定照度标准、光源的选用、照明器的选择和布置、照明计算、照明质量及眩光评价、照明控制方式及其控制系统的组成等，最终提供全部照明设计成果。

5.1.2 照明光照设计的目的

照明光照设计的目的在于正确地运用经济上的合理性和技术上的可能性创造满意的视觉条件。在量的方面，要解决合适的照度或亮度问题；在质的方面，要解决眩光、阴影、光的颜色性能等问题。无论是室内还是室外的建筑空间，都是以营造各种不同的光环境为目的，以满足不同使用功能的要求。具体表现为以下三个方面：

（1）便于进行视觉作业。正常的照明可保证生产和生活所需的能见度，适宜的照明效果能够提供人们舒适、高效的光环境，使人保持愉悦的心情，以提高工作效率。

（2）促进安全和防护。人们的活动从白天延伸到了夜晚，夜间照明使城市居民感到安全与温暖，从而降低了犯罪率。

（3）引人注目的展示环境。照明器是室内空间和环境有机融合的一部分，它具有装饰、美化环境的作用；另外，室外照明正方兴未艾，城市的夜景照明突出了城市的历史、景观和脉络，展示了独特的文化，并具有诱人的艺术魅力，同时还促进了城市旅游业的发展，带来了丰厚的经济效益。现在，上海的夜景照明将整个海派文化和建筑展示得淋漓尽致，譬如外滩、东方明珠、金贸大厦、科技馆、大剧院等标志性建筑的夜景照明，使城市熠熠生辉。

5.1.3 照明光照设计的基本要求

（1）安全性。应能保证人身安全和设备的安全。

（2）经济性。一方面尽量采用新颖、高效型照明器；另一方面在符合各项规程、标准的前提下力求节省投资。

（3）适用性。在提供一定数量与质量的照明的同时，必须适当考虑维护工作的方便、安全以及运行的可靠性。

（4）观瞻性。在满足安全、适用、经济的条件下，应注意与周围建筑、装饰风格的谐调一致性和美观性。

5.1.4 照明光照设计的步骤

照明光照设计一般应按下列步骤进行：

(1) 收集原始资料。工作场所的设备布置、工艺流程、环境条件及对光环境的要求。另外，对于已设计完成的建筑平剖面图、土建结构图，已进行室内设计的工程，应提供室内设计的相关图纸。

(2) 确定照明方式和种类并选择合理的照度标准。

(3) 选择合适的光源。

(4) 选择合适的照明器。

(5) 合理布置照明器。

(6) 进行照度计算并确定光源的安装功率。

(7) 根据需要，计算室内各面亮度并进行眩光评价。

(8) 确定照明设计方案。

(9) 根据照明设计方案，确定照明控制的方式和系统，以期达到满意的照明效果。

5.1.5 照明光照设计的成果

照明光照设计一般分三个阶段进行：

第一阶段为方案设计阶段。该阶段主要采用效果图和文本成果来体现，其中包括照明器种类和数量的确定、整体设计方案、灯位布置图和工程造价及其概算。

第二阶段主要是照明控制方案和系统的组成。根据照明方案，制定相应的开关灯的回路，确定控制方案和系统的软、硬件组成，并通过程序的编制，获得预先设置的照明场景和效果。

第三阶段为施工图设计阶段。这一阶段主要完成施工图的绘制以及电气照明工程设计计算书和工程预算书的编制。

5.2 照明的方式和种类

5.2.1 照明方式

照明器按其布局方式或使用功能而构成的基本形式，称为照明方式。它分为一般照明、分区一般照明、局部照明和混合照明四种。

1. 一般照明

为使整个照明场所获得均匀明亮的水平照度，照明器在整个场所基本均匀布置的照明方式，称为一般照明。对于工作位置密度很大而对光照方向无特殊要求的场所，或受生产技术条件限制不适合装设局部照明或采用混合照明不合理时，则可单独装设一般照明。其优点是在工作表面和整个视界范围中具有较佳的亮度对比。一般照明可采用较大功率的灯泡，因而功效较高，照明装置数量少，投资节省。

2. 分区一般照明

根据需要提高特定区域照度的一般照明称为分区一般照明。该照明方式根据工作面布置的实际情况，将照明器集中或分区集中均匀地布置在工作区上方，使室内不同被照面上产生不同的照度，可以有效地节约能源。

3. 局部照明

以满足照明范围内某些部位的特殊需要而设置的照明称为局部照明。它仅限于照亮一个有限的工作区，通常采用从最适宜的方向装设台灯、射灯或反射型灯泡等。对于因一般照明受到遮挡或需要克服工作区及其附近的光幕反射时，也宜采用局部照明。当有气体放电光源所产生的频闪效应的影响时，使用白炽灯光源的局部照明是有益的。但规定在一个工作场所内，不应只装设局部照明。下列情况，宜采用局部照明：

(1) 局部需要有较高的照度。

(2) 由于遮挡而使一般照明照射不到的某些范围。

(3) 视觉功能降低的人需要有较高的照度。

(4) 需要减少工作区的反射眩光。

(5) 为加强某一方向的光照，以增强质感。

局部照明的优点是灵活、方便、节电，能有效地突出重点。

4. 混合照明

由一般照明和局部照明共同组成的照明称为混合照明。其实质是在一般照明的基础上，在另外需要提供特殊照明的局部，采用局部照明。对于工作位置视觉要求较高，同时对照射方向又有特殊要求的场所，而一般照明或分区一般照明都不能满足要求时，往往采用混合照明方式。此时，一般照明的照度宜按不低于混合照明总照度的5%～10%选取，且最低不低于20lx。

混合照明的优点是可获得高照度、易于改善光色、减少装置功率和节约运行费用。

不同的照明方式各有优劣，在照明设计中，不能将它们简单地分开，而应该视具体的设计场所和对象，可选择一种或同时选择几种合适的照明方式。与视觉工作对应的照度分级范围，如表5.1所示。

表5.1 视觉工作对应的照度分级范围

视觉工作	照度分级范围（lx）	照明方式	适用场所示例
简单视觉工作的照明	<30	一般照明	普通仓库
一般视觉工作的照明	50～500	一般照明、分区一般照明、混合照明	设计室、办公室、教室、报告厅
特殊视觉工作的照明	750～2000	一般照明、分区一般照明、混合照明	大会堂、综合性体育馆、拳击场

5.2.2 照明种类

照明种类可分为正常照明、应急照明、值班照明、警卫照明、障碍照明、装饰照明和艺术照明等。

1. 正常照明

为满足正常工作而设置的室内外照明，称为正常照明。它起着满足人们基本视觉要求的功能，是照明设计中的主要照明；它一般可单独使用，也可与应急照明和值班照明同时使用，但控制线路必须分开。

2. 应急照明

在正常照明因事故熄灭后，供事故情况下继续工作、人员安全或顺利疏散的照明，称应急照明。它包括备用照明、安全照明和疏散照明三种。用于确保正常活动继续进行的照明，称为备用照明；用于确保处于潜在危险之中的人员安全的照明，称为安全照明；用于确保疏散通道被有效地辨认和使用的照明，称为疏散照明。在由于工作中断或误操作，而存在爆炸、火灾和人身事故危险，或有可能造成严重政治后果和经济损失的场所，应设置应急照明。应急照明宜布置在可能引起事故的工作场所以及主要通道和出入口。应急照明必须采用能瞬时点燃的可靠光源，一般采用白炽灯或卤钨灯。当应急照明作为正常照明的一部分经常点燃，而且发生故障不需要切换电源时，也可用气体放电灯。

暂时继续工作用的备用照明，照度不低于一般照明的 10%；安全照明的照度不低于一般照明的 5%；保证人员疏散用的照明，主要通道上的照度不应低于 0.5lx。

3. 值班照明

在非工作时间供值班人员观察用的照明，称为值班照明。在非三班制生产的重要车间、仓库，或非营业时间的大型商店、银行等处，通常宜设置值班照明。可利用正常照明中能单独控制的一部分或应急照明的一部分或全部作为值班照明。

4. 警卫照明

用于警戒室内外重点目标，改善对人员、财产、建筑物、材料和设备的保卫而安装的照明，称为警卫照明。可根据警戒任务的需要，在厂区或仓库区等警卫范围内装设。警卫照明宜尽量与正常照明合用。

5. 障碍照明

为保障航空飞行安全，在高大建筑物和构筑物上安装的障碍标志照明，称为障碍照明。障碍照明应按民航和交通部门的有关规定装设。

6. 装饰照明

为美化和装饰某一特定空间而设置的照明，称为装饰照明。装饰照明可以是正常照明或局部照明的一部分。以纯装饰为目的的照明，则不兼作一般照明和局部照明。

7. 艺术照明

通过运用不同的灯具、不同的投光角度和不同的光色，制造出一种特定空间气氛的照明称为艺术照明。

另外，根据照明目的与处理手法的不同，通常还将照明分为以下两类：

1. 明视照明

明视照明的目的主要是保证照明场所的视觉条件，其处理手法要求工作面上有充分的亮度和亮度均匀度，尽量减少眩光，阴影要适当，光源的光谱分布及显色性要好等等。如教室、实验室、工厂车间、办公室等场所的照明一般都属于明视照明。

2. 环境照明

环境照明也称为气氛照明。照明的目的是为了给照明场所造成一定的特殊气氛。它与明视照明不能截然分开，气氛照明场所的光源，同时也兼有明视照明的作用，但其侧重点和处理手法往往较为特殊，如故意用暗光线创造气氛，有意采用亮暗的强烈对比与变化来创造不同的感觉，采用金属和玻璃等光泽物体以小面积眩光造成魅力感，故意夸大阴影以渲染强调突出的作用，采用特殊色彩表现夸张的用意等。目前最为典型的是建筑物的泛光照明、城市夜景照明以及灯光雕塑等，这些照明不仅满足了视觉功能的需要，更重要的是获得了良好的气氛效果。

5.3 照明质量

照明设计的优劣通常用照明质量来衡量，在进行照明设计时应全面考虑和恰当处理工作面照度、亮度分布、照度均匀性、阴影、眩光、光的颜色以及照度稳定性等照明质量指标。

5.3.1 照度水平

照度是决定受照物明亮程度的间接指标，因此常将照度水平作为衡量照明质量最基本的技术指标之一。

研究表明，照度低时人的视功能也降低，随着照度的提高，视功能逐步提高。但当照度增加到1000lx以上，随着照度的提高，视功能的提高就不显著了。不同的照度给人产生不同的感受，照度太低容易造成疲劳和精神不振，照度太高往往因刺激太强，过分兴奋而受不了。

合适的照度可以减少视疲劳，从而减少事故的发生，提高劳动生产率，较为合适的照度为1000lx左右。500～1000lx的照度范围是大多数连续工作的室内作业场所的合适照度。

照度在对视力的影响中最重要的是被观察物的大小和它同背景亮度的对比程度，在确定被照环境所需照度水平时，必须在考虑被观察物的大小尺寸的同时还要考虑观察物同其背景亮度的对比程度的大小。例如：白纸上的黑字比白纸上同样大小的黄字容易识别得多，因此看白纸上的黄字时所需的照度就比识别白纸上的黑字时要高。有关照度标准的内容将在本章5.4节介绍。

5.3.2 照度均匀性

工作区域最低照度与平均照度之比称作照度均匀度。为了减轻人眼对视觉范围内因照度的变化而频繁适应所造成的视觉疲劳，室内照度分布应该具有一定的均匀度。

国际照明委员会（CIE）推荐，在一般照明情况下，工作区照度均匀度不应小于0.8，相邻房间的平均照度值不应超过5∶1。

我国建筑照明设计标准规定，工作面的照度均匀度不应小于0.7，工作面邻近周围的照度均匀度可降低到0.5工作房间内的通道和其他非作业区域的照度不宜低于工作面照度的1/3。

照度的均匀度与灯具的距高比有关，为了获得满意的照明均匀度，照明器的布置间距不应大于所选照明器的最大允许距高比。当要求较高时，可采用间接型、半间接型照明器或光带等照明方式。

5.3.3 亮度分布

工作环境中各表面上的亮度分布是决定物体可见度的重要因素之一，同时也是创造舒适视觉环境的必要条件。相近环境的亮度应尽可能低于被视物体的亮度，CIE推荐，被视物体的亮度为它相近环境亮度的3倍时视觉清晰度较好，即相近环境与被视物体本身的反射比之比最好控制在0.3～0.5的范围内。

在工作房间内，为了减弱灯具同其周围及顶棚之间的亮度对比，特别是采用嵌入式暗装灯具时，顶棚的反射比要尽量高一些，一般不低于0.6。另外，为避免顶棚显得太暗，顶棚照度不应低于工作面照度的1/10；工作房间内墙壁或隔断的反射比最好在0.5～0.7之间；地板的反射比应在0.1～0.5之间。所以在大多数情况下，要求用浅色的家具和浅色的地面。适当地增加作业对象与作业面背景的亮度比，较之单纯增加工作面上的照度能更有效地提高视觉功能，而且比较经济。我国《建筑照明设计标准》中规定室内各个面的反射比范围如图5.1所示。图中的照度比指的是给定表面的照度与作业面照度之比推荐值，可供参考。

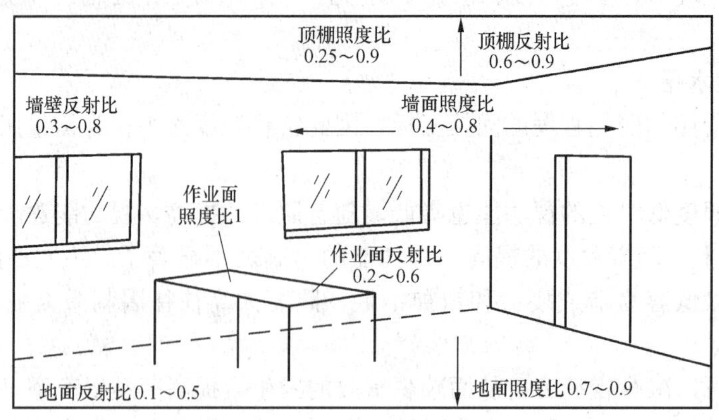

图 5.1 室内各个面的反射比与照度比推荐值

5.3.4 眩光

眩光是指视野范围内由于亮度分布不合理或亮度过高所造成的视觉不适或视力减弱的现象。由此，眩光被分成不舒适眩光和失能眩光两种。在实际照明环境中，不舒适眩光出现的机会远多于失能眩光。不舒适眩光虽然不像失能眩光那样会使人丧失视觉功能，但长时间在有不舒适眩光的环境中工作，人们会感到疲劳，甚至烦躁，从而降低劳动生产率，严重的还会引发事故，造成重大损失。因此在照明实践中应尽可能地限制不舒适眩光，而限制不舒适眩光的一系列措施，也将有效地限制失能眩光。

为了限制不舒适眩光，可选用具有较大遮光角的照明器，选择合适的照明器安装高度和采用具有低亮度大面积发光面的照明器；也可以通过选用有上射光通量的照明器和提高房间表面的反射比，改善视野内的亮度分布，达到限制眩光的目的；除此之外，还应有效地限制光幕反射。详见 4.6 节介绍。

5.3.5 光源色表和显色性

不同场所对光源的颜色和显色性有着不同的要求。在需要正确辨色的场所，如某些实验室、生产车间以及美术室、展览室和需要正确辨别颜色的商店门市等，应采用显色指数较高的光源，如白炽灯、日光色荧光灯、日光色镝灯等，也可采用两种光源混光照明的办法。光源的色温分组及其适用场所见表 1.5，不同显色指数光源的应用场所见表 5.2。除此之外，在照明设计中还应该注意色彩和照度的调节。在选用各种光源和灯具时，必须根据使用的场所，正确的调节色彩和照度，以营造合适的气氛。光源的照度、色温与感觉的关系如表 1.6 所示。

表 5.2　　不同显色指数光源的应用场所

显色分组	一般显色指数	类属光源示例	适用场所示例
Ⅰ	$Ra \geqslant 80$	白炽灯、卤钨灯、稀土节能和三基色荧光灯、高显色高压钠灯	美术展厅、化妆室、会客室、餐厅、宴会厅、多功能厅、酒吧、高级商店、营业厅、手术室
Ⅱ	$60 \leqslant Ra < 80$	荧光灯、金属卤化物灯	办公室、休息室、厨房、报告厅、教室、阅览室、自选商店、候车室、室外比赛场地
Ⅲ	$40 \leqslant Ra < 60$	荧光高压汞灯	行李房、库房、室外门廊
Ⅳ	$Ra < 40$	高压钠灯	辨色要求不高的库房、室外道路照明

5.3.6　阴影

由定向光照射到物体上在其背面所产生的光照效果即为阴影。阴影根据光照目的的不同而具有不同的作用。当阴影构成视看的障碍时，对视觉是有害的；当利用阴影表现物体的立体感和材质感时，又是有利的。

所谓消除阴影，主要是从工作、生活角度考虑尽量减少由光照所产生的阴影对人的视看障碍。在视觉环境中往往由于光源的位置不当造成不合适的投光方向，从而产生阴影。阴影会使人产生错觉和增加视力障碍，影响工作效率，严重时甚至会引发事故，故应设法避免阴影。对于一般情况，可以采用改变光源的位置，增加光源的数量等措施来加以消除。

5.3.7　照度稳定性

照度的不稳定性主要由于光源的变化所致。由于光通量的变化导致工作环境中亮度发生变化，从而在视野内使人被迫产生视力跟随适应，如果这种跟随适应次数增多，将使视力降低。另外，如果在光照环境中照度在短时间内迅速发生变化，也会在心理上分散工作人员的注意力。

光源光通量的变化，主要由于电源电压的波动引起。在向照明供电的电源系统中存在有较大容量电动机的启动和其他大功率用电设备的工作，都会引起电源电压产生较大的波动，从而诱发照明的不稳定。对照明质量要求较高的情况，应将照明供电电源与有冲击负荷的电力供电线路分开，如确有必要时可考虑采用稳压措施。

需要注意的另一个问题是交流供电的气体放电光源，比如荧光灯等，其光通量是随交流电的频率周期变化的，用荧光灯照明观察物体转动状态时，就会产生失实的现象。这种现象就是所谓的频闪效应。频闪效应会使人产生错觉甚至引发事故，故气体放电光源不能用于有快速转动和快速移动物体场所的照明光源。

降低频闪效应的办法，可采用三相电源分别供给三灯管的荧光灯，对单相供电的双管荧光灯可采用移相法供电。采用电子镇流器是消除荧光灯频闪的有效措施。

5.4　照　度　标　准

由国家主管部门针对不同场所的使用功能、视觉条件和视觉要求组织制定并颁布的照度标准，是照明设计时确定照度水平的法律依据。世界各国因自身经济发展水平的不同，所制定的照度标准也各不相同。表5.3为国际照明委员会出版物No. 29/2（TC—4.1）对各种作业活动房间的推荐照度范围。在建筑照明设计中，我国目前执行的照度标准是2014年6月1日开始施行的GB 50034—2013《建筑照明设计标准》。对于某些行业，可以采用根据其自身特点制定的符合本行业性质的行业照明设计标准，表5.4所列即为选自城市道路照明设计标准（CJJ 45—2006）的机动车交通道路照明标准值。

表5.3　各种作业活动房间的推荐照度范围（CIE）

照度范围（lx）	作业和活动的类型
20～30～50	室外入口区域
50～75～100	交通区、简单地判别方位或短暂停留
100～150～200	非连续工作的房间，例如工业生产监视、储藏、衣帽间、门厅
200～300～500	有简单视觉要求的作业，如粗糙的机加工，教室

续表

照度范围（lx）	作业和活动的类型
300～500～750	有中等视觉要求的作业，如普通机加工，办公室、控制室
500～750～1000	有一定视觉要求的作业，如缝纫、检验和试验，绘图室
750～1000～1500	延续时间长，且有精细视觉要求的作业，如精密加工和装配，颜色判别
1000～1500～2000	有特殊要求的作业，如手工雕刻，很精细的工件检验
＞2000	完成很严格的视觉作业，如微电子装配，外科手术

表 5.4　　机动车交通道路照明标准值

级别	道路类型	路面亮度			路面照度		眩光限制阈值增量 T_I(%) 最大初始值	环境比 SR 最小值
		平均亮度 L_{av}(cd/m²)	总均匀度 U_0 最小值	纵向均匀度 U_L 最小值	平均照度 E_{av}(lx) 维持值	均匀度 U_E 最小值		
Ⅰ	快速路、主干路（含迎宾路、通向政府机关和大型公共建筑的主要道路，位于市中心或商业中心的道路）	1.5/2.0	0.4	0.7	20/30	0.4	10	0.5
Ⅱ	次干路	0.75/1.0	0.4	0.5	10/15	0.35	10	0.5
Ⅲ	支路	0.5/0.75	0.4	—	8/10	0.3	15	—

注　1. 表中所列的平均照度仅适用于沥青路面，若系水泥混凝土路面，其平均照度值可相应降低约 30%。
2. 表中各项数值仅适用于干燥路面。
3. 表中对每一级道路的平均亮度和平均照度给出了两档标准值，“/”左侧的为低档值，右侧的为高档值。

5.4.1　建筑照明设计标准

GB 50034—2013 是在 GB 50034—2004 的基础上，经过修订以后，于 2014 年 6 月 1 日开始实施的国内最新建筑照明设计标准。新标准修改了原标准规定的照明功率密度限值，补充了图书馆、博览、会展、交通、金融等公共建筑的照明功率密度限值，更严格地限制了白炽灯的使用范围，增加了发光二极管灯应用与室内照明的技术要求，补充了科技馆、美术馆、金融建筑、宿舍、老年住宅、公寓等场所的照明标准值，补充和完善了照明节能的控制技术要求，补充和完善了眩光评价的方法和范围，同时对公共建筑的名称进行了规范统一。新标准适用于新建、改建和扩建的居住、公共和工业建筑的照明设计。

1. 新标准的特点与编制原则

(1) 编制原则：

1) 反映二十多年来我国国民经济发展和科技进步的状况；

2) 适应 21 世纪全面建设小康社会目标的需要；

3) 全面实施绿色照明工程，贯彻节约能源、保护环境的重大方针。

(2) 主要特点：

1) 照度水平有较大幅度提高，适应了当前生产、工作、学习和生活的需要；

2) 照明质量有新的更高的要求，有利于改善视觉条件；

3) 反映照明科技进步，有利于优质、高效照明器材的发展和推广应用；

4）突出了节能，抓住了源头，运用强制性条文，限制照明功率密度，促进了照明系统能效的提高；

5）增加了照明管理与监督的内容，有利于设计方案的优化、标准的实施。

6）充分考虑了绿色照明要求。绿色照明工程不只考虑照明节能，重点是在有益于提高人们生产、工作、学习效率和生活质量，保护身心健康的基础上达到节约能源、保护环境的目的，是一个全面、系统的工程。而新的《建筑照明设计标准》充分考虑了绿色照明要求，从内容上全面、系统的规定了工业与民用建筑的照度水平、照明质量和常用场所的照明功率密度限值（*LPD*），与绿色照明的目标和内容是完全统一的，可以看作是设计层面上绿色照明的技术立法。

2. 新标准的主要内容

GB 50034—2013《建筑照明设计标准》规定的照度标准值按 0.5、1、3、5、10、15、20、30、50、75、100、150、200、300、500、750、1000、1500、2000、3000、5000lx 进行分级。附表 15～附表 30 列出了各类场合的照明标准值，各照度值均为作业面或参考平面上的维持平均照度值。

新标准采用房间或场所一般照明的照明功率密度限值（*LPD*）作为照明节能的评价指标。常用房间或场所的照明功率密度应符合附表 31～附表 37 的规定，照明功率密度分为现行值和目标值，现行值从本标准实施之日起执行，目标值的执行日期由主管部门另行决定。*LPD* 限值是规定一个房间或场所的照明功率密度的最大允许值，设计中实际计算的 *LPD* 值不应超过标准规定值。其计算式为

$$LPD = \frac{\Sigma P}{S} = \frac{\Sigma(P_{\mathrm{L}} + P_{\mathrm{B}})}{S}(\mathrm{W/m^2}) \tag{5.1}$$

式中 P——单个光源的输入功率（含配套镇流器或变压器功耗）（W）；

P_{L}——单个光源的额定功率（W）；

P_{B}——光源配套镇流器（或变压器）的功耗（W）；

S——房间或场所的面积（$\mathrm{m^2}$）。

在使用新标准时应注意以下几点：

（1）标准中每个房间或场所的照度标准值只规定一个值。

对于视觉要求高的精细作业场所眼睛至识别对象的距离大于 500mm 时、连续长时间紧张的视觉作业对视觉器官有不良影响时、识别移动对象要求识别时间短促而辨认困难时、视觉作业对操作安全有重要影响时、识别对象亮度对比小于 0.3 时、作业精度要求较高且产生差错会造成很大损失时、视觉能力低于正常能力时以及建筑等级和功能要求高时，可在新标准的规定下提高一个等级。

对于进行很短时间的作业时、作业精度或速度无关紧要时以及建筑等级和功能要求较低时，可按照度标准值分级降低一级。

（2）新标准则只规定了一般照明的照度标准值，需要局部照度的，还要另外按一般照明照度的 1～3 倍增加。

（3）新标准所规定的照度标准值，是指作业面的照度要求。对作业面以外 0.5m 范围的邻近区域，照度允许适当降低：作业面照度为 300～750lx 时，可降低一级；照度为 200lx 及以下时，则不应再降低。这个规定符合实际需要，有利节能。

（4）一部分相同用途的房间或场所按不同要求规定了两档及以上的照度标准，如办公室分“一般”和“高档”，照度为300lx和500lx；商店营业厅也有“一般”和“高档”两档照度的等级划分等。这考虑到不同地区、不同行业、不同规模等条件，设计时应按需要选取。

（5）新标准规定，照明设计计算的照度值和照度标准值比较，一般可以有－10％～＋10％的偏差。

5.4.2　照度标准分析

1. 照度等级

国际照明委员会（CIE）认为，能够刚刚辨认人脸的特征，需要大约1cd/m^{2}的亮度，在水平面照度20lx左右的普通照明环境下可达到这个亮度，因此20lx被认为是所有非工作房间的最低照度。表5-3为国际照明委员会出版物No.29/2（TC—4.1）对各种作业活动房间推荐的照度范围，其照度范围均由三个连续的照度组成。在进行照度分级时，相邻两级的照度值相差不能太小，但也不能过大，希望相邻两级之间在主观效果上具有最小而又明显的差别，一般后一级照度值约为前一级照度值的1.5～2.0倍。

2. 照度平面

照度平面即照明设计的参考工作面。照度平面根据房间的性质和工作要求，不一定限制在单一的表面上，它可以由许多分开的平面组成。在工作房间内，工作面往往就是参考面。对于不限定在固定位置上进行工作的房间，通常假定工作面就是由室内墙壁限定的，距地一定高度的水平面。我国颁布的照明设计标准除特殊情况外，规定参考平面距地的高度为0.75m。这一规定与CIE相一致。

对于已知工作位置和明确指定工作位置的房间，参考面可由工作场所或作业区的指定面组成。如果作业不是在水平面内或者不是在同一高度的平面上，参考面就应当在该作业的倾斜面或不同高度的平面上。在其他用途的场所内，例如交通或展览场所，参考面可以是地面、墙面或室内任何相关的平面。

3. 空间均匀度

用任何照明装置照明都不可能在整个参考面取得完全均匀一致的照度。平均照度是整个参考面上的照度平均值，照度标准中的照度值均是指平均照度。参考面上某相关点上的最小照度值称为最低照度，过去很多国家制定的照度标准都采用最低照度，我国旧标准也是如此。

参考面上的最低照度和平均照度之比称为照度均匀度。在一般照明条件下，CIE和经济发达国家要求照度均匀度不小于0.8，我国照明标准中规定公共建筑的工作房间和工业建筑作业区域内的一般照明照度均匀度不应小于0.7，而作业面邻近周围的照度均匀度不应小于0.5。一般来说，常常不需要整个室内的照度是均匀的，但要求整个房间内任何位置都能进行工作时，则均匀的照度又是不可少的。

4. 时间均匀度

由于光源随着使用时间的增长会自然老化，光通量逐渐衰减，加上光源、灯具和房间内表面上积灰污染，照度值将逐渐降低。因此，定期更换光源、清洗灯具、清扫房间才能基本保证原来的照度值。为保证在维护周期内达到规定照度，在设计标准中，根据照明场所的具体情况给出了相应的维护系数，详见表4.7。

5. 一般照明与混合照明

一般照明是指在规定的照度参考平面上获得较均匀照度的照明方式，局部照明是指在离视觉作业面很近的位置上附加一些照明器，只对局部有限范围提供的照明。混合照明是指在一般工作房间内既有局部照明又有一般照明的照明方式。通常局部照明不允许单独使用。

目前，世界各国照度标准中一般不采用混合照明方式，这是因为局部照明主要是解决一般照明不满足作业面照度要求的问题，随着大功率高效光源的不断涌现和照度标准的提高，一般照明方式已基本达到很高的照度值，但在一些特殊要求的视觉作业中尚需增设局部照明。我国 GB 50034—2013《建筑照明设计标准》中也取消了混合照明的照度标准，这一方面可使我国照明标准与其他各国的照明标准更接轨，同时也是实际需要。例如进行拳击比赛的体育场馆就要求用一般照明方式获得约 2000lx 的照度值。

5.5 照明器的布置

5.5.1 照明器的布置要求

照明器在房间内的布置对照明质量有着重要的影响，光投方向、工作面上的照度及照度的均匀性、眩光、阴影等等，都直接与照明器的布置有关。照明器的布置是否合理还影响着光效以及照明装置的维修和安全。因此在布置照明器时，应满足以下要求：

（1）满足照度值和照度均匀性等技术要求。

（2）满足工艺对照明方式的要求。

（3）满足眩光和阴影的限制要求。

（4）检修维护安全方便。

（5）满足经济性要求，力争做到高效节能。

（6）美观大方，要与建筑、装饰风格协调一致。

5.5.2 照明器的布置方式

照明器的平面布置分为均匀性布置和选择性布置两种。

1. 均匀性布置

均匀性布置是将同类型照明器按等分面积的形式布置成单一的几何图形，如直线形、矩形、菱形、角形、满天星形等，如图 5.2 所示。均匀性布置适用于要求整个工作面有均匀照度的场所，通常用于一般照明和分区一般照明。

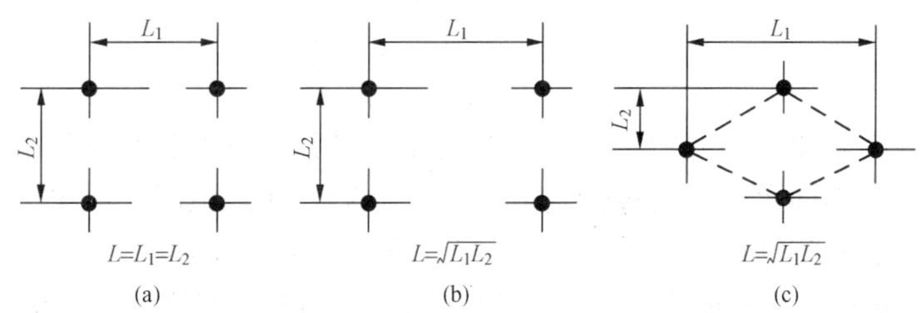

图 5.2 照明器的几种均匀性布置方式和 L 值的确定

（a）正方形布置；（b）矩形布置；（c）菱形布置

2. 选择性布置

选择性布置要根据工作场所对灯光的不同要求，选择布灯的方式和位置，这种布置能够选择最有利的光照方向和最大限度地避免工作面上的阴影。在室内设施布置为一定的情况下，照明器采用选择性布置，除保证局部必要的照度外，还可以减少照明器的数量、节省投资和电能消耗。选择性布置一般多用于局部照明。

5.5.3 照度均匀性的保证措施

照明器布置的合理性，主要取决于室内照度的均匀性，照度的均匀性又取决于照明器的间距 L 和计算高度 h 的比值 L/h。照明器的计算高度指的是照明器出光口平面至工作面的距离；照明器的间距根据布置方式的不同取值亦有所不同，几种均匀性布置方式下的照明器间距 L 值的确定如图 5.2 所示。

1. 照明器的悬挂高度

照明器的悬挂高度等于计算高度与工作面距地面高度的和。照明器悬挂高度的确定，是从保证照度均匀性、防止眩光、防止触电危险以及节约能源等方面考虑的。为了防止眩光，保证照明质量，照明器距地面的最低悬挂高度不应低于表 4.20 所列数值。从设备和电气安全考虑，一般室内照明器的高度不得小于 2.4m，当低于这个高度时，应选用有封闭灯罩或带保护网的照明器。在满足限制眩光和保证安全的情况下，照明器安装得低一些有利于提高光通的利用率和能源节约。

2. 照明器的距高比

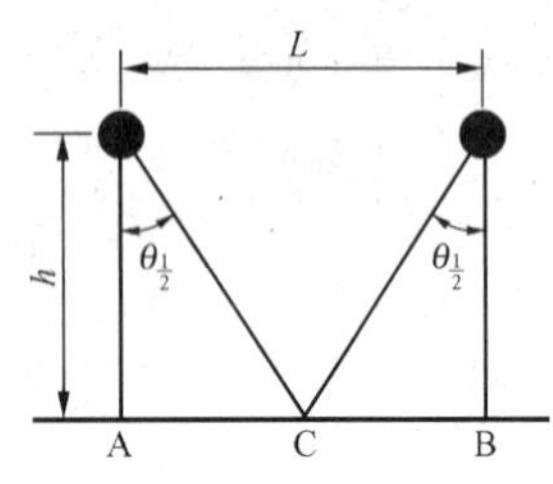

图 5.3 半照度角与距高比

通常将相邻照明器之间的距离 L 与照明器计算高度 h 的比值称作照明器布置的距高比，简称距高比，用 λ 表示，即

$$\lambda = L/h$$

例如有两个照明器，间距为 L，计算高度为 h。对于每一个照明器而言，由它在其正下方工作面上产生的照度最大，偏离正下方越远，由它产生的照度就越小。设各照明器在其正下方产生的照度为 E，如图 5.3 中的 A、B 两点。如果这两个照明器在它们一半距离处（图中 C 点）分别产生的照度为 $0.5E$，则整个工作面上的照度就比较均匀。C 点与照明器的连线和竖垂线间的夹角称为半照度角，用 $\theta_{1/2}$ 表示，显然

$$\tan\theta_{\frac{1}{2}} = \frac{L}{2h}$$

故距高比为

$$\lambda = \frac{L}{h} = 2\tan\theta_{\frac{1}{2}} \tag{5.2}$$

由上式求得的距高比称为照明器的允许距高比，只要在布置照明器时使其距高比不大于允许距高比，那么工作面上的照度就会比较均匀。显然，允许距高比取决于照明器的配光特性。当照明器及其配光特性以及照明器的悬挂高度确定之后，照度均匀性的保证即完全取决于 λ 值的大小。一般的，λ 取值小，照度均匀性则好，但经济性差；λ 取值过大，则不能保证规定的均匀度。各种照明器的 λ 值可由设计手册和相关资料查得。表 5.5 列出了常见照明器的距高比取值范围，供设计时参考。

表 5.5 **常见照明器的距高比推荐取值范围**

灯具型式	距高比 L/h	
	多行布置	单行布置
防水防尘灯、天棚灯	2.3～3.2	1.9～2.5
无漫透射罩的配照型灯	1.8～2.5	1.8～2.0
搪瓷深照型灯	1.6～1.8	1.5～1.8
镜面深照型灯	1.2～1.4	1.2～1.4
有反射罩的荧光灯	1.4～1.5	—
有反射罩的荧光灯，带栅格	1.2～1.4	—

3. 照明器的间距

当距高比和悬挂高度确定以后，照明器的间距也就确定了，下面仅就照明器距墙和距天棚的距离作一简单介绍。

为了使整个照明场地的照度都较均匀，照明器离墙不能太远，一般要求靠边的照明器到墙面的距离 $D\leqslant(1/2\sim1/3)L$，当靠墙边有视看工作要求时，取 $D<1/3L$ 且应满足 $D\leqslant0.75\text{m}$。

为了使整个房间有较好的亮度分布，照明器的布置除选择合理的距高比外，对于采用上半球有光通分布的照明器时，还应注意照明器与天棚的距离。当采用均匀漫射配光的照明器时，照明器与天棚的距离和工作面与天棚的距离之比宜在 0.2～0.5 范围内。

照明器的布置应配合建筑结构形式、工艺设备、其他管道布置情况以及满足安全维修等要求。厂房内照明器一般应安装在屋架下弦，但在高大厂房中，为了节能及提高垂直照度，也可采用顶灯和壁灯相结合的形式，但不能只装壁灯而不装顶灯，以免造成空间亮度分布明暗悬殊，不利于视觉的适应。

思 考 练 习 题

1. 照明光照设计的目的、要求和步骤有哪些？
2. 照明方式有哪些？照明种类如何划分？
3. 评价照明质量的具体指标有哪些？
4. 阴影的作用和危害是什么？
5. 引起照度不稳定的原因有哪些？应采取哪些相应措施保证照度的稳定性？
6. 我国颁布的照度标准有哪些？我国现行照度标准的特点有哪些？
7. 什么是照度的均匀度？如何保证照明场所的照度均匀度？
8. 照明器最大允许距高比是根据什么确定的？

6 照明电气设计

照明电气设计的主要内容包括照明负荷分级及供电电压的选择、照明供电系统的接线方式、照明负荷计算、线缆的选择与敷设、照明供电系统的保护与设备选择、照明系统的电气安全等。

6.1 负荷分级与供电电压

6.1.1 负荷分级

照明负荷的级别不同对供电可靠性的要求也不同。照明电气设计首先要确定负荷的级别，并据此采取相应的供电措施，以满足供电可靠性的要求。照明负荷按其使用性质和重要程度可分为以下三级。

1. 一级负荷

中断供电将在政治上、经济上造成重大损失，甚至出现人身伤亡等重大事故的场所的照明。如国家及省市级政府主要办公室的照明等；中断供电将发生中毒、爆炸、火灾等情况的场所的照明；大型企业指挥中心的照明；特大型火车站、国境站、海港客运站等交通设施的候车（船）室照明；大型体育建筑的比赛厅、广场照明；医院的手术室、监狱的警卫照明；高级宾馆的宴会厅、餐厅、娱乐厅、高级客房、主要通道的照明；所有建筑或设施中需要在正常供电中断后使用的应急照明；高级旅游建筑、银行、市级气象台业务用的电子计算机用电；高等院校或科研院所重要实验室的用电等。

为确保一级负荷供电的可靠性，应采用两个独立电源供电，两个电源之间应无联系，且不会同时停电。

2. 二级负荷

中断供电将在政治上、经济上造成较大损失，严重影响重要单位的正常工作。如大、中型火车站；高层住宅的楼梯照明、疏散标志照明；省市图书馆和阅览室的照明，大型影剧院、大型商场等重要公共场所的照明等。

对二级负荷宜采用两个电源供电，对两个电源的要求条件可比一级负荷放宽。

3. 三级负荷

凡不属于一、二级负荷的均为三级负荷，三级负荷对供电可靠性没有特殊要求，一般采用单电源供电即可。

附表 38 给出了民用建筑中常用重要设备和部位照明负荷的分级。

6.1.2 供电电压选择

供电电压选择应满足技术经济条件和使用安全的要求。

1. 正常照明供电电压

正常照明供电电压一般采用 220/380V 三相四线制中性点直接接地系统，灯用电压一般为单相 220V，个别高强度气体放电灯中的镝灯和高压钠灯有时采用 380V。

2. 安全电压

根据国家标准 GB 3805—1983《安全电压》规定，共有 42、36、24、12、6V 五级。对于容易触及而又无防止触电措施的固定或移动式照明器具，安装高度低于 2.2m 及以下，且具有下列条件之一的特别危险场所，安全电压不应超过 24V：

（1）特别潮湿的场所：工作环境的最湿月的平均最大相对湿度在 90%以上，该月的月平均最低温度为 25℃。

（2）高温场所：工作环境经常在 40°C 以上。

（3）具有导电灰尘的场所。

（4）具有导电地面：金属或特别潮湿的土、砖、混凝土地面等。

国际电工委员会（IEC）以及几个主要工业发达国家的标准规定，在上述特别危险场所，安全电压定为 25V 及以下，其他有触电危险的一般危险场所，安全电压可采用 42V。可见，我国国家标准与国际电工委员会（IEC）标准是一致的。

在不便于工作的狭窄地点，且工作者与良好接地的大块金属面（如在锅炉、金属容器内等）相接触时，使用手提行灯的电压不应超过 12V。

由蓄电池供电时，可根据容量大小、电源条件、使用要求等因素分别采用 220、36、24、12V。

6.1.3 供电电压质量

照明供电电压质量的评价指标主要包括电压偏差和电压波动。

1. 电压偏差

电压偏差又称电压偏移，指的是电网某节点的实际电压 U 与电网额定电压 U_n 之差，常用百分值表示，即

$$\Delta U\% = \frac{U - U_n}{U_n} \times 100\% \tag{6.1}$$

灯端电压的变化过大，将严重影响光源的光电参数及寿命。为此，各类灯泡（管）的端电压偏移，不宜高于 5%，亦不宜低于下列数值：

（1）对视觉要求较高的场所的室内照明为－2.5%；

（2）一般工作场所的室内照明为－5%；

（3）露天工作场所的照明为－5%，远离变电所的小面积工作场所难于满足时，可降低到－10%；

（4）应急照明、道路照明、警卫照明及电压为 12～42V 的照明为－10%。

2. 电压波动

当系统中有冲击性负荷时，会引起电网电压的时高时低，这种短时间的电压变化称为电压波动。电压波动为短时间内电压最大值 U_{max} 和电压最小值 U_{min} 之差，常以其额定电压 U_n 的百分数表示，即

$$\delta U\% = \frac{U_{max} - U_{min}}{U_n} \times 100\% \tag{6.2}$$

电压波动将引起光源光通量的变化，以至于造成视觉疲劳和视力下降，使工作效率和劳动生产率降低。根据我国 GB 12326—2008《电能质量 电压允许波动和闪变》的规定，35kV 及以下公共供电点的电压波动允许值根据电压波动的频度不同一般为 1.25%～4%。我国现

行照明设计标准对电压波动频率没有提出明确的数量指标，可参考国际上多数国家通用的标准，即电压波动为4%的波动次数不应超过10次/h；只有在短时出现的电压波动，当波动值达到4%时，可允许1次/min。

3. 改善电压质量的措施

（1）照明负荷宜与带有冲击性负荷（如大功率电焊机、大型吊车的电动机等）的变压器分开供电。

（2）无窗厂房或工艺设备对电压质量要求较高的场所，宜采用有载自动调压变压器。

（3）对于照明负荷容量较大的场所，在技术经济合理的情况下，宜采用照明专用变压器。

（4）采用共用变压器的场所，正常照明线路宜与电力线路分开。

（5）合理减少系统阻抗，如尽量缩短线路长度，适当加大导线和电缆的截面等。

6.2 照明供配电系统

6.2.1 供配电网络的基本接线方式

照明供配电网络一般由馈电线、干线和分支线组成。馈电线是将电能从变配电所低压配电屏送至总照明配电箱（盘）的线路；干线是将电能从总配电箱（盘）送至各个分照明配电箱的线路（主干线）以及由分配电箱引出的供给多个照明器的线路（支干线）；分支线是将电能从各个支干线或分照明配电箱送至各个照明器的线路，如图6.1所示。

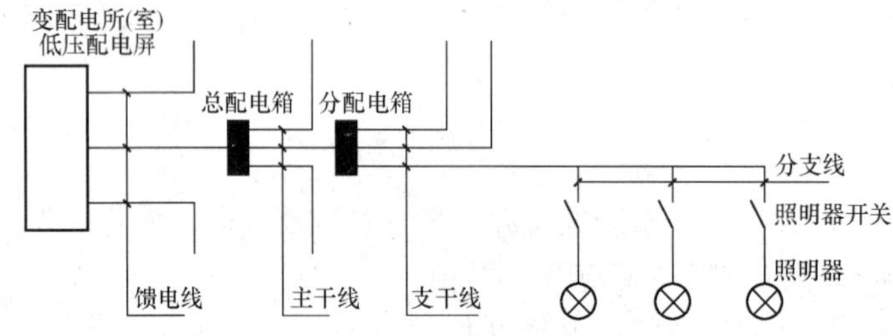

图6.1 照明配电线路的基本接线

照明供配电网络的接线方式，根据馈电线、干线和分支线的连接情况通常可分为以下四种：

1. 放射式接线

放射式接线如图6.2所示。放射式接线用的导线较多，占用的低压配电回路较多，有色金属消耗量大，投资费用较高，但当线路发生故障时，受影响停电的范围较小。因此，对于较重要的负荷多采用放射式接线。图6.1示出的低压配电屏至总配电箱，以及总配电箱至分配电箱的配电均为放射式接线。

2. 树干式接线

树干式接线如图6.3所示。这种接线方式结构简单，投资费用和有色金属用料均较省，但在供电可靠性方面不如放射式接线，在一般性照明供配电系统中应用很广泛。图6.1中由分配电箱引出的支干线也为树干式接线。

3. 链式接线

链式接线如图6.4所示，其接线原理与树干式接线相同，二者的区别仅在于树干式接线

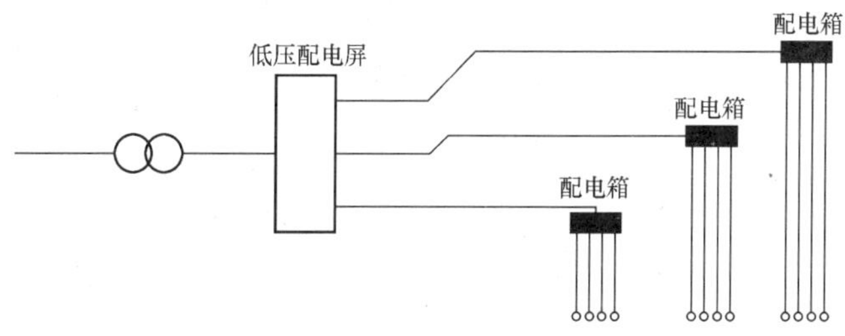

图 6.2 放射式接线

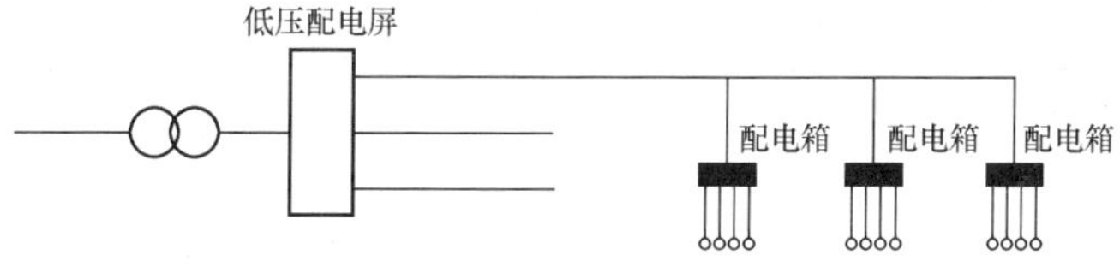

图 6.3 树干式接线

的干线没有中间断点，而链式接线的干线在中间配电箱处是断开的。这种接线方式的投资费用和有色金属的用料比树干式接线更省，但供电可靠性也比树干式接线更低，通常应用于干线敷设较困难的场合。

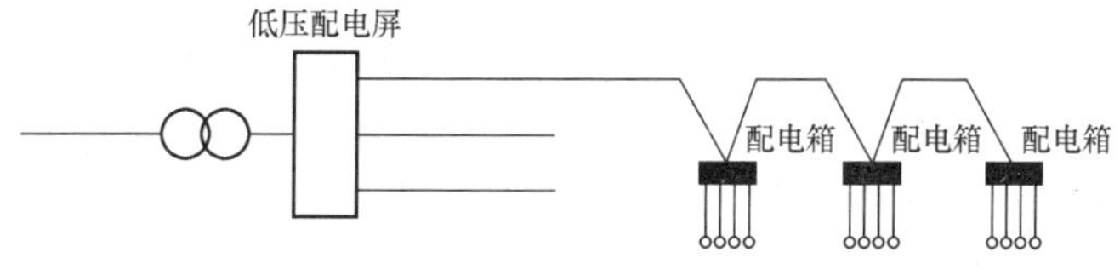

图 6.4 链式接线

4. 混合式接线

混合式接线是放射式接线和树干式（或链式）接线的组合使用方式，如图 6.5 所示。这种接线方式可根据照明配电箱的布置位置、容量、线路走向等综合考虑。在当前的照明设计中这种方式用得最为普遍。图 6.1 中由分配电箱至各个照明器的配电即为放射式与树干式组成的混合式接线。

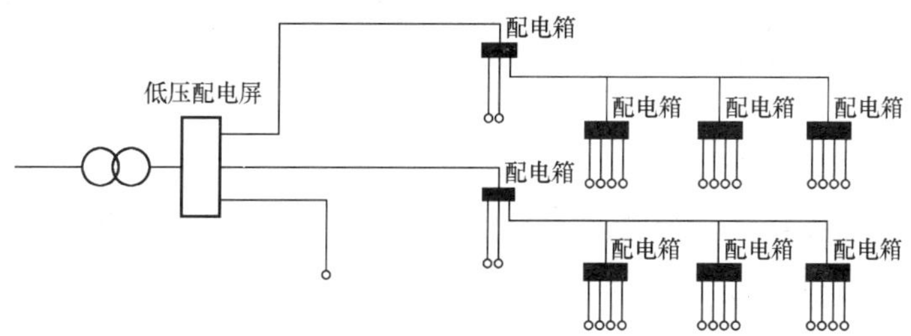

图 6.5 混合式接线

6.2.2 供配电网络的实用接线

6.2.2.1 照明供电电源典型接线

照明供电电源的实用接线方式与照明工作场所的重要程度、负荷等级有关，现分述

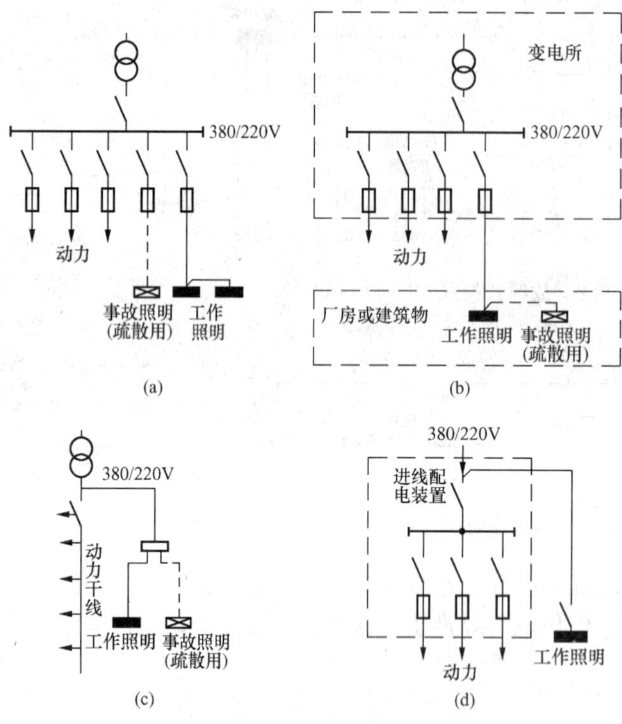

图 6.6　一般工作场所照明供电的实用接线

如下：

1. 一般工作场所

一般工作场所的照明负荷可由一个单台变压器的变电所供电。工作照明和疏散用事故照明应从变电所低压配电屏处［见图 6.6（a）］分开供电，也可以从厂房或建筑物入口处［见图 6.6（b）］分开供电。

当动力与照明合用且采用“变压器一干线”式供电时，工作照明和疏散用事故照明电源宜接在变压器低压侧总开关之前［见图 6.6（c）］。

当厂房或建筑物为动力和照明合用供电线路时，工作照明和疏散用事故照明应从厂房或建筑物电源入口处分开供电［见图 6.6（d）］。

2. 较重要工作场所

较重要工作场所的照明负荷一般都采用在单台变压器高压侧设两回线路供电，如图 6.7（a）所示。

当工作场所的照明由一个以上单变压器的变电所供电时，工作照明和事故照明应由不同的变电所供电。变电所之间宜装设低压联络线，以备变压器出现故障或检修时，能继续供给照明用电，如图 6.7（b）所示。

事故照明电源也可采用蓄电池组，柴油或汽油发电机组等小型电源或由附近引来的另一电源线路供电，如图 6.7（c）所示。

当工作场所内有两台变压器的变电所时，工作照明和事故照明电源应分别接自不同的变压器低压配电屏，如图 6.7（d）所示。

3. 重要工作场所

重要工作场所的照明负荷电源可引自一个以上单台变压器的变电所，且各变压器的电源应是互相独立的，如图 6.8 所示；也可引自两台变压器的变电所，但两台变压器的电源应是相互独立的。

4. 特殊重要场所

特殊重要工作场所照明负荷当由有一台以上变压器的变电所供电时，低压母线分段开关应设有电源自动投入装置（BZT），各变压器应由单独的电源供电，工作照明和事故照明接在不同的低压母线上，事故照明最好另设第三独立电源（如蓄电池等），事故照明电源应能自动投入，如图 6.9 所示。

6.2.2.2　照明配电网络典型接线

1. 工业厂房照明配电系统

工业厂房照明配电系统的设计要根据厂房的性质、面积和使用要求确定，通常采取集

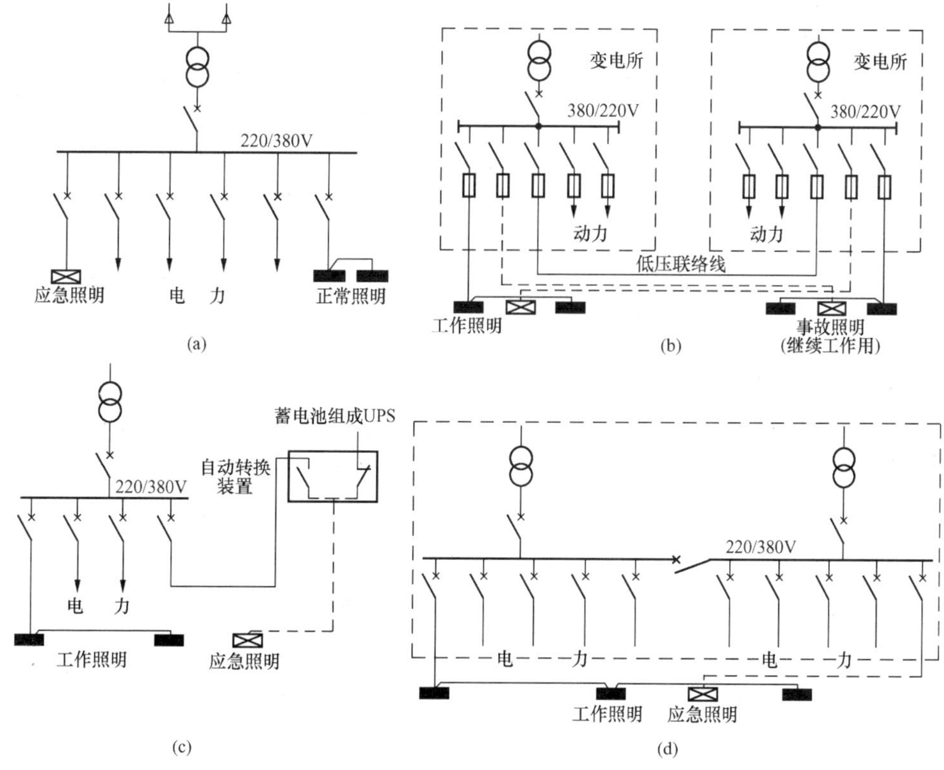

图 6.7 较重要工作场所照明供电的实用接线

中、分层、分区控制的方式。照明干线从车间变电所低压配电屏引入车间总配电柜（箱）后，采用放射式接线或树干式接线引入各区域（层）分配电箱，再由分配电箱引出的支线向各灯具及用电设备供电。

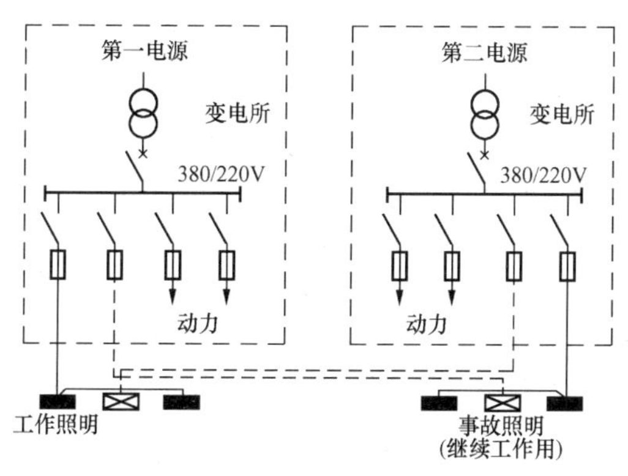

图 6.8 重要工作场所照明供电的实用接线

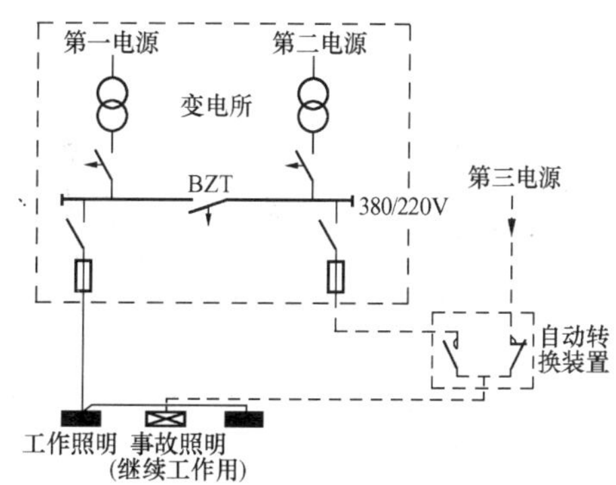

图 6.9 特殊重要工作场所照明供电的实用接线

2. 多层公用建筑的照明配电系统

图 6.10 所示是多层公用建筑（如办公楼、教学楼等）的配电干线系统。其进户线直接进入大楼的传达室或配电间的总配电柜（箱），由总配电柜（箱）采取干线或立管（竖井）

方式向各层分配电箱馈电，再经分配电箱引出支线向各房间照明设备供电。

3. 住宅照明配电系统

图 6.11 所示是典型的住宅照明配电干线系统。它以每一楼梯间作为单元，进户线引至该住宅楼的总配电箱（设在其中某一单元），再由干线引至每一单元的总配电箱，各单元采用树干式接线或放射式接线向各层用户的分配电箱馈电。为了说明问题，图中三个单元分别给出了三种不同的常用配电方式。应该指出，为统一起见同一栋建筑一般只选择其中的某一种方式。

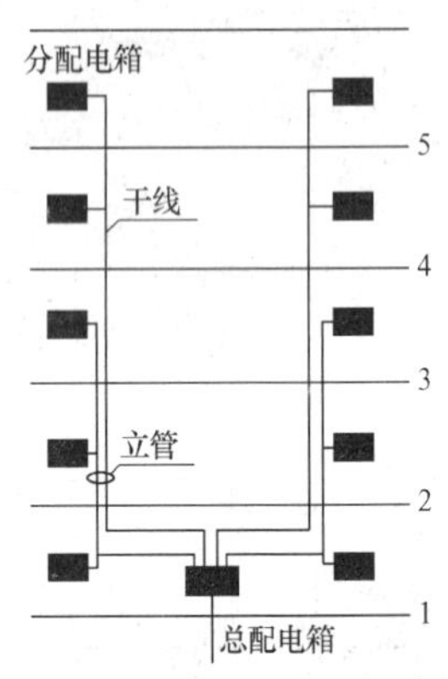

图 6.10 多层公共建筑照明配电干线系统图

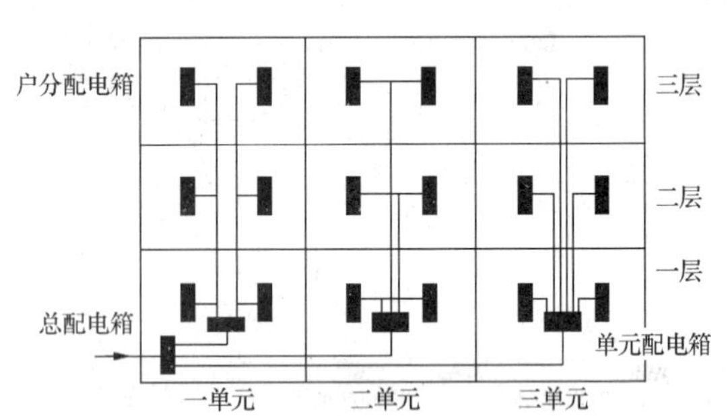

图 6.11 住宅照明配电干线系统图

4. 高层建筑的照明配电系统

图 6.12 所示为高层建筑照明配电系统常用的四种方案。其中图（a）、（b）、（c）为混合式，先将整幢楼按区域和层分为若干供电区，一般选取每供电区的层数为 2～6 层，分区设置电气竖井，每路干线向一个供电区供电，故又称为分区树干式配电系统。图（a）、（b）基本相同，只是图（b）增加了一个共用备用回路，从而增加了供电可靠性，共用回路采用了大树干式配电方式。图（c）增加了分区配电箱，它与图（a）、（b）比较，可靠性比较高，但配电级数增加了一级。图（d）采用了大树干式配电方式，配电干线少，减少了低压配电屏及馈电回路数，安装维护方便。但供电的可靠性和控制的灵活性较差。

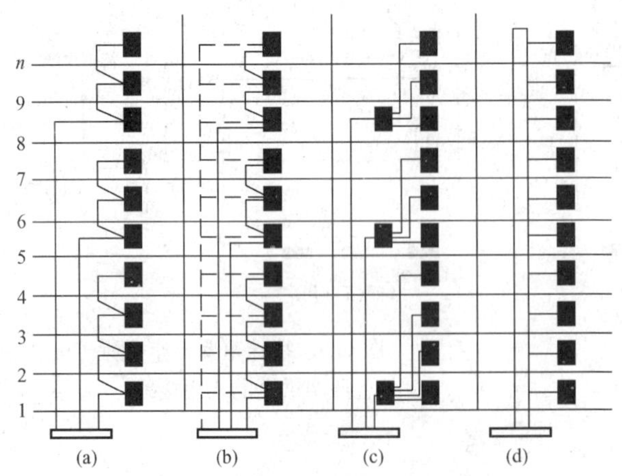

图 6.12 高层建筑照明配电干线系统图

（a）、（b）、（c）分区树干式（混合式）；（d）大树干式

5. 高层住宅供配电方案

高层住宅一般由小区公用变电所供电。这类建筑应设 π 接箱和配电室，一般设在地下设备层内。π 接箱由供电部门管理，配电室由房管部门管理，如图 6.13 所示。

6. 局部照明的供电方式

工厂机床和固定工作台上的局部照明，可由电力线路供电。移动式安全照明应接自正常照明线路，以便检修电力线路时，仍能保证正常使用。对于采用安全电压供电的电源输入、输出回路必须采用隔离变压器进行电气上的隔离。

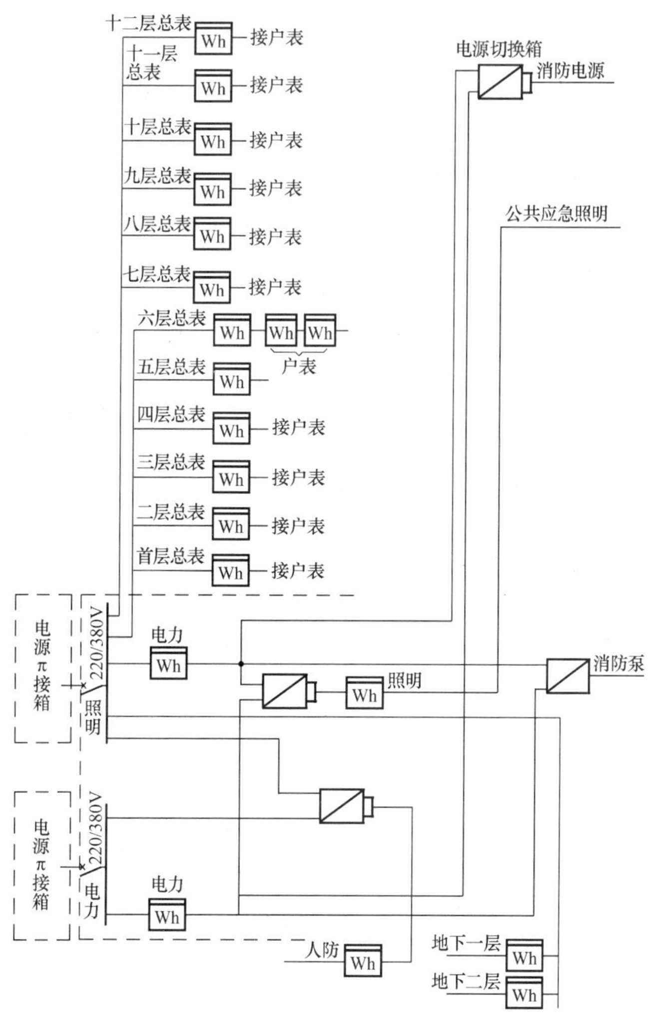

图 6.13 某高层住宅供配电方案

7. 室外照明的供电方式

道路照明应分区集中由有人值班的变电所供电。该方法如采用三相四线制供电，应注意各相负荷分配均衡，从节能考虑，应尽可能采用光电或微机自动控制。

广场照明以及露天工作场地或堆场的照明，可由附近变电所供电，并实行就地控制。

6.2.3 供配电网络的设计原则

照明供配电网络的设计应考虑以下原则：

(1) 在工业建筑中，由低压配电屏供给的每一回路的计算电流不宜大于 100A，每一回路连接的照明配电箱一般不超过 4 个。

(2) 为减少故障时的停电范围，设计时宜考虑能将楼房分段供电，例如高层住宅的配电立管一般以等于或少于六层为宜，如图 6.13 所示。

(3) 由公共低压电网供电的照明负荷，用单相 220V 供电时线路的电流不宜超过 30A，否则应采用220/380V三相四线制供电。

（4）室内分支线路，从常用导线截面、导线长度、灯数和电压降的分配等综合考虑，每一单相回路电流以不超过15A为宜。

（5）室内分支线长度：220/380V三相四线制线路，一般不超过100m；单相220V线路，一般不超过35m。

（6）高强度气体放电灯或它的混光照明，每一单相回路不宜超过30A。这类灯启动时间长，启动电流大，在选择开关保护电器和导线时必须进行核算及校验。常用混光光源的工作电流和启动电流如表6.1所示。

（7）每一单相回路上的灯头总数不得超过25个，但花灯、彩灯和多管荧光灯除外。插座应与照明分开以单独回路供电。

（8）应急照明作为正常照明的一部分同时使用时，应有单独的控制开关；不作正常照明的一部分时，应急照明电源应能自动投入。

（9）每个配电箱和线路上的负荷分配应力求均衡。

6.2.4 配电设备的布置

照明配电设备主要有照明配电箱和电能表箱。照明配电箱和电能表箱布置时应满足以下要求：

（1）工业厂房的配电箱应安装在便于维护操作的地方以及负荷中心。

表6.1 混光光源电流参数表

序号	混光方案 A光源+B光源	A光源工作电流 启动电流 （A）	B光源工作电流 启动电流 （A）	合计工作电流 合计启动电流 （A）	备注
1	GGY80W+NG50W	0.8/1.4	0.75/0.9	1.55/2.3	GGY—荧光高压汞灯 NG—高压钠灯 NGG—高显色高压钠灯
2	GGY125W+NG70W	1.25/1.8	0.98/1.47	2.23/3.27	
3	GGY250W+NG110W	2.15/3.7	1.25/1.8	3.4/5.5	
4	GGY400W+NG125W	3.25/5.7	2.48/3.7	5.73/9.4	
5	GGY400W+NG250W	3.25/5.7	3.00/5.0	6.25/10.7	
6	GGY400W+NGG400W	3.25/5.7	4.6/5.7	7.83/11.4	
7	GGY125W+NGG250W	1.25/1.8	3.0/5.0	4.25/9.2	

（2）公共建筑物的公共场所不宜设置配电箱，否则应加锁并设置在隐蔽处。

（3）堆放易燃物品仓库内的配电箱应安装在门外。

（4）有爆炸危险的场所内的配电箱，应集中安装在电气控制室内。

（5）在科研楼、多层厂房等建筑内的配电箱，相邻两箱间的水平距离不宜超过40～50m。

（6）住宅用电应尽量推行一户一表制。

6.2.5 照明器的控制

照明器的控制方式和开关位置的选择，应在保证安全的前提下，考虑节能和便于操作及维护管理。一般按下述原则确定：

(1) 无窗厂房、高大厂房、大型车间及公共建筑厅堂的一般照明，宜在配电箱上设分路开关控制；一般工业厂房，宜按生产工段、班组、流水线等分区、分组在配电箱设分路开关控制。

(2) 人工照明同侧窗的天然采光必须综合考虑。例如有些大型电子计算机房等，虽有一定的侧窗采光，但房间深处达不到工作所需的照度值，为此，临窗和非临窗的照明器要分别控制。

(3) 各类生产厂房的辅助小房间、厂房的出入口、生活间等宜分散控制。

(4) 一般办公、教学、实验和生活福利等用房宜分别控制。

(5) 住宅楼的楼梯间和公共走廊，为解决“长明灯”的问题，宜采用延时自熄开关或双控开关；住宅客厅或居室采用简易花灯的，宜装设两个及以上开关。

(6) 饭店的套间、休息厅或客厅，宜采用调光开关。

(7) 1区和10区爆炸危险场所，照明器的开关和保护装置应同时在相线和中性线上安装，并同时切断，其接地PE线应另行敷设。

6.3 照明负荷计算

照明负荷计算的目的是为了选择导线和各种开关设备，在进行照明供电系统设计时，必须对照明负荷进行统计计算。照明负荷的计算通常采用需要系数法和负荷密度法。

6.3.1 需用系数法

1. 照明器的设备容量 P_e

在进行负荷计算之前首先要确定照明器的设备容量，各种照明器的设备容量由以下公式计算。

(1) 对于热辐射光源，其设备容量 P_e 等于照明器的额定功率 P_n，即

$$P_e = P_n \tag{6.3}$$

(2) 对于气体放电光源，需要考虑其镇流器的功率损耗，则

$$P_e = (1+\alpha) P_n \tag{6.4}$$

式中 P_e——设备容量（kW）；

P_n——照明器的额定功率（kW）；

α——镇流器的功率损耗系数，部分照明器的镇流器功率损耗系数如表6.2所示。

表6.2 气体放电光源镇流器的功率损耗系数 α

光源种类	损耗系数 α	光源种类	损耗系数 α
荧光灯	0.2	涂荧光质的金属卤化物灯	0.14
高压荧光汞灯	0.07～0.3	低压钠灯	0.2～0.8
金属卤化物灯	0.14～0.22	高压钠灯	0.12～0.2

(3) 对于民用建筑内的插座，在无具体电气设备接入时，每个插座可按100W计算。

2. 支干线的计算负荷 P_{c1}

支干线的计算负荷 P_{c1} 可按以下公式计算

$$P_{c1}=k_{d1}\sum_{i=1}^{n}P_{ei} \tag{6.5}$$

式中 P_{c1}——支干线的计算负荷（kW）；

P_{ei}——第 i 个照明器的设备容量（kW）；

n——照明器的数量；

k_{d1}——支干线的需用系数，纯照明支干线取 1，插座回路的 k_{d1} 由表 6.3 查取。

表 6.3 插座回路的需用系数 k_{d1}

插座数量	4	5	6	7	8	9	10
k_{d1}	1	0.9	0.8	0.7	0.65	0.6	0.6

根据国家设计规范要求，一般照明回路应避免采用三相低压断路器对三个单相分支回路进行控制和保护。照明系统中的每一单相回路的电流不宜超过 16A，单独回路的照明器套数不宜超过 25 个；对于大型建筑组合照明器，每一单相回路不宜超过 25A，光源数量不宜超过 60 个；对于建筑物轮廓灯，每一单相回路不宜超过 100 个；对于高强度气体放电灯，供电回路电流最多不超过 30A。插座应由单独回路配电，并且一个房间内的插座由同一回路配电，插座数量不宜超过 5 个（组）。当插座为单独回路时，插座的数量不宜超过 10 个（组）。但住宅一般不受以上数量的限制。

3. 主干线的计算负荷 P_{c2}

主干线计算负荷的计算公式为

$$P_{c2}=k_{d2}\sum_{i=1}^{n}P_{c1i} \tag{6.6}$$

式中 P_{c2}——主干线回路的计算负荷（kW）；

P_{c1i}——第 i 个支干线回路的计算负荷（kW）；

n——支干线回路的数量；

k_{d2}——照明主干线回路的需用系数，如表 6.4 所示。

表 6.4 照明主干线回路的需用系数 k_{d2}

建筑类别	k_{d2}	建筑类别	k_{d2}
住宅、生活区	0.6～0.8	由小房间组成的车间或厂房	0.85
医院	0.5～0.8	辅助小型车间、商业场所	1.0
办公楼、实验室	0.7～0.9	厂区照明	0.8
科研楼、教学楼	0.8～0.9	汽机房	0.9
图书馆	0.9	多跨厂房	0.85
锅炉房	0.9	仓库、变电所	0.5～0.6
应急照明、室外照明	1.0	道路照明	1.0

根据国家设计规范要求，变压器二次回路到用电设备之间的低压配电级数不宜超过三级（对非重要负荷供电时，可超过三级），故低压干线一般不超过两级。

4. 馈电线的计算负荷 P_c

$$P_c=k_d\sum_{i=1}^{n}P_{c2i} \tag{6.7}$$

式中 P_c——馈电线（进户线、低压总干线）的计算负荷（kW）；

P_{c2i}——第 i 个主干线的计算负荷（kW）；

n——主干线的数量；

k_d——馈电线（进户线、低压总干线）的需用系数，如表 6.5 所示。

表 6.5　民用建筑照明负荷需用系数 k_d

建筑种类	k_d	备注
住宅楼	0.40～0.60	单元式住宅，每户两室 6～8 组插座，户装电能表
单身宿舍楼	0.60～0.70	标准单间，1～2 盏灯，2～3 组插座
办公楼	0.70～0.80	标准单间，2～4 盏灯，2～3 组插座
科研楼	0.80～0.90	标准单间，2～4 盏灯，2～3 组插座
教学楼	0.80～0.90	标准教室，6～10 盏灯，1～2 组插座
商店	0.85～0.95	有举办展销会的可能时
餐厅	0.80～0.90	
门诊楼	0.35～0.45	
旅游旅馆	0.70～0.80	标准单间客房，8～10 盏灯，5～6 组插座
病房楼	0.50～0.60	
影院	0.60～0.70	
体育馆	0.65～0.70	
博展馆	0.30～0.90	

注　1. 每组插座按 100W 计。
2. 采用气体放电光源时，须计算镇流器的功率损耗。
3. 住宅楼的需用系数可根据各相电源上的户数选定：25 户以下取 0.45～0.5；25 户～100 户取 0.40～0.45；超过 100 户取 0.30～0.35。

6.3.2 负荷密度法

单位面积上的负荷需求量称作负荷密度。根据负荷密度法定义，建筑物的总计算负荷为

$$P_c = \frac{KA}{1000} \tag{6.8}$$

式中　P_c——建筑物的总计算负荷（kW）；

K——单位面积上的负荷需求量即负荷密度（W/m^2），可由表 6.6 查得；

A——建筑面积（m^2）。

表 6.6　照明用电负荷密度

<table>
<tr><th rowspan="2">建筑物名称</th><th colspan="2">计算负荷（W/m²）</th><th rowspan="2">建筑物名称</th><th colspan="2">计算负荷（W/m²）</th></tr>
<tr><th>白炽灯</th><th>荧光灯</th><th>白炽灯</th><th>荧光灯</th></tr>
<tr><td>一般住宅楼</td><td colspan="2">6～12</td><td>餐厅</td><td colspan="2">8～16</td></tr>
<tr><td>单身宿舍</td><td></td><td>5～7</td><td>高级餐厅</td><td>15～30</td><td></td></tr>
<tr><td>一般办公楼</td><td></td><td>8～10</td><td>旅馆、招待所</td><td colspan="2">11～18</td></tr>
<tr><td>高级办公楼</td><td colspan="2">15～23</td><td>高级宾馆、招待所</td><td>20～35</td><td></td></tr>
<tr><td>科研楼</td><td>20～25</td><td></td><td>文化馆</td><td>15～18</td><td></td></tr>
<tr><td>技术交流中心</td><td>15～20</td><td>20～25</td><td>电影院</td><td>12～20</td><td></td></tr>
<tr><td>图书馆</td><td>15～25</td><td></td><td>剧场</td><td>12～27</td><td></td></tr>
<tr><td>托儿所、幼儿园</td><td colspan="2">6～10</td><td>体育练习馆</td><td colspan="2">12～24</td></tr>
<tr><td>大、中型商场</td><td>13～20</td><td></td><td>门诊楼</td><td colspan="2">12～15</td></tr>
<tr><td>综合服务楼</td><td>10～15</td><td></td><td>病房楼</td><td colspan="2">12～25</td></tr>
<tr><td>照相馆</td><td>8～10</td><td></td><td>服装生产车间</td><td colspan="2">20～25</td></tr>
<tr><td>服装店</td><td>5～10</td><td></td><td>工艺品生产车间</td><td colspan="2">15～20</td></tr>
<tr><td>书店</td><td>6～12</td><td></td><td>库房</td><td colspan="2">5～7</td></tr>
<tr><td>理发店</td><td>5～10</td><td></td><td>车房</td><td colspan="2">5～7</td></tr>
<tr><td>浴室</td><td>10～15</td><td></td><td>锅炉房</td><td colspan="2">5～8</td></tr>
<tr><td>粮店、副食店、邮政所</td><td></td><td>8～12</td><td>洗染店、综合修理店</td><td></td><td>8～12</td></tr>
</table>

6.3.3 线路的计算电流

线路计算电流是照明负荷计算的重要内容，是电气设备和导线电缆截面选择的重要依据。在进行照明供电设计时，应根据国家设计规范要求，三相照明电路中各相负荷的分配应尽量保持平衡，每个分配电箱中的最大与最小的相负荷电流之差不宜超过30%。单相负荷应尽可能地均匀分配在三相线路上，当计算范围内单相用电设备容量之和小于总设备容量的15%时，可全部按三相对称负荷计算，超过15%时应将单相负荷换算为等效三相负荷，再同三相对称负荷相加。等效三相负荷为最大单相负荷的3倍。具体计算方法如下。

1. 接相电压的单相照明设备

当照明设备仅接相电压时，线路的计算电流可按下列情况计算：

（1）单相线路的计算电流

$$I_{cp}=\frac{P_{cp}}{U_{np}\cos\varphi}\quad (A) \tag{6.9}$$

式中 P_{cp}——单相负荷所在线路的总计算负荷（kW）；

U_{np}——单相负荷所在线路的额定相电压（kV）；

$\cos\varphi$——单相负荷的功率因数，各种单相照明负荷的 $\cos\varphi$ 如表6.7所示。

表6.7 单相照明负荷的计算功率因数 $\cos\varphi$

照明负荷		功率因数
白炽灯		1.0
荧光灯	带有无功功率补偿装置	0.95
	不带无功功率补偿装置	0.5
高强度气体放电灯	带有无功功率补偿装置	0.9
	不带无功功率补偿装置	0.5

注 在公共建筑内宜使用带无功功率补偿装置的荧光灯。

（2）三相等效负荷

$$P_c=3P_{p\max} \tag{6.10}$$

式中 P_c——三相等效计算负荷（kW）；

$P_{p\max}$——三个单相负荷中最大的相负荷（kW）。

（3）三相线路的计算电流

$$I_c=\frac{P_c}{\sqrt{3}U_n\cos\varphi}\quad (A) \tag{6.11}$$

式中 U_n——单相负荷所在线路的额定线电压（kV）；

$\cos\varphi$——相负荷的功率因数。

2. 接线电压的单相照明设备

接线电压的单相照明设备的三相等效负荷为

$$P_c=3P_{L\max} \tag{6.12}$$

式中 $P_{L\max}$——三相负荷中最大的线间负荷（kW）。

三相线路中的线计算电流仍按式（6.11）计算。

应该指出，当采用同一种光源时，线路计算电流可直接按式（6.9）～式（6.12）计算。对于热辐射光源与气体放电光源混合的线路，其计算电流可由下式计算

$$I_c = \sqrt{(I_{c1} + I_{c2}\cos\varphi)^2 + (I_{c2}\sin\varphi)^2} \tag{6.13}$$

式中 I_{c1}——混合照明线路中，热辐射光源（白炽灯、卤钨灯）的计算电流（A）；

I_{c2}——混合照明线路中，气体放电灯的计算电流（A）；

φ——气体放电灯的功率因数角。

【例 6.1】 某大型仓库的220/380V三相四线制照明供电线路上接有250W荧光高压汞灯和白炽灯两种光源，各相负荷的分配情况：A相250W荧光高压汞灯4盏，白炽灯2kW；B相250W荧光高压汞灯8盏，白炽灯1kW；C相250W荧光高压汞灯2盏，白炽灯3kW。试求线路的计算电流和功率因数。

解 查表6.2可知荧光高压汞灯镇流器的损耗系数为α=0.07～0.3，取α=0.15。取各相支干线的需要系数$k_{d1}=1$。

A相白炽灯组的计算负荷为

$$P_{c1} = k_{d1}P_{e1} = 1 \times 2000 = 2000\text{W}$$

$$I_{c1} = \frac{P_{c1}}{U_{np}\cos\varphi} = \frac{2000}{220 \times 1} = 9.1(\text{A})$$

A相荧光高压汞灯组的计算负荷为

$$P_{c2} = k_{d1}(1+\alpha)P_{e2} = 1 \times (1+0.15) \times 250 \times 4 = 1150(\text{W})$$

$$I_{c2} = \frac{P_{c2}}{U_{np}\cos\varphi} = \frac{1150}{220 \times 0.6} = 8.71(\text{A})$$

则A相的计算电流为

$$\begin{aligned} I_{cA} &= \sqrt{(I_{c1} + I_{c2}\cos\varphi)^2 + (I_{c2}\sin\varphi)^2} \\ &= \sqrt{(9.1 + 8.71 \times 0.6)^2 + (8.71 \times 0.8)^2} = 15.93(\text{A}) \end{aligned}$$

$$\cos\varphi_A = \frac{I_{c1} + I_{c2}\cos\varphi}{I_{cA}} = 0.9$$

同理，可计算出B相和C相的计算电流和功率因数如下

$$I_{cB} = 20.26\text{A}, \cos\varphi_B = 0.74$$

$$I_{cC} = 16.61\text{A}, \cos\varphi_C = 0.98$$

因B相的计算电流（负荷）最大，故在干线的计算中以它为基准，则干线的计算电流为

$$I_c = \frac{3K_d P_{cB}}{\sqrt{3}U_n\cos\varphi_B} = \frac{3 \times 0.95 \times [1000 + 250 \times 8 \times (1+0.15)]}{\sqrt{3} \times 380 \times 0.74} = 19.31(\text{A})$$

6.3.4 功率因数补偿

因为气体放电灯回路接有镇流器和触发器等附件，线路功率因数较低，电能损耗和电压损失均较大，所以应进行无功功率补偿。照明系统无功功率补偿方法分为集中补偿和分散补偿。集中补偿的投资较少，但常因配电箱近旁安装电容器不方便，而把电容器安装在低压配电室内，有色金属消耗量和线路的电能损耗均不能得到有效的降低。分散补偿是将电容器安

装在灯具内或近旁，可以克服集中补偿的弊病，但初次投资较多。

电容器的补偿容量计算：

集中补偿时，将 $\cos\varphi_1$ 提高到 $\cos\varphi_2$ 所需补偿电容器的无功功率 Q_C 可按下式计算

$$Q_C = KP_c(\tan\varphi_1 - \tan\varphi_2) \qquad (\text{kvar})$$

式中 $\tan\varphi_1$——补偿前的功率因数角正切值；

$\tan\varphi_2$——补偿后的功率因数角正切值；

K——平均负荷系数，K=0.85～0.9；

P_c——三相有功计算负荷，包括镇流器、触发器功率（kW）。

分散补偿时，单灯补偿的电容器容量 C 可按下式计算

$$C = \frac{Q_C}{2\pi f U_C^2} \times 10^3 = \frac{3.184P_c(\tan\varphi_1 - \tan\varphi_2)}{U_C^2} \qquad (\mu\text{F})$$

式中 P_c——单灯计算有功功率，包括镇流器、触发器功率（kW）；

Q_C——电容器无功功率（kvar）；

U_C——电容器端子上的电压（kV）。

气体放电灯单灯补偿电容器，可直接从生产厂家购得。

6.4 线缆的选择与敷设

照明供配电线缆的选择分为型号选择和导体截面选择两个方面的内容。设计时应首先确定线缆的类型或型号，然后再进一步选择线缆的导体截面，而导线的敷设方式却是线缆选型的重要依据。本节将分别介绍线缆敷设方式以及型号和截面的选择。

6.4.1 导线敷设方式选择

导线的敷设方式可分为架空线路、电缆线路和室内、外配电线路。室内配电线路大多采用绝缘导线，但配电干线则多采用裸导线和电缆。室外配电线路指沿建筑物外墙或屋檐敷设的低压配电线路，以及建筑物之间用绝缘导线敷设的短距离的低压架空线路，一般亦采用绝缘导线。

1. 架空线路

架空线路是指安装在室外电杆上，用来输送电能的线路。架空线路与电缆线路相比具有成本低、投资少，安装容易，维护和检修方便，易于发现和排除故障等优点，但受环境条件影响较大，所以架空线路在人口密集的城镇和住宅小区已逐渐被电缆线路所代替。

2. 电缆线路

电缆线路的敷设方式主要有直接埋地敷设、电缆沟敷设、电缆桥架敷设、穿管敷设或明敷设，电缆隧道和电缆排管等敷设方式则较少采用。

选择电缆敷设路径时，要避免电缆遭受机械性外力、过热、腐蚀等危害；在满足安全要求条件下应尽量选择较短的路径；应便于敷设施工和维护检修；应避开有可能开挖施工的地方。

3. 低压绝缘导线

低压绝缘导线是低压供配电系统中与人接触最多的一类导线。绝缘导线的敷设方式，分明敷和暗敷两种。

（1）明敷设。照明线路明敷设主要有瓷珠、瓷瓶、瓷夹板、塑料夹板、铝皮卡、槽板明敷设以及穿电线管、穿钢管、穿塑料管、在塑料或金属线槽内敷设等方式。通常是敷设于墙壁和顶棚的表面，以及沿桁架和支架等处敷设。

绝缘导线采用瓷珠、瓷瓶明敷设，广泛用于工厂车间内，一般采用跨屋架或沿屋架敷设。

绝缘导线采用瓷夹板、塑料夹板、铝皮卡以及槽板，沿墙、顶棚或屋架明敷设，多用于辅助厂房以及次要的民用建筑中。这种敷设方式施工简单、维护方便、投资节省。

明敷设在有可能遇到机械损伤的地方，如沿柱子、吊车梁或 1.8m 以下的线段应穿钢管或用其他措施保护。配电箱几回出线沿同一方向明敷设时，可合穿一根钢管，但管内导线总数不应超过 8 根。不同电压或不同种类的照明回路不能共管敷设。

穿塑料或金属线槽一般用于照明干线在竖井内明敷设。铝皮卡一般用于护套线的明敷设。

对于民用建筑，明敷设多见于工程改造时使用，对于新建工程则广泛使用暗敷设。

（2）暗敷设。绝缘导线穿电线管、钢管、塑料管，常用于墙壁、顶棚、地坪及楼板等内部暗敷设，或者在混凝土板孔内暗敷设。电线管、钢管和难燃塑料管亦可敷设在有延燃危险的顶棚或板壁内。

暗敷设既可避免导线受机械损伤，又能达到不占用室内空间和美观的要求，是目前新建工程广泛采用的敷设方式。

绝缘导线的敷设要求，应符合有关规程的规定，且必须做到：①线槽布线及穿管布线的导线中间不许直接接头，接头必须经专门的接线盒。②穿金属管或金属线槽的交流线路，应将同一回路的所有相线和中性线穿于同一管槽内，否则，如果只穿部分导线，则由于线路电流不平衡而产生交流磁场作用于金属管槽时，在金属管槽内将产生涡流损耗，钢管还将产生磁滞损耗，使管槽发热，导致其中导线过热甚至可能烧毁。③电线管路与热水管、蒸汽管同侧敷设时，应敷设在水、汽管的下方；有困难时，可敷设在其上方，但相互间距应适当增大，或采取隔热措施。

4. 低压裸导线和封闭式母线

室内的低压配电裸导线大多采取硬母线，其截面形状有圆形、管形和矩形等，其材质有铜、铝和钢。车间中以采用 LMY 型硬铝母线和 TMY 型硬铜母线最为普遍。

封闭式母线又称密集型母线、插接式母线或母线槽，是一种相间、相对地有绝缘层的低压母线，系将 3～5 条矩形截面的母线用绝缘材料隔开并嵌于封闭的金属壳体内，根据使用者要求，可以在预定位置留出插接口。其特点是安全、灵活、美观、载流量大、便于分支，但耗用钢材较多，投资较大。封闭式母线通常作干线使用或向大容量设备提供电源。其敷设方式有：电气竖井中垂直敷设，用吊杆在天棚下水平敷设，也可以在电缆沟或电缆隧道内敷设。

6.4.2 照明线缆的选型

照明线缆的选型，要根据环境条件、敷设方式以及应用条件，从导体和绝缘材质等几个方面综合考虑确定。

1. 导体材料的选择

从节能的角度考虑，为了减少电能传输时引起线路上的电能损耗，要求减小导线的阻抗，则使用铜比铝好；另外铜的使用寿命也远远大于铝。根据节约用铜的原则和节约一次投资，对于一些非重要用户则推荐采用铝芯线缆。

2. 导线绝缘及护套材料的选择

表 6.8 列出了常用绝缘导线的型号和用途，表 6.9 列出了常用电力电缆的型号和用途，供选择时参考。

3. 电缆芯数的选择

馈电线和干线通常采用电力电缆线路。对于 TN-C（系统接线方式介绍见 6.5 节）系统，应采用四芯电缆，用第四芯作为 PEN 线。对于 TN-S 系统则应采用五芯电缆，若没有五芯电缆时，可用四芯电缆与一条单芯电缆或电线捆扎组合的方式，PE 线也可利用电线的护套、屏蔽层、铠装等金属外护层等。分支单相回路带 PE 线时应采用三芯电缆。如果是三相三线制系统，则采用四芯电缆，第四芯作为 PE 线使用。

表 6.8　　常用绝缘导线的型号和用途

型号	名称	主要用途
BV	铜芯聚氯乙烯绝缘电线	用于交流 500V 及直流 1000 V 及以下的线路中，供穿钢管或 PVC 管，明敷或暗敷用
BLV	铝芯聚氯乙烯绝缘电线	
BVV	铜芯聚氯乙烯绝缘聚氯乙烯护套电线	用于交流 500V 及直流 1000V 及以下的线路中，供沿墙、沿平顶卡钉明敷用
BLVV	铝芯聚氯乙烯绝缘聚氯乙烯护套电线	
BVR	铜芯聚氯乙烯软线	与 BV 型同，安装要求柔软时使用
RV	铜芯聚氯乙烯绝缘软线	供交流 250V 及以下各种移动电气接线用，大部分用于电话、广播、火灾报警等，前二者常用 RVS 绞线
RVS	铜芯聚氯乙烯绝缘绞型软线	
BXF	铜芯氯丁橡皮绝缘线	具有良好的耐老化性和不延燃性，并具有一定的耐油、耐腐蚀性能，适用于户外敷设
BLXF	铝芯氯丁橡皮绝缘线	
BV—105	铜芯耐 105℃聚氯乙烯绝缘电线	供交流 500V 及直流 1000 V 及以下电力、照明、电工仪表、电信电子设备等温度较高的场所使用

表 6.9　　常用电力电缆的型号和用途

型号		名称	主要用途
铜芯	铝芯		
VV	VLV	铜（铝）芯聚氯乙烯绝缘聚氯乙烯护套电力电缆	适用于室内、电缆沟内、电缆托架上和穿管敷设，不能承受压力和拉力
VY	VLY	铜（铝）芯聚氯乙烯绝缘聚乙烯护套电力电缆	
VV22	VLV22	铜（铝）芯聚氯乙烯绝缘内钢带铠装聚氯乙烯护套电力电缆	适用于直接埋地敷设，能承受一定的正压力，但不能承受拉力
VV23	VLV23	铜（铝）芯聚氯乙烯绝缘内钢带铠装聚乙烯护套电力电缆	
YJV	YJLV	铜（铝）芯交联聚乙烯绝缘、聚氯乙烯护套电力电缆	敷设在室内、沟道中、管子内、也可埋设在土壤中，不能承受机械外力作用，但可承受一定的敷设牵引
YJVF	YJLVF	铜（铝）芯交联聚乙烯绝缘、分相聚氯乙烯护套电力电缆	
YJV_{22}	$YJLV_{22}$	铜（铝）芯交联聚乙烯绝缘、聚氯乙烯护套内钢带铠装电力电缆	敷设于土壤中，能承受机械外力作用，但不能承受大的拉力

6.4.3 导体截面的选择

为了保证照明供配电系统安全可靠地运行，选择导线和电缆截面时，一般应考虑导线机械强度、导体发热、线路电压损失等正常运行条件，同时还要考虑短路电流作用下热稳定条件以及与保护的配合关系。对于各种绝缘导线和电缆，还必须满足工作电压的要求。

6.4.3.1 按机械强度条件选择导体截面

导线和电缆在生产、运输、安装和运行过程中要承受一定的机械作用力，为了保证在各种正常受力下，导线和电缆能够不致损坏，其截面应不小于某一最小允许值，即

$$A \geqslant A_{min} \tag{6.14}$$

式中 A——所选导线的芯线截面（mm^2）；

A_{min}——由机械强度条件决定的导线最小允许截面（mm^2），查表 6.10 或其他有关资料得到。

表 6.10 绝缘导线最小允许截面

敷设方式			线芯最小截面（mm^2）	
			铜芯	铝芯
照明用灯头引下线			1.0	2.5
敷设在绝缘支持件上的绝缘导线，其支持点的间距	室内	$L\leqslant 2m$	1.0	2.5
敷设在绝缘支持件上的绝缘导线，其支持点的间距	室外	$L\leqslant 2m$	1.5	2.5
		$2m<L\leqslant 6m$	2.5	4.0
		$6m<L\leqslant 15m$	4.0	6.0
		$15m<L\leqslant 25m$	6.0	10.0
导线穿管，槽板，护套线扎头明敷；线槽			1.0	2.5
PE 线和 PEN 线		有机械保护时	1.5	2.5
		无机械保护时	2.5	4.0

6.4.3.2 按发热条件选择导体截面

电流通过导体时要产生能量损耗，从而使导线发热。裸导线的温度过高时，会使接头处的氧化加剧，增大接触电阻，使之进一步氧化，如此恶性循环，最后可发展到断线。而绝缘导线和电缆的温度过高时，可使绝缘加速老化甚至烧毁，或引起火灾。因此，导体在通过正常最大负荷电流时产生的发热温度，不应超过其正常运行时的最高允许温度。按发热条件选择导线截面时，应使其允许载流量 I_{al} 不小于通过导线的计算电流 I_c，即

$$I_{al} \geqslant I_c \tag{6.15}$$

所谓导线的允许载流量，就是在规定的环境温度条件下，导线能够连续承受而不致使其稳定温度超过允许值的最大电流。如果导线敷设地点的实际环境温度 θ'_0 与导线允许载流量所采用的环境温度 θ_0 不同时，则导线的允许载流量应加以修正。修正后的允许载流量为

$$I'_{al} = K_\theta I_{al} = \sqrt{\frac{\theta_{al} - \theta'_0}{\theta_{al} - \theta_0}} I_{al} \tag{6.16}$$

式中 K_θ——温度校正系数；

θ_{al}——导线额定负荷时的最高允许温度，见附表 39～附表 44。

这里所说的“环境温度”，是按发热条件选择导线和电缆的特定温度。在室外，环境温度一般取当地最热月平均最高气温。在室内，则取当地最热月平均最高气温加 5℃。对土壤中直埋的电缆，则取当地最热月地下 0.8～1m 的土壤平均温度，亦可近似地取为当地最热月平均气温。

当有多根导线并列敷设时，导线的散热将会受到影响，此时导线的实际载流量应为

$$I'_{al} = K_1 I_{al} \tag{6.17}$$

式中 K_1——校正系数。

附表 39～附表 44 列出了常用电线电缆正常运行时的最高允许温度、特定条件下的允许载流量以及载流量校正系数。

按发热条件选择导线所用的计算电流 I_c，对降压变压器高压侧的导线，应取为变压器额定一次电流 I_{1nT}。对电容器的引入线，由于电容器充电时有较大的涌流，因此 I_c 应取为电容器额定电流 I_{nC}的 1.35 倍。

6.4.3.3 按电压损失条件选择导体截面

电压损失是指线路首末端电压的代数差，通常用相对于额定电压的百分数表示。按允许电压损失选择导线和电缆截面时应满足以下条件

$$\Delta U\% \leqslant \Delta U_{min}\% \tag{6.18}$$

式中 $\Delta U\%$——照明线路实际电压损失；

$\Delta U_{min}\%$——照明线路的允许电压损失，如表 6.11 所示。

表 6.11　照明线路的允许电压损失

照　明　线　路	允许电压损耗（%）
对视觉作业要求高的场所，白炽灯、卤钨灯及钠灯的线路	2.5
一般作业场所的室内照明，气体放电灯的线路	5
露天照明、道路照明、应急照明、36V 及以下照明线路	10

对于 220/380V 线路，如果全线的导线型号规格一致，并且可不计线路的感抗或负荷 $\cos\varphi \approx 1$（称作“均匀一无感”线路）时，其电压损失可按以下公式计算

$$\Delta U\% = \frac{\Sigma M}{\gamma A U_n^2} \times 100\% = \frac{\Sigma M}{CA} \tag{6.19}$$

式中 ΣM——负荷矩，负荷功率与线路长度的乘积，即 $\Sigma M = \Sigma PL$（kW・m）；

P——照明负荷功率（kW）；

L——供配电线路长度（m）；

A——导线截面（mm^2）；

U_n——线路的额定线电压，对于单相线路应取额定相电压（V）；

γ——导线导体材料的电导率；

C——计算系数，由表 6.12 查取。

表 6.12　电压损失计算系数 *C* 值表

线路额定电压（V）	线路类别	C 的计算式	计算系数 C（kW・m・mm^{-1}）	
			铝　线	铜　线
220/380	三相四线	$\gamma U_n^2/100$	46.2	76.5
	两相三线	$\gamma U_n^2/225$	20.5	34.0

续表

线路额定电压（V）	线路类别	C的计算式	计算系数 C（$kW \cdot m \cdot mm^{-1}$）	
			铝　线	铜　线
220	单相及直流	$\gamma U_n^2/200$	7.74	12.8
110			1.94	3.21

注　表中 C 值是导线工作温度为50℃、负荷矩 M 的单位为 kW・m、导线截面单位为 mm^2 时的数值。

对于单相交流线路和直流线路，由于其负荷电流要通过来回两根导线，所以总的电压损失应为一根导线上电压损失的2倍，因此其计算系数中的分母为200。

对于带有均匀分布负荷的线路，在计算其电压损失时，可将其分布负荷集中于分布线段的中点，按集中负荷来计算。

根据式（6.19）可知，对于低压"均匀一无感"线路，也可以应用下式按允许电压损失条件直接选取导线的截面

$$A = \frac{\Sigma M}{C \Delta U\%} \tag{6.20}$$

式中，$\Delta U\%$取线路允许电压损失；其余符号意义同式（6.19）。

6.4.3.4　按与线路保护配合选择导体截面

绝缘导线和电缆的截面还应与线路的过电流保护相配合，以免导线因过负荷或过电流使导线绝缘过热甚至起燃而保护装置仍不动作，从而引发火灾等严重事故，因此必须满足下列条件

$$I_{n\,FE} \leqslant K_{OL} I_{al} \text{ 或 } I_{OP\,QF} \leqslant K_{OL} I_{al} \tag{6.21}$$

式中　$I_{n\,FE}$——线路首端低压熔断器熔体额定电流；

$I_{OP\,QF}$——线路首端低压断路器过电流脱扣器的动作电流（脱扣电流）；

I_{al}——绝缘导线（或电缆）的允许载流量；

K_{OL}——绝缘导线（或电缆）的允许短时过负荷系数。

K_{OL}的取值必须注意以下几点：

（1）采用熔断器保护时 K_{OL}的取值：①当熔断器只作短路保护时，对电缆和穿管绝缘导线，取 $K_{OL}=2.5$；对明敷绝缘导线，取 $K_{OL}=1.5$；②当熔断器除作短路保护外尚作过负荷保护（例如居民住宅、职工宿舍、重要仓库和公共建筑中的线路）时，取 $K_{OL}=1$，如果 $I_{n\,FE} \leqslant 25A$，则应取 $K_{OL}=0.85$。

（2）采用低压断路器保护时 K_{OL}的取值：①对于瞬时或短延时过电流脱扣器保护，取 $K_{OL}=4.5$；②对于长延时过流脱扣器，应取 $K_{OL}=1.1$，如果只作过负荷保护，则取 $K_{OL}=1$。

6.4.3.5　按热稳定条件校验导体截面

为使绝缘导线和电缆在短路电流通过时不会由于导线的温升超过允许值而损坏，还需校验其热稳定性。绝缘导线和电缆的热稳定应按下式进行校验

$$A \geqslant \frac{I}{C}\sqrt{t_i} \tag{6.22}$$

式中　A——所选绝缘导线或电缆的线芯截面（mm^2）；

I——短路电流有效值（A）；

C——计算系数，不同绝缘材料的计算系数 C 值，可由附表39查取。

t_i——短路电流持续作用的时间（s），当短路持续时间 $t_k \leqslant 0.1$s 时，应计入短路电流非周期分量的影响，取 $t_i = t_k + 0.05$s，当短路持续时间 $t_k > 0.1$s 时，可认为 $t_i = t_k$。

6.4.3.6 中性线和保护线截面的选择

1. 中性线（N线）截面选择

在低压TN或TT系统中，N线的允许载流量不应小于三相线路中最大的不平衡负荷电流，同时应考虑谐波电流的影响，因此，中性线截面不应小于相线截面50%。

对以气体放电灯为主的三相四线制照明线路中的N线截面，以及由三相电路分出的两相电路，其中性线的截面应与相线的截面相同。

对于采用可控硅调光的三相四线制或二相三线制系统，由于谐波分量较重，其中性线截面不应小于相线截面的2倍。

2. 保护线（PE线）截面的选择

PE线在系统正常工作情况下是非载流导体，因此它的选择原则是当发生单相接地故障时能够发挥其良好的保护功能。一般情况下，保护线的截面可按下列原则选取：

（1）当PE线所用材质与相线相同时，截面不应小于表6.13所列数据。

表6.13 保护线（PE线）最小截面 （mm^2）

相线截面 S	保护线（PE线）最小截面	相线截面 S	保护线（PE线）最小截面
$S \leqslant 16$	S	$S > 35$	$S/2$
$16 \leqslant S \leqslant 35$	16		

（2）当PE线不是供电电缆或电缆外护层的组成部分时，按机械强度要求，截面不应小于表6.14所列数值。

表6.14 埋入土内的保护线最小截面 （mm^2）

有无防护	有防机械损伤保护	无防机械损伤保护
有防腐蚀保护的	按热稳定条件确定	铜16，铝25
无防腐蚀保护的	铜 25	铁 50

（3）保护中性线（PEN线）截面的选择：对于兼有保护线（PE）和中性线（N）双重功能的PEN线，其截面选择应同时满足上述保护线和中性线的截面选择要求，即按它们的最大者选取。另外，按照机械强度要求，当采用单股导线作PEN线干线时，铜芯导线不应小于$10mm^2$，铝芯导线不应小于$16mm^2$；采用多股导线或电缆作PEN线干线时，其截面不应小于$4mm^2$。

导线截面的选择必须同时满足以上选择条件，即选择其中最大的截面。根据设计经验，一般10kV及以下高压线路，通常先按发热条件选择截面，再校验电压损失和机械强度；低压照明供配电线路，因其对电压水平要求较高，因此通常先按允许电压损失进行选择，再校验允许载流量和机械强度等条件。

【例6.2】 某220/380V三相四线制线路，全长100m，在中点和末端分别接有10kW和30kW对称性三相纯电阻性负荷。若采用BV－500－3×25＋1×16导线，试计算全线电压损失，并校验是否满足发热条件和机械强度条件。

解 查表 6.12 得 $C=76.5\text{kW}\cdot\text{m/mm}^2$，则

$$\Sigma M=\Sigma PL=10\text{kW}\times 50\text{m}+30\text{kW}\times 100\text{m}=3500(\text{kW}\cdot\text{m})$$

因此，全线电压损失

$$\Delta U\%=\frac{\Sigma M}{CA}=\frac{3500}{76.5\times 25}=1.83$$

线路首端计算电流为

$$I_c=\frac{P_c}{\sqrt{3}U_n\cos\varphi}=\frac{10+30}{\sqrt{3}\times 0.38\times 1}=60.8(\text{A})$$

查附表 43 得 BV 绝缘电线明敷设，环境温度为 35℃时的允许载流量为

$$I_{al}=124\text{A}>I_c=60.8\text{A}$$

故满足发热条件要求。

查表 6.10，当 BV－500－25mm² 绝缘导线室外明敷设，支持点间距为 $15\text{m}<L<25\text{m}$ 时的机械强度最小允许截面为 $6\text{mm}^2<25\text{mm}^2$，所以满足机械强度条件。

6.5 系统保护与电气安全

当照明供配电系统通过的电流超过其正常允许值时，将会使配电设备和导线的温度升高，绝缘老化加剧，甚至有可能引起火灾，对此，必须装设相应的保护装置。低压照明系统的保护一般采用熔断器或低压断路器。下面将分别介绍照明系统保护的配置和选择计算方法。

6.5.1 保护的配置

1. 保护配置原则

照明线路的保护主要有短路保护和过负荷保护两种。一般所有照明线路均应装设短路保护；对于住宅、重要的仓库、公共建筑、商店、工业企业办公及生活用房、有火灾危险的房间及有爆炸危险场所等的线路，以及有延燃性外层的绝缘导线明敷在易燃体或难燃物的建筑结构上时还应装设过负荷保护。

在下列位置均应安装保护装置：①分配电箱和其他配电装置的出线处。②无人值班变电所供电的建筑物进线处。③220V/12～36V 变压器的高低压侧。④线路截面减小的始端。

在装设保护装置时必须注意下列问题：①零线上一般不装保护和断开设备，但对有爆炸危险场所的二线制单相网络中的相线及零线，均应装短路保护，并使用双极开关同时切断相线和零线。②住宅和其他一般房间，配电盘上的保护只应装在相线上。③在中性线直接接地的供电系统中，对两相和三相线路的保护一般采用单极保护装置；只有要求同时切断所有相线时，才要求安装双极和三极保护装置。

2. 主要保护措施及相互配合

（1）主要保护措施。照明低压配电线路的主要保护包括短路保护、过负荷保护、接地故障保护与过电压保护。

1）短路保护。所有低压配电线路都应装设由熔断器或低压断路器构成的短路保护。由于线路的导线截面是根据计算负荷选取的，因此在正常运行的情况下，负荷电流是不会超过导线的长期允许载流量的。但是为了避开线路中短时间冲击负荷的影响（如大容量异步电动机的启动等），同时又能可靠地保护线路，当采用熔断器作短路保护时，熔体的额定电流应小于或等

于电缆或穿管绝缘导线允许截流量的 2.5 倍。对于明敷导线，由于绝缘等级偏低，绝缘容易老化等原因，熔体的额定电流应小于或等于导线允许载流量的 1.5 倍。当采用低压断路器作短路保护时，由于其过电流脱扣器具有延时性并且可调，可以避开线路中的短时过负荷电流，所以，过电流脱扣器的整定电流一般应小于或等于绝缘导线允许载流量的 1.1 倍。

短路保护还应考虑线路末端发生短路时保护装置动作的灵敏性。当上述保护装置作为配电线路的短路保护时，要求在被保护线路的末端发生单相接地短路以及两相短路时，其短路电流值应大于或等于熔断器熔体额定电流的 4 倍；如用低压断路器保护，则应大于或等于低压断路器过电流脱扣器整定电流的 1.5 倍。

2）过负荷保护。一般低压照明配电线路均应装设过负荷保护。过负荷保护一般可由熔断器或自动开关构成，熔断器熔体的额定电流或低压断路器过电流脱扣器的整定电流应不大于导线允许载流量的 0.8 倍。

3）过电压保护。对于民用建筑低压配电线路，一般只要求有短路和过负荷保护两种，但从发展情况来看，还应考虑过电压保护。这是因为某些低压供电线路有时会意外地出现过电压，如高压架空线断落在低压线路上，三相四线制供电系统的零线断落引起中性点偏移，以及雷击低压线路等，都可能使低压供电线路上出现超过正常值的电压，使接在该低压线路上的用电设备因电压过高而损坏。为了避免这种意外情况，应在低压配电线路上采取适当分级装设过电压保护的措施，如在用户配电盘上装设带过电压保护功能的漏电保护开关和电涌保护器等。

4）接地故障保护。接地故障是指相线对地或与地有联系的导体之间的短路。它包括相线与大地、PE 线、PEN 线、配电设备和照明器的金属外壳、穿线管槽、建筑物金属构件、水管、暖气管以及金属屋面之间的短路。接地故障具有较大的危害性，在接地故障持续时间内，与它有联系的配电设备和外露可导电部分对地和对装置外导电部分间存在故障电压，此故障电压可以使人遭受电击，也可因对地的电弧和火花引起火灾或爆炸，造成严重的生命财产损失。一般接地故障电流较小，接地故障保护比较复杂。

接地保护的设置原则：①切断接地故障的时间：应根据系统的接地形式和用电设备的具体情况来确定，但最长不宜超过 5s。②应设置总等电位连接：将电气线路上的 PE 干线或 PEN 干线与建筑物金属构件和金属管道等导电体进行可靠连接。

TN 系统的接地故障保护应满足

$$Z_s I_a \leqslant U_0 \tag{6.23}$$

式中 Z_s——接地故障回路阻抗（Ω）；

I_a——保证保护电器在规定时间内自动切断故障回路的动作电流值（A）；

U_0——对地标称电压（V）。

切断故障回路的规定时间：对于配电干线和供电给固定灯具及电器的线路不大于 5s；对于供电给手提灯、移动式灯具的线路和插座回路不大于 0.4s。

TT 系统接地故障保护应满足

$$R_A I_a \leqslant 50\text{V} \tag{6.24}$$

式中 R_A——设备外露导电部分接地电阻和接地线（PE 线）电阻（Ω）；

I_a——保证保护电路切断故障回路的动作电流（A）。

对 I_a 值的具体要求是：①当采用熔断器或断路器长延时脱扣器时，为在 5s 内切断故障回路的动作电流。②当采用断路器瞬时过流脱扣器时，为保证瞬时动作的最小电流。③当采用漏电保护时，为漏电保护器的额定动作电流。

(2) 上下级保护之间的配合。在低压配电线路上，应能保证上、下级保护之间的配合关系，以保证动作的选择性。

1）当上、下级均采用熔断器保护时，一般要求上一级熔断器熔体的额定电流比下一级熔体的额定电流大2～3级。

2）当上、下级保护均采用低压断路器时，应使上级低压断路器脱扣器的额定电流大于下一级脱扣器的额定电流；上一级低压断路器脱扣器瞬时动作的整定电流一定要大于下一级低压断路器脱扣器瞬时动作的整定电流，一般应大于1.2倍。

3）当电源侧采用低压断路器，负载侧采用熔断器时，应满足熔断器在考虑了正误差后的熔断特性曲线在低压断路器的保护特性曲线之下。

4）当电源侧采用熔断器，负载侧采用低压断路器时，应满足熔断器在考虑了负误差后的熔断特性曲线在低压断路器考虑了正误差后的保护特性曲线之上。

6.5.2 保护设备及选择

6.5.2.1 常用保护设备

照明线路的常用保护设备主要是低压熔断器、低压断路器与漏电保护器等。

1. 低压熔断器

低压熔断器主要由熔管和熔体组成，它在低压电网中主要用作短路保护，有时也用于过载保护。熔断器的保护作用是靠熔体来完成的，当通过熔体的电流超过规定值时，熔体将会熔断，从而起到保护作用。熔体熔断所需时间与电流的大小有关，通过熔体的电流越大熔断时间越短。

常用的低压熔断器有：①RC系列瓷插式熔断器，用于负载较小的照明电路。②RL系列螺旋式熔断器，适用于配电线路中作过载和短路保护，也常用作电动机的短路保护。③RT系列有填料密闭管式熔断器，具有灭弧能力强，分断能力高，并有限流作用，常用于较大短路电流的电力系统和成套配电装置。④RM无填料管式熔断器。RM10型熔断器的结构如图6.14所示，其主要技术数据和保护特性曲线见附表45。

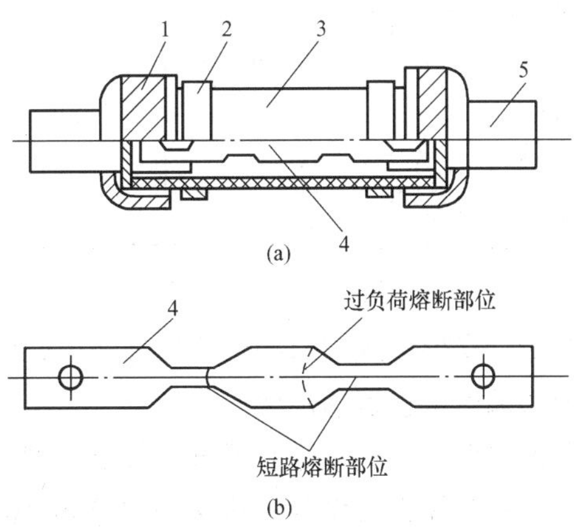

图6.14 RM10型低压熔断器

(a) 熔管；(b) 熔片

1—铜帽；2—管夹；3—纤维熔管；4—变截面锌熔片；5—触刀

2. 低压断路器

低压断路器又称自动空气开关，按用途可分为配电用和照明用；按结构可分为装置式和框架式。低压断路器脱扣器按结构原理可分为电磁脱扣、热脱扣、失压脱扣和分励脱扣；按保护特性和动作时限可分为瞬时脱扣、短延时脱扣和长延时脱扣。电磁脱扣一般为瞬时和短延时特性，常用于短路保护；热脱扣一般为长延时特性，常用于过负荷保护；失压脱扣和分励脱扣则用于需设低电压保护和远距离控制的场合。

目前常用的低压断路器主要有DW16、

DW15、DZ5、DZ20、DZ12、DZ6 系列等，近年来一些厂家生产出了一些具有国际先进水平的新产品，如 C45N 系列和 SO60 系列塑壳式新型自动开关，其外形与 DZ 系列基本相同，但体积小、重量轻，工作可靠。图 6.15 为 C45N 型低压断路器外形及内部结构图。C45N 系列和 SO60 系列断路器的主要技术数据如表 6.15 所示。

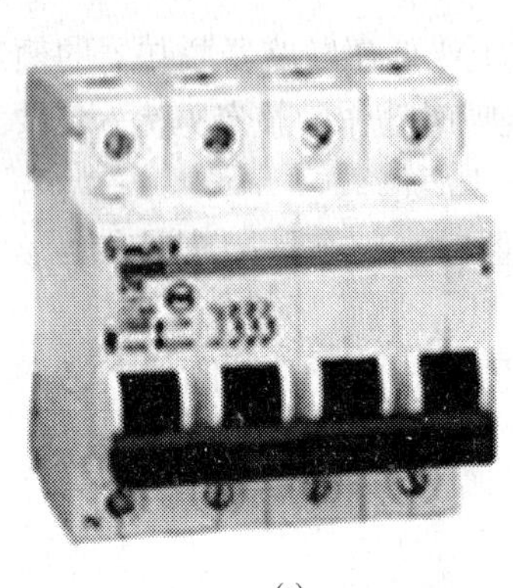
(a)

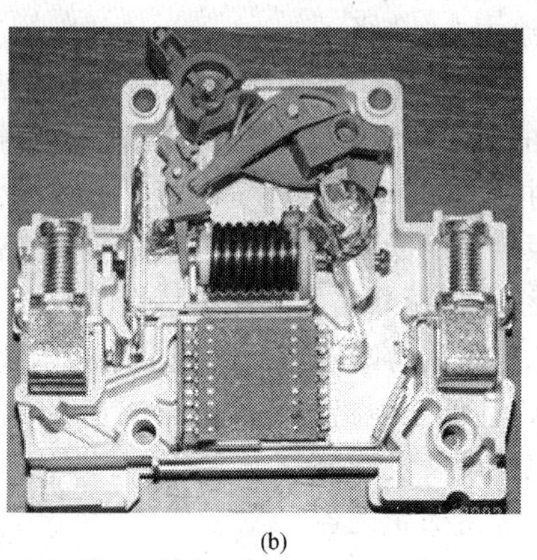
(b)

图 6.15　C45N 型低压断路器
(a) 四极开关外形；(b) 单极开关内部结构图

表 6.15　C45N 系列和 SO60 系列断路器的主要技术数据

型　号	极　数	额定电压（V）	脱扣器额定电流（A）	分断能力
C45N－1	单　极	240/415	1，2，3，5，10，15，20，25，32，40，50，60	1～40A 为 6000A 50、60A 为 4000A
C45N－2	双　极			
C45N－3	三　极			
C45N－4	四　极			
SO61－L（G）	单　极	240/415	L 型：6，10，16，20，25，32 G 型：6，10，16，20，25，32，40，50	3000A
SO60－L（G）	双　极			
SO62－L（G）	双　极			
SO63－L（G）	三　极			
SO64－L（G）	四　极			

3. 漏电保护器

对于系统绝缘能力降低或损坏所引起的漏电，熔断器和低压断路器则不能可靠反应，通常采用漏电保护器承担保护任务。

漏电保护器按动作原理可分为电压型、电流型和脉冲型，按脱扣的形式可分为电磁式和电子式，按保护功能及结构又可分为漏电继电器、漏电断路器、漏电开关及漏电保护插座等。目前应用最多的是将漏电保护器制成附件与低压断路器组合使用，如与 C45N 配套的 vigiC45ELE 漏电附件等。

4. 照明配电箱

标准照明配电箱是按国家标准统一设计的全国通用的定型产品。照明配电箱内主要装有控制各支路的刀闸开关或低压断路器、熔断器，有的还装有电能表、漏电保护开关等。近年来推出的照明配电箱种类很多，这里仅介绍以下两种。

(1) XM—4 系列配电箱：它具有过载和短路保护功能，适用于 380 V 及以下的三相四线制系统，用作非频繁操作的照明配电。XM—4 系列的一次线路方案共 5 类 87 种可供设计时选用。

(2) GXM (R) 系列高分断限流型照明配电箱：内装引进技术生产的 C45N 型或 SO60 型高分断能力的限流型低压断路器，外形美观，体积小，性能好，是一种新型产品，广泛应用于现代工业与民用建筑的照明供电系统中。

6.5.2.2 保护的选择与计算

1. 低压熔断器的选择与校验

(1) 额定电压

$$U_{\mathrm{n\,FU}} \geqslant U_{\mathrm{n}} \tag{6.25}$$

式中 $U_{\mathrm{n\,FU}}$——低压熔断器的额定电压（V）；

U_{n}——被保护线路的额定电压（V）。

(2) 额定电流

$$I_{\mathrm{n\,FU}} \geqslant I_{\mathrm{n\,FE}} \geqslant KI_{\mathrm{c}} \tag{6.26}$$

式中 $I_{\mathrm{n\,FU}}$——熔断器的额定电流（A）；

$I_{\mathrm{n\,FE}}$——熔断器熔体额定电流（A）；

I_{c}——线路的计算电流（A）；

K——熔体选择的计算系数，如表 6.16 所示。

表 6.16 熔体选择的计算系数

熔断器型号	熔体额定电流 $I_{\mathrm{n\,FE}}$ (A)	计算系数 K			
		白炽灯、荧光灯、卤钨灯	高压汞灯	高压钠灯	金属卤化物灯
RC1A	≤60	1.0	1.0～1.5	1.1	1.0
RL1	≤60	1.0	1.2～1.7	1.5	1.0
RL7	≤63	1.0	1.1～1.5	1.2	1.2
RL6 NT100	≤63	1.0	1.3～1.7	1.5	1.5

(3) 熔断器断流能力的校验

$$I_{\mathrm{oc}} \geqslant I_{\mathrm{sh}}^{(3)} \text{ 或 } I_{\mathrm{oc}} \geqslant I''^{(3)}_{\mathrm{k}} \tag{6.27}$$

式中 I_{oc}——熔断器的极限分断电流有效值（kA）；

$I_{\mathrm{sh}}^{(3)}$——熔断器安装地点的三相短路冲击电流有效值（kA）；

$I''^{(3)}_{\mathrm{k}}$——熔断器安装地点的三相次态短路电流有效值（kA）。

对限流式熔断器（如 RL、RT、NT 等型）用 I''_{k} 校验，对非限流式熔断器（如 RC、RM 等型）用 $I_{\mathrm{sh}}^{(3)}$ 校验。

(4) 熔断器保护与导线允许载流量的配合关系应满足式（6.21）的要求。

（5）熔断器保护灵敏度应满足下式要求

$$S_P=\frac{I_{K\min}}{I_{nFE}}\geqslant K \tag{6.28}$$

式中 S_P——熔断器保护灵敏度；

$I_{K\min}$——被保护线路末端在系统最小运行方式下的单相短路电流（TN、TT 系统）或两相短路电流（IT 系统）；

I_{nFE}——熔断器熔体额定电流（A）；

K——预期灵敏系数，一般取 $K=4$，但对一些新型熔断器如 RL6、RL7、RT12、RT14、NT 等，K 按表 6.17 确定。

表 6.17 熔断器切断 TN 系统单相接地故障的最小灵敏系数 *K*（GB 50054—1995）

切断时间（s）	熔体额定电流（A）				
	4～10	16～32	40～63	80～220	250～500
5	4.5	5	5	6	7
0.4	8	9	10	11	

2. 低压断路器的选择与校验

（1）额定电压

$$U_{nQF}\geqslant U_n \tag{6.29}$$

式中 U_{nQF}——低压断路器的额定电压（V）；

U_n——被保护线路的额定电压（V）。

（2）额定电流

$$I_{nQF}\geqslant I_{nOR}\geqslant I_c \tag{6.30}$$

式中 I_{nQF}——低压断路器的额定电流（A）；

I_{nOR}——低压断路器过电流脱扣器的额定电流（A）；

I_c——线路的计算电流（A）。

（3）低压断路器脱扣器整定电流

$$I_{opOR}\geqslant KI_c \tag{6.31}$$

式中 I_{opOR}——低压断路器脱扣器整定电流（脱扣电流）（A）；

K——低压断路器脱扣电流整定计算系数，按表 6.18 确定。

表 6.18 低压断路器脱扣电流整定计算系数 *K*

低压断路器类型	计 算 系 数 K			
	白炽灯，荧光灯，卤钨灯	高压汞灯	高压钠灯	金属卤化物灯
带热脱扣器	1.0	1.1	1.0	1.0
带瞬时脱扣器	6	6	6	6

（4）低压断路器断流能力的校验

$$I_{oc}\geqslant I_{sh}^{(3)} \text{ 或 } I_{oc}\geqslant I_k^{(3)} \tag{6.32}$$

式中 I_{oc}——低压断路器的极限分断电流有效值（kA）；

$I_{sh}^{(3)}$——低压断路器安装地点的三相短路冲击电流有效值（kA）；

$I_k^{(3)}$——低压断路器安装地点的三相短路电流有效值（kA）。

对动作时间为0.02s以上的万能式断路器（如DW、ME、AH等型）用$I_k^{(3)}$校验，对动作时间为0.02s及以下的塑料外壳式断路器（如DZ、H、C45N、AM、SO等型）用$I_{sh}^{(3)}$校验。

（5）低压断路器保护与导线允许载流量的配合关系应满足式（6.21）的要求。

（6）低压断路器过电流保护灵敏度应满足下式要求

$$S_P = \frac{I_{K\min}}{I_{op\,OR}} \geqslant 1.5 \tag{6.33}$$

式中 S_P——低压断路器过电流保护灵敏度；

$I_{K\min}$——被保护线路末端在系统最小运行方式下的单相短路电流（TN、TT系统）或两相短路电流（IT系统）；

$I_{op\,OR}$——低压断路器脱扣器整定电流（脱扣电流）（A）。

3. 漏电保护器的选择与校验

选择漏电保护器时，除按配套的低压断路器条件选用外，最重要的是确定其动作电流值。所选漏电开关的动作电流，要大于线路及电气设备正常运行的泄漏电流。漏电开关的动作电流越小，安全保护性能越高。但任何配电线路和用电设备都有一定的正常泄漏电流，当所选漏电开关动作电流小于网络正常工作的泄漏电流时，漏电开关将无法投入运行，或因为该动作而破坏供电的可靠性。为了便于选用可按以下经验公式进行计算。

对于单相回路 $$I_{op}=I_c/200 \tag{6.34}$$

对于三相回路 $$I_{op}=I_c/100 \tag{6.35}$$

式中 I_{op}——漏电开关动作电流（A）；

I_c——线路计算电流（A）。

根据经验，对于额定电压为220V的城镇居民住宅插座回路，一般选用DZ18L/2－20A漏电开关，额定电流为20A，漏电动作电流为30mA，分断时间小于0.18s；进户总开关选用DZ18/2－40A开关，相应的计量电能表选用DD862－10（40）A，即可满足一般家庭用电要求。

6.5.3 照明系统的电气安全

照明设备的应用和分布十分广泛，线路分支非常复杂。为了保障照明系统的电气安全和人民生命财产的安全，必须重视照明设备及其线路的电气安全。

6.5.3.1 系统中性点接线方式

按照电源中性点接线方式，照明供电系统可分为以下三种。

1. TN系统

TN系统中的所有设备的外露可导电部分（正常运行时不带电）均接公共保护线（PE线）或公共的保护中性线（PEN线）。TN系统按中性点与保护线的组合情况，又分为TN－C系统［见图6.16（a）］、TN－S系统［见图6.16（b）］和TN－C－S系统［见图6.16（c）］三种。

2. TT系统

TT系统的中性点直接接地，系统中的所有设备的外露可导电部分均各自经PE线单独接地，如图6.17所示。

3. IT 系统

IT 系统电源中性点不接地或经 1000Ω 阻抗接地，且通常不引出中性线，系统中的所有设备的外露可导电部分也都各自经 PE 线单独接地、成组接地或集中接地，传统称为保护接地，如图 6.18 所示。

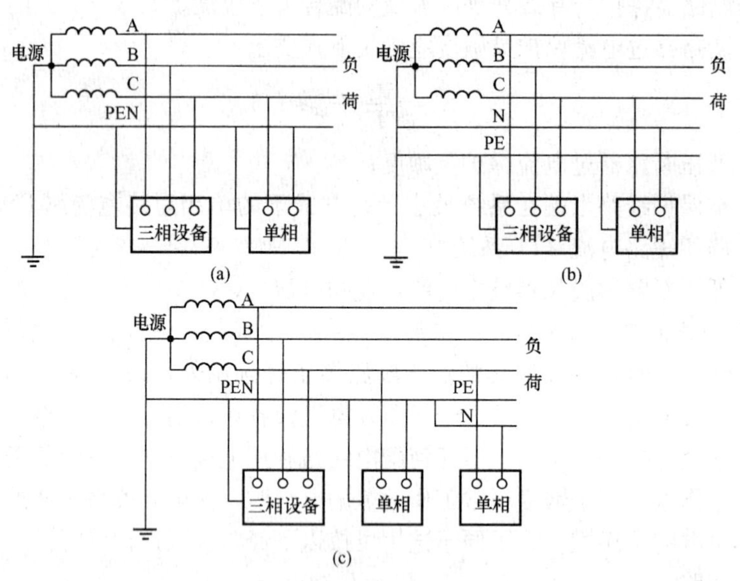

图 6.16 TN 系统

(a) TN－C 系统；(b) TN－S 系统；(c) TN－C－S 系统

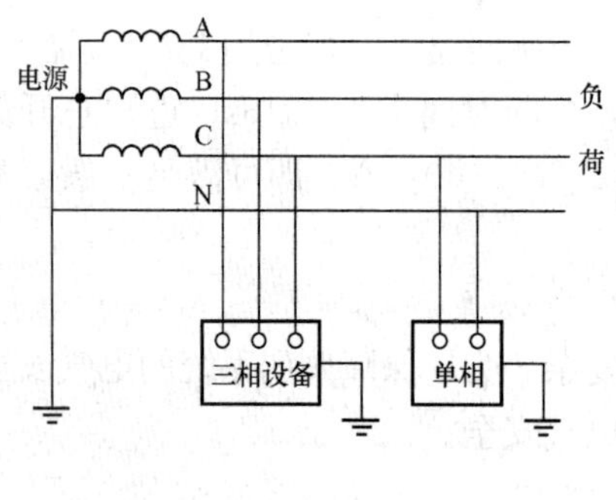

图 6.17 TT 系统

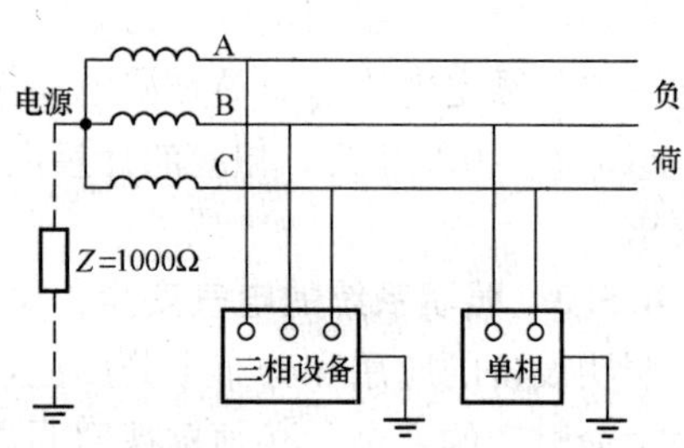

图 6.18 IT 系统

目前我国照明供配电一般采用 TN 系统，并且从进入建筑物总配电箱开始引出的配电线路和分支线路必须采用 TN－S 系统。

6.5.3.2 预防触电的保护措施

1. 安全电流和安全电压

由于人体触及带电体而承受过高电压，从而引起死亡或局部受伤的现象称为触电。触电严重时可导致心室颤动而使人死亡。实验表明：通过人体的电流在 30mA 及以下时不会产生心室颤动。在正常环境下，人体的总阻抗在 1000Ω 以上，在潮湿环境中，则在 1000Ω 以下。根据这个平均值，国际电工委员会（IEC）规定了允许长期保持接触的电压最大值（称为通用接触电压极限值 U_L）：对于 15～100Hz 交流在正常环境下为 50V，在潮湿环境下为 25V；对于脉动值不超过 10%的直流，则应为 120V 和 60V。我国规定的安全电压标准为：42、36、24、12、6V。

2. 预防触电的保护措施

人体触电有两种形式：一是直接触电，即人体与带电体直接接触而触电；二是间接触电，即人体与正常不带电而在异常时带电的金属结构部分接触而触电。

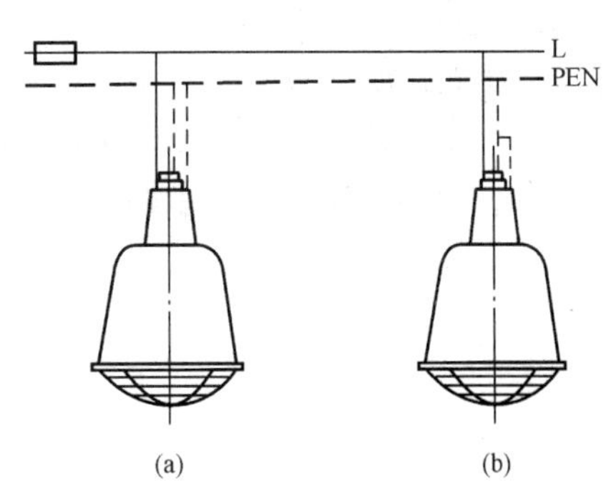

图 6.19 照明器外壳保护接地示意图（TN－C 系统）
(a) 接线正确；(b) 接线错误

(1) 预防直接触电的措施：

1) 采用安全电压。安全电压的应用场所及适用条件见 6.1.2 节。

2) 采用电气隔离措施或选用具有加强绝缘的照明器。

(2) 预防间接触电的措施：

1) 采用接零保护并在照明网络中采用等电位连接措施。

2) 整定低压断路器或熔断器动作电流，做到在发生接地故障时能自动、迅速地切断故障电路。

3) 采用漏电保护器实现漏电自动保护功能。漏电动作电流整定见 6.5.2 节。

4) 照明装置及线路的外露可导电部分，必须与 PE 线或 PEN 线实行电气连接。所谓外露可导电部分包括照明器的金属外壳、开关、插座、降压变压器、配电箱（盘）的金属外壳、支架、电缆的金属外皮等。

5) 照明器的金属外壳应以单独的保护线（PE）与保护中性线（PEN）相连，不允许将照明器的外壳与支接的工作中性线相连（见图 6.19），几个照明装置的保护线不允许串联连接。

思考练习题

1. 照明负荷对供电电压质量的要求是什么？改善电压质量的主要措施是什么？

2. 照明负荷按其重要程度分为几级？它们对供电可靠性有哪些要求？

3. 简述照明供电系统的接线方式和配电线路的控制方式。

4. 计算照明负荷的方法有哪些？试简述它们的适用条件。

5. 照明线路需装设哪些保护？保护装置应装在何处？

6. 照明线路导线的型号选择有哪些考虑因素？

7. 照明线路导线截面选择的条件有哪些？确定这些条件的依据是什么？

8. 在照明网络中应采取哪些防触电措施？

9. 220/380V 三相四线制照明线路，长 120m，采用 BV－500 导线，线路负荷 30kW，$\cos\varphi \approx 1.0$，允许电压损失为 2%。试选择该导线截面。

10. 某车间的 220/380V 三相四线制照明供电线路上接有 250W 高压钠灯（$\cos\varphi = 0.5$）和白炽灯两种光源，各相负荷的分配情况：A 相 250W 高压钠灯 4 盏，白炽灯 2kW；B 相

250W 高压钠灯 8 盏，白炽灯 0.5kW；C 相 250W 高压钠灯 2 盏，白炽灯 3kW。试求线路的计算电流和功率因数。

11. 图 6.20 所示某 220/380V 照明供电系统，全线允许电压降为 3%，线路采用 BV－500 型导线明敷。试分别选择该线路 AB 段、BC 段、BD 段和 BE 段的导线截面。

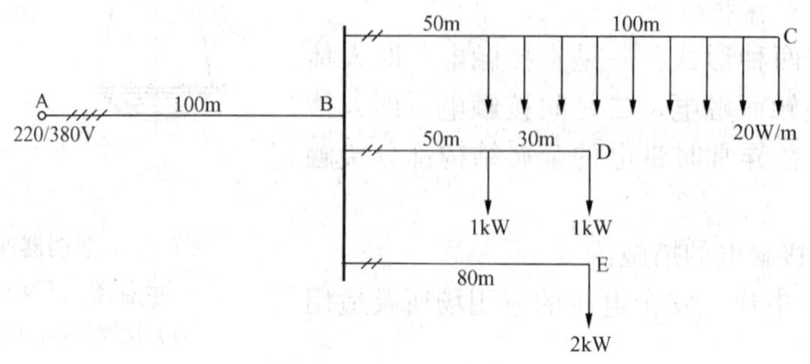

图 6.20 题 11 图

12. 试计算图 6.21 所示单相 220V 供电的照明网络的电压损失。主干线 AB 长 80m，截面 $25mm^2$，三个分支线截面均为 $4mm^2$，照明负荷均为白炽灯，所有线路均为铜芯导线。

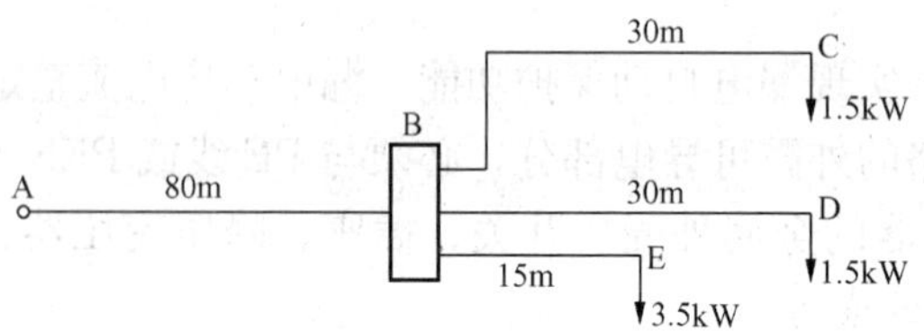

图 6.21 题 12 图

7 电气照明设计实践

在前两章已经学习了照明光照设计和照明电气设计的基本知识，本章将系统介绍电气照明设计的实践内容，主要包括电气照明施工图，工厂与学校、住宅与办公室、旅馆与商店的电气照明，以及体育场馆、城市道路与景观电气照明等。

7.1 电气照明施工图简述

电气照明施工图是电气照明设计的主要成果，是建筑工程图的重要组成部分和电气照明施工和竣工验收的重要依据。它是用统一的电气图形符号表示线路和实物，并用它们组成完整的电路，以表达电气设备的安装位置、配线方式以及其他一些特征。本节介绍电气照明施工图的绘图标准和基本内容。

7.1.1 工程图绘制标准

1. 图幅

设计图纸的图幅共有 0～5 号六种规格，具体尺寸见表 7.1。特殊情况下，允许加长 1～3号图纸的长度和宽度，0 号图纸只能加长长边，不得加宽；4～5 号图纸不得加长或加宽；1～3 号图纸加长后的边长不得超过 1931mm。图纸增加的长、宽尺寸，应以图纸幅面的 1/8 为一个基本单位。

表 7.1　　标准图幅尺寸

幅面代号	0	1	2	3	4	5
宽 B×长 L（mm）	841×1189	594×841	420×594	297×420	210×297	148×210
边宽（mm）	10	10	10	10	10	10
装订侧边宽（mm）	25	25	25	25	25	25

2. 图标

0～4 号图纸，无论采用横式或竖式图幅，工程设计图标均应设置在图纸的右下方，紧靠图框线。图标中的项目有"设计单位名称"、"工程名称"、"图纸名称"、"设计人"、"审核人"等，均应认真填写。

3. 比例

电气设计图纸的图形比例均应按照国家标准绘制。普通照明平面图、电力平面图一般采用 1∶100 的比例，特殊情况下，可使用 1∶50 或 1∶200。大样图可以适当放大比例；电气接线图图例可不按比例绘制；复制图纸不得改变原有比例。

4. 图线

图纸中的各种线条，标准实线宽度应在 0.4～1.6mm 范围内选择，其余各种图形的线宽按图形的大小比例和复杂程度来选择配线的规格，比例大的用线粗一些。一个工程项目或同一图纸、同一组视图内的各种同类线型应保持同一线宽。

5. 字体

字体应采取直体长仿宋字。字母和数字可采用向右倾斜与水平成75°的斜体字。

7.1.2 电气照明施工图组成

1. 图纸目录

照明施工图图纸目录用以说明电气照明施工图纸的名称、数量、图纸的编号顺序和图幅等，以便于查阅和归档保存。

2. 施工图设计说明

施工图设计说明主要由工程概况和要求的文字说明组成，用于集中阐明难以用图纸说明的问题和共性问题，是工程图纸的重要补充。施工图设计说明主要由以下内容构成：

（1）设计依据。设计依据包括有关本专业的国家标准、法规、规程规范，工程建设批准文件与本专业设计有关的条款，以及其他专业提供的设计资料及建设部门提出的技术要求等。

（2）设计范围。根据设计任务要求和有关设计资料，说明设计的内容和工程范围。

（3）照明系统有关设计说明：

1）照明电源及进户线安装方式、负荷等级、工作制、供电电压和负荷容量。

2）配电系统供电方式、敷设方式、采用导线、敷设管材的规格和型号。

3）照度标准，光源及照明器的选择，应急照明、障碍照明及特殊照明的安装方式和控制器类别，照明器的安装高度及控制方法。

4）配电设备中配电箱的选择及安装方式、安装高度及加工技术要求和注意事项。

5）照明设备的接地保护装置、保护范围、材料选择、接地电阻要求和措施、接地方式等。

（4）施工图例。照明施工图例主要说明图纸中的图形符号所代表的内容和意义。图形符号及其标注符号，应采用国家标准符号或IEC的通用标准，设备文字符号标注应采用英文字头表示。电气照明施工图中常用的图形符号如表7.2所示。

（5）设备、材料统计表。设备、材料统计表指照明系统设计中选用的设备以及材料的名称、型号、规格、单位和数量。有的工程设计将此项内容与施工图例合并列表表示。

（6）照明施工总平面图。施工总平面图标明了建筑物的位置、面积和所需照明及动力设备的用电容量，标明架空线路或地下电缆的位置，电压等级及进户线的位置和高度，包括外线部分的图例及简要的做法说明。对于小型工程，有时可略去此项内容。

（7）照明平面图。电气照明平面图详细表征了各层建筑平面中的配电箱、照明器、开关、插座等设备的平面布置位置，以及电气照明线路的型号、规格、敷设路径和敷设方式，它是电气安装和管线敷设的根据。

在照明平面图上除了用规定的图形符号表示各种电气设备外，还应用规定的文字标注规则和方法对其进行文字标注。在照明平面图中，文字标注主要表达照明器具的种类、安装数量、灯泡功率、安装方式、安装高度等，一般灯具的文字标注表达式为

$$a-b\frac{c\times d}{e}f$$

式中 a——某场所同类照明器具的套数，一张平面图中不同类型的灯应分别标注；

b——灯具型号或类型代号；

c——照明器内安装的灯泡或灯管数量，单个时一般不标注；

d——每个灯泡或灯管的功率（W）；

e——照明器具底部距本层楼地面的安装高度（m）；

f——灯具的安装方式代号，灯具安装方式的标注方法如表 7.3 所示。

表 7.2　电气照明施工图常用图例符号

图 例	说 明	图 例	说 明
	暗装照明配电箱		天棚吸顶灯
	配电柜、屏、箱		疏散指示灯
	配电箱	E	安全出口标志灯
	电风扇		方格栅吸顶灯
Wh	电能表		暗装单极开关
	灯的一般符号		明装单极开关
	防水防尘灯		暗装双极开关
	球形灯		暗装三极开关
	壁灯		单极拉线开关
	花吊灯		风扇调速开关
	单管荧光灯		单相暗装插座
	二管荧光灯		暗装接地单相插座
	应急灯		安全型单相二孔暗装插座
	投光灯		安全型单相三孔暗装插座
	天棚灯		双联二三极暗装插座
	聚光灯		安全型双联二三极暗装插座
	弯灯		暗装接地三相插座
	斜照型灯	TP	电话插座
	泛光灯	TV	电视插座
	壁装座灯		电信插座

（8）照明供配电系统图。照明供配电系统图是电气施工图中的重要部分，它表示供电系统的整体接线及配电关系，在三相系统中，通常用单线表示。从图中能够看到工程配电的规模，各级控制关系，控制设备和保护设备的型号、规格和容量，各路负荷用电容量和导线规格等。系统图上表达的主要内容有以下几项：

1）电缆进线回路数，电缆型号、规格，导线或电缆敷设方式及穿管管径。

照明供电系统图一般采用单线图形式绘制，并用短斜线在单线表示的线路上标示出电线的根数。如果另用虚线表示出中性线时，则在单线表示的相线线路上只用短斜线标示出相线导线的根数。照明系统图中常用导线敷设方式和敷设部位的标注见表 7.3。例如某照明系统图一条线路旁标注有 BV－3×35＋2×16PC50WC，即表示该线路是采用铜芯塑料绝缘线，三根相线每根 $35mm^2$，一根 $16mm^2$ 中性线，一根 $16mm^2$ 保护线，穿 50mm 管径的聚氯乙烯硬质塑料管，在墙内暗敷设。

2）标明总开关及熔断器的规格型号，出线回路数量、用途、用电负载功率数及各条照明支路分相情况等。

3）照明配电系统图上，还应标出设备容量、需要系数、计算容量、计算电流、功率因数等用电参数以及配电方式。

4）系统图中每条配电回路上，应标明其回路编号和照明设备的总容量等配电回路参数，其中应包括插座和电风扇等电器的容量。

5）照明供电系统图上标注的各种文字符号和编号，应与照明平面图上标注的文字符号和编号相一致。照明供电系统图和照明平面图上常用标注电气设备的文字符号如表 7.4 所示。

表 7.3　　常用标注安装方式的文字符号

序号	导线敷设方式的标注			序号	导线敷设方式的标注		
	名　　称	旧代号	新代号		名　　称	旧代号	新代号
1	用瓷瓶或瓷柱敷设	CP	K	22	暗敷设在墙内	QA	WC
2	用塑料线槽敷设	XC	PR	23	暗敷设在地面内	DA	FC
3	用钢线槽敷设		SR	24	暗敷设在顶板内	PA	CC
4	穿水煤气管敷设		RC	25	暗敷设在不能进入的吊顶内	PNA	ACC
5	穿焊接钢管敷设	G	SC				
6	穿电线管敷设	DG	TC	26	线吊式		CP
7	穿聚氯乙烯硬质管敷设	VG	PC	27	自在器线吊式	X	CP
8	穿聚氯乙烯半硬质管敷设	RVG	FPC	28	固定线吊式	X_1	CP_1
9	穿聚氯乙烯塑料波纹电线管敷设		KPC	29	防水线吊式	X_2	CP_2
10	用电缆桥架敷设		CT	30	吊线器式	X_3	CP_3
11	用瓷夹敷设	CJ	PL	31	链吊式	L	Ch
12	用塑料夹敷设	VJ	PCL	32	管吊式	G	P
13	穿金属软管敷设	SPG	CP	33	壁装式	B	W
14	沿钢索敷设	S	SR	34	吸顶或直附式	D	S
15	沿屋架或跨屋架敷设	LM	BE	35	嵌入式	R	R
16	沿柱或跨柱敷设	ZM	CLE	36	顶棚内安装	DR	CR
17	沿墙面敷设	QM	WE	37	墙壁内安装	BR	WR
18	沿天棚面或顶板面敷设	PM	CE	38	台上安装	T	T
19	在能进入的吊顶内敷设	PNM	ACE	39	支架上安装	J	SP
20	暗敷设在梁内	LA	BC	40	柱上安装	Z	CL
21	暗敷设在柱内	ZA	CLC	41	座装	ZH	HM

表 7.4 常用标注电气设备的文字符号

名　　称	文字符号	名　　称	文字符号
高压开关柜	AH	控制屏（箱）	AC
低压配电屏	AA	信号屏（箱）	AS
动力配电箱	AP	并联电容器屏（柜）	ACP
电源自动切换箱	AT	继电器屏	AR
多种电源配电箱	AM	刀开关箱	AK
照明配电箱	AL	低压负荷开关箱	AF
应急照明配电箱	ALE	电能表箱	AW
应急电力配电箱	APE	插座箱	AX

7.2 室内电气照明设计

室内电气照明设计的目的，就是在充分利用自然光的基础上，运用现代人工照明的手段，为人们的学习、工作、生活、娱乐等创造一个优美舒适的照明环境。通过对建筑环境的分析，结合室内装饰设计的要求，在经济合理的基础上，选择光源和照明器，确定照明设计方案，并通过适当的控制，使灯光环境符合人们的工作、生活等方面的要求，从而在生理和心理两方面满足人们的需求。

7.2.1 学校电气照明设计

学校照明的目的，是为学校教育的视觉工作提供一个满足光的数量和质量的光照环境。良好的照明，能使学生减少视觉疲劳，注意力集中，提高学习效率；能使教师授课轻松，提高教学质量。

7.2.1.1 照明要求

1. 一般要求

（1）学生学习要有足够的照度，应尽量减少眩光，注意亮度分布，力求减少学生眼睛的视觉疲劳。同时还要注重创造良好的照明环境气氛，能使学生精神集中，以提高教学效果。学校建筑照度标准值详见附表 22，图书馆照度标准见附表 16。

（2）应保证教室有足够的自然采光。朝南的单侧采光房间，晴天仅自然采光就够了；而阴天、雨天和冬天的午后以及朝北的房间，靠内一侧往往很暗，应考虑用人工照明来补充照度。

（3）照度应使教师便于讲课，能够较容易地看清教室四周的情况。

（4）普通教室的照度标准一般用水平面照度衡量，黑板处应考虑垂直面照度；制图室则应注意倾斜面照度等。

2. 光源选择

学校的照明光源主要有白炽灯、荧光灯、高强度气体放电灯等，根据学校的不同场合可以选择不同的光源。对于识别颜色有较高要求的教室，如美术教室等，宜采用高显色性光源。各种教室均不宜采用裸灯。

（1）白炽灯具有体积小、容易聚光、启动方便等特点，主要用于普通照明、应急照明及警卫照明。碘钨灯的效率高、寿命长、功率大，主要用于舞台照明。

（2）荧光灯由于效率高、寿命长、表面亮度低、显色性能好、启动方便等优点，在教室、教研室、走廊、展览橱窗、美术教室等要求照度和显色性比较高的场所，多数选择色温在4500～6000K之间的冷白色和日光色的荧光灯，可使周围气氛显得很明快。

(3) 高强度气体放电灯中寿命长、效率高的金属卤化物灯、高压钠灯等主要用于大礼堂和运动馆等高顶棚的室内照明或混光照明。

3. 照明器选择

学校教室通常选用盒式（如简式荧光灯 YG1 系列）和控照式照明器（如 YG6 系列吸顶荧光灯、YG15 系列嵌入式荧光灯等）等。

(1) 控照式照明器的效率较高，纵、横向排列时眩光指数相同，适用于桌面照度要求高的房间安装使用。

(2) 盒式照明器的照度和照度均匀度均高于控照式，桌面照度不及控照式，可用于较低房间安装使用。

(3) 照明器的选择和配置应尽量减少光幕反射的作用，以提高视功能和可见度。如避开干扰区布置照明器，灯管长轴垂直于黑板的方向布置等。

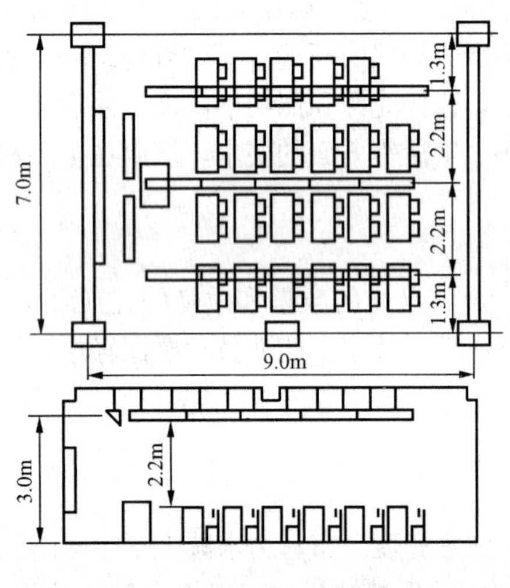

图 7.1 普通教室照明器布置

7.2.1.2 普通教室和阶梯教室照明

1. 一般照明

教室白天应以自然采光为主，电气照明亦兼做自然采光不足时的补充。教室照明采用一般照明，平均照度不低于 300lx，照度均匀度不低于 0.7，光源宜采用荧光灯；对识别颜色有要求的教室如美术教室，宜采用高显色性光源；为避免光幕反射，安装照明器时其长轴应与学生看黑板的视线方向一致。教室的布灯方向宜选用图 7.1 所示方案。

照明器可以吊装也可以吸顶安装，有吊顶的教室也可用嵌入式安装，照明器距桌面的高度不应低于 1.7m。一个 60 人的教室采用 8～10 盏蝙蝠翼配光的 40W 照明器可达到较好的照明效果。

大教室和阶梯教室若采用单侧采光或窗外有遮阳设施，在白天天然采光不够时，需辅以人工电气照明。辅助人工电气照明的实施有两重设想：其一是对房间深处达不到昼光照度标准的部分提供人工照明，对靠近窗户的照明器采用单独配电，便于分开控制以利节电。其二是对于房间深处部分，通过人工照明提供均衡的亮度，以改善室内亮度分布，减弱以窗户为背景的人物的阴影现象。

对于一般教室各个内表面的反射比可参考图 7.2 所示取值。对于多媒体电化教室，应考虑投影幕布与周围墙面的亮度对比要求。

阶梯教室的照明器布置可参考图 7.3 所示方案。屋顶的荧光灯提供教室内的一般照明，为了使灯光不射入听讲者的眼中成为眩光，可将向后散射的灯光截去，只准向前透射，或将顶棚制成前厚后薄的尖劈型，采用格栅式嵌顶荧光灯也可以获得比较理想的照明效果。

2. 黑板照明

教室中的黑板是学生们上课时的集中视看对象，要求有较高的垂直面照度。由于一般照明提供的主要是水平面照度，因此黑板照明还应设置专用的照明器。该照明既要使黑板上获

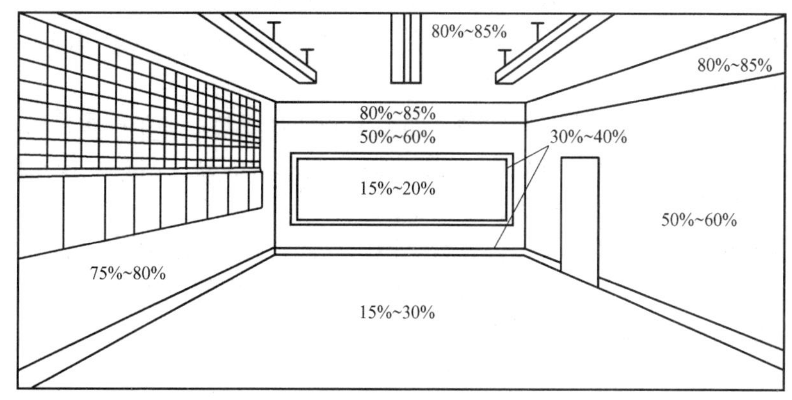

图 7.2 普通教室各个内表面的反射比

得必要的照度和照度均匀度，还不能使光照到教师身上，以避免在黑板上形成浓重的阴影，并且不能对教师和学生产生眩光（包括照明器的直接眩光和黑板上的反射眩光）。为此，黑板照明器应装设在教师水平视线45°仰角以上的位置，一般取黑板中心的投射角在55°左右。图7.4示出了黑板照明与师生的相对位置关系，供设计时参考。照明器的安装可以采用嵌入式也可以采用悬挂式，目前多采用斜照式黑板专用荧光灯照明器。

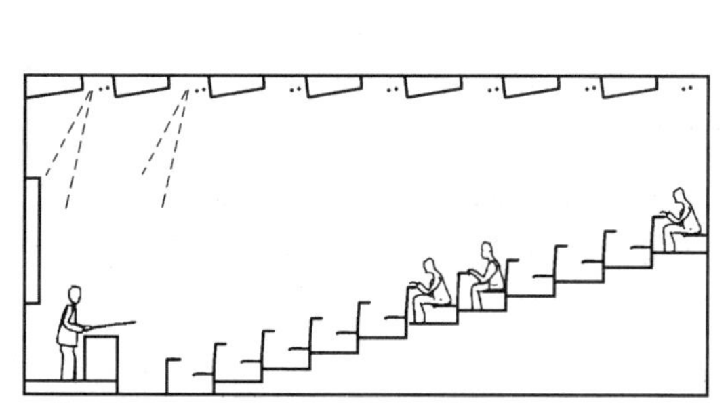

图 7.3 阶梯教室的照明器布置

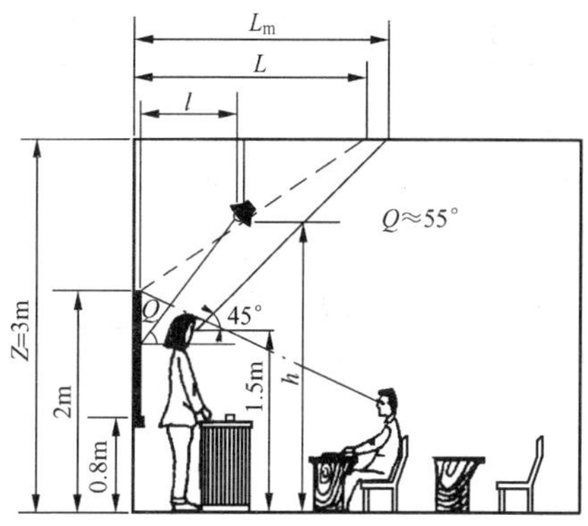

图 7.4 黑板照明与师生的相对位置关系

7.2.1.3 电化教室照明

（1）在采用电视教学的报告厅、大教室等场所，宜设置供记笔记用的局部照明和非电化教学时使用的一般照明，但一般照明宜采用调光方式。

（2）演播用照明的用电功率，初步设计时可按0.6～0.8kW/m² 估算。当演播室的高度在7m及以下时，宜采用导轨式布灯方案，高于7m时，则采用固定式布灯方案。演播室的面积超过200m² 时应设置应急照明。

（3）电化教室的多媒体教学设备，应在讲台上安装控制台，以使教师能够完成教室照明器的开启和关闭，必要时可以进行调光的控制以及自动投影系统的控制。

7.2.1.4 图书馆照明

1. 阅览室照明

阅览室照明的照度一般以300lx为宜。为减少视觉疲劳，除要求足够的照度外，还要避免扩散光产生的阴影，并且不能有眩光，并尽量减少光幕反射。

使用人数少、就座率低的阅览室应采用混合照明；大阅览室也宜采用混合照明，其中的一般照明宜分区控制。

阅览室一般照明宜采用半直接照明器（如上半部略有透光，下半部带格栅的荧光灯照明器），使小部分光照到顶棚空间，以减小顶棚与照明器之间的亮度对比，使室内亮度分布得到改善，同时还能把大部分光集中到工作面上。

对高大的阅览室，阅览桌上可以设置台灯照明。此时，也宜采用荧光台灯，书面上的照度可提高到500lx，这样长时间阅读不会影响视觉健康。台灯的位置要注意，不要装在人的正前方，宜装在左前方，以免强烈的光幕反射降低读物的可见度。此时，室内一般照明的照度可适当降低。

2. 书库照明

书库内的书架上要求有上下均匀的垂直照度，一般为50lx，特别要确保书架下部的照度要求，所以标准是按距地面0.25m考虑的。为此常将灯装在书架通道上方，或将灯装在书架上，也可采取吸顶安装，如图7.5所示。此时应注意照明器的配光特性，要能够满足书架上垂直面照度的要求。地面宜用反射比高的材料，以使书架下层得到必要的照度。若是开架书库，还应达到与阅览室一样的水平面照度，以便于读者阅读。

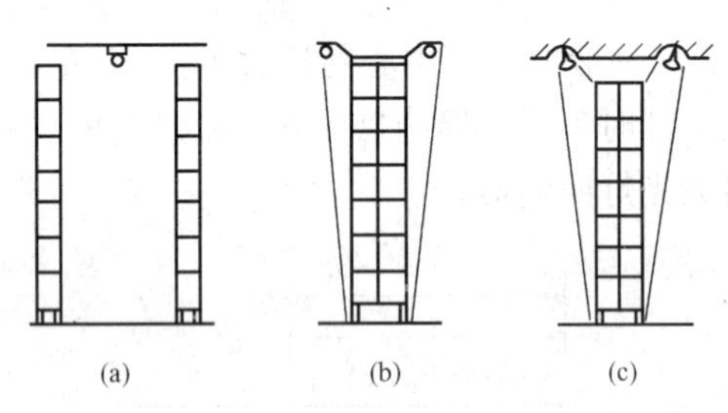

图7.5 书库照明器布置

（a）装在书架通道上方；（b）装在书架上；（c）嵌顶安装

照明器与图书等易燃物的距离应大于0.5m。对于珍贵图书和文物书库应选用有过滤紫外线的照明器。

书库照明用电源配电箱应有电源指示灯并设于书库之外，书库通道照明应独立在通道两端设置可两地控制的开关，书库照明的控制宜用可调整延时的开关，书库楼道照明也宜设双控开关。

3. 特殊场所照明

（1）微缩胶片是用摄影收录图书和参考文件，便于保存和借阅。原因是由于这些书籍和文件过于珍贵或者条件很坏已不适于一般借阅。微缩胶片阅读器应放在光线较暗，便于阅读放映影像的特设房间中。此处应特别注意照明器的选用和部位问题，以保证屏幕不会出现其他光源的反光。

（2）计算机检索是图书馆借助于微电子技术将图书内容存入到存储器内，必要时利用微机检索，将所要求的内容显示在屏幕上，或者通过打印设备打印出来。为了便于检索，微机检索室照明要特别注意防止眩光，最好采用格栅型的荧光吸顶灯，其照度水平不应低于400lx。

（3）图书馆中经常举行特别展览，这种展览的总体效果主要是看视觉印象效果如何而定。最好的办法是在展览区采用轨道灯装置，使用多盏聚光灯。这样布置特殊灯光既方便又安全。

重要图书馆应设应急照明、值班照明和警卫照明。图书馆内的公共照明与工作（办公）区照明宜分开配电和控制。

每幢建筑在电源引入配电箱的位置，应设有总电源开关，各层亦应分设层电源开关。

7.2.1.5 电源插座配置

1. 实验室电源插座

物理实验室宜在每个学生的实验桌上设单相三极插座和两极插座各一个，并在控制箱处设置能够连接其他实验电源的条件。化学及生物实验室宜在每个实验桌上设单相三极插座一个。物理、化学、生物实验室的讲台处，应设两组单相两极、三极插座。物理实验室讲台处，需设三相电源插座。各实验准备室，应设1～2个实验电源插座，生物和化学实验准备室，应设电冰箱、恒温箱等的用电插座。

实验用电插座，宜按课桌纵列分路，每个支路需设开关控制与保护，每个实验室需设总控制箱。如设有实验准备室时，宜在其内设置切断实验室电源的开关；如无实验准备室时，可将控制箱设在教室内讲台侧。

实验用电插座单相一般用250V、6A，三相一般用500V、15A。在实验台上的线路应加金属管进行保护。

化学实验室需要装设排气扇。若有毒气柜，需设置相应的通风机及其控制与信号装置。

实验室内，教学用电应该采用专用回路配电。对于电气类或非电气类专业实验室，电气设备的实验台的配电回路应采用漏电保护装置。

2. 一般教室和其他场所用电插座

每个教室的前后宜各设一个单相两极三极组合插座。音乐教室、美术教室、教研室、阅览室、科技活动室等房间，宜在各墙面装设单相两极三极组合插座。其他办公房间，一般至少设一个单相两极三极组合插座。

每一照明分支回路，其配电范围不宜超过三个教室，且插座宜单独回路配电。

一般用电的插座采用250V、6A，明装的高度可为1.4～1.8m，暗装的高度可为0.3～0.5m。设在教室内的低插座，其高度宜在0.3～0.5m。两极插座宜采用扁圆插孔两用型。

医务室、厨房等场所的电热、电力用电设备的插座均应设专用开关控制与保护。

7.2.2 住宅电气照明设计

7.2.2.1 基本要求

居住环境的照度应满足居住功能的基本要求，根据特定房间的布置和装饰，选择适当的光源和灯具，才能创造出较为理想的视觉环境。根据住宅设计规范GB50096—1999，住宅电气照明设计应满足以下基本要求：

(1) 每套住宅应设电能表。每套住宅的用电负荷标准及电能表规格，不应小于表7.5的规定。

表7.5 用电负荷标准及电度表规格

套 型	用电负荷标准（kW）	电能表规格（A）
一类	2.5	5（20）
二类	2.5	5（20）
三类	4	10（40）
四类	4	10（40）

(2) 住宅供电系统的设计，应符合下列基本安全要求：

1）应采用 TT、TN－C－S 或 TN－S 接地方式，并进行总等电位连接；

2）电气线路应采用符合安全和防火要求的敷设方式配线，导线应采用铜线，每套住宅进户线截面不应小于 $10mm^2$，分支回路截面不应小于 $2.5mm^2$；

3）每套住宅的空调电源插座、普通电源插座与照明回路应分路设计；厨房电源插座和卫生间电源插座宜设置独立回路；

4）除空调电源插座外，其他电源插座电路应设置漏电保护装置；

5）每套住宅应设置电源总断路器，并应采用可同时断开相线和中性线的开关电器；

6）卫生间宜作局部等电位连接；

7）每幢住宅的总电源进线断路器，应具有漏电保护功能。

（3）住宅的公共部位应设人工照明，除高层住宅的电梯厅照明和应急照明外，均应采用节能自熄开关。

（4）电源插座的数量，不应少于表 7.6 的规定。

表 7.6　　住宅电源插座配置

部　位	设 置 数 量
卧室、起居室（厅）	一个单相三极和一个单相两极的组合插座两组
厨房、卫生间	防溅水型一个单相三极和一个单相两极的组合插座一组
布置洗衣机、电冰箱、排气机械和空调器等处	专用单相三极插座各一个

（5）有线电视系统的线路应预埋到住宅套内，并应满足有线电视网的要求，一类住宅每套设一个终端插座，其他类住宅每套设两个。

（6）电话通信线路应预埋管线到住宅套内。一类和二类住宅每套设一个电话终端出线口，三类和四类住宅每套设两个。

（7）每套住宅宜预留门铃管路。高层和中高层住宅宜设楼宇对讲系统。

（8）各室照度标准应符合附表 15 的规定，楼梯等公共场所的照度标准应由附表 30 确定。

同时还应保持空间各部分的亮度平衡，一般不应超过 1∶10；应和室内装饰配合得当，以创造良好的气氛；照明器容易维修，并尽可能采用节能型新光源；开关的位置要适当，有条件时可采用调光装置等。

7.2.2.2　典型居室的照明

1. 客厅照明

客厅往往是多功能的活动场所，招待客人，家人团聚，很多客厅还兼有就餐等功能。招待客人，如带有商谈性质，希望有明亮的荧光灯；朋友之间交谈最好在柔和的白炽灯下，好比家人般亲热。因此照明的手法要适应环境亮度和气氛的变化而选用不同的光源或它们的组合。照明器的选用应和吊顶取得一致，如果顶棚装饰豪华，最好选用光线可以达到顶棚的悬式或吸顶式照明器；对室内重点照明可辅以局部照明，如投光灯、窗帷照明等。如果要造成欢乐的气氛，还可采用花灯照明。餐厅照明常常采用悬式照明器，使人们的情绪集中到饭桌上来。在可能的条件下，利用调光设备进行亮度变化，可进一步改变客厅的气氛。

客厅的照明控制应满足不同需要时的启闭，所以开关位置应设在出入口或便于出入启闭照明灯之处。

为了和室内装饰配合，客厅还常用壁灯和立柱灯来装点。这时应注意与灯具造型的一致性。住宅的厅室还常常安放电视柜，此时照明设计还应注意照明器的位置，以免在电视机画面上产生反射眩光。

2. 卧室照明

卧室是人们休憩、睡眠的场所。安装在顶棚上的照明器要选择眩光少的狭照型或乳白半透明型，且不要设置在人卧床时头部的上方。应根据房间的布置，合理设置壁灯或落地台灯，让人有空间宽敞感和变化感。我国住宅人均面积标准尚不高，人们在卧室内往往还要进行一些家务或阅读书报活动，因此应设置一些插座，便于增设台灯，作为辅助光源。如果能配合卧室的装饰而设置床头灯、床下脚灯，并在入口和床头旁设置双控开关，则将更加完善。

如果卧室还兼做家庭主妇的化妆用房，化妆台的照明要尽可能选用显色性好的光源，灯具一般安装在镜子上方，在视野 60°以外，灯光直接射向人的面部，照度以 200lx 为宜。

3. 厨房照明

厨房照明应根据厨房的大小和设备配置，要注意一般照明不要在工作面上出现阴影；设备较齐全的厨房有成套吊柜、煤气灶具、烤箱、冰箱、抽油烟机、洗涤盆和碗柜等，在开启冰箱或打开吊柜时，光线应能射入里面，一般不考虑设置辅助照明；灶具的烹饪照明往往与抽油烟机配套安装，以获得最佳的直射光；碗筷的洗涤要求照明不要产生眩光，为此可在盆的上方装设局部照明。如厨房内有专用的配菜台，则在它的上方采用悬式照明器较为理想。

厨房内的照明器要考虑防水性能，且应选用易清洗、不易生锈的类型。照明器的光源常为白炽灯，如选用日光色荧光灯可保持食品的自然色不变。厨房照明和餐桌照明的光源显色性应基本一致，以免产生烹饪和佐餐的不同颜色。

4. 卫生间照明

卫生间照明必须明亮，否则不便保持清洁卫生。由于出入卫生间比较频繁，一般照明宜用白炽灯。照明器安装要避免从坐便器的顶上或背面照射而出现阴影；在墙上安装壁灯时，要将照明器安装在与窗垂直的墙上，以免洗浴时在墙上出现人影；洗手盆上宜考虑在镜子上方设置荧光灯，使之达到较高的照度，以便于洗刷或打扫卫生。浴室和厕所兼用的卫生间，应在 2.3m 以上装设电热淋浴器安全型插座，插座、照明器及开关宜使用防潮防溅式。插座、吸顶式灯具应避开热水龙头并不得装于浴缸上方。对于封闭式卫生间则应装设排气扇，以保证空气流通。

5. 门厅、走廊与楼梯照明

（1）门厅照明。门厅是联系卧室、厨房、卫生间和起居室的过渡空间，是家庭的门面。门厅的一般照明可采用吸顶荧光灯，也可以在墙壁上安装造型别致的壁灯，保证门厅有较高的亮度。

（2）走廊和楼梯间照明。照明器应装在易于维护的地方，对于宽度不大的走廊和楼梯间，应采用吸顶灯，安装在顶棚上，如采用壁灯照明，则应安装在楼梯的侧墙上，利用墙面反射光照亮楼梯水平面及垂直面。

7.2.2.3 其他设计要求

（1）可分隔式住宅单元，灯位布置与电源插座设置，应该适应轻墙任意分隔的变化。可在顶棚上设置悬挂式插座，采用装饰性多功能线槽，或将照明器、电气装置与家具、墙体相结合。

（2）高级住宅中的方厅、通道和卫生间等，宜采用带有指示灯的跷板式开关。

（3）为防范而设有监视器时，其功能宜与单元内通道照明灯和警铃联动。

（4）应该将公寓的楼梯灯与楼层层数显示相结合，公用照明灯可在管理室集中控制。高层住宅楼梯灯如选用定时开关时，应有限流功能并在事故情况下强制转换至点亮状态。

（5）一般照明与插座的分支回路上除应装有过负荷、短路保护外，还应在插座回路中装设漏电保护和有过电压、欠电压保护功能的保护装置。

（6）单身宿舍照明光源宜选用荧光灯，灯位与外窗垂直，室内插座不应少于两组。条件允许时可采用限电器控制室内用电负荷或采取其他限电措施。在公共活动室亦应设有插座。

7.2.3　办公建筑电气照明设计

7.2.3.1　*一般要求*

（1）照度标准。办公建筑一般要求有较高的照度，以创造舒适的视觉环境。办公楼建筑的照明照度标准，由附表 17 查取。

（2）亮度与眩光。在办公室中，如果亮度的差别太大，就会引起眩光；反之，如果亮度差别太小，整个环境就会显得呆板。整个现场中、各种视觉作业与其邻近的背景之间的亮度比应在 3∶1～10∶1 之间取值。

（3）有计算机终端设备的办公用房，应避免在屏幕上出现人和照明器、家具、窗户等物体的映像。通常，与照明器的垂直线成 50°以上的空间亮度不大于 200cd/m^2，其照度可在 300～500lx。

（4）出租办公室的照明和插座，宜根据建筑的开间或根据智能大楼办公室基本单元进行布置，以不影响分隔出租使用。

（5）当计算机室设有电视监视设备时，应设值班照明。

（6）在会议室内放映幻灯或电影时，一般照明宜采用调光控制。会议室照明设计一般可采用荧光灯与白炽灯或稀土节能型荧光灯相结合的照明形式。

（7）以集会为主的礼堂舞台区照明，可采用顶灯配以台前安装的辅助照明，其水平照度宜为 200～500lx，并使平均垂直照度不小于 300lx。同时在舞台上应设有电源插座，以供移动式照明设备使用。

（8）多功能礼堂的疏散通道和疏散门，应设置疏散照明。

7.2.3.2　*照明器的选择与布置*

（1）办公室、打字室、设计绘图室、计算机室等场合，宜采用荧光灯，室内饰面及地面材料的反射系数应该满足顶棚 70%、墙面 50%、地面 30%。若不能达到这一要求时，宜采用上半球光通量不少于总光通量 15%的荧光灯照明器。在难于确定工作位置时，可选用发光面积大、亮度低的双向蝙蝠翼式的配光照明器。

（2）办公房间的一般照明，应该设计在工作区的两侧，采用荧光灯时宜使照明器纵轴与水平视线相平行，不宜将照明器布置在工作位置的正前方，而对于大开间办公室的灯位布置，宜采用与外窗平行的形式。

（3）注意节约能源。根据国内外有关资料的介绍，办公用电约占整个大楼能耗的 1/3，办公照明的设备费用（包括照明器和配线工程费）约占工程总费用的 10%以上。因此，采用适当的照度标准是做好照明设计的前提。另外，应尽可能采用新光源，加强照明控制设计，选用适当的照明器，便于灯具的安装、维修等都是照明工程值得探索的问题。

（4）小房间办公照明大多装设吸顶式普通荧光灯。一个 20m^2 的房间一般采用 2 只双管

40W荧光灯具，就可获得满意的照度值。装饰较好的办公室，一般注重气氛，常采用建筑装饰灯具，工作面上的照度较低，由台灯照明来补充，因此，应在办公室的合适位置装设一些插座。从工程实例分析，采用荧光灯照明时的综合用电负荷一般为15W/m^{2}左右。

（5）大空间办公室环境在一些科研机构、中外合资企业中较为多见。它改变了传统的封闭式空间，能使每个工作人员都处于开敞的环境中。大空间办公室要注意家具布置，应给办公者创造一个尽可能减少相互干扰的空间；照明布置要使人们消除大面积均匀照明带来的郁闷感。

大空间照明通常采用组合型天棚或光带照明，使平顶显得简洁明快；对照度要求高的工作面，由移动式照明器提供足够的照明，因此也需要装设一些插座或接线口。现代建筑将地面插座、地面线槽与地坪结合在一起，凡需要插座的地方预置接口盖板，既美观又方便，适用办公场所布置格局多变的情况，有的将强、弱电线槽也组合在一起设置。

7.2.3.3 营业办公照明

这是指银行营业所，证券公司，汽车、铁路、民航售票处等接待顾客和营业的办公场所。它们的特点是工作人员和顾客由柜台隔开，柜台里面是办公区，柜台外面是顾客工作或等候的地方，它的入口处一般直接为室外或门厅。营业办公照明设计应考虑以下问题：

（1）比一般办公室有更高的照度。注意防止室外与营业办公场所有悬殊的亮度差异。

（2）在照明手法上要着重提高办公桌面上的水平照度和防止因柜台对面客人的面部垂直照度太低造成他们的表情失真，采用带斜格栅的荧光灯具，配合装饰工程增加投射照明和壁灯等措施，都有利于改善营业场所的垂直照度水平。

（3）由于营业场所一般顶棚较高，因此要便于对照明器、镇流器的检查、维护工作，进人的吊顶内还应设置工作灯；装设大型花灯的厅室，由于灯的体积和重量大，应考虑合理的安装方式，以确保安全。

7.2.3.4 专业性办公室的照明

专业性办公室的照明指设计所、实验室、医疗办公室等的照明。

这些专业性办公室要达到视觉工作所需的照度，必须由局部照明来实现。局部照明可利用组装在桌上或橱柜等处的向下照明或活动灯具获得，例如采用荧光灯光源或三基色高效节能灯。为了减少眼睛的疲劳，在一般照明设计手法上要努力创造舒适的视觉环境。例如，用顶棚暗装式照明器作空间的主要照明，与顶棚的间接照明、墙面的辅助照明、局部的重点照明有机地结合，与室内装饰共同创造一个十分和谐宽松的视觉环境。

7.2.4 旅馆电气照明设计

这里所讲的旅馆指的是星级宾馆及一般性的宾馆，具体设计标准可根据旅馆的等级与条件，按照有关规范来确定。

7.2.4.1 一般要求

（1）旅馆照明宜选用显色性较好的白炽灯、低压卤钨灯和稀土节能荧光灯光源。

（2）从节能的角度考虑，旅馆照明应优先选用光通利用率高的直接型照明器。

（3）照度标准。旅馆建筑照明的照度标准，如附表20所示。对于客房无台灯等局部照明时，一般活动区域的照明可提高一级。

7.2.4.2 公共场所照明

旅馆的公共大厅、门厅、休息厅、大楼梯厅、公共走廊、客房层走廊以及室外庭园等场所的照明，宜在服务台（总服务台或相应层服务台）处进行集中遥控，但客房层走廊照明就地亦可控制。健身房照明宜在男女服务间分别设置遥控开关。

1. 主厅照明

旅馆的主厅又称休息厅，是供客人休息的场所，厅内一般摆设沙发、台桌、工艺品和各种盆景，照明系统应与室内装修配合，当厅室高度超过 4m 时，宜使用建筑化照明或下投式照明与立灯照明的组合照明，使主厅显得宽敞华丽；也可使用大型吊灯，显示豪华气派。

主厅照明应提高其垂直照度，并随室内照度（受天然光影响）的变化而调节灯光或采用分路控制方式。主厅照明应满足客人阅读报刊所需要的照度要求。

2. 餐厅照明

旅馆的餐厅主要供客人在明亮的气氛下舒适就餐，因此，采取高效率的嵌入式照明器（或用吸顶灯）加壁灯照明。光源可以选择白炽灯或荧光灯作为背景照明，照度可以达到 100lx，餐桌上的照度最好可以达到 300～700lx。酒吧、咖啡厅、茶室等照明设计，宜采用低照度水平并可调光，在餐桌上可设置电烛形的台灯，但在收款处应提高区域一般照明的照度水平。

3. 宴会厅照明

旅馆的宴会厅要求装饰豪华，照明一般采用晶体发光玻璃珠帘照明器或大型、枝型吊灯，常采用建筑化照明手法，使厅内照明更具特色；有时对部分照明实行调光控制，提高照明的效果。宴会厅可以使用花灯、局部射灯、筒灯、荧光灯等不同照明器的组合，以适应不同场合功能的需要。大宴会厅照明应采用调光方式，同时宜设置小型演出用的可自由升降的灯光吊杆，灯光控制应在厅内和灯光控制室两地操作。

4. 商店照明

旅馆的内部商店主要销售一般的生活用品、工艺品，因此需要对主要商品及陈列橱柜设置重点照明，利用光色表现商品所具有的特征和色彩，其亮度一般为一般照明的 3～5 倍。为了加强商品的立体感和质感，有时要使用方向性强的导轨灯配用反射灯泡投射到商品上。导轨灯可以根据商品陈列情况，随时移动照明器位置，调整照明器投射角度，增加或减少照明器的数量，调配亮度，避免产生眩光。

5. 门厅照明

旅馆的门厅照明设计，应该用照明器造型和光照来充分表现旅馆的格调，通常以宁静、典雅为基调，使人感到亲切和温暖。为了突出主厅的豪华气派，门厅照明可采用以下投式为主的不显眼照明手法；门厅照明的亮度要同户外的亮度相协调，最好能用调光设备或开关装置对门厅的照明亮度进行调节；用灯光突出服务台，使客人注意服务台的位置。

6. 走廊与电梯门厅照明

旅馆的走廊与电梯门厅在建筑上是相连的，既要协调也要有变化。电梯门厅的照度应略高于走廊。由于底层电梯门厅与入口大厅相连，灯饰应选用较豪华的，其余各层电梯门厅的灯饰应与走廊的灯饰相协调。

通向会议室、餐厅、门厅、阅览室等公共场所的走廊，人员流动量较大，照度在 75～150lx，照明器排列要均匀，间距一般为 3～4m。通向客房的走廊，人员流动量较小，照度可小一些，照明应以客房门口为重点，一般采用吸顶灯或壁灯，光源宜选用白炽灯。客房层走廊应设清扫用插座。

楼梯间一般采用漫射式吸顶灯或壁灯。对于回转楼梯，可选回转式吸顶灯或壁灯。旅馆的疏散楼梯间照明应与楼层层数的标志灯结合设计，宜采用应急照明灯。

7. 旅馆的休息厅、餐厅、茶室、咖啡厅等处照明

这些场所照明宜设置地面插座及灯光广告用插座。

7.2.4.3 多功能厅照明

旅馆的多功能厅适用于召开会议、举办舞会和文艺演出。为满足各种功能要求，照明设计的关键是选择照明器和控制系统。多功能厅要求配备多种光源，以适应各种环境气氛的要求。设有红外无线同声传译系统的多功能厅照明，当采用热辐射光源时，其照度不宜大于50lx。

1. 照明器

常用的照明器主要有装饰灯，通常选用大型的组合花灯、吊灯或吸顶灯。为了烘托主要装饰灯，常采用辅助灯饰（即底灯），其作用是与主要装饰灯相呼应形成明暗对比，并增加立体感。“底灯”宜选用吸顶式或嵌入式筒灯，可连续调光。变色灯也是一种辅助装饰灯，它使室内空间多姿多彩。光源可选用彩色荧光灯、白炽灯或霓虹灯。

设有舞池的多功能厅，宜在舞池区内配置宇宙灯、旋转效果灯、频闪灯等现代舞用灯光及镜面反射球。旋转灯专供舞会使用，通过灯光的旋转和位移，给人一种活泼新奇的感觉。频闪灯的灯光应随着音乐节奏不断闪烁，产生明快的节奏感。

2. 控制方式

照明器的控制方式是实现多功能照明的重要条件。通常将各种用途的照明器分成若干回路，然后根据使用场合的要求进行人工操作和调节。声控装置可以根据音乐节奏控制灯的通断和色彩的变换。程序控制把各种场面所需的照明形式存储在可编程自动调光器内，根据需要自动执行预先存储的照明程序。舞池灯光宜采用计算机控制的声光控制系统，并可与任何调光器配套实现联机工作。

7.2.4.4 舞厅照明

旅馆内的舞厅是一种公共娱乐场所，应该使得环境幽雅，气氛热烈。在舞厅内，一般采用筒形嵌入式照明器点式布置，作为咖啡座的低调照明和舞池的背景照明。舞池的顶棚上应设置各种颜色的小型投射灯、导轨式射灯和旋转式射灯。舞池中央还设有旋转反光球，接受颜色变换器的直接照射而不断地变换颜色，或者设置直射式旋转变色光球。导轨式和固定式各种颜色的射灯实行单独控制，并随着舞曲的音调起伏与节奏变化而不断闪烁。

7.2.4.5 客房照明

旅馆客房一般由起居室和卫生间构成，为了给旅客提供舒适、安全的住宿条件，照明设计必须在满足实用的基础上，突出照明器的装饰作用，点缀室内气氛。

1. 房间照明

等级标准高的客房可不设一般照明，客房床头照明宜采用调光方式，客房的通道上宜设有备用照明。客房照明应防止不舒适眩光和光幕反射，设置在写字台上的照明器亮度应为170～510cd/m^2。

在客房的进门处，宜设置切断除冰柜、通道灯以外的电源开关，开关面板上宜带有指示灯，或采用节能控制器，由客人的房间钥匙板插入开启电源。

客房照明一般可以选用顶棚灯，在房间的中央吸顶或吊装式安装，在房间的入口处和床头处实行双控。壁灯安装在靠茶几沙发的墙壁上，供看书阅读使用。在客房的每个床位都要设置床头照明，双人客房的床头照明要选用光线互不干扰的照明器，并在伸手范围内能进行控制。当床侧放置床头柜时，可在该处设置地脚灯做通宵照明。

客房设有床头控制板时，在控制板上可设有电视机电源开关、音响选频开关、音量调节开关、风机盘管风速高低控制开关、客房灯、通道灯开关（可两地控制）、床头照明灯调光开关、夜间照明灯开关等；有条件时尚可设置写字台台灯、沙发落地灯等开关。等级标准高的客房夜间照明灯可选用可调光的开关。

客房内的各种插座与床头控制板的接线盒一般装在墙上，当隔音条件要求高且条件允许时，亦可安装在地面上。客房内插座宜选用两孔和三孔安全型双联面板。额定电压不是220V的各种插座，应在插座面板上标刻电压等级或采用不同的插孔形式，以免接错，确保使用安全。

2. 卫生间照明

卫生间照明需要明亮柔和的光线。卫生间一般选用防潮、易于清洗的壁灯和吸顶灯，同时要避免安装在有蒸汽散发的浴缸上部，通常安装在坐便器的前上方，光源可以采用白炽灯。客房穿衣镜和卫生间内化妆镜的照明，其照明器应安装在视野立体角60°以外（即以镜面中心为圆心，半径大于300mm），照明器亮度不宜大于2100cd/m^2。当用照度计的光检测器贴靠在照明器上测量时，其照度不宜大于6500lx。邻近化妆镜的墙面反射系数不宜低于50%。卫生间照明的控制宜设在卫生间门外。

当卫生间内设有220/110V电动剃须刀插座时，插座内的220V电源侧，应设有安全隔离变压器，或采用其他保证人身安全的措施。卫生间内，如需要设置红外或远红外设备时，其功率不宜大于300W，并应配置0～30min定时开关。

高级客房内用电设备的配电回路，应装设具有过电压保护、欠电压保护和漏电保护功能的配电装置。

7.2.4.6 其他场所照明

(1) 旅馆的潮湿房间如厨房、开水间、洗衣间等处，应采用防潮型照明器。机房照明可采用荧光灯，布置灯位时应避免与管道安装发生矛盾。

(2) 保龄球室照明应避免眩光。宜采用反射型白炽灯或卤钨灯所组成的光檐照明。光檐照明应垂直于球体滚动通道方向布置。每道光檐照明的间距宜在3.5～4m。

(3) 高尔夫球模拟室可采用荧光灯组成的光檐照明并在房间四周设置。

(4) 室外网球场或游泳池，宜设有正常照明，同时应设置杀虫灯或杀虫器。

(5) 地下车库出入口处应设有适应区照明。

(6) 旅馆内建筑艺术装饰品的照度选择应该注意，装饰材料的反射系数大于80%时取300lx；当反射系数为50%～80%时取300～750lx。

(7) 屋顶旋转厅的照度，在观景时不宜低于0.5lx。

7.2.5 商店电气照明设计

商店照明的目的是突出商店特征，吸引顾客注意，诱发顾客的购买兴趣与欲望；在表现商品特征的同时，力求烘托店堂气氛，给顾客以视觉导向，使他们易于找到自己的所需商品。商业照明应该与商店的总体营销策略一致，并且随着商品和季节的变化具有一定的可变性。商业照明应选用显色性高、光束温度低、寿命长的光源，如荧光灯、高显色钠灯、金属卤化物灯、卤钨灯等，同时宜采用可吸收光源辐射热的照明器。商店建筑照明的照度标准，参见附表18。

7.2.5.1 营业厅照明

大型营业厅的电气照明应采用分组、分区或集中控制方式。营业厅照明包括一般照明、重点照明（功能性照明）和装饰照明三种。

1. 一般照明

在营业厅照明设计中，一般照明可按水平照度设计，但对布匹、服装以及货架上的商品，应考虑垂直面上的照度。对于营业厅光环境设计，应充分发挥照明功能作用。在自然光下显示商品时，以采用高显色性（$Ra>80$）光源、高照度水平为宜；而在室内照明下显示商品时，可采用荧光灯、白炽灯或其混光照明。商店常用照明器布置方式，如图 7.6 所示。

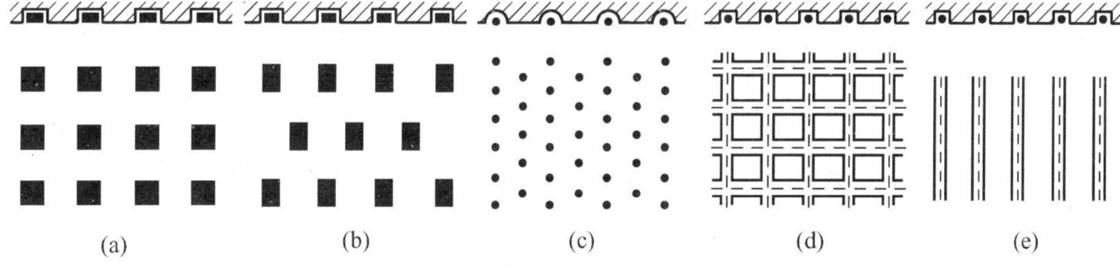

图 7.6 商店常用照明器布置方式

(a) 多管荧光灯方阵；(b) 卤钨灯或节能灯组合；(c) 荧光灯、卤钨灯或节能灯组合；
(d) 单管荧光灯方阵；(e) 单管荧光灯列阵

2. 重点照明

对主要场所和对象进行重点投光，目的在于增强顾客对商品的注意力，重点照明对象的亮度应与商品种类、形状、大小、展览方式以及周围店堂空间的基本照明相配。一般使用强光来加强商品表面的光泽，强调商品形象。为了加强商品的立体感和质感，常使用方向性强的控光照明器，有时还要利用色光来突出特定部位。重点照明通常采用的光源有白炽灯、卤钨灯、金属卤化物灯和白色高压钠灯。照明器宜采用非对称配光特性灯具。为能适应陈列柜台布局的变动，可选用配线槽与照明器相组合并配以导轨灯或小功率聚光灯的设计方案。对于导轨灯的容量确定在无确切资料时可按 100W/m 计算。

3. 装饰照明

装饰照明的目的是对室内进行装饰、增加空间层次、制造环境气氛。装饰照明通常选用装饰吊灯和壁灯组成图案与形式统一的系列照明器，渲染环境气氛，表现具有强烈个性的空间艺术。

装饰照明不能兼作一般照明或重点照明。对珠宝首饰等贵重物品的营业厅应增设值班照明和备用照明；营业厅面积超过 $1500m^2$ 时应设应急照明；灯光疏散指示标志宜设置在疏散通道的顶棚下和疏散出入口的上方；商业建筑的楼梯间照明宜按应急照明要求设计并与楼层显示结合考虑。

7.2.5.2 橱窗照明

橱窗照明的作用是为了吸引在店前通行的顾客注意，以激发其进店购买的意识。橱窗照明设计应根据商品种类、陈列空间的构成，以及所要求的照明效果综合考虑。橱窗内商品的展示和环境气氛的营造，主要是通过灯光来实现的，主要实现手法有：

(1) 依靠强光，使商品更加突出。

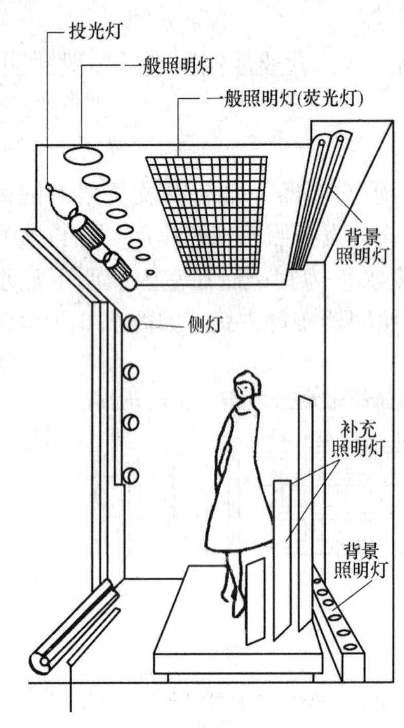

图 7.7 橱窗常用照明方式

（2）通过照明强调商品的立体感、光泽感、材料质感和色彩。

（3）利用装饰性的灯具来吸引人的注意。

（4）让照明状态随时间发生变化。

（5）利用彩色光源，使整个橱窗更加绚丽多彩。

橱窗内的照明也可分为基本照明和重点照明。基本照明是保证橱窗内基本照度的照明，重点照明则是采用强烈的灯光突出商品的照明方式。为突出商品常常采用关键光线营造亮点，再利用补充光和背景光的综合运用达到理想的效果。橱窗常用照明方式如图 7.7 所示。

为了满足不同展示的要求，需要照明设备有很大的灵活性，如多个装在电源导轨上的聚光灯以及多种光源或照明器的组合应用等。

室外橱窗照明的设置应避免出现镜像，陈列品的亮度应高出室外景物亮度 10%。展览橱窗的照度宜为营业厅照度的 2～4 倍。用高亮度光源照射商品时，要注意限制反射眩光，避免产生不舒适眩光。

7.2.5.3 陈列照明

1. 陈列架照明

为了使陈列商品亮度均匀，照明器宜设置在陈列架的上部或中段，光源可采用荧光灯或聚光灯；中间的隔板可采用透光的材料（如玻璃），这样更能反映商品的光泽和质感，磨砂玻璃的透光效果可以给商品以轻快的感觉。重点商品采用逆光照明时，必须有足够的亮度，通常使用定点照明灯，以使商品更加引人注目。陈列架照明如图 7.8 所示。

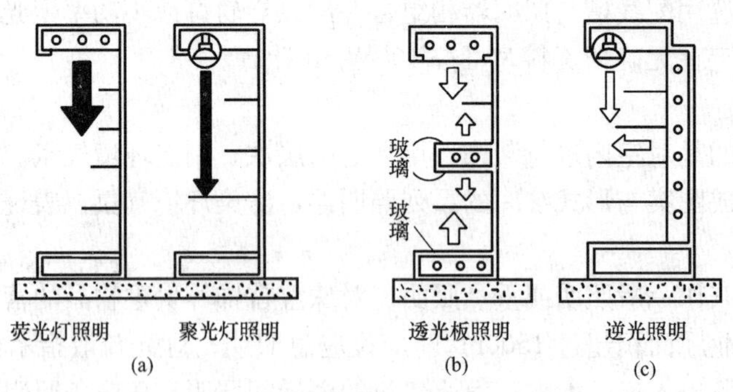

图 7.8 陈列架照明

（a）一般照明；（b）透光板照明；（c）逆光照明

2. 陈列柜照明

对于陈列玻璃器皿、宝石和贵金属的柜台，应采用高亮度光源；对于布匹、服装、化妆品等柜台，宜采用高显色性光源。柜台内照明的照度宜为一般照明照度的 2～3 倍，但由一般照明和局部照明所产生的照度不宜低于 500lx。对于肉类、海鲜、苹果等柜台，则宜采用红色光谱较多的白炽灯。为了强调商品的光泽感而需要强光时，可利用定点照明或吊灯照明方式。照明灯光要求能照射到陈列柜的下部。对于较高的陈列柜，有时下部照度不够，可以在柜的中部装设荧光灯或聚光灯。商品陈列柜的基本照明手法有以下四种：

（1）柜角的照明。在柜内拐角处安装照明器，为了避免灯光直接照射顾客，灯罩的大小尺寸要选配适当，如图 7.9 所示。

（2）底灯式照明。对于贵重工艺品和高级化妆品，在陈列柜的底部装设荧光灯管，利用穿透光线有效地表现商品的形状和色彩，假若同时使用定点照明，更能增加照明效果，显示商品的价值。底灯式照明如图 7.10 所示。

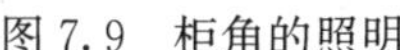

图 7.9 柜角的照明

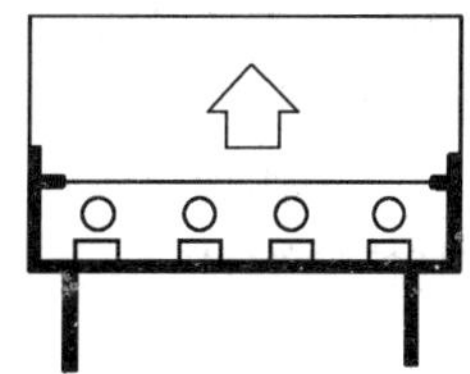

图 7.10 底灯式照明

（3）混合式照明。当陈列柜较高时，在柜子的上部使用荧光灯照明，下部增加聚光灯照明，这样可以使灯光直接照射陈列柜的底部。

（4）下投式照明。当陈列柜不适合装设照明器时，可以在天棚上装设定点照射的下投式照明装置，下投式照明器的安装高度和照射方式应结合陈列柜的高度、天棚高度和顾客站立的位置而定。

7.2.6 工厂电气照明设计

工业建筑类型很多，从精细的电子工业到大型的重工业，从洁净车间到尘埃飞扬的多尘车间，它们对照明的要求是迥然不同的。因此，照明设计必须根据不同的工作性质和场所，进行相应的变化和处理，创造良好的工作视觉环境，以达提高劳动生产率，减小事故和保护劳动者身心健康的目的。

7.2.6.1 基本要求

1. 照度及照度均匀度

照度标准应依照 GB 50034—2004《建筑照明设计标准》的规定，详见附表 29。工作区域一般照明的照度均匀度不宜小于 0.7，非工作区的照度与工作区照度之比不小于 1/3。

2. 光色及显色性

不同的光色可以营造不同的环境气氛，根据工作性质的不同，选择和工作性质相适应的光色，对改善工作环境，提高工作效率具有积极的作用。显色性主要考虑认识机械设备和加工部件的颜色，识别安全标志的颜色。对于有色彩的工作和进行颜色检验作业的场所，尤其要选择显色性较好的光源。

3. 环境条件

有特殊环境条件的厂房，如潮湿、多尘、有腐蚀性气体或爆炸危险的厂房，直接影响着照明设备的选择。如在潮湿车间，由于充满潮气或有凝结水的出现，故应选择防水性能好、不易生锈、绝缘性能好的照明设施；而在冷冻食品加工厂和冷库中，不宜选用荧光灯，因为低温时荧光灯不仅启动困难，光效也低。因此对于这些场所的照明，要着重考虑照明设备的安全、可靠和便于维护。

7.2.6.2 照明方式及照明设计

1. 一般照明

（1）单层厂房。单层厂房往往开有侧窗，有的屋顶还开有天窗，但仍需要采用人工照明，特别是连续多跨度时，中间跨度的厂房，更需要采用人工照明。对于高度在4～7m以内的单层厂房，可采用反射型的荧光灯具成排布置，灯具可以直接安装或悬吊在屋架（或屋梁）的下边，使其离地面的高度约4m左右；如果采用荧光高压汞灯、金属卤化物灯，可将这些灯在墙柱面上安装，使其向下斜照。对于高度大于7m的单层厂房，可采用高强度气体放电灯（高压汞灯、金属卤化物灯、高压钠灯）或者混光灯具，安装在屋架的下弦或墙柱面上（应避开吊车轨道），一般采用规则排列。当工作面需要较高的水平照度时，应选用狭照型的配光灯具，当工作场所不仅要考虑工作面的水平照度，而且希望有一定的垂直照度，则选用广照型或特广照型灯具。

（2）多层厂房。多层厂房高度一般在4m以下，其照明类同于办公室的一般照明，多采用荧光灯，灯具的布置可根据工作位置的不同，成排布置或网状布置，安装高度在2.5～4m之间，安装的方式可采用吸顶式或嵌入式。

2. 分区一般照明

分区一般照明是根据工作区域与非工作区域对照度要求的不同，将灯具进行不同布置的一种照明方式。分区一般照明属于一般照明的一种特例，适用于工作位置固定不变的某些厂房。采用分区一般照明时，灯具相对集中，能在工作面上形成较高的照度。分区一般照明可以使工作更觉舒适，而且能有效节约电能。

3. 局部照明

某些类型的作业对照明水平和照明质量的要求非常严格，采用一般照明和分区一般照明解决不了问题，必须设置局部照明。局部照明只是用来增加工作面的照度，是对一般照明的补充，不能代替一般照明。

4. 控制室与检验工作室的照明

（1）控制室照明。工业控制室中主要设置有直立的控制屏和有斜面或水平面的控制台，值班人员的视力工作持续且比较紧张。对控制室的照明要求：①应有足够的照度（100～300lx）。②有较好的亮度分布和色彩分布，应注意垂直面和水平面的亮度差别不要过大。③无直射眩光和反射眩光。控制室常采用荧光灯照明，照明装置普遍采用低亮度漫射照明装置，即利用倾斜安装的或带有方向性配光灯具组成的发光天棚，或嵌入式、半嵌入式光带。

（2）检验工作室照明。检验工作是工厂控制产品质量的重要环节。检验工作与检验工作人员业务熟练程度、被检物的性质以及照明方式有很大的关系。根据检验对象及其性质，通常采用表7.7所示几种基本照明方式。

一些检验工作，并不需要特殊的照明环境，采用一些特定的照明系统就可以帮助人们很方便地进行这些作业活动。例如：当要求对很小的物体检验或装配精细机械零件和电子元件时，常采用照明放大镜来简化操作作业，要测量物体尺寸时，常采用投影的方法，将物体先投影放大，再进行精细测量。再如，采用频闪观测可方便地对运动的部件进行检测，当其闪光频率调节到一定值时，受照的运动物体看起来如同静止一样。

表 7.7 **检验工作的基本照明方式及其适用检验对象**

基本形式					
光　　源	置于被检物上方	置于被检物前方	置于被检物前下方	漫射性面光源	漫透射面光源
漫射型灯具	光泽平面上的凹凸、弯曲（金属、塑料板等）	半光泽面上的亮斑、凹凸（铅字、活板等）	强调平面上的凹凸（布、丝织物的纺织不匀、疵点、起毛等）	光泽面上的一致性、瑕疵（金属、玻璃等），光泽面的翘曲、凹凸，由反射像的变形来观察光源面上的条纹、格子的直线样子	透明体内的异物、裂痕、气泡（玻璃、液体等），半透明体的异物、不均匀（布、棉、塑料等）。对于带有白色的异物，要用黑色背景，以聚光性灯具照射
集光型灯具	光泽面的瑕疵、划线、冲孔、雕刻等	粗面上的光泽部分（金属磨损部、涂料的剥落等）	强调平面上的凹凸（板材、铅字、纸板等的翘曲、凹凸）		

7.2.6.3 特殊厂房照明

工厂内的特殊场所一般指环境条件与一般常温干燥房间不同的场所，如多尘、潮湿、有腐蚀气体、有火灾或爆炸危险的场所等。这些场所的照明要着重考虑安全可靠性、便于维护和有较好的照明效果。下面分别说明各种环境下对灯具的防护要求。

1. 多尘场所

多尘场所主要是指在生产过程中，厂房内有大量飞扬的尘埃，这些尘埃沉积在灯具上，会造成光损失及光效率下降。若是一些导电粉尘和半导体粉尘聚积在电气绝缘装置上，受潮后将会造成绝缘强度下降，易发生短路。另外，当某些粉尘积累到一定程度，并伴有高温热源时，也可能引起火灾或爆炸。因此，这类厂房灯具的选择应选用防尘型灯具，灯具的设置应便于清扫与维护。

2. 潮湿场所

特别潮湿的环境是指相对湿度在95%以上，充满潮气或常有凝结水出现的场所。潮湿环境会使灯具绝缘水平下降，容易造成漏电或短路，且灯具易锈蚀；人体电阻也因潮湿而下降，增加触电危险。为此，这类厂房的灯具应选用防潮灯或耐潮的防水磁质灯，灯具的引入线处应严格密封，以保证安全。

3. 腐蚀性气体场所

当生产过程中有大量腐蚀性介质气体溢出或含有大量盐雾和二氧化硫等气体时，对灯具或其他金属构件会造成侵蚀作用。如铸铁、铸铝厂房溢出氟气和氯气，电镀车间溢出酸性气体，化学工业中溢出各种有腐蚀气体。因此，这类具有腐蚀性气体的厂房选用的灯具应注意下列几点：①腐蚀严重场所用密闭防腐灯，选择抗腐蚀性强的材料及其面层制成的灯具。常用材料的性能是：钢板耐碱性好而耐酸性差；铝材耐酸性好而耐碱性差；塑料、玻璃、陶瓷抗酸、碱腐蚀性均好。②对内部易受腐蚀的部件实行密闭隔离。③对腐蚀性不强的场所可用半开启式防腐灯。

4. 火灾危险场所

在生产过程中，产生、使用、加工、储存可燃液体（21 区[1]）或有悬浮状和堆积状可燃性粉尘纤维（22 区[2]）以及固体可燃性物质（23 区[3]）时，若有火源或高温热点，其数量或配置上能引起火灾危险的场所称为有火灾危险的场所。为防止灯泡火花或热点成为火源而引起火灾，固定安装的灯具在 22 区场所应采用将光源隔离密闭的灯具，如防尘防水灯具（IP55）；在 21 区场所宜采用 IPX5；而在 23 区场所可采用一般开启灯具（IP20），但应与固体可燃材料之间保持一定的安全距离。移动式照明器在 21、22 区场所应采用防水防尘型（IP55），23 区场所可采用保护型（IP4X）灯具。

5. 有爆炸危险的场所

空间具有爆炸性气体、蒸汽（0 区、1 区、2 区）、粉尘、纤维（10 区、11 区），且介质达到适当浓度，形成爆炸性混合物，在有燃烧源或热点温升达到闪点的情况下能引起爆炸的场所称为有爆炸危险的场所。这些场所的灯具防爆结构的选用如表 7.8 和表 7.9 所示。

表 7.8　气体或蒸汽爆炸危险环境的灯具防爆结构选型

爆炸危险环境 / 防爆结构 / 灯具及附件名称	1 区		2 区	
	隔爆 d	增安 e	隔爆 d	增安 e
固定式灯	○	×	○	○
移动式灯	△	—	○	—
携带式电池灯	○	—	○	—
指示灯类	○	×	○	○
镇流器	○	△	○	○

注　○—适用；△—尽量避免；×—不适用。

表 7.9　粉尘爆炸危险环境的灯具防爆结构选型

爆炸危险环境防爆结构	10 区	11 区
	隔爆（粉尘）	防尘
灯具	○	○

注　○—适用。

7.2.6.4　无窗厂房照明

在无窗厂房内进行生产或其他活动，都必须依靠人工照明，因而对照明有更高的要求。

1. 照度标准

一般生产场所的照度不宜低于 200～300lx，在经常没有人停留的场所，其照度可适当降低，但不宜低于 30～75lx。非直接生产的厂房及走廊的照度应不低于 30lx。在出入口，照度宜适当提高，以改善视觉的明暗适应。

---

❶ 21 区指地下油泵间、储油槽、油泵间、油料再生间、变压器拆装修理间、变压器油存放间等；

❷ 22 区指煤粉制造间、木工锯料间等；

❸ 23 区指裁纸房、图书资料档案库、纺织品库、原棉库等。

2. 光源选择

无窗厂房的光源应选择光谱能量分布接近日光的光源，一方面显色性好，另一方面能有少量中、长波紫外辐射满足人体的需要。高度在 5m 以下的厂房可采用日光色荧光灯，如 TZ 系列太阳光管；6m 以上的厂房宜选用接近日光色的高强度气体放电灯，如日光色镝灯。

3. 灯具的选择

在有恒温要求或工作精密的厂房中，宜选用单独的一般照明。需采用混合照明时，要注意局部照明的发热量所造成的区域温差对工作的不利影响。对防尘要求和恒温要求较高的厂房，照明形式宜采用顶棚嵌入式的带状照明。对防尘要求不高、恒温要求一般的厂房，宜采用上半球有光通分布的吸顶式荧光灯，以免造成顶棚暗区。

4. 紫外线补偿

长期在无窗厂房内工作的人员，由于缺乏紫外线照射，易得某些疾病。为此，必要时可装设波长为 280～320nm 的紫外线灯，以补偿紫外线照射。可以将紫外线灯安装在某一固定房间内，工人定期按疗程进行短时照射补偿；也可将灯与普通照明灯一样分散设置，进行长期照射。

7.3 室外电气照明设计

7.3.1 体育场电气照明设计

7.3.1.1 一般要求

(1) 照度标准。各种体育运动场所照明的照度标准，参见附表 26～附表 28。

(2) 光源。体育场地照明光源宜选用金属卤化物灯、高显色高压钠灯。

(3) 照明器。场地用直接配光的照明器应带有格栅，并附有照明器安装角度的指示器。比赛场地照明应能适应使用多样性的特点，室内场地的布灯可采用高光效、宽光束配光与狭光束配光照明器相结合的方式或选用非对称性配光照明器；室外足球场地应采用狭光束配光的泛光照明器，同时应能有效控制眩光、阴影和频闪效应。

(4) 在比赛场地内的主要摄像方向上，场地水平照度最小值与最大值之比不宜小于 0.5；垂直照度最小值与最大值之比不宜小于 0.4；平均垂直照度与平均水平照度之比不宜小于 0.25。体育馆（场）观众席的垂直照度不宜小于场地垂直照度的 25%。

(5) 水平照度均匀度（水平照度最小值与平均值之比）对于训练场地不宜大于 1∶2，手球、速滑、田径场地可不大于 1∶3。足球与田径比赛相结合的室外场地，应同时满足足球比赛和田径场地照明的要求。场地照明的光源色温宜为 4000～6000K。光源的一般显色指数应不低于 65。

(6) 安全照明。在有观众席的体育场，必须设置因故障停电时作为维护照明用的若干只具有瞬间点燃特性的应急照明器；也可设置正常时作一般照明，而停电时瞬间即可切换电源的安全照明。

(7) 应在体育场的观众席、观众休息厅和走廊通道设疏散照明和疏散出口标志灯等应急照明。

7.3.1.2 照明器的布置方式与安装高度

在决定室外运动场地的照明器位置和安装高度时，首先考虑的是，在运动方向和运动员正常视线方向上，尽量减小光源对运动员所产生的眩光干扰。照明器的布置方式和安装高度通常有以下四类，如表 7.10 所示。

表 7.10 体育场照明器布置方式及其适用场合

方式	布置地点	布置示意图	照明器安装高度	适用场合
四角照明	在比赛场地的四角布置照明器	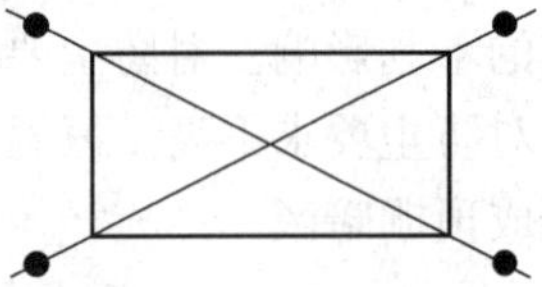	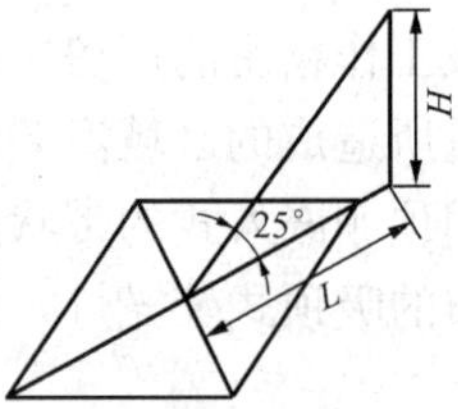 $H \geqslant L\tan 25°$	足球、橄榄球场等
周边照明	在比赛场地的周围布置照明器	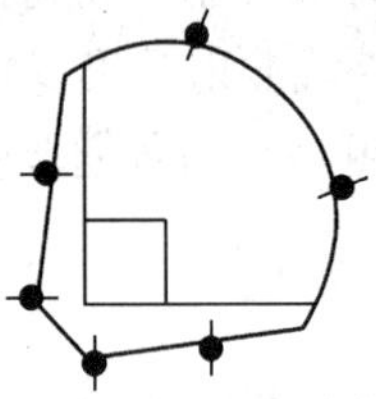	根据目标个别确定	棒球场、田径比赛场等
侧面照明	在比赛场地的两侧布置照明器	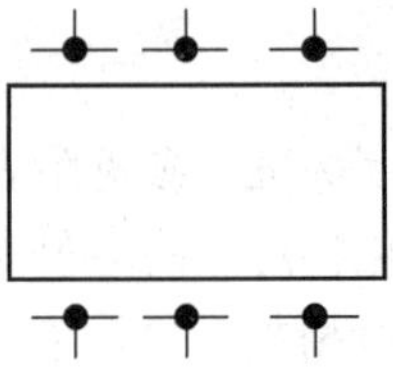	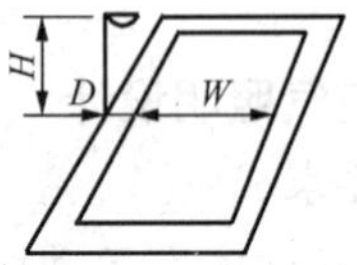 $H \geqslant (D+\frac{W}{3})\tan 30°$ 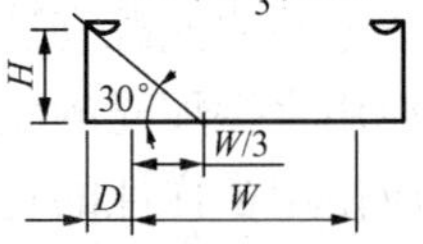	田径场、橄榄球场、足球场、网球场等
四角与侧面组合照明	在比赛场地的四角和电视摄影机一侧布置照明器	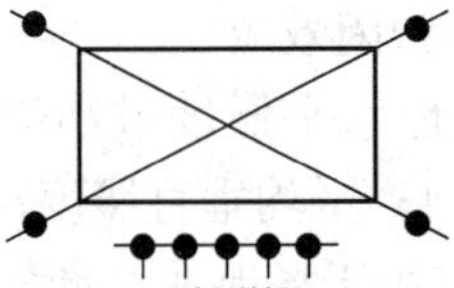 凸摄影机	$H \geqslant L\tan 25°$ $H-D \geqslant \frac{W}{3}\tan 30°$	进行彩色电视摄像的足球场、橄榄球场等

在确定照明器安装高度时，不能使光线射入运动员正常视线上下 30°角的范围内。对于低空间运动项目，如田径、游泳、射箭、滑雪等，其运动范围大部分在距离地面 3m 的高度内进行，照明器安装高度不得低于 6m。对于高空间运动项目，如足球、棒球、网球、高尔夫球、橄榄球等球类运动，运动范围除地面外，还在距离地面 10～30m 的空间进行，要求照明器安装高度不得低于 9m。

7.3.1.3 照明器瞄准点的确定

1. 瞄准点的确定应遵循的原则

（1）必须使照明器射出的光通量绝大部分投射到运动场地和预设的被照面上，投射到观众席的光通量应小于投射到场地中的光通量的 25%。

（2）应保证整个运动场地有足够均匀的水平照度和垂直照度，在该场地上空一定高度范围内（足球项目一般取 15m）应有足够的亮度，而且不可产生暗区。

（3）每个瞄准点要有几个不同照明器投射光束的叠加，一旦某个照明器有故障后，不会对被照场地的照度均匀度有太大的影响。

（4）瞄准点的设定必须做到在运动员和观众视野范围内有最小的眩光干扰。

（5）瞄准点的设置一般先将俯角设定好，然后通过方位角进行调整。

2. 几种照明方式的处理手法

（1）侧面照明方式。对于训练场地，照明器仅向半场投射，瞄准点距边线以 25m 左右为宜，如图 7.11（a）所示；对于大型比赛及进行彩色电视摄像的场地，需加强垂直照度，应把照明器一部分光束投向对面半场内，瞄准点离本侧边线 50m 为宜，如图 7.11（b）所示；为了提高场地两端的垂直照度及避免对足球运动守门员的眩光干扰，场地两端的照明器应尽量外移，如图 7.11（c）所示。

（2）四角照明方式。四角照明方式中，照明器瞄准点的确定，一般先根据灯塔的高度、照明器的光束角以及光强分布等情况，将运动场地划分为中央区、两端区、边线区、四角区等四个区域，然后，按图 7.11（d）所示划分每个灯塔所应投射的区域，确定每个区域内每个灯塔所应承担光通量的比例。通常，每个灯塔承担的照度：中央区为 1/4；两端区和边线区为 1/2，四角区全部由自己承担。

（3）四角及侧面组合方式。如图 7.11（e）所示，确定组合照明方式的瞄准点，是以四角方式照明为主体，侧面照明方式只是为彩色摄像机的摄像主轴方向增加垂直照度。因此，四角灯塔的瞄准点主要在场地中线以外，而侧面光带的照明器瞄准点主要分布在自己一侧场地。

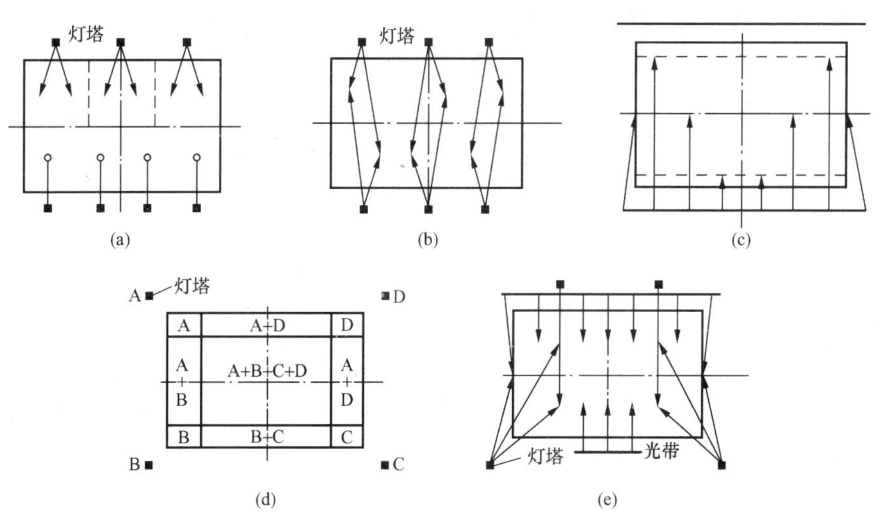

图 7.11 不同照明器布置方式下的瞄准点布灯方案

（a）侧面布灯照射本侧半场；（b）侧面布灯照射对侧半场；
（c）侧面布灯照明器外移；（d）四角照明布灯；（e）四角及侧面布灯组合

7.3.1.4 常用体育场照明

1. 综合性体育场照明

综合性大型体育场宜采用光带式或光带式与塔式组成的混合式布灯形式。

（1）四角塔式布灯。四角塔式布灯的灯塔位置，应选在球门中点与底线成15°角及半场中点与边线成5°角的两条引线相交后的延长线所包括的范围之内，并将灯塔安置在场地的对角线上。灯塔最低一排灯至场地中心与场地水平面的夹角宜为20°～30°。

（2）两侧光带式布灯。在罩棚或灯桥上布灯的长度应该超过球门线（底线）10m以上。如果有田径比赛场地，两侧灯位布置总长度应不少于160m或采取环绕式分组布灯。泛光灯的最大光强射线至场地中线与场地水平面的夹角应为25°，至场地最近边线（足球场地）与场地水平面夹角应为45°～70°。

2. 足球场照明

足球运动项目要求场地上部空间必须有较强的光线。室外足球训练场地可采用两侧灯杆塔式布灯，通常采用4、6、8座灯杆，灯杆的高度不宜低于12m。泛光灯的最大光强射线至场地中线与场地水平面的夹角不宜小于20°，至场地最近边线与场地水平面的夹角宜在45°～75°范围内，其中采用6灯杆时夹角取45°～60°，采用8灯杆时夹角取60°～75°。灯杆宜在场地两侧对称均匀布置。

因照明范围大（运动场地的面积在700m^{2}以上），要求的照明质量比较高，宜以窄光束远距离投射的照明器为主。为减少光源对运动员的眩光影响，足球场要有相当高的垂直照度，照明器的安装高度要高，应将照明塔布置在球门中心点与底线成15°角及场地纵向中心点与边线成5°角的两条引线相交点处，如图7.12所示。根据足球运动的特点，在球门附近区域的照度应高于其他区域。

3. 网球场照明

由于网球场地较窄，相应的照明范围也较窄，因此要求的投射距离较近，一般采用宽光束配光照明器。为了避免运动员和网球产生强烈的阴影，照明器应采用两侧对称排列，并且要求在运动员的视线方向上不出现强光。为了满足场地上部空间有充足的照度，照明器安装高度不可低于10m。根据网球运动的特点，为满足运动员、裁判员和观众的视觉条件，在网球场附近区域也要保证足够的照度。网球场照明器的基本布置，如图7.13所示。

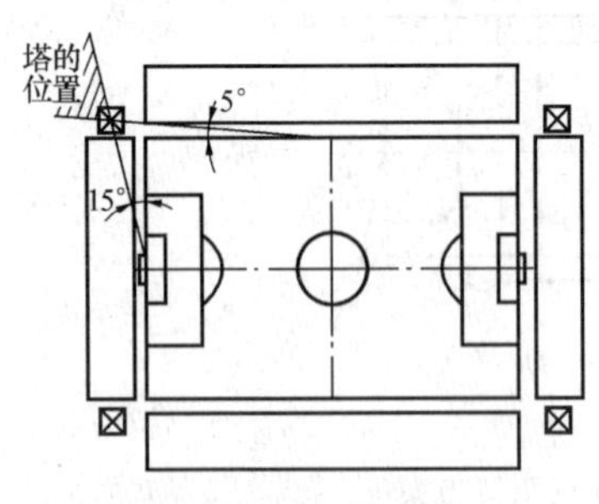

图7.12 足球场塔式布灯

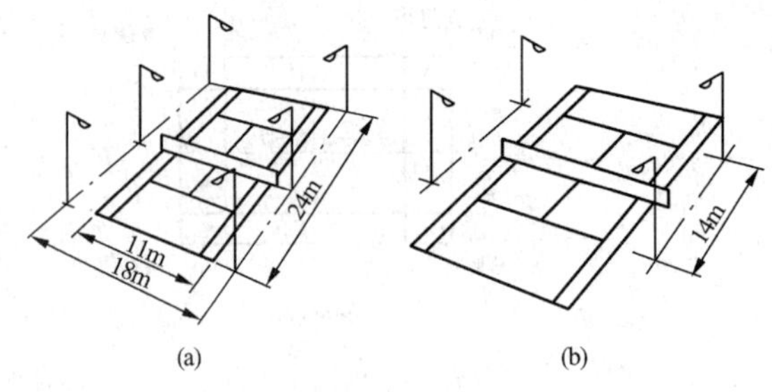

图7.13 网球场照明基本布置方案

（a）重大比赛场地；（b）练习场地

4. 室外游泳池照明

室外游泳池白天利用自然采光，晚间则采用人工照明。室外游泳池照明器的布置，如图7.14所示。一般照明是采用宽光束照明器作近距离投射，照明器安装在泳池四周或两个侧面，应保证光源最大光强射线与最远池边的连线与泳池水面的夹角在50°～60°的范围。确定

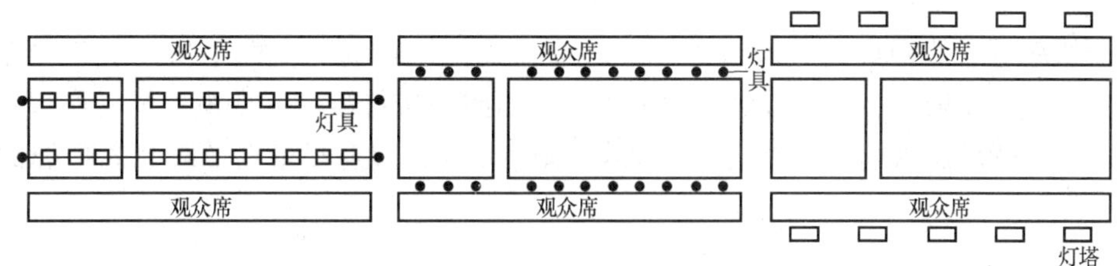

图 7.14 室外游泳池照明器布置

瞄准点应尽量做到减少光线进入运动员视线的频率，以游泳池水面的反射光不进入运动员、观众视线为依据，确定照明器的安装高度。为了保证运动员、游泳者的安全和管理的需要，水面及池边的照度不宜低于 100lx。

当设置游泳池水下照明时，应设有安全接地等保护措施。水下照明灯上沿口距离水面宜在 0.3～0.5m；照明器间距应为 2.5～3.0m（浅水部分）和 3.5～4.5m（深水部分）。一般要求水池面的水下照明指标为 600～650lm/m²。

5. 室外滑冰场

室外滑冰场规格一般为 80m×50m，滑冰场照明器的基本布置方式，如图 7.15 所示。滑冰运动属低位运动项目，为了能看清冰面状况，应使整个运动场冰面具有良好的照度均匀度。为不致对滑行者产生强烈阴影，宜采用照明器两侧对称排列的方式，通常采用宽光束配光照明器近距离投射；另外，还应注意避免冰面反射光进入运动员的视线。

7.3.1.5 照明装置的供配电

1. 供电电源

（1）中、小型体育场观众席在 5 万人以下，一般是双电源供电。正常情况下，两路电源同时供电，当一路发生故障时，可自动切换到另一路电源上，以保证正常比赛、电视转播、广播及音响可照常进行。有的地方由于条件所限，只能供一路市电，另一路为柴油发电机组供电。当市电发生故障时，柴油发电机组仅供疏散照明用电。

（2）大型体育场观众席在 5 万人以上，又经常进行国际性比赛，除双电源供电外，还应备有柴油发电机组设备，供疏散照明用电。

（3）经常举行国际性大型比赛的体育场，彩色电视转播又是全国性和全球性的现场直播，除双路电源外，还应设置供给全部场地照明的发电机组，保证供电的不间断性，如图 7.16 所示。

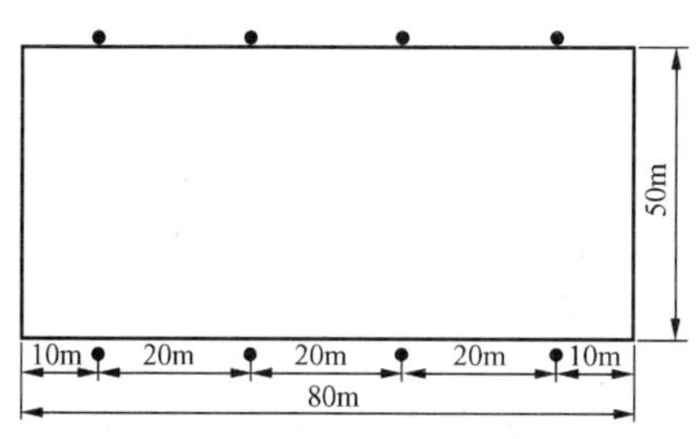

图 7.15 室外滑冰场照明器布置

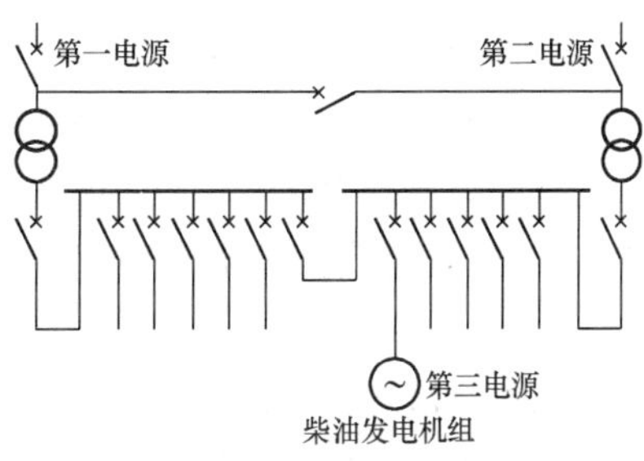

图 7.16 大型体育场供配电系统图

2. 变配电所

由于供配电点的距离比较长（100m 以上），大型体育场的变配电所一般不少于两个。变电所的位置主要依据布灯方式的不同来考虑。如四塔布灯型式，变电所通常布置在塔底，每塔用一专用变压器供电；光带式布灯型式，则变电所位置应尽量在平面上接近光带的中心位置。

3. 多功能控制

体育场一般设置一个灯光控制室，其位置最好设在主席台斜对面的一层，既能看到主席台又能看到记分牌，总之要能观察到大半个体育场的灯光和场地情况。灯光控制室也有设在主席台一侧的，还有和计时记分牌控制室合一的。控制室内设灯光控制台，控制台上设有全场灯光布置模拟盘和灯光单控及总控按钮。近几年又发展了由电子计算机控制的控制台。

一般体育场照明灯光的控制分为 25%～50%～75%～100%（清扫～练习～一般比赛～正式比赛）四档进行集中控制，也有按五档进行照明灯光控制的体育场，即加一档田径比赛。对于每档照明都要保持场地照明的相对均匀度。

4. 配线及安装

(1) 所有安装在灯塔或光带灯桥上的电气设备以及电线电缆均应能经受大气带来的污染，风、雨、曝晒等考验，沿海地区还应能防盐雾侵蚀。

(2) 由于高强度气体放电灯触发器的电压比较高，因此选用的电缆额定电压不应小于 1000V，最好是选用聚氯乙烯绝缘或橡皮绝缘电缆。

(3) 镇流器、触发器至光源的距离，必须限制在厂家规定的连接电缆的长度值以内。

7.3.2 城市道路电气照明设计

随着城市道路、桥梁、广场、园林的发展，尤其是各种绿化、亮化、美化工程的启动，道路和室外电气照明显得越来越重要。对道路照明的设计要求，不仅仅具有实用照明作用，而且要求灯具的造型设计具有美、洁、亮的装饰效果，实现灯具功能的多样性，成为当今道路照明发展的主流。

7.3.2.1 道路照明设计的一般要求

1. 道路照明质量

(1) 根据道路的具体规格确定相应的照度标准，详见表 5.9 城市道路照明设计标准（CJJ 45—1991）。

(2) 路面亮度均匀程度。路面亮度均匀度包括总亮度均匀度和亮度纵向均匀度。

路面总亮度均匀度定义为路面最小亮度与平均亮度之比。为了保持一个可以接受的察觉能力，总亮度均匀度一般不应低于 0.4。

道路照明亮度纵向均匀度定义为在通过观察者的位置，平行于道路轴线的前方路面最小亮度与路面最大亮度的比值。亮度纵向均匀度对视觉舒适影响较大，例如：当驾驶员在路面上行驶时，前方路面上反复相继出现明暗区（即所谓“斑纹”效应）的干扰，容易使驾驶员产生疲劳。一般建议主要道路的宽度纵向均匀度最小值为 0.7 左右，以保证足够的视觉舒适水平。

(3) 眩光的控制。眩光的控制主要从正确选择灯具（如当眩光较强烈时选用截光型或半截光型灯具）和调整其安装高度等方法解决。

(4) 路面的诱导性。路面的诱导可分为视觉诱导和光学诱导。路面的诱导性好，驾驶员很容易看清楚道路的变化和正确理解前面道路方向等。视觉诱导通过道路的辅助设施，如路面中线、路面标志、防碰撞栏杆等诱导，使驾驶员明确所在的位置和道路前方的走向。光学诱导通过灯杆和灯具的排列、灯具式样、灯光颜色的变化来诱导，使驾驶员明确道路走向的改变或将要接近交叉路口等地点。路面的诱导性有下列几种方法：

1）改变道路照明系统。如通向交叉口的道路采用常规照明，而交叉口本身可采用高杆照明等不同的照明系统，提醒驾驶员注意。

2）改变光源颜色。在规划城市道路照明时，主、次干道，环路和过境道路等有计划地采用不同的光源，可使道路照明起到道路指示牌的作用。如通向交叉口的主、次干道可采用光色不同的光源。

3）改变灯具的布置方式。改变灯具的布置方式可作为一种诱导信号，提醒驾驶员正在接近路口和不同的干道。如在进入市区主干道之前，次干道采用道路两侧交错布置的道路照明；而进入市区主干道时，改成采用中心对称布置的道路照明。

2. 光源和灯具

（1）选择道路照明的电光源，应当根据电光源的效率、光通量、寿命、光色和显色性、控制配光的难易程度及使用环境等因素进行综合比较而定。一般尽量选用钠灯和金属卤化物灯。常用的照明电光源适用范围如表 7.11 所示。

表 7.11　　　　道路照明常用电光源种类

照明种类	光源种类	适用场所
道路照明	低压钠灯	市郊道路
	高压钠灯	一般街道
	金属卤化物灯	繁华街道
隧道照明	高压钠灯、高压汞灯	出入口照明
	低压钠灯、荧光灯	隧道照明
广场照明	高压钠灯、金属卤化物灯	一般广场
	氙灯	大型广场

（2）道路照明灯具必须能防水、防风雪、耐腐蚀、安装和维护方便、兼顾外形美观，并根据使用场所和道路周围的条件、路面亮度的均匀度以及眩光的限制等条件来确定。如：高速公路、郊区道路四周没有建筑物，周围较暗，应采用截光型配光灯具，可以提高路面的亮度和均匀度，而且减弱了眩光；相反，若采用非截光型配光灯具，光线分布不能集中在路面上，而扩散到其他空间，使路面亮度降低，不均匀度增加，增强了眩光。

城市道路按交通量的大小和行车速度的大小分为快速路（A）、主干道路（B）、次干道路（C）、支路（D）以及居住区道路（E）共五级。道路照明参数推荐值如表 7.12 所示。

3. 路灯布置

路灯的平面布局受到许多客观条件的限制，诸如道路的等级、交通流量、速度、路宽、路面结构、灯具的功率、安装高度及交叉路口等。条件不同平面布局也有所不同。

（1）单侧布灯，所有灯具均布置在道路的同一侧。这种布置方式适合于比较窄的道路，要求灯具的安装高度等于或大于路面有效宽度。单侧布置的优点是诱导性好，造价比较低；缺点是没有布置灯的一侧路面亮度（或照度）比较低，因而使两个不同方向行驶的车辆得到的照明条件不同。

表 7.12　　　　道路照明主要参数推荐值

道路级别	交通量	车速	交通类型	道路状况	路面亮度（cd/m^2）	亮度均匀度	眩光控制指数	举　例
A	大	高	机动车用	有中央隔离带，无平面交叉	2	0.7	7	高速公路
B				机动车专用，与行人道等隔开	2	0.7	5	主干线
C	大	中	机动车用	人、车混用道路	2	0.5	5	干线、环行线、放射线
			人车混用		1		7	
D	较大	低	人车混用	商业中心道路	2	0.5	5	繁华街道
E	中	低	人车混用	住宅区道路以及与上述连接道路	1	0.5	5	住宅区道路

（2）交错布灯，灯具交错排列在道路两侧。这种双侧交错布置方式适合于比较宽的道路，要求灯具的安装高度不小于路面有效宽度的 0.7 倍。双侧交错布置的优点是亮度总均匀度可以满足，照明条件比单侧布置好；缺点是亮度纵向均匀度较差，诱导性也不及单侧布置好。

（3）对称性布灯，灯具相对排列在道路两侧，它要求灯具的安装高度不小于路面有效宽度的一半。这种双侧对称布置方式适合于宽路面并且有中央分车带的双幅路面。对称布置的优点是照度均匀，诱导性好，应用较多。

（4）中心对称布灯。中心对称布灯适合于有中间分车带的双幅道路。灯具安装在位于中间分车带的 Y 形或 T 形灯杆上。灯具的安装高度应等于或大于单向道路的有效宽度，中心对称布置可以起到良好的视觉诱导效果。

以上 4 种基本形式有时可以结合起来使用，从而派生出新的布置形式。如中心对称布置和双侧对称布置就常常在双幅道路上结合使用，这时对单向道路来说，事实上成为交错布置或对称布置。常用路灯布置方案及其适用路宽见表 7.13。

表 7.13　　　　常用路灯布置方案及其适用路宽

布置方式	俯　视　图	道路宽度（m）
单侧	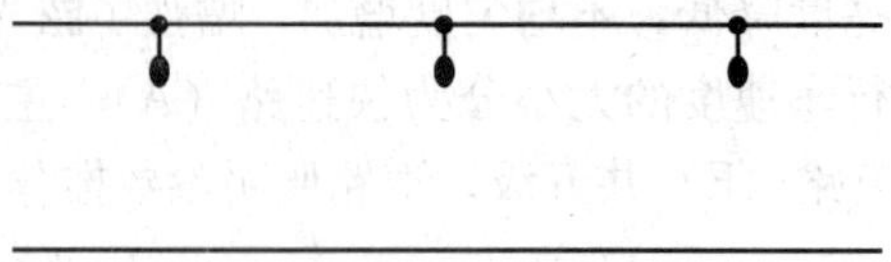	<12
交错	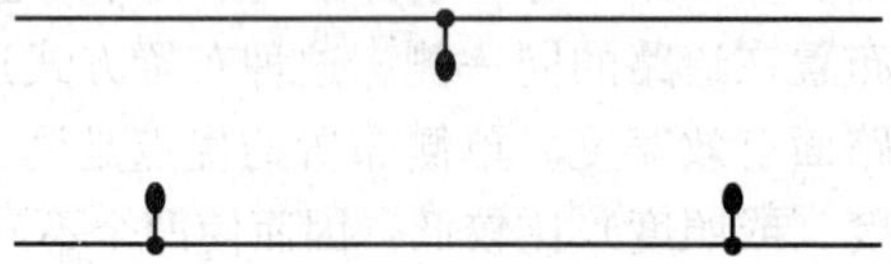	<24

续表

布置方式	俯　视　图	道路宽度（m）
对称	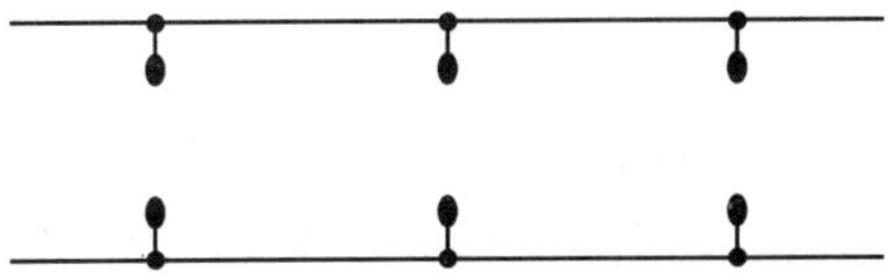	<48
中央隔离带	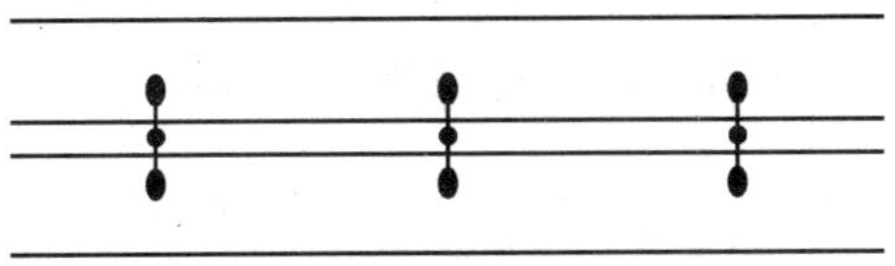	<24
中央隔离带双挑与对称	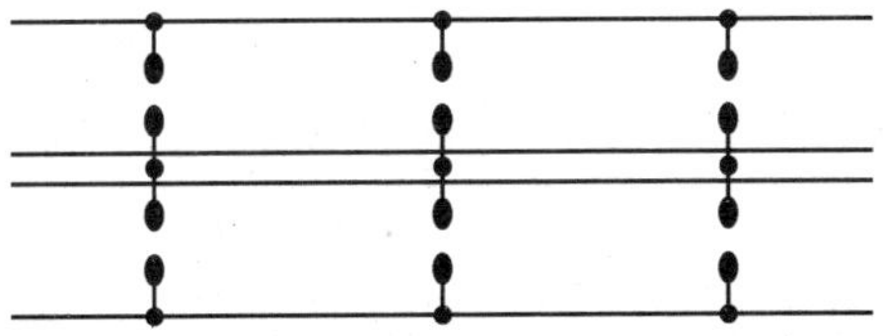	<90

（5）交叉路口的布灯。丁字路口的最佳布灯方案是将灯具设在道路尽端的对面，这样不但可以有效地照亮路面，而且有利于司机识别道路的尽头，如图 7.17（a）所示。在复杂的交通路口，为了引起司机提早注意，在附近路段改变灯具的种类或光源的种类，使交叉路口、附近路段形成高亮度段和过渡路段。在十字路口等复杂路段布置时灯间距宜减小，路灯最好设置在汽车前进方向的右侧，这样容易使司机看清横穿交叉路口的行人或车辆，如图 7.17（b）所示。

（6）人行横道、弯道的布灯。人行横道的布灯对横穿马路的人和司机安全行车非常重要，因此要求灯光从左方照射，并且人行横道附近的照度要加强，一般人行横道前后 50m 之间的平均照度应大于 30lx 为宜，如图 7.18（a）所示。在弯道布灯时，一般按照弯道曲线布灯，这样从远处就能以灯光的亮点辨别出道路出现拐弯，越靠近弯道中心部分的灯具，间距应越小，如图 7.18（c）所示。

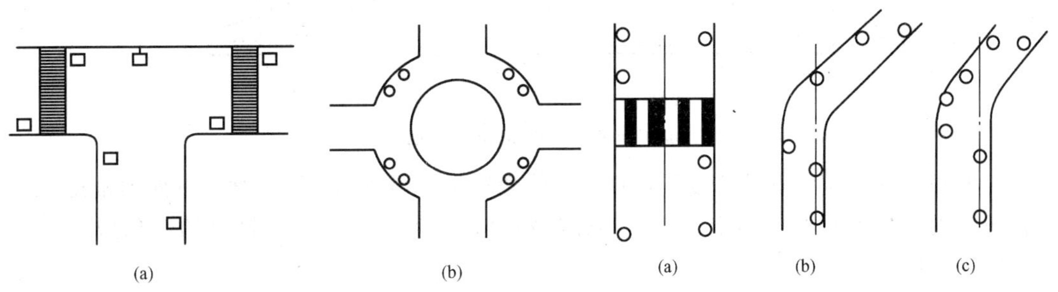

图 7.17　交叉路口布灯
（a）丁字路口布灯；（b）十字路口布灯

图 7.18　人行道和弯道布灯
（a）人行道布灯；（b）弯道不正确布灯；
（c）弯道正确布灯

（7）立交广场布灯。广场照明常用一组灯具安装在高度在 20m 及以上的灯杆上进行大面积照明。其优点是被照路面上的照度和亮度均匀性好，灯杆少，可以有效地控制眩光，可以消除汽车撞杆事故；利用高杆灯的造型变化，还可以起到美化城市道路的作用。

4. 路灯的安装

（1）安装高度。灯具的安装高度首先要根据灯具的布置方式、路面有效宽度、灯具的配光特性、光源功率来决定，还应考虑维护条件、经费支出等其他因素。一般来说，安装高度越低，总的投资也越低，但眩光就会增加。一般道路灯具安装的高度为 15m 以下。

（2）间距。灯具的安装间距和安装高度与要求达到的路面亮度及纵向均匀度有关，安装得越高，间距就可以越大，但路面亮度纵向均匀度会下降，灯具的纵向间距一般为 30～80m。

各种照明器的安装高度和灯杆间距如表 7.14 所示。

表 7.14　各种照明器的安装高度与灯杆间距

排列方式	截光型配光		半截光型配光		非截光型配光	
	安装高度 H	安装间距 S	安装高度 H	安装间距 S	安装高度 H	安装间距 S
单侧	$H \geqslant w$	$S \leqslant 3H$	$H \geqslant 1.2w$	$S \leqslant 3.5H$	$H \geqslant 1.2w$	$S \leqslant 4H$
交错	$H \geqslant 0.7w$	$S \leqslant 3H$	$H \geqslant 0.8w$	$S \leqslant 3.5H$	$H \geqslant 0.8w$	$S \leqslant 4H$
对称	$H \geqslant 0.5w$	$S \leqslant 3H$	$H \geqslant 0.6w$	$S \leqslant 3.5H$	$H \geqslant 0.6w$	$S \leqslant 4H$

注　表中 w 为车道宽度。

（3）悬挑长度。灯具的悬挑长短决定了有效照明路宽，悬挑不宜太长，悬挑若太长，路缘和人行道得不到应有的照明，悬臂的机械强度也容易出问题，还会影响美观，使人觉得不协调，灯具的造价也会增加。因此，建议灯具的悬挑长度不宜超过灯具安装高度的 1/8，悬挑长度一般限制为 2m 以下。有时为了获得良好的视觉诱导，在路缘凹凸不平的地段，悬挑长度可以适当调整，以便使灯具整齐排列在一条直线上。路灯的安装和布置如图 7.19 所示。

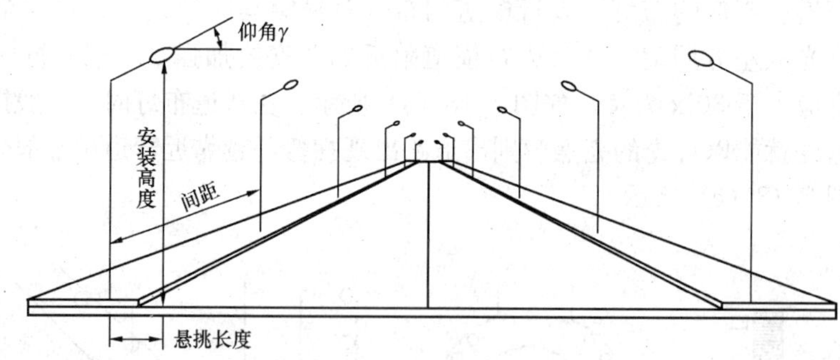

图 7.19　路灯的安装和布置

（4）仰角。在一定的安装高度下，灯具的仰角增加，可以增大路面横向的照射范围。但灯具仰角过大，特别是在弯道上，产生眩光的机会就会增加。因此，灯具的仰角应予以限制，一般不宜超过 15°。

7.3.2.2　道路照明设计

1. 计算方法

道路照明设计计算方法常用的有利用系数法和逐点计算法两种。

(1) 利用系数法用于平均照度计算。利用系数是指电光源的总光通量与投射到车道路面上的光通量之比，不同的灯具其利用系数各不相同。在确定照明灯具配光类型后，根据其配光特性、路宽、安装高度、安装间距等即可求出平均照度。

(2) 逐点计算法用于计算某点的照度。逐点计算法在路面上挑选几个有代表性的点，通常选择照度最高点和最低点按公式进行最小照度计算，然后根据灯具的配光曲线合理地选择电光源。

根据道路条件和要求，进行主要参数的设计计算，一般常采用利用系数法计算平均照度。利用系数法计算平均照度的特点是精度低、方法简便。而逐点照度计算法的特点是计算精度高、方法复杂。道路照明照度设计计算见本书 4.7.2 节。

2. 设计步骤

(1) 初步选择光源和灯具，并根据当地条件和实践经验初步确定灯具的布置方式、安装高度、间距、悬挑长度和仰角。

(2) 进行平均照度和照度均匀度及眩光限制等计算。

(3) 进行设计方案的综合分析比较，并确定一种最佳设计方案。

7.3.2.3 道路照明供电与控制

道路照明一般采用专用的供电线路，即根据路灯总功率的大小，在一定的距离内安装专用路灯变压器供电。为了保持城市美观，照明供电线路常采用电缆埋地敷设，然后通过保护管引入灯杆并接至灯具，如图 7.20 所示。

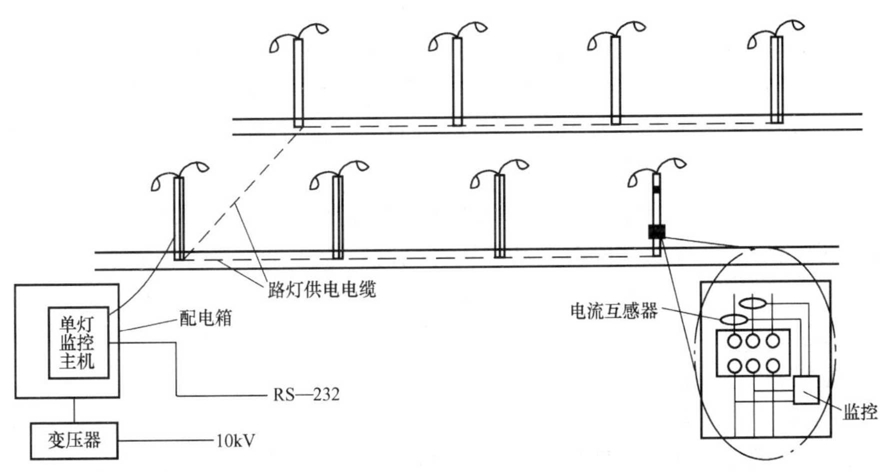

图 7.20 道路照明供电线路

1. 供电方式

道路照明供电通常采用以下三种方式：

(1) 高压供电。由变电所引出 10kV 专供线路，经专用变压器降压后分段供电给照明灯具；在变压器的二次出线端设有电能表、控制箱等配电设备，供电可靠性比较高，大片灭灯的几率少。北京、天津、福州等地多有采用。

(2) 低压供电。由民用 10kV 线路中的公用变压器作为道路照明电源，通过控制线对路灯控制箱（380V）进行道路照明控制。这一供电方式目前应用较为广泛，具有工程量小，投资省的优点，但白天变压器空载损耗大，控制附属设施多且大片灭灯的几率较多。

(3) 双电源供电。为了增加道路照明的可靠性，特别重要的道路照明可采用双电源供电方式。

2. 控制方式

(1) 并联运行控制。各供电变压器和开关控制设备采取并联接线方式，优点是任何一个供电电源发生故障时，不会影响其他区段照明。该控制线路控制的负荷小，路灯照明开、关同时性好。

(2) 串联运行控制。各供电变压器和开关控制设备采取串联接线方式。串联控制的缺点是任何一个供电电源发生故障，其后面的路灯均失去控制，灭灯范围大。

3. 控制方法

(1) 定时控制。时间控制供电电路一般由电源开关、定时装置和接触器等组成。电源开关采用低压断路器，常用的定时装置有电子定时控制器和计算机控制仪，也可以采用人工定时控制。

(2) 光电控制，即利用光的强弱变化实现自动控制。如夜幕降临时自动开灯，拂晓自动关灯。

(3) 光电与定时组合控制。光电定时组合控制电路是由光电传感器、时间控制电路和接触器及开关控制电路等组成。路灯光电控制仪利用光电传感器和定时器双重保险控制，当天空变阴、光线减弱或光电开关电路误动作时，时间控制电路严格保证在规定的时间内接通或断开照明电路。

(4) 智能控制系统。智能控制系统综合了电子测控、远程通信、计算机网络管理等高科技技术，采用分布式网络结构，全面掌握城市照明的状况，自动按季节性变化提供多种开关模式，还可以实现遥测、遥信、遥控“三遥”功能。智能控制系统一般由监控主站、通信网、前端控制部分（终端）等组成。

前端控制部分由CPU、通信模块、存储模块、保护模块、测量模块、输出模块等组成，具有测量各照明路段参数以及故障检测和报警等功能；监控主站系统主要负责各单元运行参数的采集、接收故障报警、在线实时故障诊断、单元远程安装、单元远程离线和联机控制以及综合数据管理等功能。

7.3.3 建筑物泛光照明

泛光照明也称投光照明，采用投光灯来照明建筑物和纪念物等，使它们的亮度比周围环境高出许多，以达到渲染美化效果。城市建筑物泛光照明，带有广告或装饰的性质，同时对改善城市形象、促进商业繁荣也具有十分积极的作用。

目前城市中主要使用泛光照明的建筑物包括纪念物（如具有建筑艺术的城堡、教堂、剧院等）、公共建筑或私人建筑、商业建筑或工业建筑、自然景点（如自然界中的悬崖、峡谷、瀑布等）、构筑物（如桥梁、立交桥、水塔、大坝等）以及建筑小品（如塑像、雕塑、亭台楼阁等）等，此外还有公园、花坛、树木草坪等，应用领域十分广泛，已成为现代化城市的亮化与宣传的主要手法。

7.3.3.1 照明方式与设备布置

1. 照度标准

城市建筑物泛光照明的照度推荐值如表7.15所示。

表 7.15　　城市建筑物泛光照明的照度推荐值

建筑物表面		照度（lx）		
		环境		
材料类型	条件	不亮	较亮	很亮
白砖	相当清洁	20	40	80
大理石	相当清洁	25	50	100
亮颜色的水泥或石头	相当清洁	50	100	200
黄砖	相当清洁	50	100	200
暗颜色的水泥或石头	相当清洁	75	150	300
红砖	相当清洁	75	150	300
花岗岩	相当清洁	100	200	400
水泥	脏	150	300	

2. 照明方式

在建筑物泛光照明中，常用的照明方式分为以下几种：

（1）投光照明常用于平面照明和立体照明，一般是将投光灯放在被照物周围。

（2）轮廓照明是将发光线条固定在被照物的边界和轮廓上，以显示其体积和整体形态，突出其主要特征。

（3）形态照明是利用光源自身的颜色及其排列，根据创意组合成各种发亮的图案，装贴在被照物的表面起到装饰作用。

（4）动态照明是在上述三种照明方式的基础上对照明水平进行动态变化的处理，变化可以是多种形式的，如亮暗、跳跃、运动、变色等，以加强照明效果。

（5）特殊方式（声与光）以投光照明对象为基础，通过光的色彩变化，加入音乐伴奏及其他声响以创造综合的艺术效果，如灯光音乐喷泉等。

3. 设计步骤

（1）确定泛光灯安放位置、光分布类型。

（2）计算灯的数量和负载是否达到所要求的平均照度。

（3）采用逐点计算法验算是否达到要求的照度均匀度，绘制泛光灯的瞄准图样。

4. 设备布置与安装高度

泛光照明的设备可放置在区域范围内或安装于区域范围外的高塔、高杆或其他现存的建筑上。在确定泛光灯的光束角和瞄准点之前，必须决定安装的高度以及需要照亮区域的边界。

一般说来，安装高度越高，所需要的灯杆和高塔越少。安装较高的泛光照明系统通常安装费低且效果较好。安装高度 H 与该地区的纵深 D 的关系是影响该系统性能的重要指标。

如果从一侧照明一个露天场地，D/H 的值必须不大于 5，如图 7.21（a）所示；如果该场地内有障碍物，如堆料场和停车场，那么该比值应降至 3，如图 7.21（b）所示；当存在过多的障碍物时甚至应该降为 2～1.5，如图 7.21（c）所示；当照明来自两侧时，则该比值可升至 7，如图 7.21（d）所示。

安装高度和照明方向确定以后，应考虑每个或每组泛光灯的间隔距离。间隔距离与安装高度的比值（称为“*SHR*”）是由所选用的泛光灯通过垂直平面中光强最大的水平方向上的

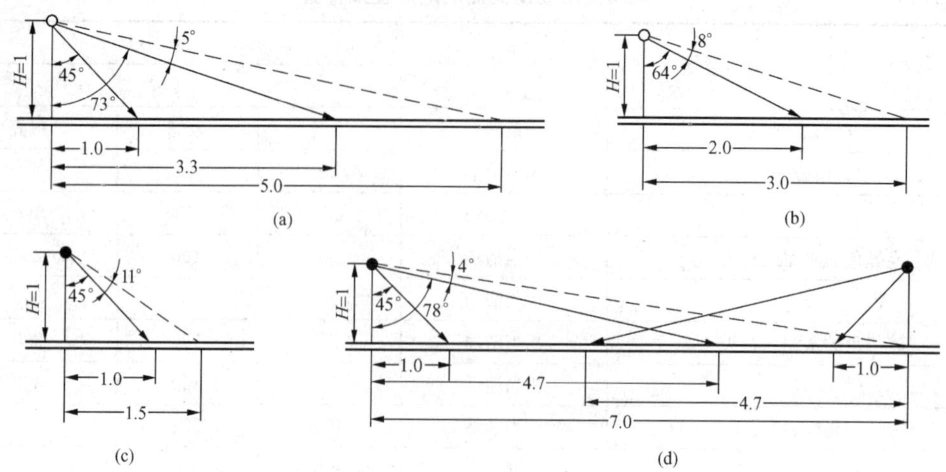

图 7.21　不同 D/H 值的照明范围

(a) $D/H=5.0$；(b) $D/H=3.0$；(c) $D/H=1.5$；(d) $D/H=7.0$

水平或横向光束角来决定的。如果所需照亮区域是在垂直平面上，例如一座建筑的表面或一幅广告宣传牌，其“安装高度”就变成了泛光灯到该表面的距离。这种情况的照度计算与水平照度计算相同。

对于不对称泛光灯，*SHR* 值通常在 1.5～2 之间。*SHR* 值为 3 时照度均匀度较差。如果由于场地的限制而导致了较高的 *SHR* 值，应该将照明器的方向瞄准侧面而不应该直接瞄向正前方。

7.3.3.2　常见被照对象的泛光照明

1. 平滑表面的建筑物

对建筑物的表面是比较光平的立面做泛光照明时，为了减轻均匀照明平面的单调感，可采用一些不同颜色的光源，如高压钠灯、彩色的金属卤化物灯等，借助不同的彩色光带，突出显示建筑物的垂直结构特征。现在用得比较多的彩色金属卤化物灯有发绿色光的碘化铊灯、发蓝色光的碘化铟灯和发粉红色光的碘化锂灯。对高大建筑物的立面照明，应采用高功率、窄光束、高光强的投光灯。

如果仅对建筑物的一侧立面进行泛光照明，则投光照明器可以按一定的间隔进行安装，使各照明器的光轴与被照面垂直。照明的均匀程度与这些投光照明器的光分布情况有关；也可用一组照明器装在同一地点，而取不同的射向，这一方式比较节省电缆线，也有利于照明器的隐蔽。

当建筑物相邻的两个立面都是平面时，可采用亮度对比来加以表现，主立面的亮度应比辅立面的亮度高 1 倍以上；也可以采用两种不同颜色的光束来分别照明这两个立面，这样可以增强建筑物的立体感。

如果建筑物不是很高，照明器可以离建筑物很近，采用光束很宽的投光照明器，各个照明器以等间距安装，但两照明器之间的最大距离不能超过与立面间距离的 2 倍。对于高大建筑物，必须采用光束更为集中的照明器，照明器应安装在离建筑物较远处，如将投光照明器成列地安装在灯柱或塔上。

2. 凹凸表面的建筑物

当建筑物表面上有凹凸时，可通过阴影来表现其立体感。在建筑物受照面的主要观察方向和光照方向之间必须有一定的角度，如图 7.22（a）所示。如果阴影太长或太深，会在很亮的表面和阴影之间产生太强的反差，淡化阴影的方法可以用两组投光灯做补充照明，如图 7.22（b）所示。图中 A 组投光灯为主照明投光灯，B 组投光灯属于宽光束，作为辅助照明，其中，B 组灯的光束方向基本上与 A 组灯的光垂直。一般说来，辅助光束产生的照度必须小于主光束产生的照度的 1/3。

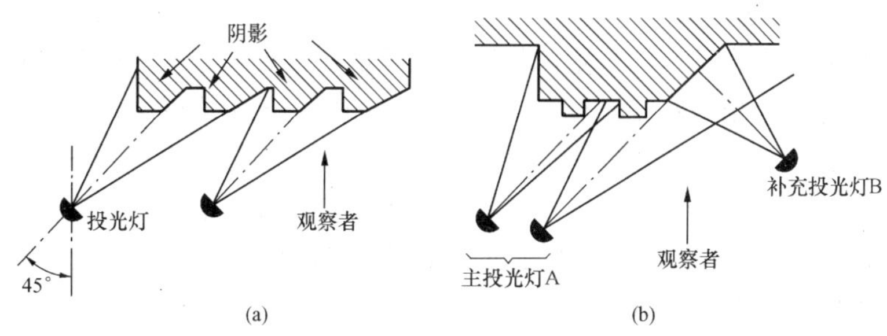

图 7.22 凹凸平面的立体感表现手法

（a）主观察方向与投光方向成 45°角；（b）淡化阴影的方法

3. 廊柱泛光照明

对于廊柱的泛光照明可以采用图 7.23（a）所示的剪影效应（即“黑色轮廓像”效应）法，将照明器 2 放在廊柱 3 的后面，建筑物立面可以照得很亮，在明亮的背景之上浮现出廊柱的“黑色轮廓像”，即所谓剪影效果。为了不使反差太大，应利用辅助投光灯 1 给整个场景以适量的照明。

还可以采用如图 7.23（b）所示的照明方式，其中安装在廊柱顶部或底部的是光束很窄的投光灯 5，光束几乎是垂直上下的，基本上没有光照在建筑物的立面上，可以突出显现廊柱表面的细节。为了使立面不致太暗，还应该增加辅助投光灯 4 以照明整个场景。

除以上两种方法以外，还可以采用不同颜色的光照分别对廊柱和建筑物立面区分开来。

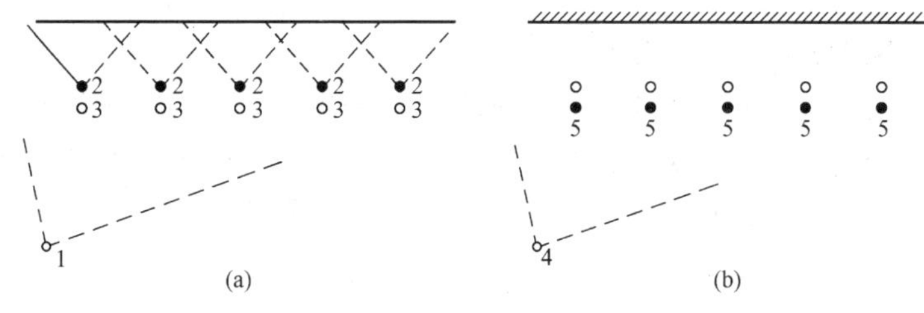

图 7.23 廊柱照明

（a）剪影效应法；（b）突出照明廊柱

1—整体泛光照明弱光；2—照亮背景的强光；3—廊柱；

4—整体泛光照明弱光；5—突出照明廊柱的窄光束投光灯

4. 玻璃幕墙照明

对于玻璃幕墙，一般采用内光外透的方式照明，从室内将光线打到建筑物的窗孔上，在窗口处的下部放置一只或多只照明器来照明窗帘、窗框；也可采用很多线状的光源沿幕墙的网架排布，形成规则的彩色光网格图案；还可用很多闪光灯或光导纤维装在玻璃幕墙上，使它们顺序地或随机地发光，产生动态的效果。如果支撑玻璃幕墙的金属网架有很好的反光性能，也可从下部进行投光照明，此时的玻璃幕墙尽管是黑的，但是闪闪发亮的金属框架照样能显现建筑物的轮廓。这种照明方式一次性投资节约且便于维修，但长期运行费用较高。上海电视塔等高层建筑物顶楼即采用的这种“内透光”照明，装饰效果较好。

7.3.4　广告、标志及景观照明

7.3.4.1　广告、标志照明

广告照明的目的是充分显示广告主体，以达特殊的宣传效果。在广告照明中，常用的光源有白炽灯、卤钨灯、荧光灯、霓虹灯等，其中氖灯的应用最为广泛。

1. 光电式广告牌

光电式广告牌是利用白炽灯组成各种文字或图形，通过开关电路的变换方式使文字或图形发生变化，在白天用红色的15～25W灯泡，在夜晚多使用红、蓝、绿色，后面布置抛物线反光镜，这样可以使广告更加醒目。

2. 内照式广告牌

内照式广告灯箱采用不锈钢薄板等做里衬，内设荧光灯或节能灯，外罩丙烯树脂板制成的所需文字和广告图案。由于丙烯树脂的实际耐温为80℃，在设计内照式广告牌时，应考虑温度变化，不能使温度超过此值。

内照式广告灯箱可以直接安装于建、构筑物上，白天利用自然采光，夜晚在内置灯光的透射下，颜色艳丽的图案和广告字十分惹人瞩目。为了保护电气线路避免出现短路故障，应注意防止雨水浸入灯箱。

3. 霓虹灯广告

霓虹灯即氖灯。用霓虹灯装饰的招牌、广告及各种宣传牌，不仅具有广告宣传及招牌的作用，同时还能起到点缀市容和美化城市的作用。霓虹灯广告的制作方法，首先将霓虹灯管在高温下煨制成各种图形或文字，再抽成真空，根据发光颜色的要求，按比例充入少量的氩、氦、氙气和汞气等气体，然后在灯管两端安装上放电电极，用专用的玻璃支架将灯管固定在铁架上，灯管与铁架的距离应大于50mm，灯管与易燃物的距离不得小于300mm，变压器的中性点和金属支架都要可靠接地。

在霓虹灯广告照明中所使用的氖灯管有透明管、荧光管、着色管和着色荧光管四种。氖灯广告控制箱内一般设有电源开关、定时开关和控制接触器。广告效果是通过可编程控制器按一定顺序接通氖灯管制成各种图案来达到的，在程序控制器的控制下，霓虹灯可以产生多种循环变化的彩色图案，创造美丽动感的气氛。电源开关多采用塑壳自动开关。

氖灯管所用的高压电源由单相霓虹灯变压器提供，低压输入220V交流电，高压输出电压为15kV，容量为450VA。霓虹灯变压器应靠近广告牌安装，一般隐蔽地放在广告牌的后面。当霓虹灯的总供电容量超过4kVA时，应采用三相供电。氖灯广告控制箱一般装设在与氖灯广告牌毗邻的房间内。为了防止在检修氖灯广告牌时触及高压电，在氖灯广告牌现场应加装电源隔离开关。

4. 喷绘布标广告

喷绘布标广告是在专用纸或布上喷绘出所需图案或文字，有时还需将图案或文字粘贴在

有机帆布衬上，在预制铁架上固定好之后，即可在屋顶或建筑物上进行现场安装。所配灯光在自动装置的控制下，按照预定的程序有规律地变换照明方式，从而收到良好的宣传效果。喷绘布标广告通常采用金属卤化物灯照明。在安装灯具时应该满足：①灯具与灯具距离应小于0.5m；②第一和最后一盏灯具距广告牌两侧的尺寸应等于1/2灯距；③灯具安装在广告牌下方时，灯具下沉0.5m，挑出1～2m；④灯具安装在广告上方时，灯具应挑出2m以上，以减弱反射眩光斑；⑤较高大的广告牌可在上下两面安装照明灯具。必须指出，灯具及支承架必须牢固可靠，以确保安全。

5. 标志照明

标志按其作用可分为场所功能标志和疏散诱导标志。场所功能标志照明是向人们标示营业性、服务性场所和公共设施的位置，如问询处、餐厅、卫生间等公共场所。标志照明是用白色或彩色有机玻璃制成有关文字、图形等符号并安装在发光灯箱上，或者采用发光二极管等新光源排列组成文字符号与图案的标志，在夜晚或光线不足时起到明显的标志作用。疏散诱导标志照明可分为疏散诱导（灯）标志、通路（室内、走廊、楼梯）诱导标志及其他功能诱导标志。疏散诱导（灯）标志主要用于发生火灾时，为人们指示由室内通向室外的疏散通道出入口（安全通道）。图7.24为部分标志照明的符号和图案。

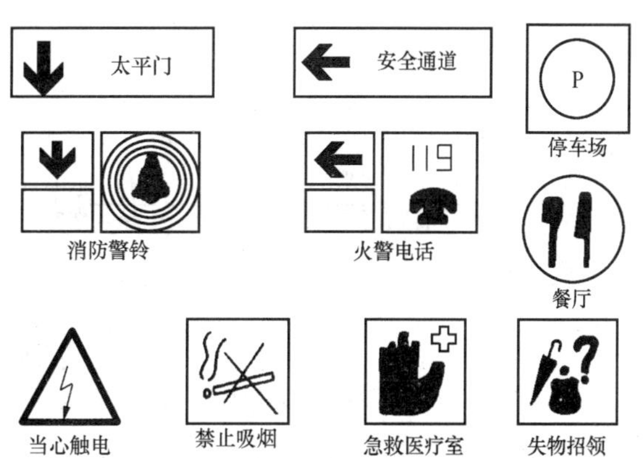

图7.24 常见标志照明的符号与图案

7.3.4.2 城市景观照明

1. 水景照明

城市水景分为动态和静态两种。动态水景有喷泉、瀑布、水幕等，静态水景有湖泊、池塘等，二者的照明手法各有不同。

水幕或瀑布的投光照明器应装在水流下落处的底部。光源的光通量输出取决于瀑布落下的高度和水幕的厚度等因素，也与水流出口的形状造成的水幕散开程度有关，如图7.25（a）所示。踏步式水幕的水流慢且落差小，需在每个踏步处设置管状的灯，如图7.25（b）

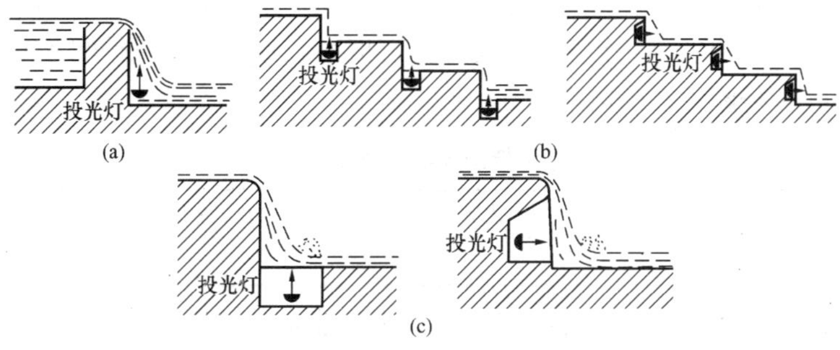

图7.25 水幕或瀑布照明布置

（a）水流下落处；（b）踏步式水幕照明布置；（c）投光方向垂直或水平

所示。照明器投射光的方向可以是水平的也可以垂直向上的，如图 7.25（c）所示。

静止的水面或缓慢的流水能反映出岸边的一切物体。如果水面不是完全静止而是略有些扰动，可采用掠射光照射水面，获得水波涟漪、闪闪发光的效果。照明器可以安装在岸边固定的物体上，如岸上无法照明时，可用浸在水下的投光照明器来照明。

2. 喷泉照明

在水流喷射情况下，将投光照明器装在水池内的喷口后边. 如图 7.26（a）所示；或装在水流落点的下面，如图 7.26（b）所示；或在两个地方都装上投光照明器，如图 7.26（c）所示。由于水和空气有不同的折射率，故光线进入水柱时，会产生闪闪发光的效果。

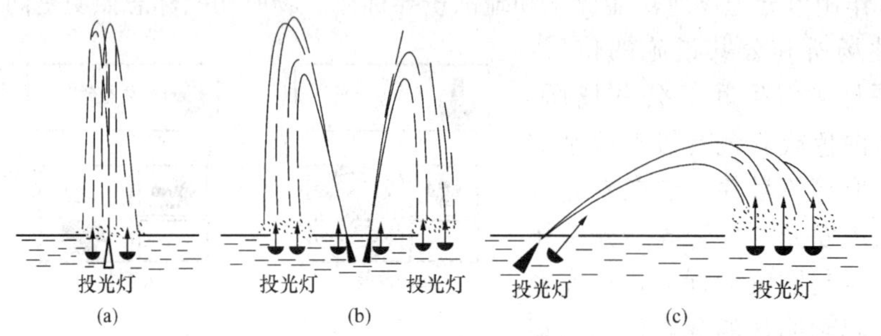

图 7.26 喷泉照明布置

（a）水池内喷口的后面；（b）水流落点的下面；（c）混合方式

喷泉照明器一般安装在水下 30～100mm 深度，若在水上安装，应选择不会产生眩光的位置。根据安装地点的不同可选用简易型照明器和密闭型照明器。12V 照明器适用于游泳池，220V 照明器适用于喷水池。

喷泉顶部的照度，当周围的环境比较亮时，可以选择 100、150、200lx，比较暗时，可选择 50、75、100lx。喷泉照明的光源一般选择可以很方便调光的白炽灯，当喷泉较高时，可采用高压钠灯或金属卤化物灯，颜色可采用红、蓝、黄三色，其次为绿色。喷水高度与光源功率的关系，如表 7.16 所示。

表 7.16　　喷泉喷水高度与光源功率的关系

光源类别	白炽灯					高压汞灯	金属卤化物灯
光源功率（W）	100	150	200	300	500	400	400
适宜的喷水高度（m）	1.50～3	2～3	2～6	3～8	5～8	>7	>10

当采用彩色喷水照明时，由于彩色滤光片的透射系数不同，要获得同等效果，应参照表 7.17 所列数据选择各种颜色光的电功率比例。

表 7.17　　光色与光源电功率比例

光色	电功率比例	光色	电功率比例	光色	电功率比例	光色	电功率比例
黄	1	红	2	绿	3	蓝	10

声光电水景工程是由喷泉照明与背景音乐等结合起来构成的。声光电水景是城市广场和游园景观的重点内容，采用计算机对特定的乐曲预先编程统一控制，随着音乐节奏的强弱变化，灯光的色彩和亮灯数量以及喷水的水柱大小、形状和数量都发生变化，形成音乐美妙、流水欢

畅的动感景象。由于高压潜水泵、水下电磁阀、水流的变化及管道的影响，使水柱滞后音响和灯光几秒到十几秒，安装调试时要注意，应使控制信号超前，做到声、光和喷水同步。

3. 庭园照明

庭园照明的范围一般较小，照明器选型应简洁艺术，使人身临其境有置身山野田园之间的感觉。灯杆的高度宜在 2m 以下，也可以在假山草地旁设置埋地灯。对于住宅楼群之间的休息庭园，应在道路上下坡、拐弯或过溪涉水之处设置路灯，以方便住户。

庭园照明光源宜采用小功率高显色高压钠灯、金属卤化物灯和白炽灯。室外照明宜选用半截光型或非截光型配光的照明器。当沿道路或庭园小路配置照明时，应有诱导性的排列，如采用同侧布置灯位等。

园林小径灯高 3～4m，竖直安装在庭园的小径边，与建筑、树木相衬。照明器的功率不大，要与建筑、雕塑等相和谐，使庭园显得幽静舒适。安装在草坪边的草坪灯通常都较矮，外形尽可能艺术化。水池灯的密封性应十分好，采用卤钨灯做光源，点燃时灯光经过水的折射，会产生出色彩艳丽的光线，特别是照在喷水柱上，人们会被五彩缤纷的光色和水柱所陶醉。

庭园灯的高度可按道路宽度的 0.6 倍（单侧布置灯位时）至 1.2 倍（双侧对称布置灯位时）选取，但不宜高于 3.5m。庭园柱灯间距可取 15～25m，草坪灯间距宜取 3.5～5 倍草坪灯的安装高度。

4. 绿化照明

绿化照明又称植物照明，分为树木照明和花卉照明。

树木照明布灯，必须与树木的形体相适应。在树木的下面采用绿色金属卤化物投光灯向树上照射，使树叶在夜色中显得十分青翠，给人一种宁静感；或在树上挂上灯网、“满天星”闪亮小灯装饰照明，给人一种圣诞快乐的感觉；或用多彩变色光柱灯、礼花灯、椰树灯等灯具装饰广场，给人一种梦幻色彩的现代美感。例如：深圳华侨城灯光环境的设计主要是由道路照明、绿化照明和景区入口处的广告照明组成。绿化照明用得很普遍，表现手法、灯型和光色应用得很丰富，变化较多，给游客以愉悦、欢快的感觉，又不破坏该区整体的宁静。图 7.27 所示为两种典型的树木绿化照明。

(a)

(b)

图 7.27 树木绿化照明

花坛照明一般使用蘑菇状的照明器，照明器距离地面的高度取 0.5～1m，光线只向下照射，可设置在花坛的中央或侧面，具体高度取决于花的高度。由于花的颜色很多，所用的光源应有良好的显色性。

为了不影响观赏远处的目标，位于观看者面前的物体应该较暗或不设照明；同时要求被照明的目标不应出现眩光。

5. 雕塑照明

雕塑照明主要是照亮雕塑的全部，不要求均匀，依靠光、影及其亮度的差别，把它的形状与体量显示出来，所需灯数及其灯位，视对象的形状而定。如果雕塑坐落于地平面高度，并独立于草坪中央时，可用地灯照明以减少眩光，如图 7.28（a）所示；如果是带底座的雕塑，照明器应尽量装得远一些，底座的边缘不要在雕塑的下侧形成阴影，如图 7.28（b）所示；如果雕塑位于人们行走的地方，照明器可固定在路灯杆上或装在附近建筑物上，如图 7.28（c）所示。

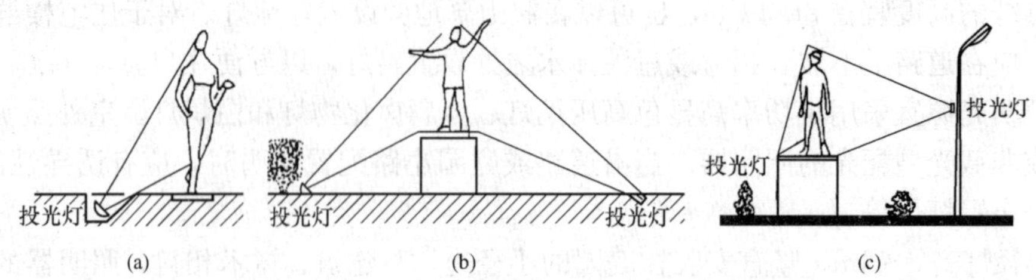

图 7.28　雕塑照明

（a）位于草坪中央；（b）带底座；（c）位于路边

6. 旗帜照明

对于楼顶独立旗帜的照明，应在屋顶上围绕旗帜布置一圈投光照明器，照明器向上瞄准，并略微倾向旗帜。根据旗帜的大小以及旗杆的高度，可以采用 3～8 个宽光束型的投光灯，如图 7.29（a）所示。对于插在斜旗杆上的旗帜，应在旗杆两边低于旗帜最低点的平面上，分别安装两只投光照明器，所谓最低点应该是在无风的情况下确定的，如图 7.29（b）所示。对于独立旗杆的旗帜，可在旗杆离地面至少 2.5m 处，用一圈安装在筒形照明器内的密封光束灯向上照射，位置距离下垂旗帜的下端至少 0.4m 以防起火，如图 7.29（c）所示。对于一排旗帜的照明，可以分别用装在地面上的密封光束灯照明每根旗杆，照明器的数量和安装位置取决于所有旗帜覆盖的空间。

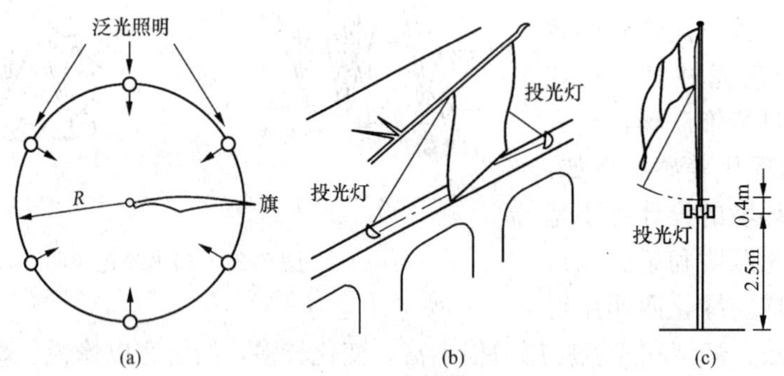

图 7.29　旗帜照明

（a）楼顶旗帜照明；（b）斜插旗照明；（c）旗杆旗照明

7. 桥梁照明

桥梁照明的照明器应放在河岸旁，用扩散的光照亮桥底的拱面。如果桥的长度和高度较大时，可在桥墩上另加照明器来补充照明，用强光照明桥底的拱面，并用略微暗的光照射桥的两侧。对于桥面平坦的桥梁，可用线状光源藏在栏杆扶手下照亮桥面，勾画出桥的轮廓。

8. 水下照明

水下照明分为观赏照明和工作照明两种。水下照明的照明器通常安装在水上、水面和水中，如图 7.30 所示。

观赏照明一般采用金属卤化物灯或白炽灯作光源。工作照明一般选择蓄电池作为电源的低压光源，作为摄像用的光源主要采用金属卤化物灯、氖灯、白炽灯等。照明器应采用具有抗腐蚀作用和耐水结构的，要求照明器具有一定的抗机械冲击的能力，以便于清洗照明器的表面。

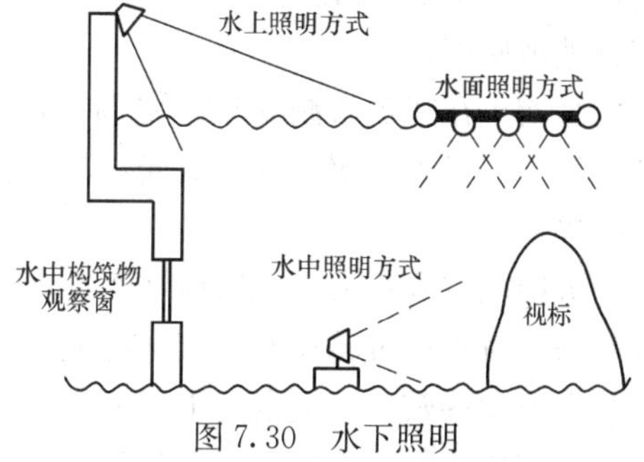

图 7.30 水下照明

9. 高塔照明

圆塔的照明宜采用窄光束照明器，安装在比较近的地方，光束边缘的光线正好与塔身相切，最好采用三个或三组投光照明器，成 120°安装，如图 7.31（a）所示。当采用三组投光照明器时，每组中用不同的灯照明塔身与不同的高度。

人们观看方塔时常常同时看到的不止一个面，照明应能使相邻的两个面相互区分。如果方塔的每面都有凹凸部分，可采用两束光，任一束光的主要部分分别照明一个面，还要有一定量的光照明到相邻的面，使凸出处形成阴影，但阴影又不是太深，如图 7.31（b）所示；若方塔塔身墙面是平的，应该采用图 7.31（c）所示的照明方法。

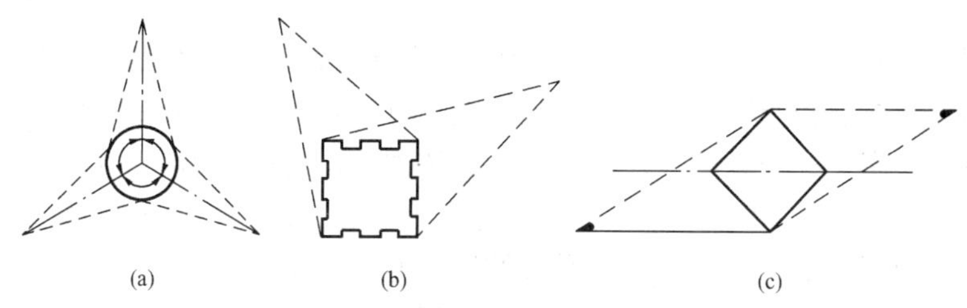

图 7.31 高塔照明

（a）圆塔照明；（b）带凹凸面的方塔照明；（c）平面方塔的照明

7.4 现代照明技术简介

7.4.1 照明技术的发展历史

电气照明技术经历了四个基本发展阶段：1879 年爱迪生发明碳丝白炽灯，宣告了人类告别油灯、煤气灯等原始照明时代；1939 年荧光灯问世，发光效率得到极大提高，从此进入气体放电光源时代；20 世纪 60 年代末高强度气体放电灯投入市场，电光源发光效率和寿命又一次大幅度提高；20 世纪 90 年代以后又相继出现了高频无极荧光灯、微波硫灯、变色灯、太阳能灯、激光灯、光纤、导光管、发光二极管灯以及 PC 透光材料等新型照明产品。

随着现代照明技术的发展与新材料、新科技成果的不断出现，现代照明技术正在向以下方向发展：①造型美观、耐用、环保、安全；②高效节能；③集成智能化；④多功能小型化。

7.4.2 现代新型照明电光源

已被广泛使用的新型实用电光源有金属卤化物灯、高压钠灯、紧凑型荧光灯、细管型荧光灯、节能型荧光灯。这些电光源具有良好的节能效果和寿命长等优点，在未来几年内仍将广泛地被使用。

目前正在积极研制和推广的新型电光源有光纤、导光管灯、激光灯、无极灯、微波硫灯、发光二极管、超细管形荧光灯、变色霓虹灯、太阳能灯、纳米材料灯具及光致电致平面光源等。

太阳能灯利用太阳光照射在光敏电池板上，将太阳能转变为电能储存在镍氢电池中，当夜晚来临时，通过转换开关接通电池电源，向节能型太阳能灯具提供电能而点亮灯。由于太阳能电池功率较小，提供的电压较低，目前常用于草坪灯、庭院装饰灯、LED灯、航标灯等。随着科学技术的发展，新材料、新技术不断出现，在提倡绿色照明情况下，太阳能灯将会广泛应用。其他电光源已在第2章介绍不再赘述。

7.4.3 现代照明控制技术

随着电子技术的发展，照明控制技术已由传统单一的机械式开关向电子多功能开关发展，安装方式由明装式向暗装式和隐藏式发展。例如：调光开关、单通道和多通道红外开关、无线开关、模块控制板开关、计算机智能控制开关等。现代照明控制技术的发展趋势是将照明控制技术和计算机智能控制、“智能建筑”联系在一起，开发智能照明控制产品，包括在照明控制技术方面的计算机硬件和软件系统，使计算机技术在照明设计、控制和测试方面得到广泛应用。

智能照明控制系统由集中管理器、主干线和信息接口、控制和信号采样网络等部分构成。它可采用分布多点控制、集中控制、远程电话和电脑网络控制及自动程序控制等方式。其子系统由各调光模块、控制面板、照度动态检测器及动静探测器等元件构成，各单元的调光控制可相对独立，自成一体，互不干扰。主系统和子系统之间通过信息接口等元件来连接，通过集中管理器和信息接口，实现大楼控制中心对该子系统的信号收集和监测等数据的传输。总之，智能照明控制系统，可对单个灯光照明点进行多功能控制，或对场景灯光组合控制，或者使用人机界面实现对灯光的个性控制。

1. 现代照明控制技术的常用控制方法

（1）时间程序控制。通过计算机程序设定时间或定时器等电气元件，实现对各区域内的照明灯具定时控制。时间程序控制的特点是成本低、控制方便，常用于一些简单的照明线路控制，如室外广告灯光定时控制照明等。

（2）光敏控制。光敏控制是根据外部环境光线的强弱大小，通过光敏自动检测元件将光线强弱的变化转变为电信号的变化，控制照明灯具的开和关，如道路照明控制等。照明光敏控制还可以根据外部环境光线的强弱变化，通过光敏自动检测元件将光线的强弱变化转变为电信号的变化，实现自动调光控制，使该区域内的照度不会随日照等外界因素的变化而改变，始终维持在照度预设定值左右。

（3）感应控制。感应控制是通过各种传感器检测照明环境的各种变化，并将变化转变为电信号控制照明状态，如通过红外线感应器、动静探测器、超声波探测器、声音接收器等传感器，可实现灯光的自动控制。这些传感器可安装在天花板上、墙壁上、门、窗、走廊、楼梯附近等。

红外感应器可以感应人体释放出的热辐射，当在红外感应的有效探测范围内，有人员出现或人员离开时，它能自动打开或关闭照明光源。超声波感应器通过超声波发生器发出超声波，当有人或物体在有效探测范围内经过时，超声波的反射波形将发生变化，超声波感应器接收到反射波，将信息传递给控制系统，控制照明光源的开启或关闭。

（4）区域场景控制。通过调光控制模块或控制面板等电气元件，实现对各区域内用于工作状态的照明灯具的场景切换控制。例如多功能厅灯光系统、会议室的灯具可与传感器相连实施区域场景照明控制，当室内坐满了人时，灯光可通过预先的编程自动调整到开会状态，当人们离开时，灯光在一段时间后将自动关闭。

（5）无线遥控控制。通过红外线或无线遥控器，实现对各区域内工作状态的照明灯具实施开关或区域场景控制。例如道路照明中的“三遥”控制系统可对路灯实现遥信、遥控和遥测控制功能。

2. 智能建筑系统

智能建筑是信息时代的必然产物，建筑物智能化程度随科学技术的发展而逐步提高。当今世界科学技术发展的主要标志是4C技术，即计算机技术（Computer）、控制技术（Control）、通信技术（Communication）和图形显示技术（CRT）。将4C技术综合应用于建筑物之中，在建筑物内建立一个计算机综合网络，从而实现建筑物智能化。建筑智能化的目的是：应用现代4C技术构成智能建筑结构与系统，结合现代化的服务与管理方式给人们提供一个安全、舒适的生活、学习与工作环境空间。建筑智能化结构由楼宇自动化系统（BAS）、办公自动化系统（OAS）、通信自动化系统（CAS）三大系统组成，即通常所说的智能建筑3A系统。

（1）办公自动化系统（OAS）。办公自动化系统综合了人、机器和信息三者的关系，是多学科的综合，一般由电话机、传真器、PC机等各类终端办公设备和相应的软件构成，具有图文处理、文档管理、电子收银等功能，可以提高办公效率和经营管理水平。

（2）通信自动化系统（CAS）。通信自动化系统（CAS）是智能建筑的“神经系统”，通过建筑综合布线延伸到建筑物的每个角落，并且通过综合布线进行双向传递信息、发出控制指令。通信自动化系统（CAS）由通信网络、电缆电视、安全保卫监视、音响广播系统组成。

1）通信网络系统。它是以数字程控交换机为核心，结合办公自动化终端设备如PC机等，以语言为主兼有数据信号、传真图像资料传输的通信网络，实现互通信息、查询资料、信息共享等功能。

2）电视、广播系统。电视信号和广播信息通过电缆传输到各房间、办公室、餐厅、娱乐中心等地方。若有火警时，打开应急广播系统。

3）安全保卫系统，包括报警、监视电视、安全对讲、安全通信、安全巡更五个子系统，五个子系统全部接入安全保卫中心。

（3）楼宇自动化系统（BAS）。楼宇自动化系统由建筑设备运行管理监控系统、火灾报警与公共安全管理系统组成。

1）建筑设备运行管理监控系统包括电梯和暖通空调系统的监控、给排水系统监控、供配电与照明系统监控。

2）火灾报警与公共安全管理系统包括电视监控系统、防盗报警系统、出入口控制系统、安保人员巡查系统、汽车库综合管理系统、各类重要仓库防范设施、安全广播信息系统，各系统之间相互联系，综合管理、调度、监视、操作和控制。

例如智能住宅中心控制系统是一个集成了控制家用电器、电灯、门锁和各种安防设备的多功能住宅自动智能管理控制系统，能对家用电器和灯光照明进行自动控制，也能通过电话、电脑、网络或遥控器进行控制。图 7.32 所示为智能住宅中心控制系统。

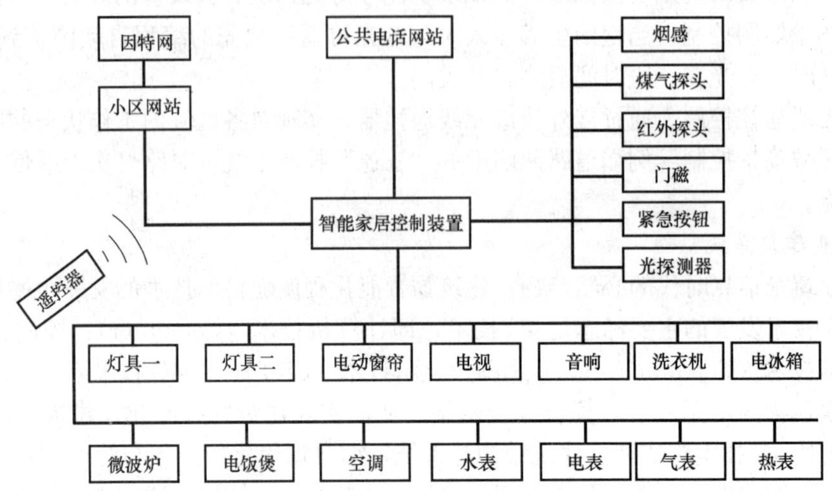

图 7.32　智能住宅控制系统

7.4.4　绿色照明与照明节电

7.4.4.1　绿色照明工程

20 世纪 90 年代初，国际上以节约电能、保护环境为目的提出了“绿色照明”概念。我国于 1996 年制订“中国绿色照明工程”实施方案，并启动了中国绿色照明工程。

“绿色照明”是指高效、舒适、有益环境的照明系统。绿色照明是推广使用效率高、寿命长、安全和性能稳定的电光源、照明电器附件以及调光控制器件组成的照明系统，节约照明用电“以节约能源，保护环境，提高照明质量”。与此同时，可以节省相应的电厂燃煤，减少二氧化硫、氮氧化物、粉尘、灰渣、二氧化碳的排放量，从而减少发电对环境的污染，提高人们的工作和生活质量。图 7.33 所示为实现绿色照明工程的系统框图。

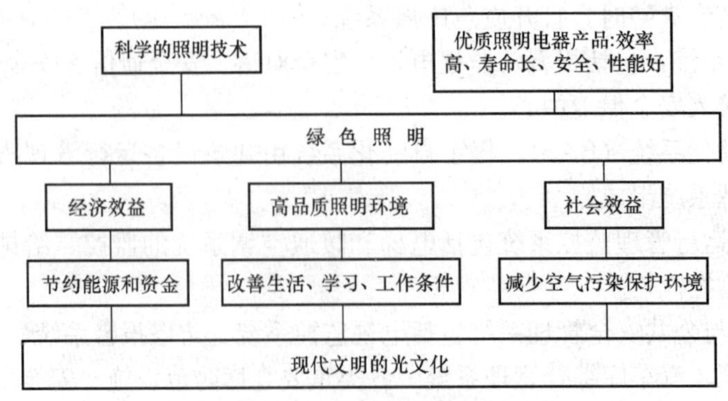

图 7.33　绿色照明工程系统框图

1. 中国绿色照明工程计划推广的高效照明器具

（1）光效高、光色好、寿命长、安全和性能稳定的电光源，包括紧凑型荧光灯、细管荧光灯、高压钠灯、金属卤化物灯和硫灯等。

（2）自身功耗小、噪声低，对环境与人体无污染和影响的照明电器附件，包括电子镇流器、高效电感镇流器、高效反射灯罩等。

（3）光能利用率高、耐久性好、安全、美观适用的照明灯饰。

（4）传输效率高、使用寿命长、电能损耗低、安全可靠的配线器材与调光装置，红外、感应、触摸开关和遥控等控制器件等。

（5）大功率高光效光源的室内照明灯具、配有电子镇流器的一体化灯具、局部照明的不同光束角灯具等。

（6）白炽灯的节能主要是提高光利用率。如：通过泡壳内涂介质层反射红外线加热灯丝，减少灯丝电耗；充氪等惰性气体和蒸铝内泡壳；光源外配反光碗，提高光的定向利用率等。

2. 实施绿色照明工程的一般做法

（1）各宾馆、饭店、商场、写字楼、机关、学校、新建住宅楼、营业网点等非工业用电单位，取消白炽灯和普通电感镇流器，使用紧凑型荧光灯和配电子镇流器的细管荧光灯等节能照明器具。

（2）工厂企业的车间、体育场馆、车站码头、广场道路的照明，选用适宜的日光色镝灯，金属卤化物灯，高、低压钠灯等照明节电产品，取消高压汞灯和管形卤钨灯。

（3）大力提倡和鼓励城乡居民住宅使用紧凑荧光灯和配电子镇流器的细管荧光灯，取代白炽灯和普通电感镇流器。

（4）从组织上协调落实绿色照明工程的有关政策和日常推广工作。凡新建、扩建的单位在设计、选用照明器具时，必须选择符合国家“节电产品推广应用许可证”的照明节电产品，其型号、规格、生产厂家应与许可证相符。如果选用国家公布淘汰的照明器具，则不予审批扩充设计、不得验收接电。

3. 实施绿色照明工程带来的效益

（1）节省照明用电，减少白炽灯散发的热量而消耗的制冷用电以及灯具维护费。

（2）照明光线柔和，光色好，不闪烁，无噪声。

（3）减少因照明用电迅速增加而需增加的电力投资。

（4）节约用电可减少发电量、降低能耗，以减少发电厂带来的大气污染。

（5）推行终端节电技术节约电能，是改善电力负荷紧张状况和提高企业经济效益的主要途径。同时，照明用电大都属于峰时用电，因此具有节约电量和缓和高峰用电的双重作用。

7.4.4.2 照明节电

实施绿色照明工程，实现照明节电的措施包括以下几个方面。

1. 合理选定照度标准

选择适当的照度，使被观察物体达到合适的亮度，有利于保护工作人员的视力，提高产品质量和劳动效率。因此，进行厂房设计和电气照明设计时，应根据不同工种要求，严格按国家工业企业采光设计标准和工业企业照明设计标准进行，确定适当的照度值，选用合适的照明方式。在照度标准较高的场所可增设局部照明，在房间布置已经确定的场所，应尽量采用分区一般照明。

2. 合理选用电光源

（1）尽量采用高效光源。照明节能的关键是推广质量高、用户信赖的节能新光源以及各种照明控制设备。

（2）目前国内外主要节能电光源有三基色日光灯及节能荧光灯两大类。一般房间优先采用荧光灯，在显色性要求较高的场所宜采用三基色荧光灯、稀土节能荧光灯、小功率高显钠灯等高效光源。

（3）高大房间和室外场所的一般照明宜采用金属卤化物灯、高压钠灯等高强度气体放电光源。

（4）当需要使用热辐射光源时，宜选用双螺旋灯丝白炽灯或小功率高效卤钨灯。

（5）在需要有高照度或有辨色要求的场所，应尽量采用两种以上光源组成的混光照明。

（6）充分利用天然光，合理开窗。只有在一些天然光不足的区域，才采用人工光补充照明。非经济上、工艺上或其他原因，尽量少建无窗房间。

3. 合理选择照明灯具

灯具除能较好地起支撑、防护和装饰等作用外，更重要的是提高光源所提供的光能利用率，把光通量分配到需要的地方。所以，照明设计应选用效率高、利用系数高、配光合理、保持率高的灯具。在保证照明质量的前提下，应优先采用开启式灯具。

（1）除有装饰需要外，应优先选用直射光通比例高、控光性能合理的高效灯具。

1）室内灯具效率不宜低于70%（装有遮光格栅时不低于55%）；室外灯具效率不应低于40%，但室外投光灯灯具的效率不宜低于55%。

2）根据使用场所不同，采用控光合理的灯具，如平面反光镜定向射灯、蝙蝠翼式配光灯具、块板式高效灯具等。

3）装有遮光格栅的荧光灯灯具，宜采用与灯管轴线垂直排列的单向格栅。

4）在符合照明质量要求的原则下，选用光通利用系数高的灯具。

5）选用控光器变质速度慢、配光特性稳定、反射或透射系数高的灯具。

（2）灯具的结构和材质应易于维护清洁和更换光源。

（3）采用功率损耗低、性能稳定的灯用附件。

1）直管形荧光灯使用电感式镇流器时能耗不应高于灯的额定功率的20%，并大力推广高效节能电子镇流器；高光强气体放电灯的电感式触发器能耗不应高于灯的额定功率的15%。

2）高光强气体放电灯宜采用电子触发器。

4. 合理确定照明方案

（1）照明与室内装修设计应有机结合，避免片面追求形式和不适当选取照度标准以及照明方式，在不降低照明质量的前提下，应有效控制单位面积的安装功率。

（2）室内表面宜采用高反射率的饰面材料，应尽量用浅色的墙面、顶棚和地面，以便能够更加有效地利用光能。

（3）当条件允许时，可采用照明灯具与家具组合的照明形式。

（4）在有集中空调而且照明容量大的场所，宜采用照明灯具与空调回风口结合的形式。

（5）正确选择照明方案，优先采用分区一般照明方式。

(6) 对于气体放电光源，宜采取分散无功功率补偿。

5. 改善照明器的控制和管理

(1) 合理选择照明控制方式，充分利用天然光并根据天然光的照度变化，决定电气照明点亮的范围。

(2) 根据照明使用特点，可采取分区控制灯光或适当增加照明开关数量。每个照明开关控制灯具的数量不要过多，以便于管理和有利于节能。

(3) 采用各种类型的节电开关和管理措施，如定时开关、调光开关、光电自动控制器、节电控制器、限电器、电子控制门锁节电器以及照明自控管理系统等。公共场所照明、室外照明，可采用集中遥控管理的方式或采用自动控光装置。

灯具应配备自动开关电器，随着室外天然光的高低自动开闭照明灯具，并实行分组控制，以便按不同需要分别开关灯具。

(4) 合理有效地配线，减少线路上的电能损失。

(5) 低压照明配电系统设计，应便于按经济核算单位装表计量，避免浪费电能。在进行照明设计时，照明方式的选择、光源和灯具的选择及安装，需考虑易于维护管理。

7.5 电气照明设计实例

7.5.1 教室照明设计实例

某中学教室长 9m、宽 6.6m、高 3.5m。

由附表 22 查得普通教室课桌面上的照度标准值为 300lx。

采用一般照明，以荧光灯作光源。选用 YG2－2 型双管荧光灯照明器，布置方向取灯具纵轴与学生视线方向一致，以尽量减少光幕反射和不舒适眩光。全教室总共采用 9 盏荧光灯，灯具出光口距离课桌面 2.25m，通过计算和实测可知课桌面上的平均水平照度可达 340lx。

为保证黑板上有足够的垂直照度，设置黑板专用照明器，采用两只 BYG5－1 型黑板灯，光源为 40W 荧光灯，安装位置水平方向与黑板相距 1.0m，垂直方向离地板 2.9m，此时黑板平均垂直照度达 500lx，符合国标要求。

图 7.34 所示为教室照明平面图及材料表（包含图例）。

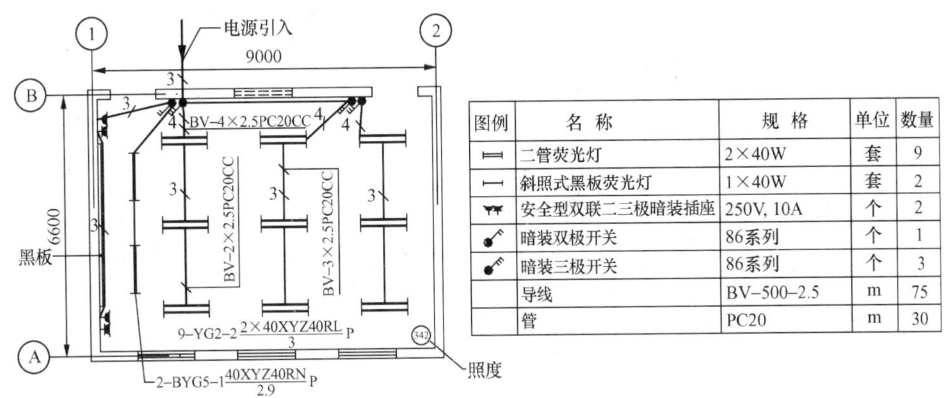

图例	名 称	规 格	单位	数量
	二管荧光灯	2×40W	套	9
	斜照式黑板荧光灯	1×40W	套	2
	安全型双联二三极暗装插座	250V, 10A	个	2
	暗装双极开关	86系列	个	1
	暗装三极开关	86系列	个	3
	导线	BV-500-2.5	m	75
	管	PC20	m	30

图 7.34 教室照明平面图及图例

7.5.2 办公室照明设计实例

办公楼电气照明设计的主要目的，是为办公人员持续地提供清晰而舒适的视觉条件，创造明快的环境气氛，以提高工作和学习效率。

1. 设计要点

（1）清晰而舒适的视觉条件。照度充足，尽可能避免眩光，减少频闪效应，光色和显色性要好，室内亮度要均匀。

（2）照明器的控制。照明器应独立控制，尽量做到一灯一开关。

（3）照明器的散热。营业性质的办公室如有吊顶时，要注意照明器的散热，设计时应留有足够的通风口。

（4）门厅的照明设计。门厅是建筑物给人们第一印象的场所，门厅的照明设计很重要，应与建筑物及使用单位的风格、性质保持一致。如党政机关的办公楼要给人以庄重、严肃的感觉；文化团体和艺术部门的办公楼，要给人以活泼欢快、轻松的感觉。门厅照明设计还要体现从室外进入室内的过渡功能，应考虑强烈的太阳光线与室内视觉环境的过渡性和一致性。

（5）会议室、接待室和会客室。会议室、接待室和会客室的电气照明除要有足够的照度外，还应适当考虑其装饰性；同时应留有足够的插座，以供空调和供临时用电设备使用。

（6）节日彩灯。临街的办公楼，应考虑装设节日彩灯。由于节日彩灯的图案会随不同的节日而改变，从供电角度考虑，宜设置专线供电。对有防雷设施的建筑物，彩灯设施也要符合防雷的要求。

另外，各办公室还要设置一定数量的用电插座。

2. 设计实例

某三层办公楼建筑面积1400m²，实际计算过程从略，现仅列出其二层电气照明平面图（见图7.35）、二层分配电箱（AL2）的供电系统图（见图7.36）及其设备材料表（见表7.18）。

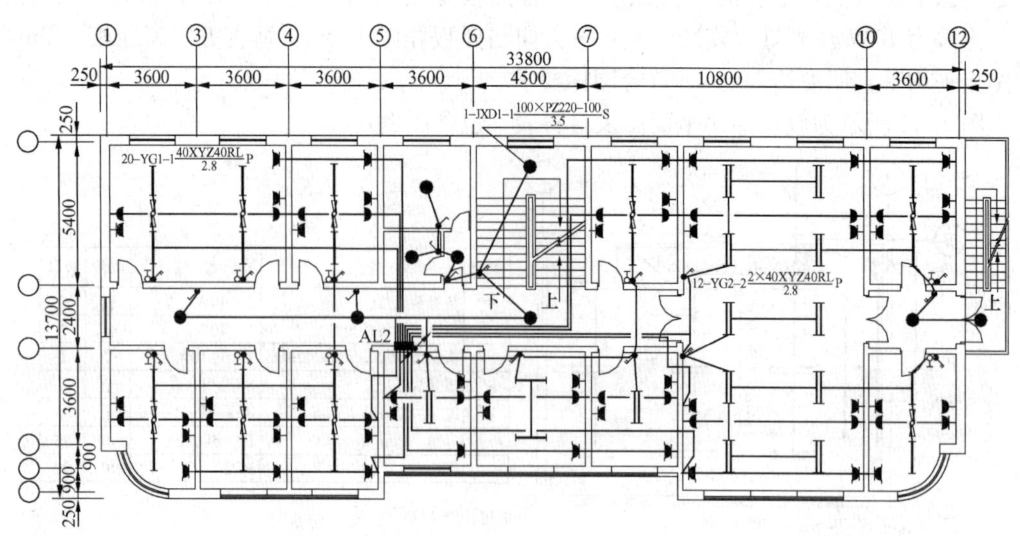

图7.35 二层电气照明平面图

图 7.36 二层分配电箱（AL2）供电系统图（500×600×105）

表 7.18 **设备主材表**

序号	图 例	名 称	规 格	单位	数量	备 注
1	▬	照明配电箱	500×600×105	台	1	距地 1.4m 暗装
2	●	球形吸顶灯	JXD1－1 1×100W	套	9	吸顶安装
3	⊢⊣	单管荧光灯	YG1－1 1×40W	套	20	
4	⊨⊣	二管荧光灯	YG2－2 2×40W	套	12	
5	⋈	吊扇	直径 15m	套	9	

续表

序号	图 例	名 称	规 格	单位	数量	备 注
6		暗装三极开关	86 系列	个	1	距地 1.4m 暗装
7		暗装双极开关	86 系列	个	14	距地 1.4m 暗装
8		暗装单极开关	86 系列	个	5	距地 1.4m 暗装
9		暗装风扇调速开关	86 系列	个	9	距地 1.4m 暗装
10		双联二三极暗装插座	250V，10A	个	26	距地 0.3m 暗装
11		安全型三孔空调暗装插座	250V，15A	个	15	距地 1.8m 暗装
12		导线	BV－500－2.5	m	632	
13		穿线管	PC20	m	316	

3. 设计说明

本工程设计内容包括电气照明与防雷接地系统。

(1) 电源采用 380/220V，TN－S 系统。电缆从一层顶板架空引入，PE 线在引入处作重复接地。

(2) 照明线路除注明者外，均采用 BV－2×2.5PC16WC CC，插座回路导线均为BV－3×4PC25WC CC。

(3) 穿线钢管连接须加套管焊接，并与箱、盒做可靠的电气连接，PVC 管与箱、盒连接须用锁母连接。

(4) 导线接头必须焊接或压接，导线进出管口处须作加强绝缘及防损伤处理。

(5) 导线颜色：相线为红、绿、黄，零线为黑色，PE 线为黄绿相间色。

(6) 建筑物属三类防雷建筑，屋顶设避雷带，所有高出建筑物屋顶的金属物体均须与避雷带做可靠的电气连接，避雷带采用 $\phi8$ 镀锌圆钢，沿屋顶女儿墙或挑檐明敷设，避雷带做法参见《98 系列建筑标准设计图集》98D13 P7。

(7) 利用构造柱内 2 根以上主筋做避雷引下线，利用建筑物基础钢筋网作为接地体，引下线与接地体要可靠焊接。在建筑物四角距室外地坪－0.8m 处，焊接 $\phi12$ 镀锌圆钢，引至建筑物外墙以外 1m 处。建筑物四角距地＋0.6m 预留检测点。基础圈梁最外圈钢筋（梁断面四个角上的钢筋）焊接成闭合环路，作为接地极，并且在与防雷引下线连接处上下两层钢筋须与引下线可靠焊接。

（8）重复接地与屋顶防雷接地共用建筑物基础作接地体，接地电阻应不大于4Ω，达不到要求时须增加人工接地体。

（9）本说明未尽事宜，均按照国家现行电气安装工程施工及验收规范执行。

（10）参考图集与资料：《98系列建筑标准设计图集》、GB 50052—1995《供配电系统设计规范》、JGJ/T 16—1992《民用建筑电气设计规范》、GB 50054—1995《低压配电设计规范》、GB 50303—2002《建筑电气工程施工质量验收规范》。

7.5.3 住宅照明设计实例

1. 设计要点

（1）住宅电气照明设计，应满足一般家庭生活用电需要，应采取有效的安全用电措施，尽可能选用节能型电器。

（2）供电方案应结合当地供电条件和施工水平设计。

（3）电气设施应便于维护和管理。进户线和干线截面的选择应留有裕量，进户线和干线的穿管管径应按导线截面放大一级选取。

（4）照明器的安装方式应考虑能适应室内家具陈设变化的要求。

（5）住宅的插座设置应结合当地的生活水平来考虑。插座宜以独立回路供电，并且应根据其用途装设漏电保护。

（6）电能表的设置。每户应设分电能表，单元应设总电能表，单元总电表箱一般暗设在首层楼梯间。

（7）室内导线宜选用BV型或BLV型导线，穿电线管（TC）或聚氯乙烯硬质塑料管（PC）暗敷。

（8）在采用TN系统保护的住宅，PE线或PEN线在进户处应重复接地。室内的配电箱、导线穿线钢管、插座接地孔应由专用的接地线连接；由进户处起，接地线与其他导线应用颜色加以区别。

（9）照度标准应根据附表15来确定。

（10）在实际的住宅电气设计中，除电气照明设计外，可能还有防雷装置设计和其他弱电系统的设计。有关后两项设计，读者可参阅有关资料。

（11）我国幅员辽阔，各地的气候条件和人们的生活习惯差异很大，在进行电气照明设计时，应予以充分注意，不能生搬硬套。

2. 设计实例

某住宅楼为砖混结构，地上五层为住宅，地下一层为分户储藏室，全楼共有五个单元，单元每层两户（即一梯两户）。

设计内容主要是电气照明设计。由于五个单元在各层均为同样的结构与布置，所以电气施工图只绘出一个单元的电气平面图和供电系统图，如果不是分单元进线，则还需要绘制全楼总供电系统图。设计说明、设计计算以及主要设备和材料表等从略。

图7.37和图7.38分别为单元标准层电气照明平面图和单元标准层用电插座平面图。图7.39和图7.40分别为AL1单元集中电表箱供电系统图和AL2户内箱供电系统图。

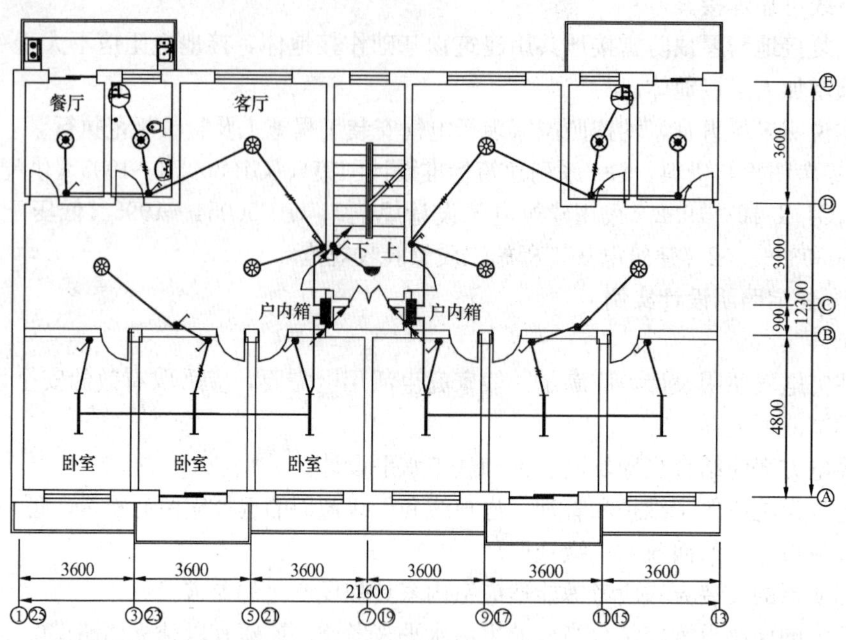

图 7.37 单元标准层电气照明平面图

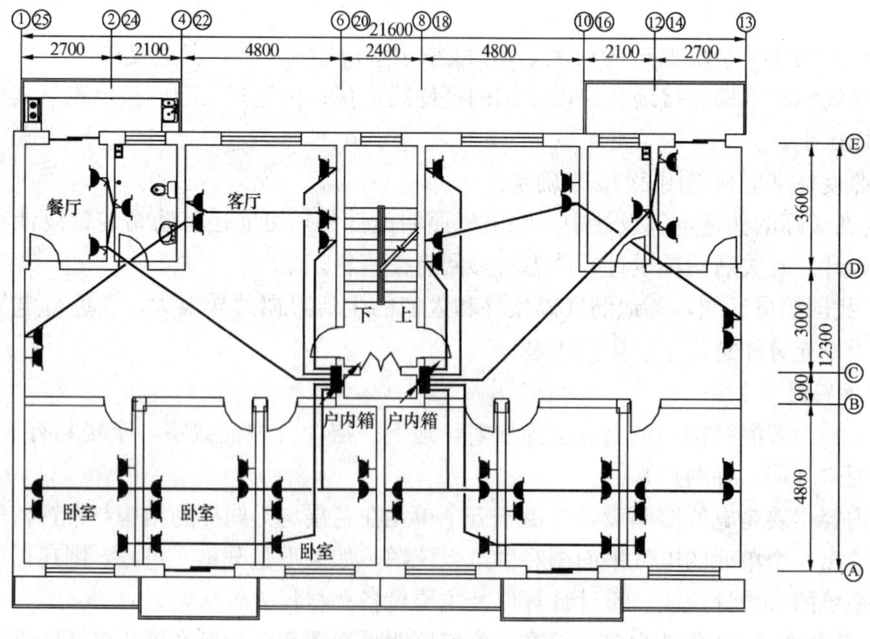

图 7.38 单元标准层用电插座平面图

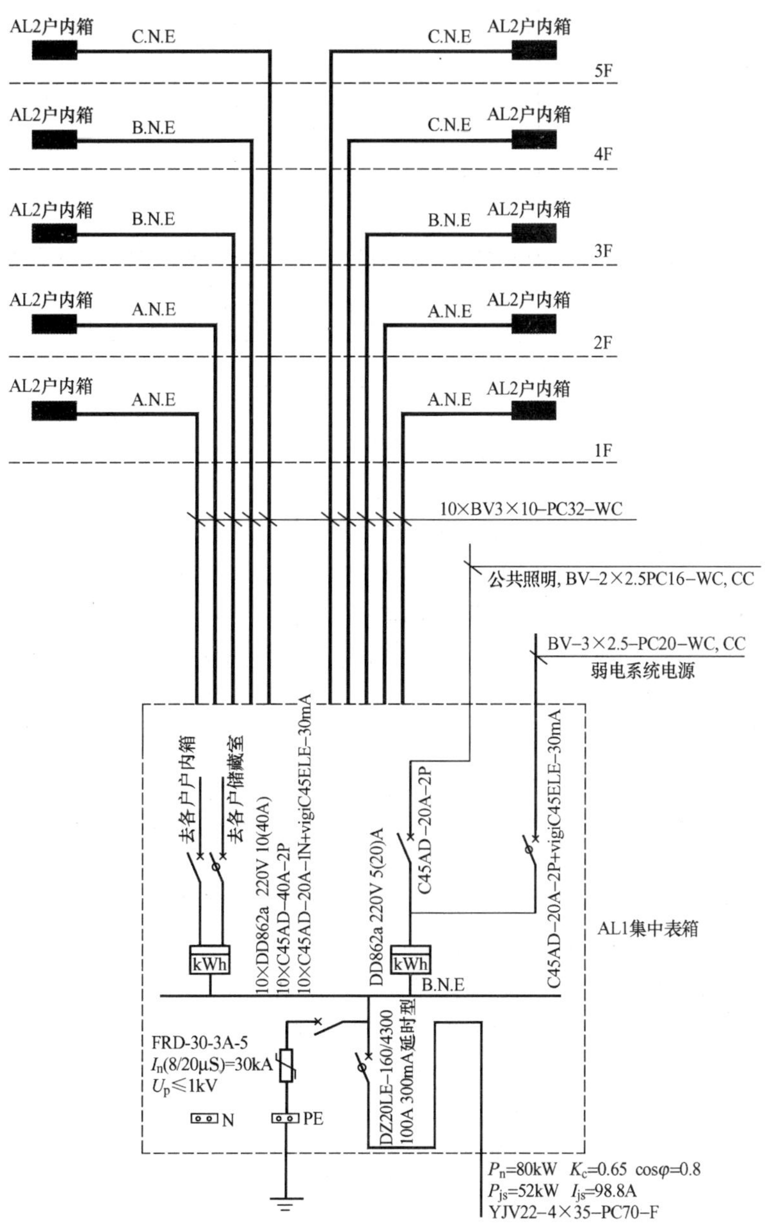

图 7.39 AL1 单元集中电表箱供电系统图（800×1000×200）

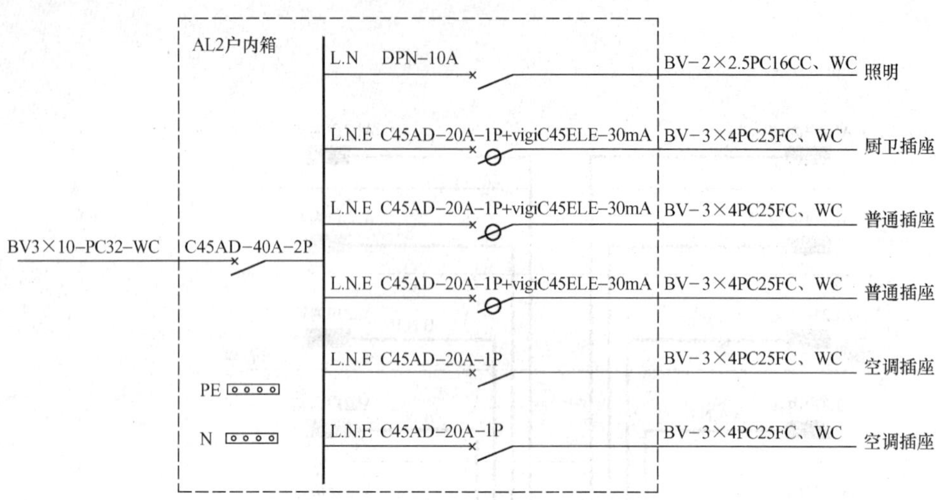

图 7.40 AL2户内箱供电系统图（400×280×105）

思考练习题

1. 电气照明施工图主要包括哪几部分内容？

2. 说明照明平面图中的灯具标注方法及标注符号代表的含义。

3. 说明导线标注方式及标注符号的含义。

4. 安装黑板照明器时应注意什么？

5. 普通教室灯具布置有何要求？

6. 注意你所在学校的教室、图书馆等场所的照明电路，绘制出符合该类场所的照明平面图及系统图。

7. 在办公照明设计中，通常选用的光源、灯具有哪些？在设计中应注意哪些情况？

8. 不同性质的商店对光源的选择有何不同？

9. 如何通过灯光的变换显示橱窗内的商品？

10. 请描述你身边某商场营业厅照明特点、光源种类、灯具类型等。注意商场的普通柜台与金银首饰柜台的照明有什么不同？商场的橱窗、商场的广告灯箱分别采用什么照明方式？

11. 对工业厂房的照明均匀度有何要求？如何布置灯具？

12. 无窗厂房的照明设计有哪些特殊问题需要考虑？

13. 对体育照明的要求有哪些？设计时如何避免眩光？

14. 注意你所在学校的体育场（足球场）、篮球场（羽毛球场、网球场等）、游泳馆等场所的照明，请描述出它们的照明特点、光源种类、灯具类型等。

15. 道路的主要照明方式有哪几个？简述其特点及应用场合。

16. 设计道路照明时应注意些什么问题？

17. 路灯通常采用哪些布置方式？如何利用照明设施实现视觉诱导？道路照明常用的控制方法有哪些？

18. 请注意观察你所在城市中某中心街道、普通道路、人行横道的照明，分别描述出它们所选用的光源种类、灯具类型、光源和灯具的布置方式，它们是如何体现不同街道的特色的？

19. 请设计出你身边的某一局部景观（如花坛、凉亭、水景、塑像、雕塑等）的照明。

20. 结合本地城市夜景亮化工程，简述照明设计方案中的优点和不足之处。

21. 请注意观察你所在城市中某一标志性建筑物的泛光照明，描述出它的照明特点。

22. 哪些场所的照明应避免频闪效应的产生？应采取哪些措施？

23. 喷泉照明灯具的布置有何特点？喷泉照明常用的光源有什么特征？

24. 通过前面的仔细观察，说明室内、外照明设计中的核心问题是什么？应注意哪些环节？

25. 简述照明技术的发展过程。

26. 目前广泛使用的新型实用电光源有哪些？根据使用环境如何合理地选择照明器？

27. 现代照明控制技术有哪些常用控制方法？

28. 简述智能建筑中的“4C”和“3A”的含义。

29. 什么是绿色照明工程，中国绿色照明工程的内容有哪些？

30. 照明节电的主要途径有哪些？在将来的工作中你准备如何贯彻照明节电的精神？

8 照明光度量测量

在照明工程实践中，通常要对光通量、照度、亮度、光强等光度量进行测量，不同的光度量有着不同的测量方法，其中照度和亮度的测量应用相对比较多一些。为此，本章仅介绍照度和亮度的测量，至于其他光度量的测量方法请参阅有关专业技术资料。

8.1 照度计及测量原理

测量照度和亮度的通用仪器是照度计，照度计的核心元件是利用光电效应原理制成的光检测器，组成光检测器的光电元件称作光电池。

8.1.1 光电效应

光检测器由光电元件组成，光电元件的理论基础是光电效应。根据光的粒子学说理论，光可以被视为连续的具有一定能量的粒子（光子），每个光子均具有一定的能量，当光照射到某一物体时，该物体将会受到一连串光子的轰击。所谓光电效应就是这些材料吸收光子能量的结果。光照射到物体表面后可以产生以下三种光电效应：

1. 外光电效应

外光电效应指的是在光的作用下，能使电子逸出物体表面的效应。基于外光电效应的光电元件有光电管、光电倍增管等。

2. 内光电效应

内光电效应，也称光电导效应，指的是在光的作用下，能使物体电阻率改变的光电效应。基于内光电效应的光电元件有光敏电阻以及由光敏电阻制成的光导管等。

3. 阻挡层光电效应

阻挡层光电效应指的是在光的作用下，能使物体产生一定方向电动势的光电效应。基于阻挡层光电效应的光电元件主要有光电池、光电晶体管等。

利用阻挡层的光电效应原理制造的光电池，在光度测量方面具有重要的意义。这种光电池能够容易地制成各种形状，在使用时不需要辅助电源，直接与微安表连接起来便可使用，较为轻便，便于携带，灵敏度与光谱特性也比较理想。光电池的种类很多，有硒光电池、硅光电池、锗光电池、砷化镓光电池等。硒光电池灵敏度可达 600μA/lm，其相对灵敏度曲线与 $V(\lambda)$曲线比较接近，因此，很多分析、测量仪器均使用这种电池。除了硒光电池以外，近年来常用的还有单晶硅制成的光电池，硅光电池具有性能稳定、光谱范围宽、频率特性好、传递效率高、寿命长、抗疲劳、耐高温和辐射等诸多优点。然而，硅光电池的光谱灵敏度曲线与 $V(\lambda)$曲线不一致，若能将其相对灵敏度曲线校正到与 $V(\lambda)$曲线接近的话，硅光电池将是一种很有前途的元件。

8.1.2 光电池的基本特性

1. 光谱特性

不同材料光电池的光谱峰值位置不同。例如，硅光电池可在 450～1100nm 范围内使用，而硒光电池只能在340～570nm范围内应用。

2. 光照特性

在很大范围内，短路电流与光照能够保持线性关系。因此，利用光电池作为检测元件时，均将它作成电流源的形式。

3. 频率特性

硅光电池具有较高的频率响应，在高速记数、有声电影及其他方面常采用硅光电池。

4. 温度特性

温度特性是光电池的重要特性之一，关系到应用光电池设备的温度漂移，影响到测量精确度或控制精确度等主要指标。

8.1.3 照度计

照度计是用于照度测量的专用仪器，利用光电池所产生的光电流与落到光电池上的光通量成正比的工作原理进行测量。以前的照度计由接收器和记录仪表两部分组成，测量时，将照度计与电流表连接起来，并把光电池放在需要测量的地方。当光电池的整个表面被光照射时，可根据电流表以lx为单位进行分格的光度头，直接读出光照度的数值。

近年来照度计的研究和生产取得了很大进展，并且已经制成了采用硅光电池、带运算放大器的数字式照度计，测量准确度大大提高，读数也比指针式照度计方便了许多，测量时，只需将测试接收器放在测试点即可由显示屏直接读取照度值。图8.1所示为目前市面上常见的几种照度计。其中ZDS－10型照度计采用硅光电池，具有自动换档功能，测量范围0～2×10^5lx;JD－1S型为多探头数字式照度计。

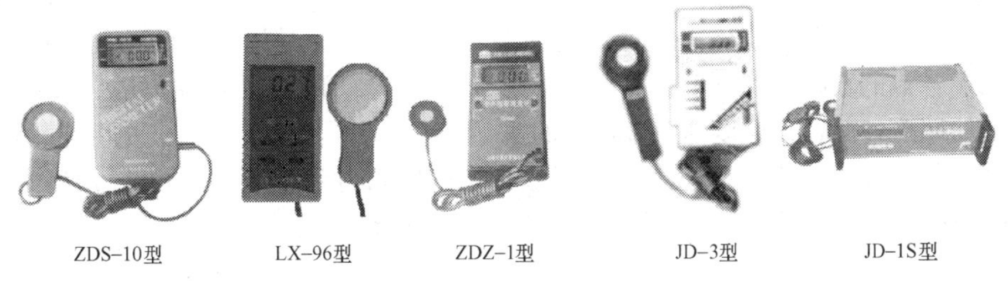

图8.1 照度计

1. 结构原理

(1) 接收器。接收器通常由光电池、滤光器、余弦校正器组成。

1) 光电池。光电池是根据光电效应原理制成的，是一种将入射的光能转换为电能的光电元件。常用的光电池基本结构如图8.2所示。当入射光照射到光电池表面时透过金属薄膜到达半导体层与金属薄膜所形成的分界面（又称阻挡层），并在界面上产生光电效应，从而在界面上下之间产生电位差，进而在外接电路中形成光电流。光电流的大小取决于入射光的强弱和回路中的电

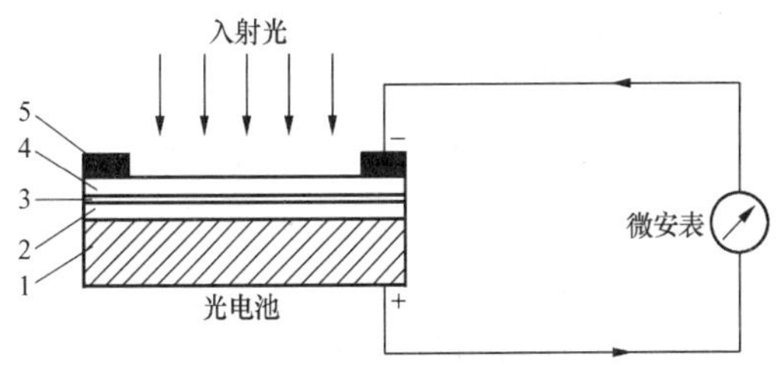

图8.2 光电池的结构

1—金属底板；2—半导体层；3—分界面；4—金属薄膜；5—集电环

阻。在实际应用中，通过选择合理的外接电路，以保证在较大范围内使光电流与入射光通量保持线性关系。

2）滤光器。图 8.3 中曲线 a 表示未经校正的硒光电池的相对光谱灵敏度，曲线 b 表示人眼的标准光谱光视效率 $V(\lambda)$，曲线 c 表示经校正后的硒光电池的相对光谱灵敏度。为了能够直接测得准确的照度值，必须对光电池的相对光谱灵敏度进行修正，使其对标准 $V(\lambda)$ 曲线的偏离达到可以忽略的程度。这种修正在测量具有非连续光谱的气体放电灯的照度时是十分必要的。相对光谱灵敏度修正常用的方法是，在光电池前面配一个合适的滤光器。由于各种光电池的光谱灵敏度不完全相同，因此，应对每种光电池分别配备相应匹配的滤光器。

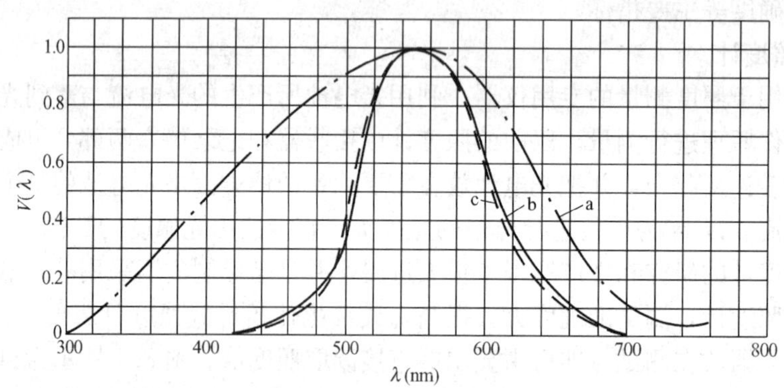

图 8.3　相对光谱灵敏度曲线

3）余弦校正器。光电池的一个重要特性是它所产生的光电流对光线入射角度的依赖性，即角特性。比如在道路照明中，远近不同的路灯所发出的光是以不同的角度入射到路面上的，路面上各点的实际照度符合照度余弦法则。因此，要求光电池的输出也必须满足余弦法则，才能使照度计测得的照度值符合该点的实际照度。实际上，未经校正的光电池偏离余弦法则的程度相当大，无法直接应用于大部分光线倾斜入射到受照面上的照度计，所以在对 85°以下入射角的照度进行测量时，都要求对光电池进行修正。

光电池的这种角度特性，取决于其表面的镜面反射作用。当入射角较大时，将从光电池表面反射掉一部分光线，致使产生的光电流小于正确数值；此外，安装光电池的盒子边框具有挡光作用，还会在光电池表面上造成阴影。为了修正这一误差，通常在光电池上外加一个均匀漫透射材料制成的余弦校正器。这种经过组合以后的光电池称作余弦校正光电池。余弦修正的方法很多，如外加球形乳白玻璃罩、中心带孔的盖子、平面乳白玻璃板、内壁涂成白色的扩散球、粘合一块薄透镜以及采用两块光电池等。目前，常采用外加球形乳白玻璃罩或外加平面乳白玻璃板的修正方法。

（2）记录仪表。通常选用低内阻微安表作为记录仪表，将它和光电池连接在一起即可构成简易照度计。

2. 照度计的选用

（1）照度计的相对光谱灵敏度曲线与 $V(\lambda)$ 曲线符合程度越好，照度测量的精确度也就越高。

（2）硒光电池受强光（1000lx 以上）照射时会逐渐损坏，要测量较大的光强度，硒光电池前应带有几块中性减光片。

（3）由于光电池特性受环境影响较大，同时照度计的使用也会使光电池逐渐老化，为了保证测量精度，照度计要进行定期或不定期的校准，校准间隔视照度计的质量以及使用频繁的程度而定，一般一年校准一次。

（4）光电池（特别是硅光电池）所产生的光电流极大地依赖于环境温度，而且光电池又是在一定的环境温度下标定的。因此，实测照度时的环境温度与标定时的环境温度差别很大时，必须对温度影响进行修正。其修正系数一般由制造厂商提供。

（5）由于照度计的接收器是作为一个整体（包括光电池、滤光器和余弦校正器）进行标定或校准的，因此，使用时不能拆下滤光器或余弦修正器，否则会得到不正确的测试结果。

（6）由于光电池表面各点的灵敏度不尽相同，因此，测量时尽可能使入射光均匀地布满整个光电池表面，否则也会引起测量误差。

（7）光电池具有吸潮性。在潮湿空气中，有可能会使之损坏或完全失去光的灵敏度。因而，应当将光电池保存在干燥环境之中。

8.1.4 亮度测量

根据光度量之间的相对关系，可以运用照度计来测量亮度及其他光度量。亮度的测量原理如图 8.4 所示。为了测量表面 S 的亮度，在它的前面距离 d 处设置一个光屏 Q，光屏上有一个透镜（透射比为 τ），其面积为 A，在光屏的右方用照度计 m 作检测器。m 与透镜的距离为 l，透镜的法线垂直于 m，在 l 比 A 大得多的情况下，照度计 m 上的照度 E 为

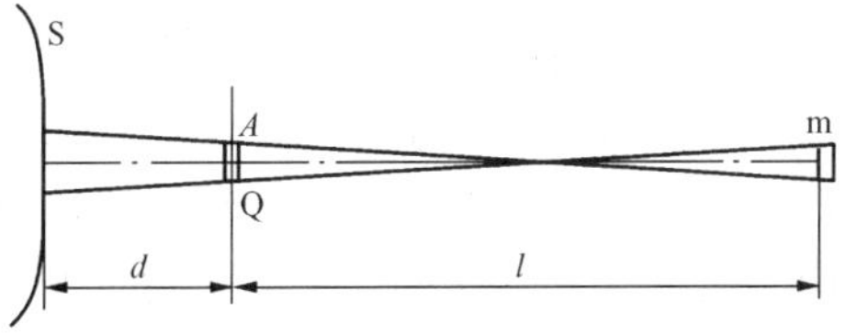

图 8.4 亮度测量原理

$$E = \frac{I}{l^2} = \frac{\tau LA}{l^2} \tag{8.1}$$

式中 A——透镜面积（m^2）；

τ——透镜的透射率；

L——被测表面的亮度（cd/m^2）。

由式（8.1）即可推导出被测表面的亮度

$$L = \frac{El^2}{\tau A} \tag{8.2}$$

综上所述，亮度计的工作原理实质上就是测量被测表面的像在照度计光电池表面所产生的照度 E。这个像在光电池表面上产生的照度 E 正比于被测表面的亮度 L 和透镜的面积 A，与被测表面 S 的面积、表面到透镜的距离 d 无关。照度可由良好的经 $V(\lambda)$ 修正过的光电池测量。根据这一原理便可制成亮度计。实际所用的亮度计具有反射的目测系统，亮度计的视场角 θ 决定于带孔反射镜上小孔的直径，通常在 $0.1°\sim2°$之间。测量不同尺寸和不同亮度的目标物时，应采用不同的视场角。

8.2 照 度 测 量

照度测量的目的是为了检验实际照明效果是否符合应有的照度标准。

8.2.1 测量要求

1. 照度计选择

应选择符合测量精度要求的照度计，一般选用精度为2级以上的照度计，照度计需经过校准和定期标定。

2. 选择标准的测量条件

测量时，要将新建的照明设施先点燃一段时间，使光源的光通量输出稳定，并达到稳定值；同时，由于灯的光通量也会随电压的变化而波动，因此，测量中需要监视并及时记录照明电源的电压值，必要时要根据电压偏移对光通量的测量值进行修正。

3. 实测报告

进行测量时不仅要列出详实的测量数据，同时也要将测量时的各项实际情况记录下来。

4. 保证测量过程不受外界因素影响

如防止测试者和其他因素对接收器的遮挡与干扰等。

8.2.2 测量方法

在工作房间内，应该对每一个工作地点都要进行照度测量，然后取其平均值作为该房间工作面的平均照度。对于没有确定工作地点的空房间或非工作房间，如果单用一般照明，通常选0.75m高的水平面测量照度。将测量区域划分成大小相等的小矩形网格，测量每个网格中心的照度 E_i，房间的平均照度即等于各点照度的算术平均值，即

$$E_{av} = \frac{1}{n}\sum_{i=1}^{n}E_i \tag{8.3}$$

式中 E_{av}——测量区域的平均照度（lx）；

E_i——各网格中心点的照度（lx）；

n——测点数量。

对于室内工作区的照度测量一般取2m×2m～4m×4m的正方形网格。走廊、通道、楼梯等狭长的交通地段沿长度方向中心线布置测点，一般取1～2m的间距，网格边线距离房间各边一般取0.5～1m。当房间较小时，可取边长为1～2m的正方形网格，以增加测点数。无特殊规定时，测量平面一般取距离地面为0.75m的水平面，而对于走廊、楼梯，则规定取地面或距离地面0.15m以内的水平面。测点数目越多，得到的平均照度值就越精确，但花费的时间也越多。如果 E_{av} 的允许测量误差为±10%，则可根据室形指数 RI 的值选择最少测点数的办法来减少相应的工作量。室形指数与最少测点数的关系如表8.1所示。若灯具数与表8.1给出的测点数恰好相等时，则应适当增加测点数以保证测量精度。

表 8.1　室形指数与测点数的关系

室形指数	最少测点数	室形指数	最少测点数	室形指数	最少测点数	室形指数	最少测点数
$RI<1$	4	$1\leqslant RI<2$	9	$2\leqslant RI<3$	16	$RI\geqslant 3$	25

当以局部照明补充一般照明时，要按人的正常工作位置来测量工作点的照度，并将照度计的光电池置于工作面上或进行视觉作业的操作表面上。

绘制测量区域平面图并将测点编号标于图中，测量数据可用表格记录或直接标于图中，

并根据所测数据绘制房间的平面等照度曲线，这样能够较为直观、形象地显示所测场所的照度分布情况，如图 8.5 所示。

8.2.3 室内照度测量实验

1. 实验名称

室内照度测量及照明计算。

2. 实验目的

掌握照度计的使用技巧，学习室内照度实测方法，练习计算平均照度。

3. 实验准备

预习实验指导书，熟悉测点布置方法及测量方法。

4. 实验设备

（1）照度计　　　　　1 台；

（2）0～500V 交流电压表 1 台；

（3）温度计　　　　　1 只；

（4）15m 卷尺　　　　1 个。

5. 实验方法

（1）室内一般照明的平均照度测量与计算：

1）确定测量区域与测点高度。

2）在测量区域内打好测量网格，并作好测点标记。

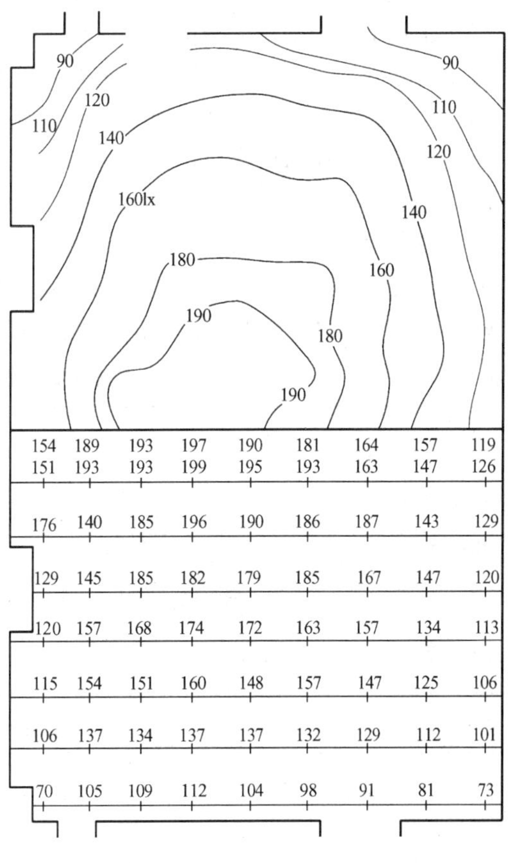

图 8.5 照度测量平面图及其平面等照度曲线图

3）按实验要求，点燃必要的光源，并排除其他无关光源的影响。测定开始前，白炽灯需点燃 5min，荧光灯需点燃 15min，高强度气体放电灯需点燃 30min，在所有光源的光输出稳定后再进行测量。对于新安装的光源，应在点燃 100h（气体放电灯）和 20h（白炽灯）后再进行照度测量。

4）测量每个网格中心点的照度，并在预先制作好的表格中做好记录。

5）根据所测范围内各点的实测照度值，用式（8.3）求出整个测量区域的平均照度。

（2）室内局部照明的照度测量与计算。在室内需要局部照明的地方进行测量。当测量场所狭窄时，选择其中有代表性的一点；当测量场所开阔时，可按一般照明的方法布点测量并进行计算。

（3）室内混合照明的照度测量与计算。将一般照明、局部照明的灯全部点燃，按室内一般照明的照度测量方法测量并进行计算。

6. 注意事项

（1）根据所用照度计的型式，配备相应滤光片，使光电池的灵敏度曲线与人眼的灵敏度曲线一致，同时配备余弦校正器，以免产生测量误差。测量前，照度计必须经过校正。

（2）测量时，先使用照度计的大量程档，然后根据指示值大小逐步找到合适的量程档，原则上不允许在最大量程的 1/10 范围内测定。对于自动切换量程的照度计，则可直接测量。

（3）测量值必须待指示稳定后再读取。

（4）在测量过程中，应使电源电压稳定，并在额定电压下进行测量。如做不到，测量时应同时测量电源电压，当与额定电压不符时，则应按电压偏移予以光通量变化修正。

（5）为提高测量的准确性，每个测点应测 3 次数值，然后取其算术平均值。

（6）测量者应穿深色衣服，并防止测试者人影和其他各种因素对接收器读数产生影响。

7. 实验报告

（1）将实验中的各项数据记录在“照明测量一般情况记录表”（见表 8.2）和“照度实测结果记录表”（见表 8.3）中，并进行分析和评价。

（2）根据测定值，绘制平面上的等照度曲线。

表 8.2　　照明测量一般情况记录表

房间名称		光源种类	一般照明		灯具计算高度（m）	
			局部照明			
视觉作业内容		灯泡或灯管功率（W）	一般照明		灯具污染情况	
			局部照明			
房间尺寸（长×宽×高，m）		灯泡或灯管数量（个）	一般照明		灯具擦洗情况	
			局部照明			
照明方式		总功率（W）			遮挡情况	
灯具类型		每平方米功率（W/m^2）			房间污染情况	
灯具数量					灯具点燃情况	

表 8.3　　照度实测结果记录表（lx）

场所名称		照度计	型号			电压（V）	测前			环境温度（℃）			测量时间	
			编号				测后							
一般照明	测量点	1	2	3	4	5	6	7	8	9	10	11	12	E_{min}＝
	实测值													E_{max}＝
	校正值													E_{av}＝
	测量点	13	14	15	16	17	18	19	20	21	22	23	24	E_{min}/E_{av}＝
	实测值													
	校正值													
局部照明	测量点	1	2	3	4	5	6	7	8	9	10	11	12	E_{min}＝
	实测值													E_{max}＝
	校正值													E_{av}＝
	测量点	13	14	15	16	17	18	19	20	21	22	23	24	E_{min}/E_{av}＝
	实测值													
	校正值													
混合照明	测量点	1	2	3	4	5	6	7	8	9	10	11	12	E_{min}＝
	实测值													E_{max}＝
	校正值													E_{av}＝
	测量点	13	14	15	16	17	18	19	20	21	22	23	24	E_{min}/E_{av}＝
	实测值													
	校正值													

主观评价效果：

测定日期：　　年　　月　　日　　测量者姓名：

8.3 亮 度 测 量

8.3.1 直接测量

环境亮度的测量是在实际工作条件下进行的。首先要选定一个工作地点作为测量位置，从这个位置测量各表面的亮度；将得到的数据直接标注在同一位置、同一角度拍摄的室内照片上，或以测量位置为视点的透视图上，如图 8.6 所示。

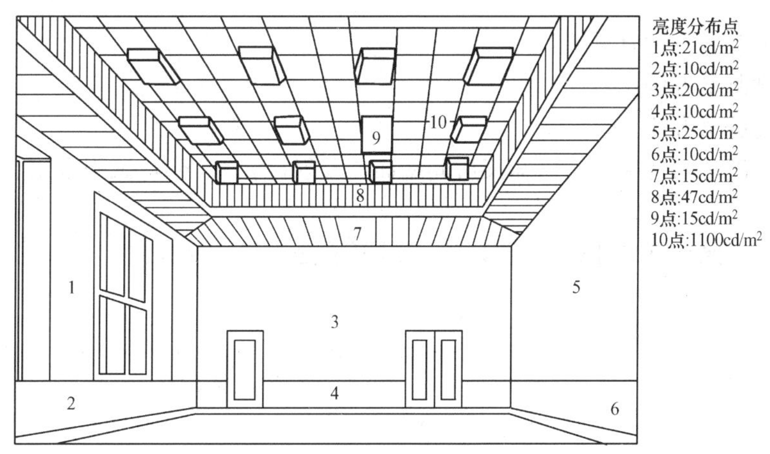

图 8.6 环境亮度测量数据的表示方法

需要测量亮度的表面是人的眼睛经常注视，并且对室内亮度分布和人的视觉影响较大的表面。它们分别是：

(1) 视觉作业对象，如课本。

(2) 作业背景，如桌面。

(3) 视野内的环境，如顶棚、墙面、地面，窗户。

(4) 观察者面对的垂直面，如与眼睛等高度的墙面。

(5) 照明器表面。

8.3.2 间接测量

当没有亮度计时，可以采用下列方法进行间接测量：

(1) 当被测表面反射比已知时，可使用照度计测量表面的亮度。对于漫反射的表面，其亮度为

$$L=\frac{\rho E}{\pi}\qquad (\mathrm{cd/m^2}) \tag{8.4}$$

式中 E——表面的照度（lx）；

ρ——表面的反射比。

(2) 当被测表面反射比未知时，可按下述方法测量，即选择一块适当的不受直射光影响的漫反射被测表面，将光电池紧贴被测表面的一点上，受光面朝外，测量入射照度 E_i；然后将光电池翻转 180°，面向被测点，与被测面保持平行并渐渐移开，此时照度计读数逐渐

上升。当光电池离开被侧面有相当距离（约 400mm）时，照度趋于稳定（再远则照度开始下降），记下这时的照度 E_m。于是被测面的反射比计算式为

$$\rho = \frac{E_m}{E_i} \tag{8.5}$$

将式（8.5）代入式（8.4）即可求出被测表面的亮度。

思 考 练 习 题

1. 光电池的基本特性有哪些？
2. 简述照度测量方法。
3. 简述亮度测量方法。
4. 在没有亮度计的情况下，已知某房间墙面的反射比 $\rho=0.65$，试问采用照度计如何测得墙面的亮度值？
5. 进行某室内照度测量计算，与国家标准比较看是否满足要求。

附　　录

附表 1　　**常用白炽灯的光电参数**

<table>
<tr><th>型　　号</th><th>电压
(V)</th><th>功　率
(W)</th><th>光通量
(lm)</th><th>最大直径
(mm)</th><th>平均寿命
(h)</th><th>灯头型号</th><th>附　　注</th></tr>
<tr><td>PZ220—15</td><td rowspan="32">220</td><td>15</td><td>110</td><td rowspan="4">61</td><td rowspan="32">1000</td><td rowspan="6">E27/27 或
B22d/25×26</td><td rowspan="11">梨形灯泡</td></tr>
<tr><td>PZ220—25</td><td>25</td><td>220</td></tr>
<tr><td>PZ220—40</td><td>40</td><td>330</td></tr>
<tr><td>PZ220—60</td><td>60</td><td>630</td></tr>
<tr><td>PZ220—75</td><td>75</td><td>850</td><td rowspan="2">71</td></tr>
<tr><td>PZ220—100</td><td>100</td><td>1250</td></tr>
<tr><td>PZ220—150</td><td>150</td><td>2090</td><td>81</td><td rowspan="2">E27/35 或
B22d/30×30</td></tr>
<tr><td>PZ220—200</td><td>200</td><td>2920</td><td></td></tr>
<tr><td>PZ220—300</td><td>300</td><td>4610</td><td>111.5</td><td rowspan="3">E40/45</td></tr>
<tr><td>PZ220—500</td><td>500</td><td>8300</td><td>131.5</td></tr>
<tr><td>PZ220—1000</td><td>1000</td><td>18600</td><td>151.5</td></tr>
<tr><td>PZS220—36</td><td>36</td><td>350</td><td rowspan="7">61</td><td rowspan="13">E27/27 或
B22d/25×26</td><td rowspan="7">双螺旋灯丝</td></tr>
<tr><td>PZS220—40</td><td>40</td><td>415</td></tr>
<tr><td>PZS220—55</td><td>55</td><td>630</td></tr>
<tr><td>PZS220—60</td><td>60</td><td>715</td></tr>
<tr><td>PZS220—75</td><td>75</td><td>960</td></tr>
<tr><td>PZS220—94</td><td>94</td><td>1250</td></tr>
<tr><td>PZS220—100</td><td>100</td><td>1350</td></tr>
<tr><td>PZM220—15</td><td>15</td><td>2920</td><td rowspan="3">56</td><td rowspan="6">蘑菇形灯泡</td></tr>
<tr><td>PZM220—25</td><td>25</td><td>4610</td></tr>
<tr><td>PZM220—40</td><td>40</td><td>8300</td></tr>
<tr><td>PZM220—60</td><td>60</td><td>18600</td><td rowspan="3">61</td></tr>
<tr><td>PZM220—75</td><td>75</td><td>110</td></tr>
<tr><td>PZM220—100</td><td>100</td><td>220</td></tr>
<tr><td>PZQ220—40</td><td>40</td><td>345</td><td>80</td><td>E27/27</td><td rowspan="5">球形灯泡</td></tr>
<tr><td>PZQ220—60</td><td>60</td><td>620</td><td rowspan="2">100</td><td rowspan="3">E27/35×30</td></tr>
<tr><td>PZQ220—75</td><td>75</td><td>824</td></tr>
<tr><td>PZQ220—100</td><td>100</td><td>1240</td><td rowspan="2">125</td></tr>
<tr><td>PZQ220—150</td><td>150</td><td>2070</td><td>E40/45</td></tr>
<tr><td>PZF220—100</td><td>100</td><td>925</td><td>81</td><td rowspan="2">E27/35×30</td><td rowspan="3">反射型</td></tr>
<tr><td>PZF220—300</td><td>300</td><td>3410</td><td>127</td></tr>
<tr><td>PZF220—500</td><td>500</td><td>6140</td><td>154</td><td>E40/45</td></tr>
</table>

注　1. 本表所列白炽灯的玻璃泡均为透明的。白炽灯的玻璃泡也可用乳白玻璃、涂白玻璃或磨砂玻璃，它们发出的光通量分别是透明玻璃泡白炽灯的 75%、85%和 97%。

2. 灯头型号中，E 表示螺旋型，B 表示插口型。

3. 一般显色指数 Ra=95～99。

附表 2　　常用卤钨灯的光电参数

光源类别	型　号	电　压（V）	功　率（W）	光通量（lm）	色　温（K）	寿　命（h）
管形卤钨灯	LZG220－500	220	500	9750	2800	1500
	LZG220－1000		1000	21000		
	LZG220－1500		1500	31500		
	LZG220－2000		2000	42000		
硬质玻璃卤钨灯	LJY220－500		500	9800	3000	1000
	LJY220－1000		1000	22500	3200	
	LJY220－2000		2000	47000		
	LJY220－3000		3000	70500		
	LJY220－5000		5000	122500		

注　一般显色指数 Ra＝95～99。

附表 3　　常用荧光灯的光电参数

类　别		型　号	功率（W）	灯管电压（V）	光通量（lm）	电流（mA）	寿命（h）	灯管直径×灯管长度（mm×mm）	镇流器参数		功率因数 cosφ
									阻抗（Ω）	最大功耗（W）	
直管式	预热式	YZ6RR①	6	50±6	160	140	1500	16×226.7	1400	4.5	0.34
		YZ8RR	8	60±6	250	150	1500	16×302.4	1285	4.5	0.38
		YZ15RR	15	51±7	450	330	3000	40.5×451.6	256	8	0.33
		YZ20RR	20	57±7	775	370	3000	40.5×604.0	214	8	0.35
		YZ30RR	30	81±10	1295	405	5000	40.5×908.8	460	8	0.43
		YZ40RR	40	103±10	2000	430	5000	40.5×1213.6	390	9	0.52
		YZ100RR	100	92±11	4400	1500	2000	40.5×1213.6	123	20	0.37
		YZ110RR	110	92	4200	1500	2000	38×1213.6			
		YZ110RL①	110	92	4800	1500	2000	38×1213.6			
		TLD18W/54②	18	57±7	1050	370	8000	26×604.0			
		TLD18W/33②	18	57±7	1150	370	8000	26×604.0			
		TLD36W/54	36	103±10	2500	430	8000	26×1213.6			
		TLD36W/33	36	103±10	3000	430	8000	26×1213.6			
	快速启燃式	YZK15RR	15	51±7	450	330	3000	40.5×451.6	202	4.5	0.27
		YZK20RR	20	57±7	770	370	3000	40.5×604.0	196	6	0.32
		YZK40RR	40	103±10	2000	430	5000	40.5×1213.6	168	12	0.55
		YZK65RR	65	120	3500	670	3000	38×1514.2			
		YZK85RR	85	120	4500	800	3000	38×1778.0			
		YZK125RR	125	149	5500	940	2000	38×2389.1			
	瞬时启燃式	YZS20RR	20	59±7	1000	360	3000	32.5×604.0	540	8	0.35
		YZS40RR	40	107±10	2560	420	5000	32.5×1213.6	390	9	0.52
	三基色	STS40③	40	103±10	3000	430	5000	38×1213.6	390	9	0.52
	高显色	YZGX40③	40	103	＞2025	430	5000	38×1213.6			0.52

续表

类别		型号	功率(W)	灯管电压(V)	光通量(lm)	电流(mA)	寿命(h)	灯管直径×灯管长度(mm×mm)	镇流器参数		功率因数cosφ
									阻抗(Ω)	最大功耗(W)	
异型	U型	YU30RR	30	89	1550	350	2000	38			
		YU40RR	40	108	2200	410	2000	38			
	环型	YH20RR	20	60	930	350	2000	32			
		YH30RR	30	89	1350	350	2000	32			
		YH40RR	40	108	2200	410	2000	32			
		YH22RR	22		780		2000	29			
		YH22④	22		1000		5000				
紧凑型③	H型	YDN5－H⑤	5	35	235	180	5000				
		YDN7－H	7	45	400	180	5000				
		YDN9－H	9	60	600	170	5000				
		YDN11－H	11	90	900	155	5000				
	2D型	YDN16－2D	16	103	1050	195	5000				

① 型号中RR表示6500K日光色荧光灯，RL表示4300K白色荧光灯；

② 型号中54表示6200K日光色荧光灯，33表示4100K白色荧光灯；

③ 三基色荧光灯 *Ra*＞80，高显色荧光灯 *Ra*＞82，紧凑型荧光灯 *Ra*＞82；

④ 该规格荧光灯系三基色荧光灯；

⑤ 型号中YDN表示单端内启燃型荧光灯。

附表4　　常用高强度气体放电灯的光电参数

类别		型号	电源电压(V)	额定功率(W)	灯管电压(V)	工作电流(A)	光通量(lm)	稳定时间(min)	再启燃时间(min)	色温(K)	显色指数 *Ra*	寿命(h)	功率因数cosφ	灯头型号
荧光高压汞灯	普通型	GGY－50		50	95	0.62	1575	5～10				3500	0.44	E27/27
		GGY－80		80	110	0.85	2940	5～10				3500	0.51	E27/27
		GGY－125		125	115	1.25	4990	4～8				5000	0.55	E27/35×30
		GGY－175	220	175	130	1.50	7350	4～8	5～10	5500	35～40	5000	0.61	E40/45
		GGY－250		250	130	2.15	11025	4～8				6000	0.61	E40/45
		GGY－400		400	135	3.25	21000	4～8				6000	0.61	E40/75×54
		GGY－1000		1000	145	7.50	52500	4～8				5000	0.67	E40/75×54
	反射型	GYF－400	220	400	135	3.25	16500	4～8	5～10	5500	35～40	6000	0.61	E40/75×54
	自镇流型	GYZ－100		100		0.46	1150					2500		E27/35×30
		GYZ－160		160		0.75	2560					2500		E27/35×30
		GYZ－250	220	250	220	1.20	4900	4～8	3～6	4400	35～40	3000	0.90	E40/45
		GYZ－400		400		1.90	9200					3000		E40/45
		GYZ－450		450		2.25	11000					3000		E40/45
		GYZ－750		750		3.55	22500					3000		E40/45
金属卤化物灯	钠铊铟灯	NTY－250	220	250	100	2.80	18500							
		NTY－400	220	400	120	3.60	26000							
		NTY－1000	220	1000	120	10.00	75000	10	10～15	5000—6000	60～70	1000		两端装夹式
		NTY－1000A	220	1000	120	10.00	75000							
		NTY－2000A	380	2000	220	10.30	140000							
		NTY－3500A	380	3500	220	18.00	240000							

续表

类别		型号	电源电压（V）	额定功率（W）	灯管电压（V）	工作电流（A）	光通量（lm）	稳定时间（min）	再启燃时间（min）	色温（K）	显色指数 Ra	寿命（h）	功率因数 cosφ	灯头型号
金属卤化物灯	镝灯	DDG—125	220	125	125	1.15	6500					1500	0.54	E27
		DDG—250/V	220	250	125	2.30	16000					1500	0.55	E40/45
		DDG—250/H	220	250	125	2.30	13500					1500	0.55	E40
		DDG—250/HB	220	250	125	2.30	13500					1500	0.55	E40/45
		DDG—400/V	220	400	125	3.65	28000			5000		2000	0.55	E40/75×54
		DDG—400/H	220	400	125	3.65	24000	5～10	10～15	～	≥75	2000	0.55	E40
		DDG—400/HB	220	400	125	3.65	24000			7000		2000	0.55	E40/75×54
		DDG1000/HB	220	1000	125	8.50	70000					1000	0.58	E40/75×54
		DDG2000/HB	380	2000	220	10.30	150000					500	0.57	E40/75×54
		DDG3500/HB	380	3500	220	18.00	280000					500	0.56	E40/75×54
		DDF—250	220	250	125	2.30	—					1500	0.55	E40/75×54
		DDF—400	220	400	125	3.65	—					2000	0.55	E40/75×54
	钪钠灯	KNG—250	220	250	110	2.40	15000			4000	60	1500		E40/45
		KNG—400	220	400	130	3.30	28000	5～10	10～15	5000	50	1500		E40/45
		KNG—1000	220	1000	135	8.30	70000			6000	60	1000		E40/75×54
		KNG—2000	380	2000	220	10.30	150000			4500		800		E40/75×54
高压钠灯	普通型	NG—35	220	35	85	0.53	2250					1600		E27/27
		NG—50	220	50	85	0.74	3600					1800		E27/27
		NG—70	220	70	95	0.90	6000					3000	0.40	E27/30×35
		NG—100	220	100	95	1.20	9100	5	2	2000	20～25	3000	0.43	E27/35×30
		NG—150	220	150	95	1.80	16000					5000	0.42	E40/45
		NG—250	220	250	95	3.00	28000					5000	0.42	E40/45
		NG—400	220	400	100	4.60	48000					5000	0.44	E40/45
		NG—1000	380	1000	185	6.50	150000					3000		E40/75×54
	改显型	NGX—150		150		1.80	12000						0.42	
		NGX—250	220	250	100	3.00	21500	5～6	1	2250	60	12000	0.42	E40/45
		NGX—400		400		4.60	36000						0.44	
	高显型	NGG—250	220	250	100	3.00	11000	5	1	2300	>70	12000	0.42	E40/45
		NGG—400		400		4.60	35000			3000			0.44	

注 表中光通量是光源的初始光通量，高压钠灯 100h 时的光通量约为初始光通量的 80%。

附表 5　　水平方位系数 *AF*

灯具（照明器）类别						灯具（照明器）类别				
α（°）	A	B	C	D	E	α（°）	A	B	C	D	E
0	0.000	0.000	0.000	0.000	0.000	7	0.122	0.121	0.121	0.121	0.121
1	0.017	0.017	0.017	0.018	0.018	8	0.139	0.138	0.138	0.138	0.137
2	0.035	0.035	0.035	0.035	0.035	9	0.156	0.155	0.155	0.155	0.154
3	0.052	0.052	0.052	0.052	0.052	10	0.173	0.172	0.172	0.171	0.170
4	0.070	0.070	0.070	0.070	0.070	11	0.190	0.189	0.189	0.187	0.186
5	0.087	0.087	0.087	0.087	0.087	12	0.206	0.205	0.205	0.204	0.202
6	0.105	0.104	0.104	0.104	0.104	13	0.223	0.222	0.221	0.219	0.218

续表

灯具（照明器）类别						灯具（照明器）类别					
α（°）	A	B	C	D	E	α（°）	A	B	C	D	E
14	0.239	0.238	0.237	0.234	0.233	53	0.703	0.671	0.633	0.573	0.525
15	0.256	0.254	0.253	0.234	0.233	54	0.709	0.671	0.633	0.573	0.525
16	0.272	0.270	0.269	0.265	0.262	55	0.715	0.675	0.636	0.575	0.527
17	0.288	0.286	0.284	0.280	0.276	56	0.720	0.679	0.639	0.577	0.528
18	0.304	0.301	0.299	0.295	0.290	57	0.726	0.684	0.642	0.578	0.528
19	0.320	0.316	0.314	0.309	0.303	58	0.731	0.688	0.645	0.580	0.529
20	0.335	0.332	0.329	0.322	0.316	59	0.736	0.691	0.647	0.581	0.530
21	0.351	0.347	0.343	0.336	0.329	60	0.740	0.695	0.650	0.582	0.530
22	0.366	0.361	0.357	0.349	0.341	61	0.744	0.698	0.652	0.583	0.531
23	0.380	0.375	0.371	0.362	0.353	62	0.748	0.701	0.654	0.584	0.531
24	0.396	0.390	0.385	0.374	0.364	63	0.752	0.703	0.655	0.585	0.532
25	0.410	0.404	0.398	0.386	0.375	64	0.756	0.706	0.657	0.586	0.532
26	0.424	0.417	0.410	0.398	0.386	65	0.759	0.708	0.658	0.586	0.532
27	0.438	0.430	0.423	0.409	0.396	66	0.762	0.710	0.659	0.587	0.533
28	0.452	0.443	0.435	0.420	0.405	67	0.764	0.712	0.660	0.587	0.533
29	0.465	0.456	0.447	0.430	0.414	68	0.767	0.714	0.661	0.588	0.533
30	0.478	0.473	0.458	0.440	0.423	69	0.769	0.716	0.662	0.588	0.533
31	0.491	0.480	0.649	0.450	0.431	70	0.772	0.718	0.663	0.588	0.533
32	0.504	0.492	0.480	0.459	0.439	71	0.774	0.719	0.664	0.588	0.533
33	0.519	0.504	0.491	0.468	0.447	72	0.776	0.720	0.664	0.589	0.533
34	0.529	0.515	0.501	0.476	0.454	73	0.778	0.721	0.665	0.589	0.533
35	0.541	0.526	0.511	0.484	0.460	74	0.779	0.722	0.665	0.589	0.533
36	0.552	0.537	0.520	0.492	0.466	75	0.780	0.723	0.666	0.589	0.533
37	0.574	0.546	0.528	0.499	0.472	76	0.781	0.723	0.666	0.589	0.533
38	0.574	0.556	0.538	0.506	0.478	77	0.782	0.724	0.666	0.589	0.533
39	0.585	0.565	0.546	0.513	0.483	78	0.782	0.724	0.666	0.589	0.533
40	0.596	0.575	0.554	0.519	0.488	79	0.783	0.724	0.666	0.589	0.533
41	0.606	0.584	0.562	0.525	0.492	80	0.784	0.725	0.666	0.589	0.533
42	0.615	0.591	0.569	0.530	0.496	81	0.784	0.725	0.667	0.589	0.533
43	0.625	0.598	0.576	0.535	0.500	82	0.785	0.725	0.667	0.589	0.533
44	0.634	0.608	0.583	0.540	0.504	83	0.785	0.725	0.667	0.589	0.533
45	0.643	0.616	0.589	0.545	0.507	84	0.785	0.725	0.667	0.589	0.533
46	0.652	0.623	0.595	0.549	0.510	85	0.786	0.725	0.667	0.589	0.533
47	0.660	0.630	0.601	0.553	0.512	86					
48	0.668	0.637	0.606	0.556	0.515	87					
49	0.675	0.643	0.612	0.560	0.517	88					
50	0.683	0.649	0.616	0.563	0.519	89					
51	0.690	0.655	0.621	0.566	0.521	90					
52	0.697	0.661	0.625	0.568	0.523						

附表 6 **垂直方位系数 af**

灯具（照明器）类别						灯具（照明器）类别					
α (°)	A	B	C	D	E	α (°)	A	B	C	D	E
0	0.000	0.000	0.000	0.000	0.000	46	0.259	0.240	0.221	0.192	0.168
1	0.000	0.000	0.000	0.000	0.000	47	0.267	0.247	0.227	0.196	0.171
2	0.001	0.001	0.001	0.001	0.001	48	0.276	0.254	0.233	0.200	0.173
3	0.001	0.001	0.001	0.001	0.001	49	0.285	0.262	0.239	0.204	0.176
4	0.002	0.002	0.002	0.002	0.002	50	0.293	0.268	0.244	0.207	0.178
5	0.004	0.003	0.003	0.004	0.004	51	0.302	0.276	0.250	0.211	0.180
6	0.005	0.005	0.005	0.005	0.005	52	0.310	0.282	0.255	0.214	0.182
7	0.007	0.007	0.007	0.007	0.007	53	0.319	0.296	0.265	0.220	0.186
8	0.010	0.009	0.009	0.010	0.010	54	0.327	0.296	0.265	0.220	0.186
9	0.012	0.012	0.012	0.012	0.012	55	0.335	0.302	0.270	0.223	0.188
10	0.015	0.015	0.015	0.015	0.015	56	0.344	0.309	0.275	0.266	0.189
11	0.018	0.018	0.018	0.018	0.018	57	0.352	0.315	0.279	0.228	0.190
12	0.022	0.021	0.021	0.021	0.021	58	0.360	0.321	0.283	0.230	0.192
13	0.025	0.025	0.025	0.025	0.024	59	0.367	0.327	0.287	0.232	0.193
14	0.029	0.029	0.029	0.028	0.028	60	0.375	0.333	0.291	0.234	0.194
15	0.033	0.033	0.033	0.032	0.032	61	0.383	0.339	0.295	0.236	0.195
16	0.038	0.037	0.037	0.037	0.036	62	0.390	0.344	0.299	0.238	0.195
17	0.043	0.042	0.041	0.041	0.040	63	0.397	0.349	0.302	0.239	0.196
18	0.048	0.047	0.046	0.046	0.044	64	0.404	0.354	0.305	0.241	0.197
19	0.053	0.052	0.051	0.049	0.049	65	0.410	0.359	0.308	0.242	0.197
20	0.059	0.057	0.056	0.055	0.054	66	0.417	0.364	0.311	0.243	0.198
21	0.064	0.063	0.062	0.060	0.058	67	0.424	0.368	0.313	0.244	0.198
22	0.070	0.068	0.067	0.065	0.063	68	0.430	0.372	0.315	0.245	0.199
23	0.076	0.074	0.073	0.071	0.068	69	0.436	0.377	0.318	0.246	0.199
24	0.083	0.081	0.079	0.076	0.073	70	0.442	0.381	0.320	0.247	0.199
25	0.089	0.087	0.085	0.081	0.078	71	0.447	0.384	0.322	0.247	0.199
26	0.096	0.093	0.091	0.087	0.088	72	0.452	0.387	0.323	0.248	0.199
27	0.103	0.100	0.097	0.092	0.088	73	0.457	0.391	0.323	0.248	0.200
28	0.110	0.107	0.104	0.098	0.093	74	0.462	0.394	0.326	0.249	0.200
29	0.118	0.113	0.110	0.104	0.098	75	0.466	0.396	0.327	0.249	0.200
30	0.125	0.120	0.116	0.109	0.103	76	0.470	0.399	0.328	0.249	0.200
31	0.132	0.127	0.123	0.115	0.108	77	0.474	0.401	0.329	0.249	0.200
32	0.140	0.135	0.130	0.121	0.112	78	0.478	0.404	0.330	0.250	0.200
33	0.148	0.149	0.136	0.126	0.117	79	0.482	0.406	0.331	0.250	0.200
34	0.156	0.149	0.143	0.132	0.122	80	0.485	0.408	0.331	0.250	0.200
35	0.165	0.157	0.150	0.137	0.126	81	0.488	0.410	0.332	0.250	0.200
36	0.173	0.164	0.156	0.143	0.131	82	0.490	0.411	0.332	0.250	0.200
37	0.181	0.172	0.163	0.148	0.135	83	0.492	0.412	0.332	0.250	0.200
38	0.190	0.180	0.170	0.154	0.139	84	0.494	0.413	0.333	0.250	0.200
39	0.198	0.187	0.177	0.159	0.143	85	0.496	0.414	0.333	0.250	0.200
40	0.207	0.195	0.183	0.164	0.147	86	0.498	0.415	0.333	0.250	0.200
41	0.216	0.203	0.190	0.169	0.151	87	0.499	0.416	0.333	0.250	0.200
42	0.224	0.210	0.196	0.174	0.155	88	0.499	0.416	0.333	0.250	0.200
43	0.233	0.218	0.203	0.179	0.158	89	0.500	0.416	0.333	0.250	0.200
44	0.242	0.224	0.209	0.183	0.162	90	0.500	0.416	0.333	0.250	0.200
45	0.250	0.232	0.215	0.188	0.165						

附表 7　JXD5-2 型平圆形吸顶灯技术资料

平圆形吸顶灯
(白炽灯100W、60W)

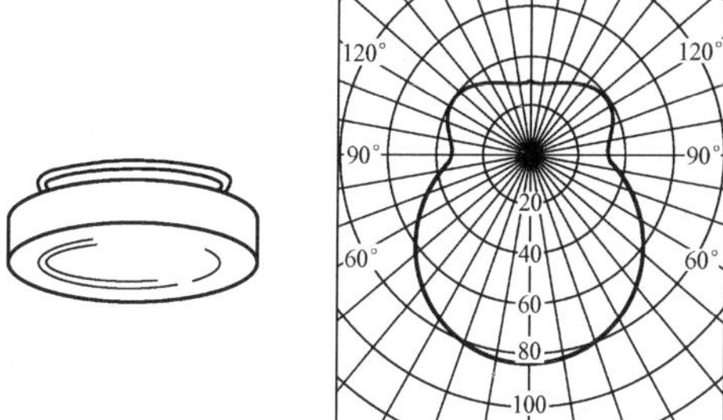

型　号		JXD5-2
规格(mm)	内径 d	236
	外径 D	296
	高度 H	110
保护角		—
灯具效率		57%
上射光通量输出比		22%
下射光通量输出比		35%
最大允许距高比		1.32
灯头型式		2B22

配　光　特　性（1000lm）

θ (°)	I_θ (cd)	θ (°)	I_θ (cd)	θ (°)	I_θ (cd)
0	84	65	52	130	38
5	84	70	46	135	38
10	83	75	41	140	37
15	82	80	36	145	35
20	81	85	33	150	34
25	80	90	31	155	34
30	77	95	32	160	31
35	74	100	34	165	30
40	71	105	36	170	29
45	67	110	38	175	30
50	64	115	38	180	31
55	61	120	39		
60	57	125	39		

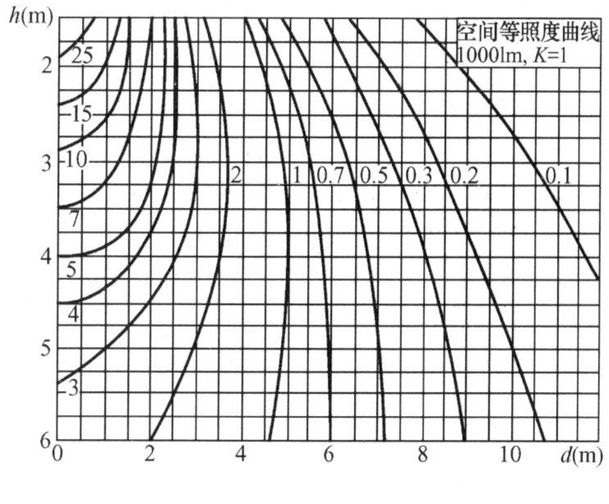

利　用　系　数　表　　　　距高比 $L/h=1.0$

等效顶棚反射比(%)	80				70				50				30				0
墙面平均反射比(%)	70	50	30	10	70	50	30	10	70	50	30	10	70	50	30	10	0
室空间比																	
1	0.56	0.53	0.50	0.47	0.52	0.49	0.47	0.44	0.45	0.42	0.41	0.39	0.38	0.36	0.35	0.34	0.26
2	0.50	0.45	0.41	0.38	0.47	0.42	0.39	0.36	0.40	0.37	0.34	0.31	0.34	0.31	0.29	0.27	0.21
3	0.46	0.40	0.35	0.31	0.42	0.37	0.33	0.29	0.36	0.32	0.29	0.26	0.31	0.28	0.25	0.23	0.17
4	0.42	0.35	0.30	0.26	0.39	0.32	0.28	0.24	0.33	0.28	0.25	0.22	0.28	0.24	0.21	0.19	0.14
5	0.38	0.31	0.26	0.22	0.35	0.29	0.24	0.21	0.30	0.25	0.21	0.18	0.25	0.22	0.19	0.16	0.12
6	0.35	0.27	0.22	0.19	0.32	0.26	0.21	0.18	0.28	0.22	0.19	0.16	0.24	0.19	0.16	0.14	0.10
7	0.32	0.25	0.20	0.16	0.30	0.23	0.18	0.15	0.26	0.20	0.16	0.14	0.22	0.17	0.14	0.12	0.09
8	0.30	0.22	0.17	0.14	0.28	0.21	0.16	0.13	0.24	0.18	0.14	0.12	0.20	0.16	0.13	0.10	0.08
9	0.28	0.20	0.15	0.12	0.26	0.19	0.14	0.12	0.22	0.16	0.13	0.10	0.19	0.14	0.11	0.09	0.07
10	0.25	0.18	0.13	0.10	0.23	0.17	0.13	0.10	0.20	0.15	0.11	0.09	0.17	0.13	0.10	0.08	0.05

续表

亮度系数表																
等效顶棚反射比(%)	80				70				50				30			
墙面平均反射比(%)	70	50	30	10	70	50	30	10	70	50	30	10	70	50	30	10
墙面																
室空间比																
1	0.30	0.20	0.11	0.03	0.28	0.18	0.11	0.03	0.25	0.17	0.09	0.03	0.22	0.15	0.08	0.02
2	0.27	0.17	0.09	0.02	0.25	0.16	0.09	0.02	0.22	0.14	0.08	0.02	0.19	0.13	0.07	0.02
3	0.25	0.15	0.08	0.02	0.23	0.14	0.07	0.02	0.20	0.13	0.07	0.02	0.17	0.11	0.06	0.01
4	0.23	0.14	0.07	0.02	0.22	0.13	0.07	0.02	0.19	0.11	0.06	0.01	0.16	0.10	0.05	0.01
5	0.22	0.13	0.06	0.01	0.20	0.12	0.06	0.01	0.17	0.10	0.05	0.01	0.15	0.09	0.05	0.01
6	0.20	0.12	0.06	0.01	0.19	0.11	0.05	0.01	0.16	0.10	0.05	0.01	0.14	0.08	0.04	0.01
7	0.19	0.11	0.05	0.01	0.18	0.10	0.05	0.01	0.16	0.09	0.04	0.01	0.13	0.08	0.04	0.01
8	0.18	0.10	0.05	0.01	0.17	0.09	0.04	0.01	0.15	0.08	0.04	0.01	0.13	0.07	0.03	0.01
9	0.17	0.09	0.04	0.01	0.16	0.09	0.04	0.01	0.14	0.08	0.04	0.01	0.12	0.07	0.03	0.01
10	0.17	0.09	0.04	0.01	0.16	0.08	0.04	0.01	0.13	0.07	0.03	0.01	0.12	0.06	0.03	0.00
等效顶棚																
室空间比																
1	0.29	0.27	0.26	0.24	0.25	0.23	0.22	0.21	0.17	0.16	0.15	0.14	0.09	0.09	0.08	0.08
2	0.30	0.27	0.24	0.22	0.25	0.23	0.21	0.19	0.17	0.16	0.14	0.13	0.09	0.09	0.08	0.08
3	0.30	0.26	0.24	0.21	0.26	0.23	0.20	0.18	0.17	0.15	0.14	0.13	0.10	0.09	0.08	0.07
4	0.30	0.26	0.23	0.20	0.26	0.22	0.20	0.18	0.17	0.15	0.14	0.12	0.10	0.09	0.08	0.07
5	0.30	0.26	0.22	0.20	0.26	0.22	0.19	0.17	0.17	0.15	0.13	0.12	0.10	0.08	0.08	0.07
6	0.30	0.25	0.22	0.19	0.26	0.22	0.19	0.17	0.17	0.15	0.13	0.12	0.10	0.08	0.07	0.07
7	0.30	0.25	0.21	0.19	0.26	0.21	0.19	0.17	0.17	0.15	0.13	0.12	0.10	0.08	0.07	0.07
8	0.30	0.25	0.21	0.19	0.25	0.21	0.18	0.16	0.17	0.14	0.13	0.11	0.09	0.08	0.07	0.07
9	0.30	0.24	0.21	0.19	0.25	0.21	0.18	0.16	0.17	0.14	0.13	0.11	0.09	0.08	0.07	0.07
10	0.29	0.24	0.21	0.19	0.25	0.21	0.18	0.16	0.17	0.14	0.12	0.11	0.09	0.08	0.07	0.07

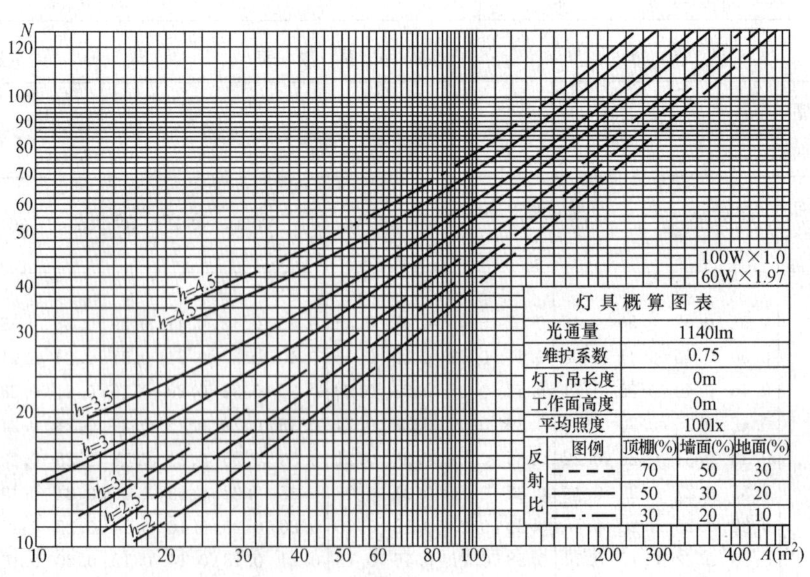

附表 8　　YG701-3 型嵌入式格栅荧光灯技术资料

嵌入式格栅荧光灯
(带凸式塑料格栅)
(3×40W)

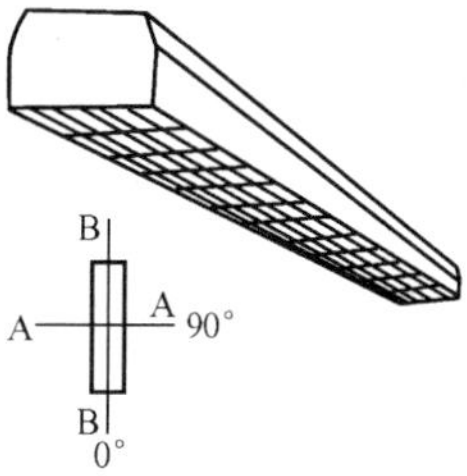

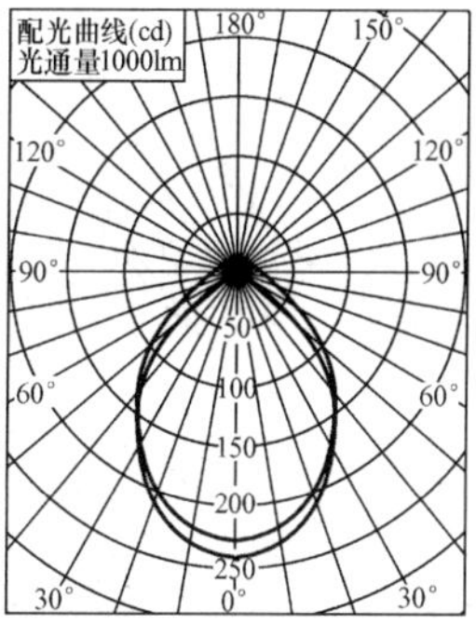

型　号		YG701-3
规格(mm)	长度 L	1320
	宽度 b	300
	厚度 h	215
保护角		32.5°
灯具效率		46%
上射光通量输出比		0
下射光通量输出比		46%
最大允许距高比		1.12(A—A) 1.05(B—B)
灯具重量		14.2kg

配光特性(1000lm)																				
A—A	θ(°)	0	5	10	15	20	25	30	35	40	45	50	55	60	65	70	75	80	85	90
	I_θ(cd)	238	236	230	224	209	191	176	159	130	108	85	62	48	37	28	19	11	4.9	0.6
B—B	θ(°)	0	5	10	15	20	25	30	35	40	45	50	55	60	65	70	75	80	85	90
	I_θ(cd)	228	224	217	205	192	177	159	145	127	107	88	67	51	39	29	20	12	5.6	0.4

利　用　系　数　表　　　距高比 L/h=0.7

等效顶棚反射比(%)	80				70				50				30				0
墙面平均反射比(%)	70	50	30	10	70	50	30	10	70	50	30	10	70	50	30	20	0
室空间比																	
1	0.51	0.49	0.48	0.46	0.50	0.48	0.47	0.45	0.48	0.46	0.45	0.44	0.46	0.44	0.43	0.43	0.40
2	0.47	0.44	0.42	0.40	0.46	0.43	0.41	0.39	0.44	0.42	0.40	0.38	0.42	0.40	0.39	0.37	0.36
3	0.44	0.40	0.37	0.34	0.43	0.39	0.36	0.34	0.41	0.38	0.35	0.33	0.39	0.37	0.34	0.33	0.31
4	0.41	0.36	0.33	0.30	0.40	0.36	0.32	0.30	0.38	0.34	0.32	0.29	0.36	0.33	0.31	0.29	0.28
5	0.38	0.33	0.29	0.26	0.37	0.32	0.29	0.26	0.35	0.31	0.28	0.26	0.34	0.30	0.28	0.26	0.25
6	0.35	0.20	0.26	0.23	0.34	0.29	0.26	0.23	0.33	0.28	0.25	0.23	0.31	0.28	0.25	0.23	0.22
7	0.32	0.27	0.23	0.21	0.32	0.26	0.23	0.20	0.30	0.26	0.23	0.20	0.29	0.25	0.22	0.20	0.19
8	0.30	0.25	0.21	0.18	0.30	0.24	0.21	0.18	0.28	0.24	0.20	0.18	0.27	0.23	0.20	0.18	0.17
9	0.28	0.22	0.19	0.16	0.28	0.22	0.19	0.16	0.26	0.22	0.18	0.16	0.25	0.21	0.18	0.16	0.15
10	0.26	0.20	0.17	0.15	0.26	0.20	0.17	0.15	0.25	0.20	0.17	0.15	0.24	0.19	0.17	0.15	0.14

续表

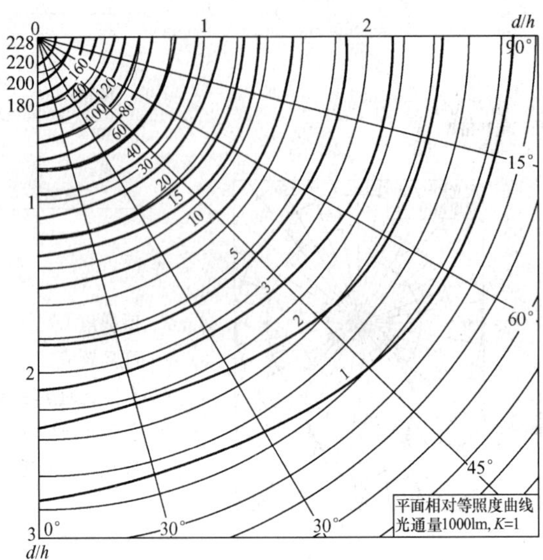

亮度系数

等效顶棚反射比(%)	80				70				50				30			
墙面平均反射比(%)	70	50	30	10	70	50	30	10	70	50	30	10	70	50	30	10
墙面																
室空间比																
1	0.17	0.11	0.06	0.02	0.16	0.11	0.06	0.02	0.15	0.10	0.06	0.01	0.14	0.10	0.05	0.01
2	0.17	0.11	0.06	0.01	0.16	0.10	0.05	0.01	0.15	0.10	0.05	0.01	0.14	0.09	0.05	0.01
3	0.16	0.10	0.05	0.01	0.16	0.10	0.05	0.01	0.15	0.09	0.05	0.01	0.14	0.09	0.05	0.01
4	0.16	0.00	0.05	0.02	0.15	0.09	0.04	0.01	0.14	0.09	0.04	0.01	0.13	0.08	0.04	0.01
5	0.15	0.09	0.04	0.01	0.15	0.08	0.04	0.01	0.14	0.08	0.04	0.01	0.13	0.08	0.04	0.01
6	0.15	0.08	0.04	0.01	0.14	0.08	0.04	0.01	0.13	0.08	0.04	0.01	0.13	0.07	0.04	0.01
7	0.14	0.08	0.04	0.01	0.14	0.08	0.04	0.01	0.13	0.07	0.03	0.01	0.12	0.07	0.03	0.01
8	0.14	0.07	0.03	0.01	0.13	0.07	0.03	0.01	0.13	0.07	0.03	0.01	0.12	0.07	0.03	0.01
9	0.13	0.07	0.03	0.01	0.13	0.07	0.03	0.01	0.12	0.07	0.03	0.00	0.12	0.06	0.03	0.00
10	0.13	0.07	0.03	0.00	0.12	0.07	0.03	0.00	0.12	0.06	0.03	0.00	0.11	0.06	0.03	0.00
等效顶棚																
室空间比																
1	0.09	0.08	0.07	0.06	0.07	0.07	0.06	0.05	0.05	0.04	0.04	0.03	0.03	0.02	0.02	0.02
2	0.09	0.07	0.06	0.04	0.08	0.06	0.05	0.04	0.05	0.04	0.03	0.02	0.03	0.02	0.02	0.01
3	0.09	0.07	0.05	0.03	0.08	0.06	0.04	0.03	0.05	0.04	0.03	0.02	0.03	0.03	0.01	0.01
4	0.09	0.06	0.04	0.03	0.08	0.05	0.04	0.02	0.05	0.04	0.02	0.01	0.03	0.02	0.01	0.01
5	0.09	0.06	0.04	0.02	0.08	0.05	0.03	0.02	0.05	0.03	0.02	0.01	0.03	0.02	0.01	0.01
6	0.09	0.06	0.03	0.02	0.08	0.05	0.03	0.01	0.05	0.03	0.02	0.01	0.03	0.02	0.01	0.00
7	0.09	0.05	0.03	0.01	0.08	0.05	0.02	0.01	0.05	0.03	0.02	0.01	0.03	0.02	0.01	0.00
8	0.09	0.05	0.03	0.01	0.08	0.04	0.02	0.01	0.05	0.03	0.01	0.00	0.03	0.01	0.01	0.00
9	0.09	0.05	0.02	0.01	0.08	0.04	0.02	0.01	0.05	0.03	0.01	0.00	0.03	0.01	0.01	0.00
10	0.09	0.05	0.02	0.01	0.07	0.04	0.02	0.00	0.05	0.03	0.01	0.00	0.03	0.01	0.00	0.00

续表

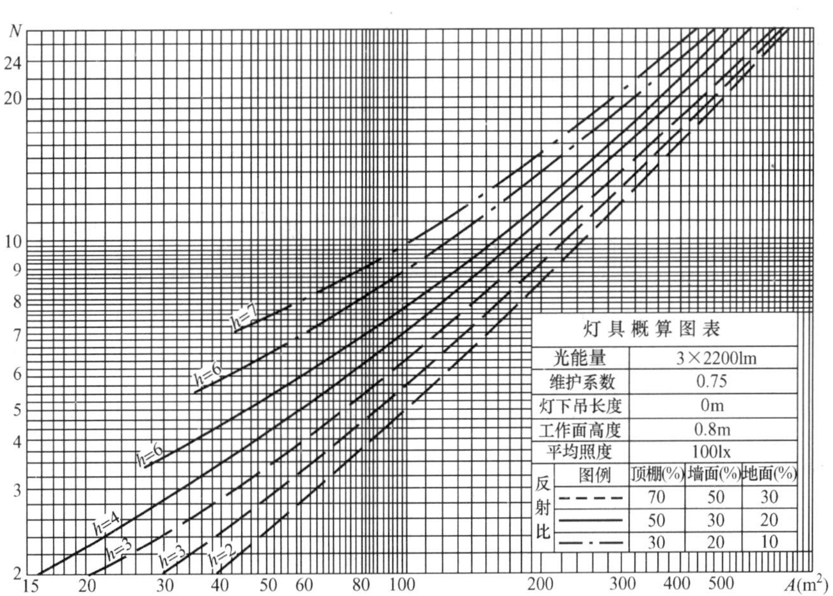

附表 9　　YG1-1 型筒式荧光灯技术资料

筒式荧光灯
(1×40W)

配光曲线(cd)
光通量1000lm

型　号		YG1-1
规格（mm）	长度 L 宽度 b 厚度 h	1280 70 45（未包括灯管）
保护角 灯具效率 上射光通量输出比 下射光通量输出比 最大允许距高比 灯具重量		— 81% 21% 59% 1.62（A—A） 1.22（B—B） 2.6kg

配光特性（1000lm）																					
配光特性（1000lm）	A—A	θ（°）	0	5	10	15	20	25	30	35	40	45	50	55	60	65	70	75	80	85	90
		I_θ（cd）	140	140	141	142	142	144	146	149	150	151	152	151	149	145	141	136	129	124	121
		θ（°）	95	100	105	110	115	120	125	130	135	140	145	150	155	160					
		I_θ（cd）	121	122	122	116	103	88	75	60	45	18	19	6.4	0.8	0					
	B—B	θ（°）	0	5	10	15	20	25	30	35	40	45	50	55	60	65	70	75	80	85	90
		I_θ（cd）	124	122	120	116	112	107	101	94	85	77	68	58	47	37	27	17	9	2.8	0

续表

利 用 系 数 表　　距高比 $L/h=1.0$

等效顶棚反射比（%）	70				50				30				10				0
墙面平均反射比（%）	70	50	30	10	70	50	30	10	70	50	30	10	70	50	30	10	0
室空间比																	
1	0.75	0.71	0.67	0.63	0.67	0.63	0.60	0.57	0.59	0.56	0.54	0.52	0.52	0.50	0.48	0.46	0.43
2	0.68	0.61	0.55	0.50	0.60	0.54	0.50	0.46	0.53	0.48	0.45	0.41	0.46	0.43	0.40	0.37	0.34
3	0.61	0.53	0.46	0.41	0.54	0.47	0.42	0.38	0.47	0.42	0.38	0.34	0.41	0.37	0.34	0.31	0.28
4	0.56	0.46	0.39	0.34	0.49	0.41	0.26	0.31	0.43	0.37	0.32	0.28	0.37	0.33	0.29	0.26	0.23
5	0.51	0.41	0.34	0.29	0.45	0.37	0.31	0.26	0.39	0.33	0.28	0.24	0.34	0.29	0.25	0.22	0.20
6	0.47	0.37	0.30	0.25	0.41	0.33	0.27	0.23	0.36	0.29	0.25	0.21	0.32	0.26	0.22	0.19	0.17
7	0.43	0.33	0.26	0.21	0.38	0.30	0.24	0.20	0.33	0.26	0.22	0.18	0.29	0.24	0.20	0.16	0.14
8	0.40	0.29	0.23	0.18	0.35	0.27	0.21	0.17	0.31	0.24	0.19	0.16	0.27	0.21	0.17	0.14	0.12
9	0.37	0.27	0.20	0.16	0.33	0.24	0.19	0.15	0.29	0.22	0.17	0.14	0.25	0.19	0.15	0.12	0.11
10	0.34	0.24	0.17	0.12	0.30	0.21	0.16	0.12	0.26	0.19	0.15	0.11	0.23	0.17	0.13	0.10	0.09

亮 度 系 数 表

等效顶棚反射比（%）	70				50				30				10			
墙面平均反射比（%）	70	50	30	10	70	50	30	10	70	50	30	10	70	50	30	10
墙 面																
室空间比																
1	0.45	0.20	0.17	0.05	0.41	0.28	0.16	0.05	0.38	0.26	0.15	0.04	0.35	0.24	0.14	0.04
2	0.39	0.25	0.14	0.04	0.36	0.23	0.13	0.04	0.32	0.21	0.12	0.03	0.29	0.19	0.11	0.03
3	0.36	0.22	0.12	0.03	0.32	0.20	0.11	0.03	0.29	0.18	0.10	0.03	0.26	0.17	0.09	0.02
4	0.33	0.20	0.10	0.03	0.30	0.18	0.09	0.02	0.27	0.17	0.09	0.02	0.24	0.15	0.08	0.02
5	0.31	0.18	0.09	0.02	0.28	0.16	0.08	0.02	0.25	0.15	0.08	0.02	0.22	0.14	0.07	0.02
6	0.29	0.17	0.08	0.02	0.26	0.15	0.07	0.02	0.23	0.14	0.07	0.02	0.20	0.12	0.06	0.02
7	0.27	0.15	0.07	0.02	0.24	0.14	0.07	0.02	0.22	0.13	0.06	0.01	0.19	0.11	0.05	0.01
8	0.26	0.14	0.07	0.02	0.23	0.13	0.06	0.01	0.20	0.12	0.06	0.01	0.18	0.11	0.05	0.01
9	0.24	0.13	0.06	0.01	0.22	0.12	0.06	0.01	0.19	0.11	0.05	0.01	0.17	0.10	0.05	0.01
10	0.23	0.12	0.06	0.01	0.21	0.11	0.05	0.01	0.19	0.10	0.05	0.01	0.17	0.09	0.04	0.01

续表

等效顶棚																
室空间比																
1	0.29	0.27	0.25	0.23	0.20	0.18	0.17	0.16	0.11	0.10	0.10	0.09	0.03	0.03	0.03	0.03
2	0.30	0.26	0.23	0.21	0.20	0.18	0.16	0.14	0.11	0.10	0.09	0.08	0.03	0.03	0.03	0.02
3	0.30	0.26	0.22	0.19	0.20	0.17	0.15	0.13	0.11	0.10	0.09	0.08	0.03	0.03	0.02	0.02
4	0.31	0.25	0.21	0.18	0.20	0.17	0.15	0.13	0.11	0.10	0.08	0.07	0.03	0.03	0.02	0.02
5	0.31	0.25	0.21	0.18	0.20	0.17	0.14	0.12	0.11	0.10	0.08	0.07	0.03	0.03	0.02	0.02
6	0.30	0.24	0.20	0.17	0.20	0.17	0.14	0.12	0.11	0.09	0.08	0.07	0.03	0.03	0.02	0.02
7	0.30	0.24	0.20	0.17	0.20	0.16	0.14	0.12	0.11	0.09	0.08	0.07	0.03	0.03	0.02	0.02
8	0.30	0.23	0.19	0.16	0.20	0.16	0.13	0.12	0.11	0.09	0.08	0.07	0.03	0.03	0.02	0.02
9	0.29	0.23	0.19	0.16	0.20	0.16	0.13	0.11	0.11	0.09	0.08	0.07	0.03	0.03	0.02	0.02
10	0.29	0.23	0.19	0.16	0.20	0.16	0.13	0.11	0.11	0.09	0.07	0.07	0.03	0.03	0.02	0.02

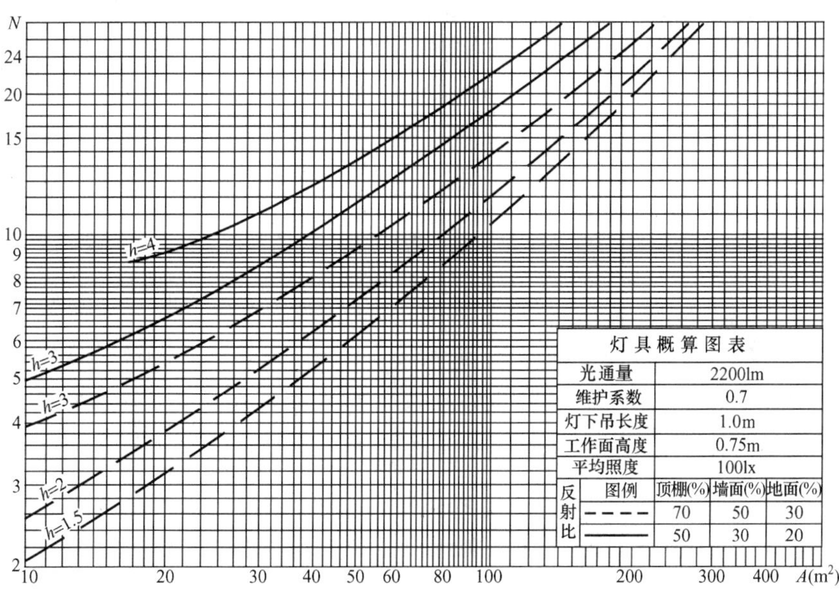

附表 10　　YG2-1 型筒控式荧光灯技术资料

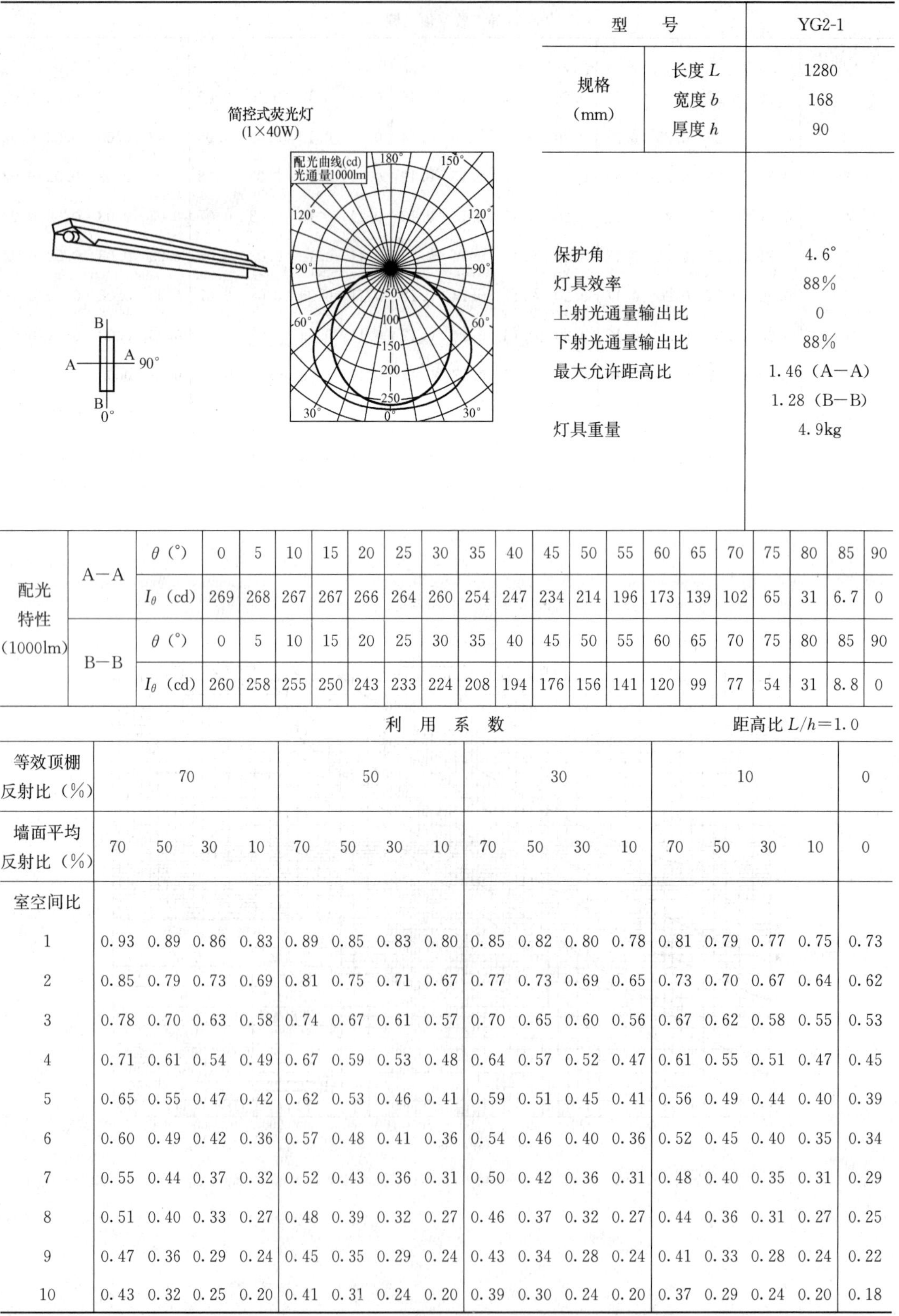

型号		YG2-1
规格（mm）	长度 L	1280
	宽度 b	168
	厚度 h	90
保护角		4.6°
灯具效率		88%
上射光通量输出比		0
下射光通量输出比		88%
最大允许距高比		1.46（A—A）
		1.28（B—B）
灯具重量		4.9kg

配光特性（1000lm）																				
A—A	θ（°）	0	5	10	15	20	25	30	35	40	45	50	55	60	65	70	75	80	85	90
	I_θ（cd）	269	268	267	267	266	264	260	254	247	234	214	196	173	139	102	65	31	6.7	0
B—B	θ（°）	0	5	10	15	20	25	30	35	40	45	50	55	60	65	70	75	80	85	90
	I_θ（cd）	260	258	255	250	243	233	224	208	194	176	156	141	120	99	77	54	31	8.8	0

利　用　系　数　　　　距高比 L/h=1.0

等效顶棚反射比（%）	70				50				30				10				0
墙面平均反射比（%）	70	50	30	10	70	50	30	10	70	50	30	10	70	50	30	10	0
室空间比																	
1	0.93	0.89	0.86	0.83	0.89	0.85	0.83	0.80	0.85	0.82	0.80	0.78	0.81	0.79	0.77	0.75	0.73
2	0.85	0.79	0.73	0.69	0.81	0.75	0.71	0.67	0.77	0.73	0.69	0.65	0.73	0.70	0.67	0.64	0.62
3	0.78	0.70	0.63	0.58	0.74	0.67	0.61	0.57	0.70	0.65	0.60	0.56	0.67	0.62	0.58	0.55	0.53
4	0.71	0.61	0.54	0.49	0.67	0.59	0.53	0.48	0.64	0.57	0.52	0.47	0.61	0.55	0.51	0.47	0.45
5	0.65	0.55	0.47	0.42	0.62	0.53	0.46	0.41	0.59	0.51	0.45	0.41	0.56	0.49	0.44	0.40	0.39
6	0.60	0.49	0.42	0.36	0.57	0.48	0.41	0.36	0.54	0.46	0.40	0.36	0.52	0.45	0.40	0.35	0.34
7	0.55	0.44	0.37	0.32	0.52	0.43	0.36	0.31	0.50	0.42	0.36	0.31	0.48	0.40	0.35	0.31	0.29
8	0.51	0.40	0.33	0.27	0.48	0.39	0.32	0.27	0.46	0.37	0.32	0.27	0.44	0.36	0.31	0.27	0.25
9	0.47	0.36	0.29	0.24	0.45	0.35	0.29	0.24	0.43	0.34	0.28	0.24	0.41	0.33	0.28	0.24	0.22
10	0.43	0.32	0.25	0.20	0.41	0.31	0.24	0.20	0.39	0.30	0.24	0.20	0.37	0.29	0.24	0.20	0.18

续表

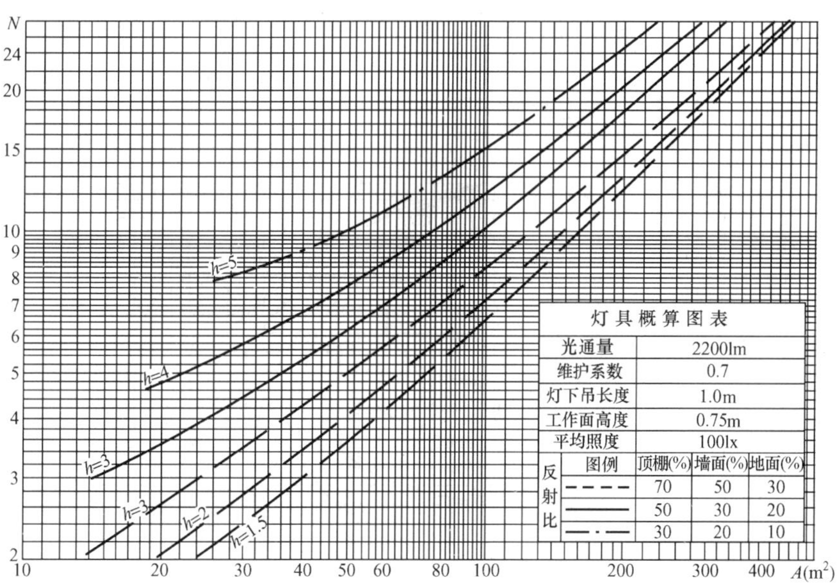

灯具概算图表			
光通量	2200lm		
维护系数	0.7		
灯下吊长度	1.0m		
工作面高度	0.75m		
平均照度	100lx		
反射比　图例	顶棚(%)	墙面(%)	地面(%)
– – – –	70	50	30
———	50	30	20
—·—	30	20	10

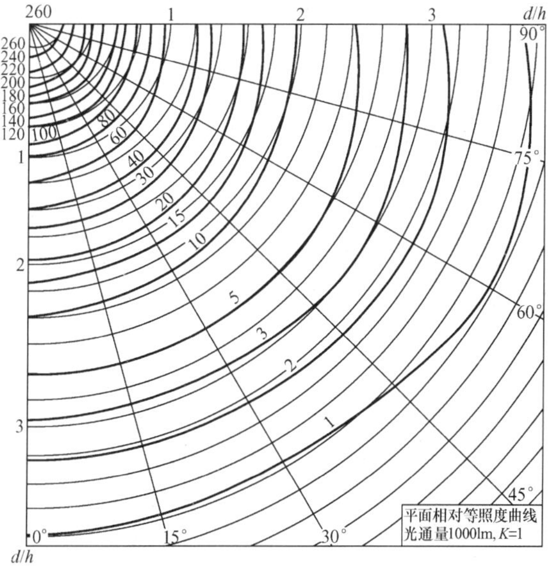

平面相对等照度曲线
光通量1000lm, K=1

附表 11 **GC111 型块板面高效工矿照明灯技术资料**

灯具外形图

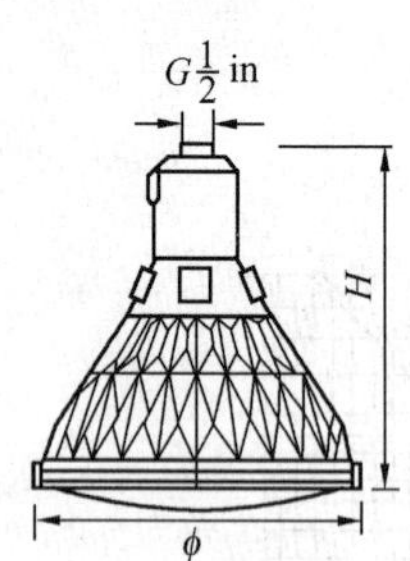

配光曲线cd/1000lm

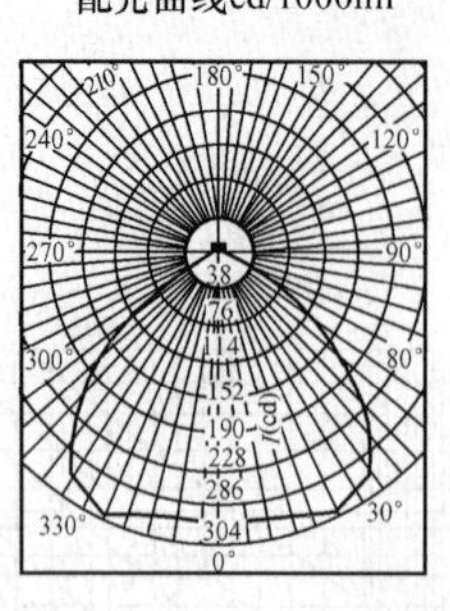

型号		GC111
外形尺寸 (mm)	ϕ	260
	H	250
光源		GGY125
灯具效率		77.8%
上射光通比		1.5%
下射光通比		76.3%
最大允许距离比 L/h		1.5
灯头型式		E27

θ (°)	I_θ (cd)	θ (°)	I_θ (cd)
0	286	50	166
5	283	55	115
10	284	60	78
15	285	65	42
20	293	70	26
25	300	75	9
30	293	80	4
35	285	85	0
40	251	90	0
45	217		

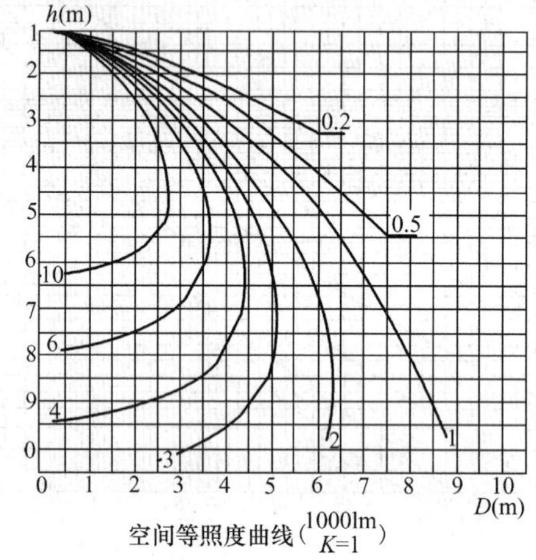

空间等照度曲线$\left(\frac{1000\text{lm}}{K=1}\right)$

利 用 系 数 表 $L/h=0.7$

有效顶棚反射比(%)	70				50				30				10				0
墙反射比(%)	70	50	30	10	70	50	30	10	70	50	30	10	70	50	30	10	0
室空间比																	
1	0.84	0.82	0.79	0.77	0.80	0.78	0.76	0.74	0.76	0.74	0.73	0.72	0.72	0.71	0.70	0.69	0.67
2	0.79	0.74	0.71	0.68	0.75	0.71	0.68	0.66	0.71	0.68	0.66	0.64	0.68	0.66	0.64	0.62	0.60
3	0.74	0.68	0.63	0.60	0.70	0.65	0.61	0.58	0.67	0.63	0.60	0.57	0.64	0.61	0.58	0.56	0.54
4	0.68	0.61	0.56	0.52	0.65	0.59	0.55	0.51	0.62	0.57	0.53	0.50	0.59	0.55	0.52	0.49	0.48
5	0.63	0.56	0.50	0.46	0.60	0.54	0.49	0.45	0.57	0.52	0.48	0.45	0.55	0.50	0.47	0.44	0.42
6	0.59	0.51	0.45	0.41	0.56	0.49	0.44	0.40	0.53	0.47	0.43	0.40	0.51	0.46	0.42	0.39	0.38
7	0.54	0.46	0.40	0.36	0.52	0.44	0.39	0.36	0.50	0.43	0.39	0.35	0.47	0.42	0.38	0.35	0.33
8	0.50	0.42	0.36	0.32	0.48	0.40	0.35	0.32	0.46	0.39	0.35	0.31	0.44	0.38	0.34	0.31	0.30
9	0.47	0.38	0.32	0.28	0.45	0.37	0.32	0.28	0.43	0.36	0.31	0.28	0.41	0.35	0.31	0.27	0.26
10	0.42	0.33	0.27	0.23	0.40	0.32	0.27	0.23	0.38	0.31	0.26	0.23	0.37	0.30	0.26	0.23	0.21

灯具概算图表			
光通量	4490lm		
维护系数	0.7		
灯吊挂高度			
工作面高度	0.8m		
平均照度	100lx		
反射比	顶棚（%）	墙（%）	地（%）
	50	30	20

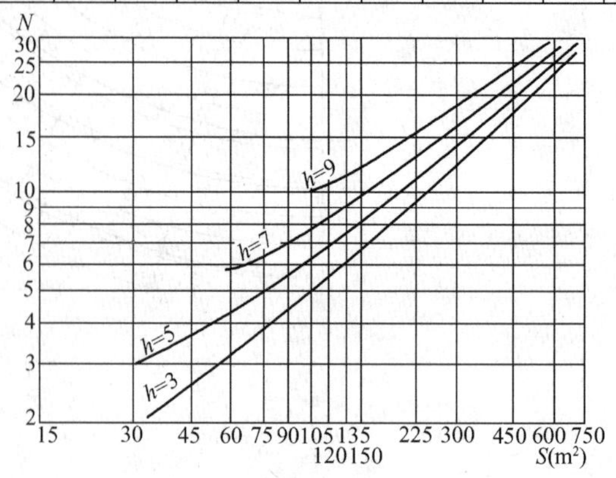

概算图表

附表 12　　GC82-Ⅰ型块板面混光灯技术资料

灯具外形图　　配光曲线 cd/1000lm

型号		GC82-Ⅰ
外形尺寸（mm）	L_1（图中未标）	580
	B	400
	H	480
光源		NG-400 GGY-400
灯具效率		79.7%
上射光通比		3.3%
下射光通比		76.4%
最大允许距离比 L/h		2.0（A—A） 2.4（B—B）

θ(°)		0	5	15	25	35	45	55	65	75	85	95	105	115	125	135	145	155	165	175
I_θ	B—B	140	145	170	216	224	227	157	50	15	8	0	0	6	6	6	5	5	5	5
(cd)	A—A	140	147	178	222	227	208	151	93	23	8	0	0	6	6	6	5	5	5	5

灯具概算图表			
光通量	69000lm		
维护系数	0.7		
灯吊下长度	0.5m		
工作面高度	0.8m		
平均照度	100lx		
反射比	顶棚（%）	墙（%）	地（%）
	50	30	20

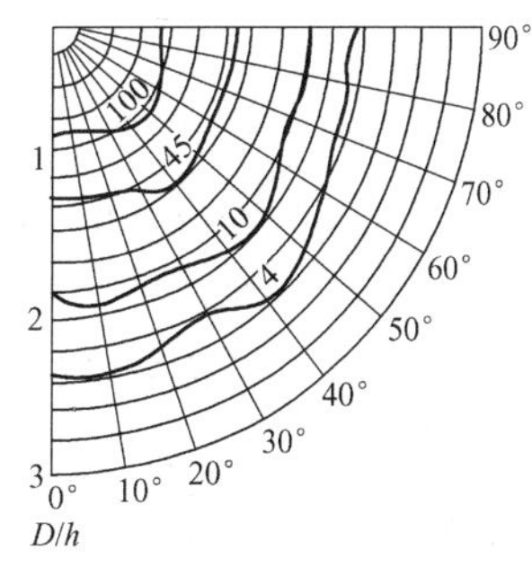

平面等照度曲线（$\frac{1000lm}{K=1}$）

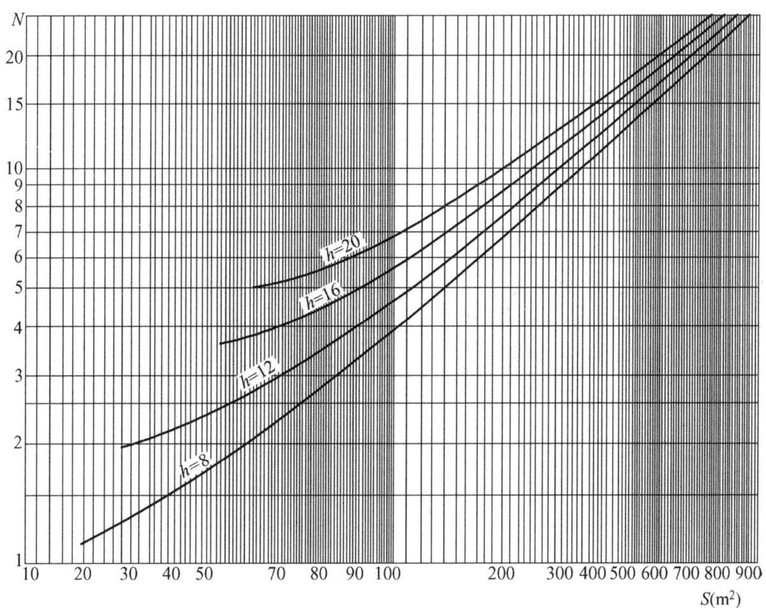

概算图表

附表 13 **由于等效地面反射比不等于 20%时对利用系数的修正表**

等效顶棚反射比 ρ_{CC}	80				70				50			30			10		
墙面平均反射比 ρ_W	70	50	30	10	70	50	30	10	50	30	10	50	30	10	50	30	10
等效地面反射比 30%																	
室空间比 *RCR*																	
1	1.092	1.082	1.075	1.068	1.077	1.070	1.064	1.059	1.049	1.044	1.040	1.028	1.026	1.023	1.012	1.010	1.003
2	1.079	1.066	1.055	1.047	1.068	1.057	1.048	1.039	1.041	1.033	1.027	1.026	1.021	1.017	1.013	1.010	1.006
3	1.070	1.054	1.042	1.033	1.061	1.048	1.037	1.028	1.034	1.027	1.020	1.024	1.017	1.012	1.014	1.009	1.005
4	1.062	1.045	1.033	1.024	1.055	1.040	1.029	1.021	1.030	1.022	1.015	1.022	1.015	1.010	1.014	1.009	1.004
5	1.056	1.038	1.026	1.018	1.050	1.034	1.024	1.015	1.027	1.018	1.012	1.020	1.013	1.008	1.014	1.009	1.004
6	1.052	1.033	1.021	1.014	1.047	1.030	1.020	1.012	1.024	1.015	1.009	1.019	1.012	1.006	1.014	1.008	1.003
7	1.047	1.029	1.018	1.011	1.043	1.026	1.017	1.009	1.022	1.013	1.007	1.018	1.019	1.005	1.014	1.008	1.003
8	1.044	1.026	1.015	1.009	1.040	1.024	1.015	1.007	1.020	1.012	1.006	1.017	1.009	1.004	1.013	1.007	1.003
9	1.040	1.024	1.014	1.007	1.037	1.022	1.014	1.006	1.019	1.011	1.005	1.016	1.009	1.004	1.013	1.007	1.002
10	1.037	1.022	1.012	1.006	1.034	1.020	1.012	1.005	1.017	1.010	1.004	1.015	1.009	1.008	1.013	1.007	1.002
等效地面反射比 10%																	
室空间比 *RCR*																	
1	0.928	0.929	0.935	0.940	0.933	0.939	0.943	0.948	0.956	0.960	0.963	0.973	0.976	0.979	0.989	0.991	0.993
2	0.931	0.942	0.950	0.958	0.940	0.949	0.957	0.963	0.962	0.968	0.974	0.976	0.980	0.985	0.988	0.991	0.995
3	0.939	0.951	0.961	0.969	0.945	0.957	0.966	0.973	0.967	0.975	0.981	0.978	0.983	0.988	0.988	0.992	0.996
4	0.944	0.958	0.969	0.978	0.950	0.963	0.973	0.980	0.972	0.980	0.986	0.980	0.986	0.991	0.987	0.992	0.996
5	0.949	0.964	0.976	0.983	0.954	0.968	0.978	0.985	0.075	0.983	0.989	0.981	0.988	0.993	0.987	0.992	0.997
6	0.953	0.969	0.980	0.986	0.958	0.972	0.982	0.989	0.979	0.985	0.992	0.982	0.989	0.995	0.987	0.993	0.997
7	0.957	0.973	0.983	0.991	0.961	0.975	0.985	0.991	0.979	0.987	0.994	0.983	0.990	0.996	0.987	0.993	0.998
8	0.960	0.976	0.986	0.993	0.963	0.977	0.987	0.993	0.981	0.988	0.994	0.984	0.991	0.997	0.987	0.994	0.998
9	0.963	0.978	0.987	0.994	0.965	0.979	0.989	0.994	0.983	0.990	0.996	0.985	0.992	0.998	0.988	0.994	0.999
10	0.965	0.980	0.989	0.995	0.967	0.981	0.990	0.995	0.984	0.991	0.997	0.986	0.993	0.998	0.988	0.994	0.999
等效地面反射比 0%																	
室空间比 *RCR*																	
1	0.859	0.870	0.879	0.886	0.837	0.884	0.893	0.901	0.916	0.923	0.929	0.948	0.954	0.960	0.979	0.983	0.987
2	0.871	0.887	0.903	0.919	0.886	0.902	0.916	0.928	0.926	0.938	0.949	0.954	0.963	0.971	0.978	0.983	0.991
3	0.882	0.904	0.915	0.942	0.898	0.918	0.934	0.947	0.936	0.950	0.964	0.958	0.969	0.979	0.976	0.981	0.993
4	0.893	0.919	0.941	0.958	0.908	0.930	1.048	0.961	0.945	0.961	0.974	0.961	0.974	0.984	0.975	0.985	0.994
5	0.903	0.931	0.953	0.969	0.914	0.939	0.958	0.970	0.951	0.967	0.980	0.964	0.977	0.988	0.975	0.985	0.995
6	0.911	0.940	0.961	0.976	0.920	0.945	0.965	0.977	0.955	0.972	0.985	0.966	0.979	0.991	0.975	0.986	0.996
7	0.917	0.947	0.967	0.981	0.924	0.950	0.970	0.982	0.959	0.975	0.988	0.968	0.981	0.993	0.975	0.987	0.997
8	0.922	0.953	0.971	0.985	0.929	0.955	0.975	0.986	0.963	0.978	0.991	0.970	0.983	0.995	0.976	0.988	0.998
9	0.928	0.958	0.975	0.998	0.933	0.959	0.980	0.989	0.966	0.980	0.993	0.971	0.985	0.996	0.976	0.988	0.998
10	0.933	0.962	0.979	0.991	0.937	0.963	0.983	0.992	0.969	0.982	0.995	0.973	0.987	0.997	0.977	0.989	0.999

附表 14　　**平均照度单位容量计算表**

室空间比 RCR (室形指数 RI)	直接型配光灯具		半直接型 配光灯具	均匀漫射型 配光灯具	半间接型 配光灯具	间接型 配光灯具
	$L\leqslant0.9h$	$L\leqslant1.3h$				
8.33 (0.6)	0.4308 0.0897 5.3846	0.4000 0.0833 5.0000	0.4308 0.0897 5.3846	0.4308 0.0897 5.3846	0.6225 0.1292 7.7783	0.7001 0.1454 7.7506
6.25 (0.8)	0.3500 0.0729 4.3750	0.3111 0.0648 3.8889	0.3500 0.0729 4.3750	0.3394 0.0707 4.2424	0.5094 0.1055 6.3641	0.5600 0.1163 7.0005
5.0 (1.0)	0.3111 0.0648 3.8889	0.2732 0.0569 3.4146	0.2947 0.0614 3.6842	0.2872 0.0598 3.5897	0.4308 0.0894 5.3850	0.4868 0.1012 6.0874
4.0 (1.25)	0.2732 0.0569 3.4146	0.2383 0.0496 2.9787	0.2667 0.0556 3.3333	0.2489 0.0519 3.1111	0.3694 0.0808 4.8280	0.3996 0.0829 5.0004
3.33 (1.5)	0.2489 0.0519 3.1111	0.2196 0.0458 2.7451	0.2435 0.0507 3.0435	0.2286 0.0476 2.8571	0.3500 0.0732 4.3753	0.3694 0.0808 4.8280
2.5 (2.0)	0.2240 0.0467 2.8000	0.1965 0.0409 2.4561	0.2154 0.0449 2.6923	0.2000 0.0417 2.5000	0.3199 0.0668 4.0003	0.3500 0.0732 4.3753
2 2.5	0.2113 0.0440 2.6415	0.1836 0.0383 2.2951	0.2000 0.0417 2.5000	0.1836 0.0383 2.2951	0.2876 0.0603 3.5900	0.3113 0.0646 3.8892
1.67 (3.0)	0.2036 0.0424 2.5455	0.1750 0.0365 2.1875	0.1898 0.0395 2.3729	0.1750 0.0365 2.1875	0.2671 0.0560 3.3335	0.2951 0.0614 3.6845
1.43 (3.5)	0.1967 0.0410 2.4592	0.1698 0.0354 2.1232	0.1838 0.0383 2.2976	0.1687 0.0351 2.1083	0.2542 0.0528 3.1820	0.2800 0.0582 3.5003
1.25 (4.0)	0.1898 0.0395 2.3729	0.1647 0.0343 2.0588	0.1778 0.0370 2.2222	0.1632 0.0338 2.0290	0.2434 0.0506 3.0436	0.2671 0.0560 3.3335
1.11 (4.5)	0.1883 0.0392 2.3531	0.1612 0.0336 2.0153	0.1738 0.0362 2.1717	0.1590 0.0331 1.9867	0.2386 0.0495 2.9804	0.2606 0.0544 3.2578
1 (5.0)	0.1867 0.0389 2.3333	0.1577 0.0329 1.9718	0.1697 0.0354 2.1212	0.1556 0.0324 1.9444	0.2337 0.0485 2.9168	0.2542 0.0528 3.1820

注　1. 表中 L 为灯距，h 为计算高度。

2. 表中每格所列三个数字由上至下依次为：选用100W 白炽灯的单位电功率（W/m^2）；选用40W 荧光灯的单位电功率（W/m^2）；单位面积光通量（lm/m^2）。

附表 15　　居住建筑照明标准值

房间或场所		参考平面及其高度	照度标准值(lx)	R_a
起居室	一般活动	0.75m 水平面	100	80
	书写、阅读		300*	
卧　室	一般活动	0.75m 水平面	75	80
	床头、阅读		150*	
餐　厅		0.75m 餐桌面	150	80
厨　房	一般活动	0.75m 水平面	100	80
	操作台	台　面	150*	
卫生间		0.75m 水平面	100	80
电梯前厅		地面	75	60
走道、楼梯间		地面	50	60
车库		地面	30	60
职工宿舍		地面	100	80
老年人卧室	一般活动	0.75m 水平面	150	80
	床头、阅读		300*	80
老年人起居室	一般活动	0.75m 水平面	200	80
	书写、阅读		500*	80
酒店式公寓		地面	150	80

* 指混合照明照度。

附表 16　　图书馆建筑照明标准值

房间或场所	参考平面及其高度	照度标准值(lx)	UGR	U_0	R_a
一般阅览室、开放式阅览室	0.75m 水平面	300	19	0.60	80
多媒体阅览室	0.75m 水平面	300	19	0.60	80
老年阅览室	0.75m 水平面	500	19	0.70	80
珍善本、舆图阅览室	0.75m 水平面	500	19	0.60	80
陈列室、目录厅（室）、出纳厅	0.75m 水平面	300	19	0.60	80
档案库	0.75m 水平面	200	19	0.60	80
书库、书架	0.25m 垂直面	50	—	0.40	80
工作间	0.75m 水平面	300	19	0.60	80
采编、修复工作间	0.75m 水平面	500	19	0.60	80

附表 17　　**办公建筑照明标准值**

房间或场所	参考平面及其高度	照度标准值(lx)	*UGR*	U_0	R_a
普通办公室	0.75m 水平面	300	19	0.60	80
高档办公室	0.75m 水平面	500	19	0.60	80
会议室	0.75m 水平面	300	19	0.60	80
视频会议室	0.75m 水平面	750	19	0.60	80
接待室、前台	0.75m 水平面	200	—	0.40	80
服务大厅、营业厅	0.75m 水平面	300	22	0.40	80
设计室	实际工作面	500	19	0.60	80
文件整理、复印、发行室	0.75m 水平面	300	—	0.40	80
资料、档案存放室	0.75m 水平面	200	—	0.40	80

注　此表适用于所有类型建筑的办公室和类似用途场所的照明。

附表 18　　**商业建筑照明标准值**

房间或场所	参考平面及其高度	照度标准值(lx)	*UGR*	U_0	R_a
一般商店营业厅	0.75m 水平面	300	22	0.60	80
一般室内商业街	地面	200	22	0.60	80
高档商店营业厅	0.75m 水平面	500	22	0.60	80
高档室内商业街	地面	300	22	0.60	80
一般超市营业厅	0.75m 水平面	300	22	0.60	80
高档超市营业厅	0.75m 水平面	500	22	0.60	80
仓储式超市	0.75m 水平面	300	22	0.60	80
专卖店营业厅	0.75m 水平面	300	22	0.60	80
农贸市场	0.75m 水平面	200	25	0.40	80
收款台	台　面	500*	—	0.60	80

*　指混合照明照度。

附表 19　　**观演建筑照明标准值**

房间或场所		参考平面及其高度	照度标准值(lx)	*UGR*	U_0	R_a
门　厅		地　面	200	22	0.40	80
观众厅	影　院	0.75m 水平面	100	22	0.40	80
	剧场、音乐厅	0.75m 水平面	150	22	0.40	80
观众休息厅	影　院	地　面	150	22	0.40	80
	剧场、音乐厅	地　面	200	22	0.40	80
排演厅		地　面	300	22	0.60	80
化妆室	一般活动区	0.75m 水平面	150	22	0.60	80
	化妆台	1.1m 高处垂直面	500*	—	—	90

*　指混合照明照度。

附表 20 **旅馆建筑照明标准值**

房间或场所		参考平面及其高度	照度标准值(lx)	UGR	U_0	R_a
客　房	一般活动区	0.75m 水平面	75	—	—	80
	床　头	0.75m 水平面	150	—	—	80
	写字台	台　面	300*	—	—	80
	卫生间	0.75m 水平面	150	—	—	80
中餐厅		0.75m 水平面	200	22	0.60	80
西餐厅		0.75m 水平面	150	—	0.60	80
酒吧间、咖啡厅		0.75m 水平面	75	—	0.40	80
多功能厅、宴会厅		0.75m 水平面	300	22	0.60	80
会议室		0.75m 水平面	300	19	0.60	80
大堂		地面	200	—	0.40	80
总服务台		台面	300*	—	—	80
休息厅		地　面	200	22	0.40	80
客房层走廊		地　面	50	—	0.40	80
厨　房		台　面	500*	—	0.70	80
游泳池		水面	200	22	0.60	80
健身房		0.75m 水平面	200	22	0.60	80
洗衣房		0.75m 水平面	200	—	0.40	80

*　指混合照明照度。

附表 21 **医疗建筑照明标准值**

房间或场所	参考平面及其高度	照度标准值(lx)	UGR	U_0	R_a
治疗室、检查室	0.75m 水平面	300	19	0.70	80
化验室	0.75m 水平面	500	19	0.70	80
手术室	0.75m 水平面	750	19	0.70	90
诊　室	0.75m 水平面	300	19	0.60	80
候诊室、挂号厅	0.75m 水平面	200	22	0.40	80
病　房	地　面	100	19	0.60	80
走　道	地　面	100	19	0.60	80
护士站	0.75m 水平面	300	—	0.60	80
药　房	0.75m 水平面	500	19	0.60	80
重症监护室	0.75m 水平面	300	19	0.60	90

附表 22　**教育建筑照明标准值**

房间或场所	参考平面及其高度	照度标准值(lx)	UGR	U_0	R_a
教室、阅览室	课桌面	300	19	0.60	80
实验室	实验桌面	300	19	0.60	80
美术教室	桌　面	500	19	0.60	90
多媒体教室	0.75m 水平面	300	19	0.60	80
电子信息机房	0.75m 水平面	500	19	0.60	80
计算机教室、电子阅览室	0.75m 水平面	500	19	0.60	80
楼梯间	地　面	100	22	0.40	80
教室黑板	黑板面	500*	—	0.70	80
学生宿舍	地　面	150	22	0.40	80

* 指混合照明照度。

附表 23　**博物馆建筑陈列室展品照明标准值及年曝光量限制**

类　别	参考平面及其高度	照度标准值(lx)	年曝光量(lx·h/a)
对光特别敏感的展品：纺织品、织绣品、绘画、纸质物品、彩绘、陶（石）器、染色皮革、动物标本等	展品面	≤50	≤50000
对光敏感的展品：油画、蛋清画、不染色皮革、角制品、骨制品、象牙制品、竹木制品和漆器等	展品面	≤150	≤360000
对光不敏感的展品：金属制品、石质器物、陶瓷器、宝玉石器、岩矿标本、玻璃制品、搪瓷制品、珐琅器等	展品面	≤300	不限制

注　1. 陈列室一般照明应按展品照度值的 20%～30%选取；
2. 陈列室一般照明 UGR 不宜大于 19；
3. 一般场所 R_a 不应低于 80，辨色要求高的场所，R_a 不应低于 90。

附表 24　**会展建筑照明标准值**

房间或场所	参考平面及其高度	照度标准值(lx)	UGR	U_0	R_a
会议室、洽谈室	0.75m 水平面	300	19	0.60	80
宴会厅	0.75m 水平面	300	22	0.60	80
多功能厅	0.75m 水平面	300	22	0.60	80
公共大厅	地　面	200	22	0.40	80
一般展厅	地　面	200	22	0.60	80
高档展厅	地　面	300	22	0.60	80

附表 25　**交通建筑照明标准值**

房间或场所	参考平面及其高度	照度标准值(lx)	UGR	U_0	R_a
售票台	台　面	500*	—	—	80

续表

房间或场所		参考平面及其高度	照度标准值（lx）	UGR	U_0	R_a
问讯处		0.75m 水平面	200	—	0.60	80
候车（机、船）室	普　通	地　面	150	22	0.40	80
	高　档	地　面	200	22	0.60	80
贵宾室休息室		0.75m 水平面	300	22	0.60	80
中央大厅、售票大厅		地　面	200	22	0.40	80
海关、护照检查		工作面	500	—	0.70	80
安全检查		地　面	300	—	0.60	80
换票、行李托运		0.75m 水平面	300	19	0.60	80
行李认领、到达大厅、出发大厅		地　面	200	22	0.40	80
通道、连接区、扶梯、换乘厅		地　面	150	—	0.40	80
有棚站台		地　面	75	—	0.60	60
无棚站台		地　面	50	—	0.40	20
走廊、楼梯、平台、流动区域	普通	地　面	75	25	0.40	60
	高档	地　面	150	25	0.60	80
地铁站厅	普通	地　面	100	25	0.60	80
	高档	地　面	200	22	0.60	80
地铁进出站门厅	普通	地　面	150	25	0.60	80
	高档	地　面	200	22	0.60	80

*　指混合照明照度。

附表 26　　无电视转播的体育建筑照度标准值

<table>
<tr><th rowspan="2">运　动　项　目</th><th rowspan="2">参考平面及其高度</th><th colspan="3">照度标准值（lx）</th><th colspan="2">R_a</th><th colspan="2">眩光指数（GR）</th></tr>
<tr><th>训练和娱乐</th><th>业余比赛</th><th>专业比赛</th><th>训练</th><th>比赛</th><th>训练</th><th>比赛</th></tr>
<tr><td>篮球、排球、手球、室内足球</td><td>地面</td><td rowspan="3">300</td><td rowspan="3">500</td><td rowspan="3">750</td><td rowspan="3">65</td><td rowspan="3">65</td><td rowspan="3">35</td><td rowspan="3">30</td></tr>
<tr><td>体操、艺术体操、技巧、蹦床、举重</td><td>台面</td></tr>
<tr><td>速度滑冰</td><td>冰面</td></tr>
<tr><td>羽毛球</td><td>地面</td><td>300</td><td>750/500</td><td>1000/500</td><td>65</td><td>65</td><td>35</td><td>30</td></tr>
<tr><td>乒乓球、柔道、摔跤、跆拳道、武术</td><td>台面</td><td rowspan="2">300</td><td rowspan="2">500</td><td rowspan="2">1000</td><td rowspan="2">65</td><td rowspan="2">65</td><td rowspan="2">35</td><td rowspan="2">30</td></tr>
<tr><td>冰球、花样滑冰、冰上舞蹈、短道速滑</td><td>冰面</td></tr>
<tr><td>拳击</td><td>台面</td><td>500</td><td>1000</td><td>2000</td><td>65</td><td>65</td><td>35</td><td>30</td></tr>
<tr><td>游泳、跳水、水球、花样游泳</td><td>水面</td><td rowspan="2">200</td><td rowspan="2">300</td><td rowspan="2">500</td><td rowspan="2">65</td><td rowspan="2">65</td><td rowspan="2">—</td><td rowspan="2">—</td></tr>
<tr><td>马术</td><td>地面</td></tr>
</table>

续表

<table>
<tr><th colspan="2" rowspan="2">运动项目</th><th rowspan="2">参考平面及其高度</th><th colspan="3">照度标准值（lx）</th><th colspan="2">R_a</th><th colspan="2">眩光指数（GR）</th></tr>
<tr><th>训练和娱乐</th><th>业余比赛</th><th>专业比赛</th><th>训练</th><th>比赛</th><th>训练</th><th>比赛</th></tr>
<tr><td rowspan="2">射击、射箭</td><td>射击区、弹（箭）道区</td><td>地面</td><td>200</td><td>200</td><td>300</td><td rowspan="2">65</td><td rowspan="2">65</td><td rowspan="2">—</td><td rowspan="2">—</td></tr>
<tr><td>靶心</td><td>靶心垂直面</td><td>1000</td><td>1000</td><td>1000</td></tr>
<tr><td colspan="2" rowspan="2">击剑</td><td>地面</td><td>300</td><td>500</td><td>750</td><td rowspan="2">65</td><td rowspan="2">65</td><td rowspan="2">—</td><td rowspan="2">—</td></tr>
<tr><td>垂直面</td><td>200</td><td>300</td><td>500</td></tr>
<tr><td rowspan="2">网球</td><td>室外</td><td rowspan="2">地面</td><td rowspan="2">300</td><td rowspan="2">500/300</td><td rowspan="2">750/500</td><td rowspan="2">65</td><td rowspan="2">65</td><td>55</td><td>50</td></tr>
<tr><td>室外</td><td>35</td><td>30</td></tr>
<tr><td rowspan="2">场地自行车</td><td>室外</td><td rowspan="2">地面</td><td rowspan="2">200</td><td rowspan="2">500</td><td rowspan="2">750</td><td rowspan="2">65</td><td rowspan="2">65</td><td>55</td><td>50</td></tr>
<tr><td>室外</td><td>35</td><td>30</td></tr>
<tr><td colspan="2">足球、田径</td><td>地面</td><td>200</td><td>300</td><td>500</td><td>20</td><td>65</td><td>55</td><td>50</td></tr>
<tr><td colspan="2">曲棍球</td><td>地面</td><td>300</td><td>500</td><td>750</td><td>20</td><td>65</td><td>55</td><td>50</td></tr>
<tr><td colspan="2">棒球、垒球</td><td>地面</td><td>300/200</td><td>500/300</td><td>750/500</td><td>20</td><td>65</td><td>55</td><td>50</td></tr>
</table>

注　1. 当表中同一格有两个值时，“/”前为内场的值，“/”后为外场的值；

2. 表中规定的照度应为比赛场地参考平面上的使用照度。

附表 27　　有电视转播的体育建筑照度标准值

<table>
<tr><th rowspan="2">运动项目</th><th rowspan="2">参考平面及其高度</th><th colspan="3">照度标准值（lx）</th><th colspan="2">R_a</th><th colspan="2">T_{cp}（K）</th><th rowspan="2">眩光指数（GR）</th></tr>
<tr><th>国家、国际比赛</th><th>重大国际比赛</th><th>HDTV</th><th>国家、国际比赛，重大国际比赛</th><th>HDTV</th><th>国家、国际比赛，重大国际比赛</th><th>HDTV</th></tr>
<tr><td>篮球、排球、手球、室内足球、乒乓球</td><td>地面 1.5m</td><td rowspan="5">1000</td><td rowspan="5">1400</td><td rowspan="5">2000</td><td rowspan="7">≥80</td><td rowspan="7">>80</td><td rowspan="7">≥4000</td><td rowspan="7">≥5500</td><td rowspan="2">30</td></tr>
<tr><td>体操、艺术体操、技巧、蹦床、柔道、摔跤、跆拳道、武术、举重</td><td>台面 1.5m</td></tr>
<tr><td>击剑</td><td>台面 1.5m</td><td>—</td></tr>
<tr><td>游泳、跳水、水球、花样游泳</td><td>水面 0.2m</td><td>—</td></tr>
<tr><td>冰球、花样滑冰、冰上舞蹈、短道速滑、速度滑冰</td><td>冰面 1.5m</td><td>30</td></tr>
<tr><td>羽毛球</td><td>地面 1.5m</td><td>1000/750</td><td>1400/1000</td><td>2000/1400</td><td>30</td></tr>
<tr><td>拳击</td><td>台面 1.5m</td><td>1000</td><td>2000</td><td>2500</td><td>30</td></tr>
</table>

续表

运动项目		参考平面及其高度	照度标准值（lx）			R_a		T_{cp}（K）		眩光指数（*GR*）
			国家、国际比赛	重大国际比赛	HDTV	国家、国际比赛，重大国际比赛	HDTV	国家、国际比赛，重大国际比赛	HDTV	
射箭	射击区、箭道区	地面 1.0m	500	500	500	≥80	>80	≥4000	≥5500	—
	靶心	靶心垂直面	1500	1500	2000					—
场地自行车	室内	地面 1.5m	1000	14000	2000					30
	室外									50
足球、田径、曲棍球		地面 1.5m								50
马术		地面 1.5m								—
网球	室内	地面 1.5m	1000/750	1400/1000	2000/1400					30
	室外									50
棒球、垒球		地面 1.5m								50
射击	射击区、弹道区	地面 1.0m	500	500	500	≥80		≥3000	≥4000	—
	靶心	靶心垂直面	1500	1500	2000					

注 1. HDTV 指高清晰度电视；其特殊显色指数 R_9 应大于零；

2. 表中同一格有两个值时，"/" 前为内场的值，"/" 后为外场的值；

3. 表中规定的照度除射击、射箭外，其他均应为比赛场地主摄像机方向的使用照度值。

附表 28　　美术馆和科技馆建筑照明标准值

房间或场所		参考平面及其高度	照度标准值（lx）	*UGR*	U_0	R_a
美术馆	会议报告厅	0.75m 水平面	300	22	0.60	80
	休息厅	0.75m 水平面	150	22	0.40	80
	美术品售卖	0.75m 水平面	300	19	0.60	80
	公共大厅	地面	200	22	0.40	80
	绘画展厅	地面	100	19	0.60	80
	雕塑展厅	地面	150	19	0.60	80
	藏画库	地面	150	22	0.60	80
	藏画修理	0.75m 水平面	500	19	0.70	90
科技馆	科普教室、实验区	0.75m 水平面	300	19	0.60	80
	会议报告厅	0.75m 水平面	300	22	0.60	80
	纪念品售卖区	0.75m 水平面	300	22	0.60	80
	儿童乐园	地面	300	22	0.60	80
	公共大厅	地面	200	22	0.40	80
	球幕、巨幕、3D、4D影院	地面	100	19	0.40	80
	常设展厅	地面	200	22	0.60	80
	临时展厅	地面	200	22	0.60	80

注　美术馆的绘画、雕塑展厅的照明标准值，以及科技馆的常设展厅、临时展厅的照明标准值均不含产品陈列照明。

附表 29　工业建筑一般照明标准值

房间或场所		参考平面及其高度	照度标准值(lx)	UGR	U_0	R_a	备　注
1　机、电工业							
机械加工	粗加工	0.75m 水平面	200	22	0.40	60	可另加局部照明
	一般加工公差≥0.1mm	0.75m 水平面	300	22	0.60	60	应另加局部照明
	精密加工公差<0.1mm	0.75m 水平面	500	19	0.70	60	应另加局部照明
机电仪表装配	大件	0.75m 水平面	200	25	0.60	80	可另加局部照明
	一般件	0.75m 水平面	300	25	0.60	80	可另加局部照明
	精密	0.75m 水平面	500	22	0.70	80	应另加局部照明
	特精密	0.75m 水平面	750	19	0.70	80	应另加局部照明
电线、电缆制造		0.75m 水平面	300	25	0.60	60	—
线圈绕制	大线圈	0.75m 水平面	300	25	0.60	80	—
	中等线圈	0.75m 水平面	500	22	0.70	80	可另加局部照明
	精细线圈	0.75m 水平面	750	19	0.70	80	应另加局部照明
线圈浇注		0.75m 水平面	300	25	0.60	80	—
焊接	一般	0.75m 水平面	200	—	0.60	60	—
	精密	0.75m 水平面	300	—	0.70	60	—
钣金		0.75m 水平面	300	—	0.60	60	—
冲压、剪切		0.75m 水平面	300	—	0.60	60	—
热处理		地面至 0.5m 水平面	200	—	0.60	20	—
铸造	熔化、浇铸	地面至 0.5m 水平面	200	—	0.60	20	—
	造型	地面至 0.5m 水平面	300	25	0.60	60	—
精密铸造的制模、脱壳		地面至 0.5m 水平面	500	25	0.60	60	—
锻工		地面至 0.5m 水平面	200	—	0.60	20	—
电镀		0.75m 水平面	300	—	0.60	80	—
喷漆	一般	0.75m 水平面	300	—	0.60	80	—
	精细	0.75m 水平面	500	22	0.70	80	—
酸洗、腐蚀、清洗		0.75m 水平面	300	—	0.60	80	—
抛光	一般装饰性	0.75m 水平面	300	22	0.60	80	应防频闪
	精细	0.75m 水平面	500	22	0.70	80	应防频闪
复合材料加工、铺叠、装饰		0.75m 水平面	500	22	0.60	80	—
机电修理	一般	0.75m 水平面	200	—	0.60	60	可另加局部照明
	精密	0.75m 水平面	300	22	0.70	60	可另加局部照明

续表

房间或场所		参考平面及其高度	照度标准值(lx)	UGR	U_0	R_a	备注
2 电子工业							
整机类	整机厂	0.75m 水平面	300	22	0.60	80	—
整机类	装配厂房	0.75m 水平面	300	22	0.60	80	应另加局部照明
元器件类	微电子产品及集成电路	0.75m 水平面	500	19	0.70	80	—
元器件类	显示器件	0.75m 水平面	500	19	0.70	80	可根据工艺要求降低照度值
元器件类	印制线路板	0.75m 水平面	500	19	0.70	80	—
元器件类	光伏组件	0.75m 水平面	300	19	0.60	80	—
元器件类	电真空器件、机电组件等	0.75m 水平面	500	19	0.60	80	—
电子材料类	半导体材料	0.75m 水平面	300	22	0.60	80	—
电子材料类	光纤、光缆	0.75m 水平面	300	22	0.60	80	—
酸、碱、药液及粉配制		0.75m 水平面	300	—	0.60	80	—
纺织	选毛	0.75m 水平面	300	22	0.70	80	可另加局部照明
纺织	清棉、和毛、梳毛	0.75m 水平面	150	22	0.60	80	—
纺织	前纺：梳棉、并条、粗纺	0.75m 水平面	200	22	0.60	80	—
纺织	纺纱	0.75m 水平面	300	22	0.60	80	—
纺织	织布	0.75m 水平面	300	22	0.60	80	—
织袜	穿综筘、缝纫、量呢、检验	0.75m 水平面	300	22	0.70	80	可另加局部照明
织袜	修补、剪毛、染色、印花、裁剪、熨烫	0.75m 水平面	300	22	0.70	80	可另加局部照明
化纤	投料	0.75m 水平面	100	—	0.60	80	—
化纤	纺丝	0.75m 水平面	150	22	0.60	80	—
化纤	卷绕	0.75m 水平面	200	22	0.60	80	—
化纤	平衡间、中间储存、干燥间、废丝间、油剂高位槽间	0.75m 水平面	75	—	0.60	60	—
化纤	集束间、后加工间、打包间、油剂调配间	0.75m 水平面	100	25	0.60	60	—
化纤	组件清洗间	0.75m 水平面	150	25	0.60	60	—
化纤	拉伸、变形、分级包装	0.75m 水平面	150	25	0.70	80	操作面可另加局部照明
化纤	化验、检验	0.75m 水平面	200	22	0.70	80	可另加局部照明
化纤	聚合车间、原液车间	0.75m 水平面	100	22	0.60	60	—

续表

房间或场所		参考平面及其高度	照度标准值(lx)	UGR	U_0	R_a	备　注
4　制药工业							
制药生产：配制、清洗灭菌、超滤、制粒、压片、混匀、烘干、灌装、轧盖等		0.75m 水平面	300	22	0.60	80	—
制药生产流转通道		地面	200	—	0.40	80	—
更衣室		地面	200	—	0.40	80	—
技术夹层		地面	100	—	0.40	40	—
5　橡胶工业							
炼胶车间		0.75m 水平面	300	—	0.60	80	—
压延压出工段		0.75m 水平面	300	—	0.60	80	—
成型裁断工段		0.75m 水平面	300	22	0.60	80	—
硫化工段		0.75m 水平面	300	—	0.60	80	—
6　电力工业							
火电厂锅炉房		地面	100	—	0.60	60	—
发电机房		地面	200	—	0.60	60	—
主控室		0.75m 水平面	500	19	0.60	80	—
7　钢铁工业							
炼铁	高炉炉顶平台、各层平面	平台面	30	—	0.60	60	—
	出铁场、出铁机室	地面	100	—	0.60	60	—
	卷扬机室、碾泥机室、煤气清洗配水室	地面	50	—	0.60	60	—
炼钢及连铸	炼钢主厂房和平台	地面、平台面	150	—	0.60	60	需另加局部照明
	连铸浇注平台、切割区、出坯区	地面	150	—	0.60	60	需另加局部照明
	精整清理线	地面	200	25	0.60	60	—
轧钢	棒线材主厂房	地面	150	—	0.60	60	—
	钢管主厂房	地面	150	—	0.60	60	—
	冷轧主厂房	地面	150	—	0.60	60	需另加局部照明
	热轧主厂房、钢坯台	地面	150	—	0.60	60	—
	加热炉周围	地面	50	—	0.60	20	—
	垂绕、横剪及纵剪机组	0.75m 水平面	150	25	0.60	80	—
	打印、检查、精密分类、验收	0.75m 水平面	200	22	0.70	80	—
8　制浆造纸工业							
备料		0.75m 水平面	150	—	0.60	60	—
蒸煮、选洗、漂白		0.75m 水平面	200	—	0.60	60	—

续表

房间或场所		参考平面及其高度	照度标准值(lx)	UGR	U_0	R_a	备　注
打浆、纸机底部		0.75m 水平面	200	—	0.60	60	—
纸机网部、压榨部、烘缸、压光、卷取、涂布		0.75m 水平面	300	—	0.60	60	—
复卷、切纸		0.75m 水平面	300	25	0.60	60	—
选纸		0.75m 水平面	500	22	0.60	60	—
碱回收		0.75m 水平面	200	—	0.60	60	—
9　食品及饮料工业							
食品	糕点、糖果	0.75m 水平面	200	22	0.60	80	—
	肉制品、乳制品	0.75m 水平面	300	22	0.60	80	—
饮料		0.75m 水平面	300	22	0.60	80	—
啤酒	糖化	0.75m 水平面	200	—	0.60	80	—
	发酵	0.75m 水平面	150	—	0.60	80	—
	包装	0.75m 水平面	150	25	0.60	80	—
10　玻璃工业							
备料、退火、熔制		0.75m 水平面	150	—	0.60	60	—
窑炉		地面	100	—	0.60	20	—
11　水泥工业							
主要生产车间（破碎、原料粉磨、烧成、水泥粉磨、包装）		地面	100	—	0.60	20	—
储存		地面	75	—	0.60	60	—
输送走廊		地面	30	—	0.40	20	—
粗坯成型		0.75m 水平面	300	—	0.60	60	—
12　皮革工业							
原皮、水浴		0.75m 水平面	200	—	0.60	60	—
转毂、整理、成品		0.75m 水平面	200	22	0.60	60	可另加局部照明
干燥		地面	100	—	0.60	20	—
13　卷烟工业							
制丝车间	一般	0.75m 水平面	200	—	0.60	80	—
	较高	0.75m 水平面	300	—	0.70	80	—
卷烟、接过滤嘴、包装、滤棒成型车间	一般	0.75m 水平面	300	22	0.60	80	—
	较高	0.75m 水平面	500	22	0.70	80	—
膨胀烟丝车间		0.75m 水平面	200	—	0.60	60	—
储叶间		1.0m 水平面	100	—	0.60	60	—
储丝间		1.0m 水平面	100	—	0.60	60	—

续表

房间或场所		参考平面及其高度	照度标准值(lx)	*UGR*	U_0	R_a	备　注
14　化学、石油工业							
厂区内经常操作的区域，如泵、压缩机、阀门、电操作柱等		操作位高度	100	—	0.60	20	—
装置区现场控制和检测点，如指示仪表、液位计等		测控点高度	75	—	0.70	60	—
人行通道、平台、设备顶部		地面或台面	30	—	0.60	20	—
装卸站	装卸设备顶部和底部操作位	操作位高度	75	—	0.60	20	—
	平台	平台	30	—	0.60	20	—
电缆夹层		0.75m 水平面	100	—	0.40	60	—
避难间		0.75m 水平面	150	—	0.40	60	—
压缩机厂房		0.75m 水平面	150	—	0.60	60	—
15　木业和家具制造							
一般机器加工		0.75m 水平面	200	22	0.60	60	应防频闪
精细机器加工		0.75m 水平面	500	19	0.70	80	应防频闪
锯木区		0.75m 水平面	300	25	0.60	60	应防频闪
模型区	一般	0.75m 水平面	300	22	0.60	60	—
	精细	0.75m 水平面	750	22	0.70	60	—
胶合、组装		0.75m 水平面	300	25	0.60	60	—
磨光、异形细木工		0.75m 水平面	750	22	0.70	80	—

注　需增加局部照明的作业面，增加的局部照明照度值宜按该场所一般照明照度值的 1.0～3.0 倍选取。

附表 30　　公用和工业建筑通用房间或场所照明标准值

房间或场所		参考平面及其高度	照度标准值(lx)	*UGR*	U_0	R_a	备　注
门厅	普通	地面	100	—	0.40	60	—
	高档	地面	200	—	0.60	80	—
走廊、流动区域、楼梯间	普通	地面	50	25	0.40	60	—
	高档	地面	100	25	0.60	80	—
自动扶梯		地面	150	—	0.60	60	—
厕所、盥洗室、浴室	普通	地面	75	—	0.40	60	—
	高档	地面	150	—	0.60	80	—
电梯前厅	普通	地面	100	—	0.40	60	—
	高档	地面	150	—	0.60	80	—
休息室		地面	100	22	0.40	80	—

续表

房间或场所		参考平面及其高度	照度标准值(lx)	UGR	U_0	R_a	备　注
更衣室		地面	150	22	0.40	80	—
储藏室		地面	100	—	0.40	60	—
餐厅		地面	200	22	0.60	80	—
公共车库		地面	50	—	0.60	60	—
公共车库检修间		地面	200	25	0.60	80	可另加局部照明
试验室	一般	0.75m 水平面	300	22	0.60	80	可另加局部照明
	精细	0.75m 水平面	500	19	0.60	80	可另加局部照明
检验	一般	0.75m 水平面	300	22	0.60	80	可另加局部照明
	精细，有颜色要求	0.75m 水平面	750	19	0.60	80	可另加局部照明
计量室，测量室		0.75m 水平面	500	19	0.70	80	可另加局部照明
电话站、网络中心		0.75m 水平面	500	19	0.60	80	—
计算机站		0.75m 水平面	500	19	0.60	80	防光幕反射
变、配电站	配电装置室	0.75m 水平面	200	—	0.60	80	—
	变压器室	地面	100	—	0.60	60	—
电源设备室、发电机室		地面	200	25	0.60	80	—
电梯机房		地面	200	25	0.60	80	—
控制室	一般控制室	0.75m 水平面	300	22	0.60	80	—
	主控制室	0.75m 水平面	500	19	0.60	80	—
动力站	风机房、空调机房	地面	100	—	0.60	60	—
	泵房	地面	100	—	0.60	60	—
	冷冻站	地面	150	—	0.60	60	—
	压缩空气站	地面	150	—	0.60	60	—
	锅炉房、煤气站的操作层	地面	100	—	0.60	60	锅炉水位表照度不小于 50lx
仓库	大件库	1.0m 水平面	50	—	0.40	20	—
	一般件库	1.0m 水平面	100	—	0.60	60	—
	半成品库	1.0m 水平面	150	—	0.60	80	—
	精细件库	1.0m 水平面	200	—	0.60	80	货架垂直照度不小于 50lx
车辆加油站		地面	100	—	0.60	60	油表表面照度不小于 50lx

注 应急照明的照度标准值宜符合下列规定：

① 备用照明的照度值除另有规定外，不低于该场所一般照明照度值的 10%；

② 安全照明的照度值不低于该场所一般照明照度值的 5%；

③ 疏散通道的疏散照明的照度值不低于 0.5lx。

附表 31　住宅建筑每户照明功率密度限值

房间或场所	照度标准值（lx）	照明功率密度限值（W/m²）	
		现行值	目标值
起居室	100	≤6.0	≤5.0
卧室	75		
餐厅	150		
厨房	100		
卫生间	100		
职工宿舍	100	≤4.0	≤3.5
车库	30	≤2.0	≤1.8

附表 32　办公建筑和其他类型建筑中具有办公用途场所照明功率密度限值

房间或场所	照度标准值（lx）	照明功率密度限值（W/m²）	
		现行值	目标值
普通办公室	300	≤9.0	≤8.0
高档办公室、设计室	500	≤15.0	≤13.5
会议室	300	≤9.0	≤8.0
服务大厅	300	≤11.0	≤10.0

附表 33　商店建筑照明功率密度限值

房间或场所	照度标准值（lx）	照明功率密度限值（W/m²）	
		现行值	目标值
一般商店营业厅	300	≤10.0	≤9.0
高档商店营业厅	500	≤16.0	≤14.5
一般超市营业厅	300	≤11.0	≤10.0
高档超市营业厅	500	≤17.0	≤15.5
专卖店营业厅	300	≤11.0	≤10.0
仓储超市	300	≤11.0	≤10.0

附表 34　旅馆建筑照明功率密度限值

房间或场所	照度标准值（lx）	照明功率密度限值（W/m²）	
		现行值	目标值
客　房	—	≤7.0	≤6.0
中餐厅	200	≤9.0	≤8.0
西餐厅	150	≤6.5	≤5.5
多功能厅	300	≤13.5	≤12.0
客房层走廊	50	≤4.0	≤3.5
大堂	200	≤9.0	≤8.0
会议室	300	≤9.0	≤8.0

附表 35 **医疗建筑照明功率密度限值**

房间或场所	照度标准值（lx）	照明功率密度限值（W/m²）	
		现行值	目标值
治疗室、诊室	300	≤9.0	≤8.0
化验室	500	≤15.0	≤13.5
候诊室、挂号厅	200	≤6.5	≤5.5
病房	100	≤5.0	≤4.5
护士站	300	≤9.0	≤8.0
药房	500	≤15.0	≤13.5
走廊	100	≤4.5	≤4.0

附表 36 **教育建筑照明功率密度限值**

房间或场所	照度标准值（lx）	照明功率密度限值（W/m²）	
		现行值	目标值
教室、阅览室	300	≤9.0	≤8.0
实验室	300	≤9.0	≤8.0
美术教室	500	≤15.0	≤13.5
多媒体教室	300	≤9.0	≤8.0
计算机教室、电子阅览室	500	≤15.0	≤13.5
学生宿舍	150	≤5.0	≤4.5

附表 37 **工业建筑非爆炸危险场所照明功率密度限值**

房间或场所		照度标准值（lx）	照明功率密度限值（W/m²）	
			现行值	目标值
1. 机、电工业				
机械加工	粗加工	200	≤7.5	≤6.5
	一般加工公差≥0.1mm	300	≤11.0	≤10.0
	精密加工公差<0.1mm	500	≤17.0	≤15.0
机电、仪表装配	大件	200	≤7.5	≤6.5
	一般件	300	≤11.0	≤10.0
	精密	500	≤17.0	≤15.0
	特精密	750	≤24.0	≤22.0
电线、电缆制造		300	≤11.0	≤10.0
线圈绕制	大线圈	300	≤11.0	≤10.0
	中等线圈	500	≤17.0	≤15.0
	精细线圈	750	≤24.0	≤22.0
线圈浇注		300	≤11.0	≤10.0
焊接	一般	200	≤7.5	≤6.5
	精密	300	≤11.0	≤10.0

续表

房间或场所		照度标准值(lx)	照明功率密度限值(W/m²)	
			现行值	目标值
钣金		300	≤11.0	≤10.0
冲压、剪切		300	≤11.0	≤10.0
热处理		200	≤7.5	≤6.5
铸造	熔化、浇铸	200	≤9.0	≤8.0
	造型	300	≤13.0	≤12.0
精密铸造的制模、脱壳		500	≤17.0	≤15.0
锻工		200	≤8.0	≤7.0
电镀		300	≤13.0	≤12.0
酸洗、腐蚀、清洗		300	≤15.0	≤14.0
抛光	一般装饰性	300	≤12.0	≤11.0
	精细	500	≤18.0	≤16.0
复合材料加工、铺叠、装饰		500	≤17.0	≤15.0
机电修理	一般	200	≤7.5	≤6.5
	精密	300	≤11.0	≤10.0
2　电子工业				
整机类	整机厂	300	≤11.0	≤10.0
	装配厂房	300	≤11.0	≤10.0
元器件类	微电子产品及集成电路	500	≤18.0	≤16.0
	显示器件	500	≤18.0	≤16.0
	印制线路板	500	≤18.0	≤16.0
	光伏组件	300	≤11.0	≤10.0
	电真空器件、机电组件等	500	≤18.0	≤16.0
电子材料类	半导体材料	300	≤11.0	≤10.0
	光纤、光缆	300	≤11.0	≤10.0
酸、碱、药液及粉配制		300	≤13.0	≤12.0

附表 38　　图书馆建筑照明功率密度限值

房间或场所	照度标准值（lx）	照明功率密度限值（W/m²）	
		现行值	目标值
一般阅览室、开放式阅览室	300	≤9.0	≤8.0
目录厅（室）、出纳室	300	≤11.0	≤10.0
多媒体阅览室	300	≤9.0	≤8.0
老年阅览室	500	≤15.0	≤13.5

附表 39　　美术馆和科技馆建筑照明功率密度限值

房间或场所		照度标准值（lx）	照明功率密度限值（W/m²）	
			现行值	目标值
美术馆	会议报告厅	300	≤9.0	≤8.0
	美术品售卖区	300	≤9.0	≤8.0
	公共大厅	200	≤9.0	≤8.0
	绘画展厅	100	≤5.0	≤4.5
	雕塑展厅	150	≤6.5	≤5.5

续表

房间或场所		照度标准值（lx）	照明功率密度限值（W/m²）	
			现行值	目标值
科技馆	科普教室	300	≤9.0	≤8.0
	会议报告厅	300	≤9.0	≤8.0
	纪念品售卖区	300	≤9.0	≤8.0
	儿童乐园	300	≤10.0	≤8.0
	公共大厅	200	≤9.0	≤8.0
	常设展厅	200	≤9.0	≤8.0

附表 40　博物馆建筑其他场所照明功率密度限值

房间或场所	照度标准值（lx）	照明功率密度限值（W/m²）	
		现行值	目标值
会议报告厅	300	≤9.0	≤8.0
美术制作室	500	≤15.0	≤13.5
编目室	300	≤9.0	≤8.0
藏品库房	75	≤4.0	≤3.5
藏品提看室	150	≤5.0	≤4.5

附表 41　会展建筑照明功率密度限值

房间或场所	照度标准值（lx）	照明功率密度限值（W/m²）	
		现行值	目标值
会议室、洽谈室	300	≤9.0	≤8.0
宴会厅、多功能厅	300	≤13.5	≤12.0
一般展厅	200	≤9.0	≤8.0
高档展厅	300	≤13.5	≤12.0

附表 42　交通建筑照明功率密度限值

房间或场所		照度标准值（lx）	照明功率密度限值（W/m²）	
			现行值	目标值
候车（机、船）室	普通	150	≤7.0	≤6.0
	高档	200	≤9.0	≤8.0
中央大厅、售票大厅		200	≤9.0	≤8.0
行李认领、到达大厅、出发大厅		200	≤9.0	≤8.0
地铁站厅	普通	100	≤5.0	≤4.5
	高档	200	≤9.0	≤8.0
地铁进出站门厅	普通	150	≤6.5	≤5.5
	高档	200	≤9.0	≤8.0

附表 43　民用建筑中常用照明负荷的分级

建筑类别	建筑物名称	用电设备及部位名称	负荷级别
住宅建筑	高层普通住宅	客梯电力，主要通道照明	二级

续表

建筑类别	建筑物名称	用电设备及部位名称	负荷级别
旅馆建筑	一星、二星级旅游宾馆	经营管理用计算机及外设电源，宴会厅、餐厅、娱乐厅、高级客房、厨房、主要通道照明，部分客梯电力，厨房部分电力，新闻摄影、录像电源	一级
	高层普通旅馆	客梯电力，一般客房电力	二级
办公建筑	省、市、自治区及部级办公楼	主要办公室、会议室、总值班室、档案室、主要通道照明，客梯电力	一级
	银行	防盗信号电源，主要业务用计算机及外部设备电源	一级
教学建筑	高等学校教学楼	客梯电力，主要通道照明	二级
	高等学校的重要实验室		一级
科研建筑	科研院所的重要实验室		一级
	市（地区）级以上的气象台	气象雷达、电报及传真收发设备、卫星云图接收机、语言广播电源，天气绘图及预报照明	一级
	计算中心	主要业务用计算机及外部电源	一级
		客梯电力	二级
体育建筑	省、市、自治区及以上体育馆、体育场	比赛厅（场）主席台、贵宾室、接待室、广场照明、计时计分、电声、广播及电视转播、新闻摄影电源	一级
医疗建筑	县级以上医院	手术室、分娩室、婴儿室、急诊室、监护病房、高压氧仓、病理切片分析、区域性中心血库的电力与照明	一级
		细菌培养、电子显微镜、计算机 X 线断层扫描装置、放射性同位素加速器电源，客梯电力	二级
文娱建筑	大型剧院	舞台、贵宾室、演员化妆室照明，电声、广播及电视转播、新闻摄影电源	一级
商业建筑	省及以上重点百货大楼	营业厅部分照明	一级
		自动扶梯电力	二级
	冷库	大型、有特殊要求的冷库的一台氨压缩机及附属设备电力，电梯电力，库内照明	二级

附表 44　　导体在正常和短路时的最高允许温度及热稳定系数

导体种类和材料			最高允许温度（℃）		热稳定系数 C（$A \cdot s^{1/2} \cdot mm^{-2}$）
			额定负荷时	短路时	
母　　线	铜		70	300	171
	铝		70	200	87
油浸纸绝缘电缆	铜　　芯	1～3kV	80	250	148
		6kV	65（80）	250	150
		10kV	60（65）	250	153
		35kV	50（65）	175	
	铝　　芯	1～3kV	80	200	84
		6kV	65（80）	200	87
		10kV	60（65）	200	88
		35kV	50（65）	175	

续表

导体种类和材料		最高允许温度（℃）		热稳定系数 C（$A\cdot s^{1/2}\cdot mm^{-2}$）
		额定负荷时	短路时	
橡皮绝缘导线和电缆	铜　芯	65	150	131
	铝　芯	65	150	87
聚氯乙烯绝缘导线和电缆	铜　芯	70	160	115
	铝　芯	70	160	76
交联聚乙烯绝缘电缆	铜　芯	90（80）	250	137
	铝　芯	90（80）	200	77
含有锡焊中间接头的电缆	铜　芯		160	
	铝　芯		160	

注　1. 表中“油浸纸绝缘电缆”中加括号的数字，适于“不滴流纸绝缘电缆”。

2. 表中“交联聚乙烯绝缘电缆”中加括号的数字，适于10kV以上电压。

附表 45　　10kV 常用三芯电缆的允许载流量

项　目		电缆允许载流量（A）							
绝缘类型		黏性油浸纸		不滴流纸		交联聚乙烯			
钢铠护套						无		有	
缆芯最高工作温度		60℃		65℃		90℃			
敷设方式		空气中	直　埋	空气中	直　埋	空气中	直　埋	空气中	直　埋
缆芯截面（mm^2）	16	42	55	47	59	—	—	—	—
	25	56	75	63	79	100	90	100	90
	35	68	90	77	95	123	110	123	105
	50	81	107	92	111	146	125	141	120
	70	106	133	118	138	178	152	173	152
	95	126	160	143	169	219	182	214	182
	120	146	182	168	196	251	205	246	205
缆芯截面（mm^2）	150	171	206	189	220	283	223	278	219
	185	195	233	218	246	324	252	320	247
	240	232	272	261	290	378	292	373	292
	300	260	308	295	325	433	332	428	328
	400	—	—	—	—	506	378	501	374
	500	—	—	—		579	428	574	424
环境温度		40℃	25℃	40℃	25℃	40℃	25℃	40℃	25℃
土壤热阻系数（$℃\cdot m\cdot W^{-1}$）		—	1.2	—	1.2	—	2.0	—	2.0

注　1. 本表系铝芯电缆数值。铜芯电缆的允许载流量可乘以1.29。

2. 当地环境温度不同时的载流量校正系数如附表41所示。

3. 当地土壤热阻系数不同时（以热阻系数1.2为基准）的载流量校正系数如附表42所示。

4. 本表据GB 50217—1994《电力工程电缆设计规范》编制。

附表 46　　**电缆在不同温度时的载流量校正系数**

电缆敷设地点		空气中				土壤中			
环境温度		30℃	35℃	40℃	45℃	20℃	25℃	30℃	35℃
缆芯最高工作温度	60℃	1.22	1.11	1.0	0.86	1.07	1.0	0.93	0.85
	65℃	1.18	1.09	1.0	0.89	1.06	1.0	0.94	0.87
	70℃	1.15	1.08	1.0	0.91	1.05	1.0	0.94	0.88
	80℃	1.11	1.06	1.0	0.93	1.04	1.0	0.95	0.90
	90℃	1.09	1.05	1.0	0.94	1.04	1.0	0.96	0.92

附表 47　　**电缆在不同土壤热阻系数时的载流量校正系数**

土壤热阻系数（℃·m·W^{-1}）	分类特征（土壤特性和雨量）	校正系数
0.8	土壤很潮湿，经常下雨。如湿度大于 9%的沙土；湿度大于 14%的沙一泥土等	1.05
1.2	土壤潮湿，规律性下雨。如湿度大于 7%但小于 9%的沙土；湿度为 12%～14%的沙一泥土等	1.0
1.5	土壤较干燥，雨量不大。如湿度为 8%～12%的沙一泥土等	0.93
2.0	土壤干燥，少雨，如湿度大于 4%但小于 7%的沙土；湿度为 4%～8%的沙一泥土等	0.87
3.0	多石地层，非常干燥，如湿度小于 4%的沙土等	0.75

附表 48　　**BV 型绝缘电线明敷及穿管时持续载流量**

型号	BV														
额定电压（kV）	0.45/0.75														
导体工作温度（℃）	70														
环境温度（℃）	30	35	40	30				35				40			
导线排列	S S ○ ○ ○														
导线根数				2～4	5～8	9～12	12 以上	2～4	5～8	9～12	12 以上	2～4	5～8	9～12	12 以上
标称截面（mm^2）	明敷载流量（A）			导线穿管敷设载流量（A）											
1.5	23	22	20	13	9	8	7	12	9	7	6	11	8	7	6
2.5	31	29	27	17	13	11	10	16	12	10	9	15	11	9	8
4	41	39	36	24	18	15	13	22	17	14	12	21	15	13	11
6	53	50	46	31	23	19	17	29	21	18	16	20	20	16	15
10	74	69	64	44	33	28	25	41	31	26	23	38	29	24	21
16	99	93	86	60	45	38	34	57	42	35	32	52	39	32	29
25	132	124	115	83	62	52	47	77	57	48	43	70	53	44	39

续表

标称截面（mm^2）	明敷载流量（A）			导线穿管敷设载流量（A）											
35	161	151	140	103	77	64	58	96	72	60	54	88	66	55	49
50	201	189	175	127	95	79	71	117	88	73	66	108	81	67	60
70	259	243	225	165	123	103	92	152	114	95	85	140	105	87	78
95	316	297	275	207	155	129	116	192	144	120	108	176	132	110	99
120	374	351	325	245	184	153	138	226	170	141	127	208	156	130	117
150	426	400	370	288	216	180	162	265	199	166	149	244	183	152	137
185	495	464	430	335	251	209	188	309	232	193	174	284	213	177	159
240	592	556	515	396	297	247	222	366	275	229	206	336	252	210	189

注 明敷载流量值系根据 S 大于 2 倍电线外径计算。

附表 49　　BLV 型绝缘电线明敷及穿管时持续载流量

型　号	BLV														
额定电压（kV）	0.45/0.75														
导体工作温度（℃）	70														
环境温度（℃）	30	35	40	30				35				40			
导线排列	S S ○ ○ ○														
导线根数				2～4	5～8	9～12	12 以上	2～4	5～8	9～12	12 以上	2～4	5～8	9～12	12 以上
标称截面（mm^2）	明敷载流量（A）			导线穿管敷设载流量（A）											
2.5	24	23	21	13	10	8	7	13	9	8	7	12	9	7	6
4	32	30	28	18	14	11	10	16	12	10	9	16	12	10	9
6	41	39	36	24	18	15	13	22	17	14	12	21	15	13	11
10	56	53	49	33	25	21	19	31	23	19	17	29	21	18	16
16	76	71	66	47	35	29	26	43	32	27	24	40	30	25	22
25	104	97	90	65	48	40	36	60	45	37	33	55	41	34	31
35	127	119	110	81	60	50	45	74	56	46	42	69	51	43	38
50	155	146	135	99	74	62	56	91	68	57	51	84	63	52	47
70	201	189	175	127	95	79	71	117	88	73	66	108	81	67	60
95	247	232	215	160	120	100	90	148	111	92	83	136	102	85	76
120	288	270	250	189	141	118	106	174	131	109	98	160	120	100	90
150	334	313	290	217	162	135	122	200	150	125	112	184	138	115	103
185	385	362	335	254	191	159	143	235	176	147	132	216	162	135	121
240	460	432	400	307	230	191	172	283	212	177	159	260	195	162	146

注 明敷载流量值系根据 S 大于 2 倍电线外径计算。

附表 50　　RM10 型低压熔断器的主要技术数据和保护特性曲线

1. 主要技术数据

型　　号	熔管额定电压（V）	额定电流（A）		最大分断能力	
		熔　管	熔　　体	电流（kA）	cosφ
RM10－15	交流 220，380，500 直流 220，440	15	6，10，15	1.2	0.8
RM10－60		60	15，20，25，35，45，60	3.5	0.7
RM10－100		100	60，80，100	10	0.35
RM10－200		200	100，125，160，200	10	0.35
RM10－350		350	200，225，260，300，350	10	0.35
RM10－600		600	350，430，500，600	10	0.35

2. 保护特性曲线

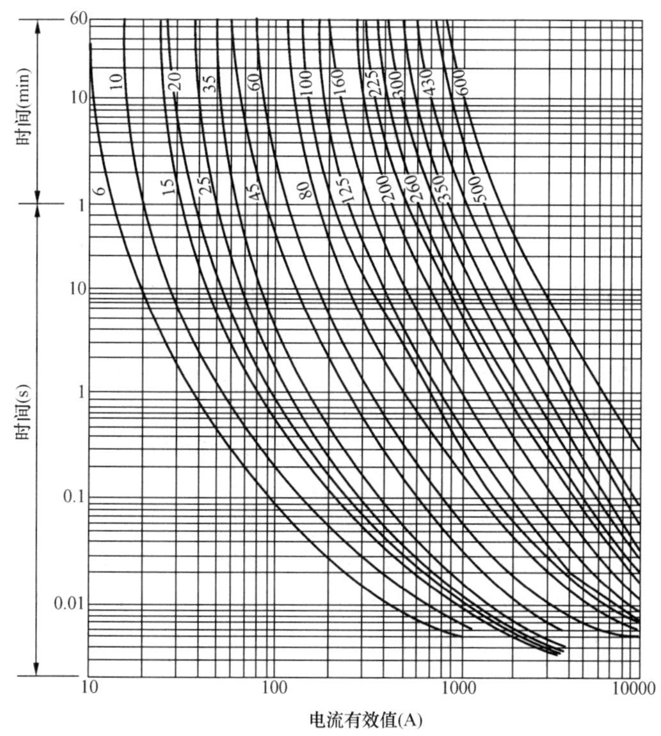

参 考 文 献

[1] 周太明. 光学原理与设计. 上海：复旦大学出版社，1993.
[2] 中国航空工业规划设计研究院，等. 工业与民用配电设计手册. 2版. 北京：中国计划出版社，1994.
[3] 赵振民. 照明工程设计手册. 天津：天津科技出版社，1984.
[4] 赵德申. 建筑电气照明技术. 北京：机械工业出版社，2003.
[5] 詹庆旋. 建筑光环境. 北京：清华大学出版社，1988.
[6] 俞丽华. 电气照明. 2. 上海：同济大学出版社，2001.
[7] 杨先臣. 建筑电气工程图识读与绘制. 北京：中国建筑工业出版社，1995.
[8] 杨公侠. 视觉与视觉环境. 2. 上海：同济大学出版社，2002.
[9] 肖辉乾. 城市夜景照明规划设计与实录. 北京：中国建筑工业出版社，2000.
[10] 吴成东. 怎样阅读建筑电气工程图. 北京：中国建材工业出版社，2001.
[11] 韦课常. 电气照明技术基础与设计. 北京：水利电力出版社，1983.
[12] 王晓东. 电气照明技术. 北京：机械工业出版社，2004.
[13] 孙建民. 电气照明技术. 北京：中国建筑工业出版社，1998.
[14] 区世强. 电气照明. 北京：中国建筑工业出版社，1993.
[15] 庞蕴凡. 视觉与照明. 北京：中国铁道出版社，1993.
[16] 刘震，佘伯山. 室内配线与照明. 北京：中国电力出版社，2004.
[17] 刘介才. 电气照明设计指导. 北京：机械工业出版社，1999.
[18] 建筑电气设计手册编写组. 建筑电气设计手册. 北京：中国建筑工业出版社，1991.
[19] 季恭慰. 体育建筑照明设计手册. 北京：原子能出版社，1993.
[20] 华东建筑设计研究院. 智能建筑设计技术. 上海：同济大学出版社，1996.
[21] 杜异. 照明系统设计. 北京：中国建筑工业出版社，1996.
[22] 戴瑜兴. 现代建筑照明设计手册. 长沙：湖南科学技术出版社，1994.
[23] 陈一才. 建筑环境灯光工程设计手册. 北京：机械工业出版社，2001.
[24] 北京照明学会照明设计专业委员会. 照明设计手册. 北京：中国电力出版社，1998.
[25] Erich Helbjg. 测光技术基础. 佟兆强译. 北京：轻工业出版社，1984.